# Planung von additiven Fertigungsprozessen

Rezo Aliyev

# Planung von additiven Fertigungsprozessen

Springer Vieweg

Rezo Aliyev
IMKF, Technische Universität Bergakademie
Freiberg
Freiberg, Sachsen, Deutschland

ISBN 978-3-662-70198-0 ISBN 978-3-662-70199-7 (eBook)
https://doi.org/10.1007/978-3-662-70199-7

Die Deutsche Nationalbibliothek verzeichnet diese Publikation in der Deutschen Nationalbibliografie; detaillierte bibliografische Daten sind im Internet über https://portal.dnb.de abrufbar.



Planung/Lektorat: Alexander Grün
Springer Vieweg ist ein Imprint der eingetragenen Gesellschaft Springer-Verlag GmbH, DE und ist ein Teil von Springer Nature.
Die Anschrift der Gesellschaft ist: Heidelberger Platz 3, 14197 Berlin, Germany

# Vorwort

Die industrielle Fertigung von Bauteilen mittels additiver Fertigungstechnologien bedarf einer nahtlosen Integration dieser Technologien in den Produktionsprozess. Die Entwicklungen im Bereich dieser neuen Technologie in den letzten Jahren sind aus den verschiedensten Bereichen der Technik hervorgegangen. Oftmals konzentrierten sich die Experten der einzelnen Fachgebiete nur auf die Lösung der konkreten technischen Aufgaben, ohne sich Gedanken über die Umsetzung in der Produktion zu machen.

Aufgrund des spezifischen Eigenschaftsprofils additiver Fertigungstechnologien erfordert ihre Gestaltung einen eigenen Ansatz. Es obliegt der Forschung, den Anwendern praxisorientierte methodische Ansätze zur Vermittlung und Planung eines optimal gestalteten additiven Fertigungsprozesses an die Hand zu geben. Die geringe Anzahl an Fachpublikationen auf diesem Gebiet gab den Anstoß zur Veröffentlichung dieses Buches.

Es ist entscheidend, bei der Planung von additiven Fertigungsprozessen alle Schritte der Prozesskette unter Berücksichtigung bewährter wissenschaftlich-technischer Gesetzmäßigkeiten, Regeln und Methoden zur Arbeitsplanung zu durchdenken. Dies ermöglicht die Umsetzung eines technologisch optimalen Fertigungsprozesses.

Diese Monographie bietet Anwendern die Möglichkeit, Erkenntnisse aus der Forschung im Bereich der additiven Fertigung in die Grundlagen der Fertigungsplanung einzuordnen und deren praktische Umsetzung effizienter zu gestalten. Sie ergänzt damit die bereits vorhandene Fachliteratur zur additiven Fertigungstechnologie. Der inhaltliche Schwerpunkt liegt entsprechend der Zielsetzung des Buches auf den Verfahren zur additiven Fertigung sowohl metallischer als auch nichtmetallischer Bauteile. Zusätzlich werden Nachbearbeitungsverfahren zur Erzielung der Endgenauigkeit behandelt.

Die dargestellte methodische Vorgehensweise bei der Planung soll Interessierten aus dem Hochschulbereich eine Hilfestellung bei der Vermittlung von planungstechnischem Wissen geben. Zum besseren Verständnis des logischen Zusammenwirkens der einzelnen Prozessschritte untereinander wird versucht, diese durch technologische Vererbung analytisch darzustellen und anhand der Beispiele zu erläutern.

Während der Konzeptentwicklung dieses Buches waren Diskussionen mit Fachkollegen aus Hochschule und Industrie äußerst hilfreich. Ein besonderer Dank gilt Prof. Dr. H. Zeidler und Prof. Dr. B. Hentschel für ihre Anregungen und Diskussionen, die zur Erstellung dieses Buches beigetragen haben.

Außerdem danke ich Herrn Dr. Grün vom Springer Verlag für die freundliche Zusammenarbeit bei der Realisierung dieses Buches.

Freiberg
August 2024

Rezo Aliyev

# Inhaltsverzeichnis

# Über den Autor

**Dr.-Ing. Rezo Aliyev** ist als Oberingenieur für Forschung in der Professur „Additive Fertigung“ an der TU Bergakademie Freiberg tätig. Vor seiner Hochschultätigkeit konnte er zwischen 2001–2019 in der produzierenden Industrie als Fertigungsingenieur mehrjährige Erfahrungen im Bereich der CAM-basierten Auslegung sowohl subtraktiver, als auch additiver Fertigungsprozesse sammeln. In seiner aktuellen Lehr- und Forschungstätigkeit beschäftigt er sich mit der modellbasierten Planung der Prozesskette der additiven Fertigung.

# 1 Einleitung

Die Tendenz der steigenden industriellen Anwendung additiver Fertigungstechnik haben die Bedeutung der Fertigungsplanung weiter in den Vordergrund gerückt. Die betriebliche Leistung der Prozesse kann dann rationell sein, wenn sie technisch und organisatorisch planvoll realisiert wird.

Die Fertigungsplanung bietet hierfür bewährte Werkzeuge zur Kopplung von Konstruktion und Fertigung und sichert damit die Wirtschaftlichkeit der eingesetzten Fertigungsprozesse. Sie befreit den Planungsprozess von irrationalen Entscheidungen und vermeidet einen möglichen wirtschaftlichen Misserfolg. Darüber hinaus ermöglicht die Fertigungsplanung sich in der Praxis entwickelnde technologische Wandlungen methodisch zu erfassen und darauf fußend die Fertigungspläne für neue Prozesse anzupassen. Die erfolgreiche Umsetzung von Planungsmethoden wird durch eine Wissensbasis unterstützt, die sich aus technischen und technologischen Erkenntnissen zusammensetzt.

Diese neuen Erkenntnisse beziehen sich vor allem auf Werkstoffentwicklungen, die eine essentielle Rolle bei der Umsetzung der Fertigungsaufgaben spielen. Im Buch werden die Einflüsse dieses Faktors auf die Fertigungsplanung in den zwei Gruppen betrachtet:

- Additive Fertigung von metallischen Teilen
- Additive Fertigung von nicht metallischen Teilen (exemplarisch Kunststoffe)

Der Grund dafür liegt in den weit unterschiedlichen Aufwänden bei der Formung des Ausgangsmaterials zu einem definierten Körper mit bestimmten Eigenschaften. Verfahrensspezifische Gegebenheiten bedingen für die Fertigung von metallischen Teilen mehr Energie als bei Kunststoffteilen. Eine entsprechende Anlage ist teurer und ihr Betrieb verlangt eine kostspielige Vorbereitung und einen entsprechenden Service. So lässt



R. Aliyev, *Planung von additiven Fertigungsprozessen*,
https://doi.org/10.1007/978-3-662-70199-7_1

die getrennte Betrachtung in diesen zwei Werkstoffgruppen die Besonderheiten der jeweiligen Fertigungsplanung besser darstellen.

Die besonderen Werkstoffeigenschaften von AF-Teilen (AF – Additive Fertigung) ermöglichen mittels der verfahrensspezifischen Gestaltungsfreiheiten unterschiedliche Designkonzepte nachhaltig umzusetzen. Die dafür erforderlichen Konstruktionen werden im Design for AM (DfAM) entwickelt und bearbeitet. DfAM bietet unter Berücksichtigung der konstruktiven Freiheiten und der methodisch aufbereiteten Informationen zur Fertigungsrestriktionen eine optimale Bauteilgestalt. Die Umsetzung des in die Konstruktionen eingebauten Wirtschaftlichkeitspotenzials für der Gestaltung der Prozesse verlangt fundierte Kenntnisse sowohl der Methoden des DfAM, als auch der Fertigungsverfahren. Besonders, in der Etappe des Pre-Prozesses besteht die Aufgabe der Datenaufbereitung darin, durch eine optimale Bauteilorientierung und -positionierung den günstigsten Verlauf des Prozesses sicher zu stellen.

Die stetigen Verbesserungen in den AF-Verfahren und Erweiterungen in den Einsatzgebieten steigern die Menge der gesammelten verfahrensspezifischen Einflussfaktoren. Als Folge sind die aufwendigen und komplexen Daten- und Prozessvorbereitungen zu identifizieren. In diesem Zusammenhang stellt das Finden einer optimalen Bauteilorientierung, die mehreren Zielkriterien technischer und wirtschaftlicher Art gleichzeitig genügen soll, eine Herausforderung dar. Für die Bauteilorientierung existieren keine allgemeingültigen Normen oder Richtlinien. Daher beruht die Erfüllung dieser Aufgabe fast immer auf der Basis von Expertenwissen unterstützt durch unterschiedlichste Methoden.

Die Methoden der Fertigungsplanung führen den Arbeitsplaner sukzessiv über mehrere Schritte zur Lösung der gestellten Aufgabe. Dafür setzt er seine Kompetenz ein, die sein implizites und explizites Wissen beinhalten (Abb. 1.1).

Man beginnt mit der systematischen Analyse der Fertigungsaufgabe, der möglichen Fertigungsmittel und -methoden. Dieses ermöglicht zunächst alle alternativen Prozessketten, die vom Pre-Prozess bis zum Post-Prozess alle Schritte umfassen, im Rahmen

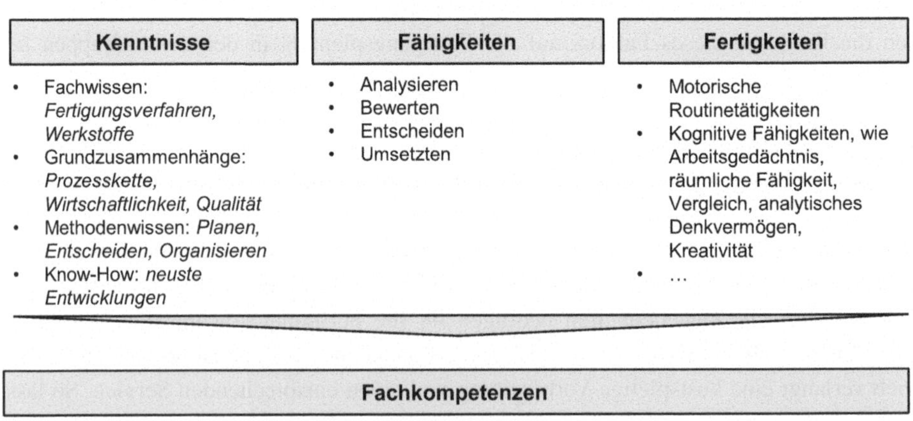


**Abb. 1.1** Kompetenzbereiche des Arbeitsplaners

technisch-ökonomischer Restriktionen aufzuspannen. Infolge der mangelnden Oberflächenqualität sollten die Funktionsflächen der AF-Teile mechanisch bearbeitet werden. Die Berücksichtigung dieses Schrittes führt zur Erweiterung der gesamten Prozessketten und somit der Planungsaufgabe. Dabei werden gebildete alternative Prozessketten durch die mechanische Bearbeitung ergänzt. Aus diesen wird im nächsten Schritt entsprechend der wirtschaftlichen Kriterien die günstige Alternative ausgewählt. Die zu verwendenden Entscheidungskriterien orientieren sich an den Unternehmenszielen. Der Arbeitsplaner kann dabei die Größenordnung der einzelnen Einflussgrößen selbst bestimmen und den Prozessablauf wo möglich selbst steuern. Besonders bei Zielkonflikten sollte der Arbeitsplaner eine Kompromisslösung anstreben. Je nachdem, ob die Fertigungszeit oder -kosten oder -qualität als optimales Ergebnis angestrebt werden soll, bemüht er sich die Größen des Prozesses gezielt zu beeinflussen. Hierfür bieten sich die Methoden der Prozessoptimierung an, die Effektivität der Fertigungsprozesse sowie die Effizienz der eingesetzten Ressourcen zu steigern. Als Bezugsbasis für die Optimierung dient die modellhafte Beschreibung der Grundzusammenhänge zwischen den Eingangs- und Ausgangsgrößen, die durch die komplexe Betrachtung der erweiterten AF-Prozesskette entsteht. Idealerweise sollte ein mathematisches Modell dieser Zusammenhänge vorliegen, was aufgrund der großen Anzahl von Einflussgrößen nicht immer möglich oder sehr aufwendig scheint.

Eine rationelle Planung setzt die Eingliederung der Planungsaufgabe in den Gesamtablauf der Fertigungsprozesse und eine Abstimmung der Planungsergebnisse aller Prozessschritte aufeinander voraus. Unter Berücksichtigung der gegenseitigen Abhängigkeiten dieser Schritte ist es möglich optimale Lösungen für die Einzelschritte im Rahmen einer optimalen Gesamtlösung für die Prozesskette zu finden. Diese Vorgehensweise verlangt die qualitativen aber besser noch die quantitative Beschreibung der Zusammenhänge zwischen den Prozessschritten und deren Berücksichtigung bei der Entwicklung wirtschaftlicher Kriterien der Prozesskette.

Die genannten Themen sind im Buch in verschiedenen Kapiteln detailliert dargelegt. In Abb. 1.2 ist einen Überblick über den Aufbau des Buches gegeben. Die hier gezeigten Themen folgen der Prozesskette der additiven Fertigung und sollen dem Leser helfen die planungstechnischen Zusammenhänge einzelner Schritte besser zu verstehen.

| Planung von additiven Fertigungsprozessen | | |
|---|---|---|
| *Grundlage* | *Speziell* | *Unterstützend* |
| **Kapitel 2**:<br>Überblick über die additive Fertigung<br><br>**Kapitel 3**:<br>Planungsgrundlagen von Fertigungsprozessen<br><br>**Kapitel 4**:<br>CAD-Datengenerierung | **Kapitel 5**:<br>Fertigungsplanung für die additive Fertigung von metallischen Teilen<br><br>**Kapitel 6**:<br>Fertigungsplanung für die additive Fertigung von nichtmetallischen Teilen | **Kapitel 7**:<br>Mechanische Bearbeitung<br><br>**Kapitel 8**:<br>Planung nach dem Optimierungsprinzip |

**Abb. 1.2** Aufbau des Buches

# 2 Additive Fertigung

## 2.1 Entwicklungstendenzen

### 2.1.1 Konstruktive Gestaltung

Entscheidend für die Ausschöpfung der konstruktiven Potenziale der additiven Fertigung ist die Anwendung der Methode DfAM. Hier ist in den letzten Jahren der Trend zu beobachten, dass sich die Autoren zunehmend an der allgemeinen Konstruktionsmethodik nach Pahl/Beitz und der VDI-Richtlinie 2221 orientieren. Die Einordnung neuer AF-spezifischer Ansätze in die typischen Phasen des Konstruktionsprozesses ermöglichen es, allgemeine Methoden und Werkzeuge des Konstruierens zur Bildung eines kreativen Lösungsfeldes zu nutzen. Damit ist es auch möglich, unterschiedliche Ziele des geometrischen Gestaltens zu verfolgen.

Trotz des Bestrebens die Konstruktionsmethodik professionell zu gestalten, existieren immer noch Defizite in der industriellen Anwendung der neuen Methoden. Dies hängt stark mit der Komplexität der AF-Bauteile in Verbindung mit den spezifischen Werkstoffeigenschaften zusammen, die für eine fertigungsgerechte Konstruktion gegeben sein müssen und eine individuelle Vorgehensweise erfordern [KUMK18].

### 2.1.2 Material

Das Material ist ein zentraler Faktor für die Auslegung einer AF-Prozesskette, da über die einzelnen Schritte die angestrebte Werkstoffeigenschaften des Bauteiles realisiert werden. Dieses bestimmt maßgeblich den Aufwand und die Dauer des Fertigungsprozesses. Vor diesem Hintergrund ist die Betrachtung aktueller Werkstoffentwicklungen von essenzieller Bedeutung (Abb. 2.1).



R. Aliyev, *Planung von additiven Fertigungsprozessen*,
https://doi.org/10.1007/978-3-662-70199-7_2

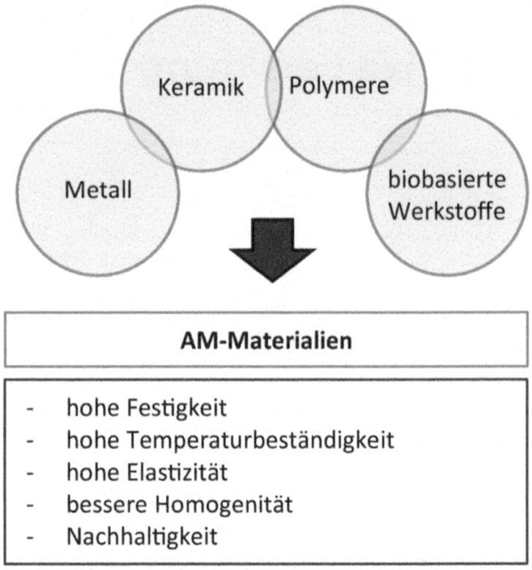


**Abb. 2.1** AF-Materialen. (Quelle: eigene Darstellung)

Die frühen AF-Verfahren basierten überwiegend auf vorhandenen Materialien. Diese Ausgangsmaterialien waren häufig nicht ideal für die AF-Prozessketten. Als Folge traten Bauteilfehler wie Sprödigkeit, Schrumpfungen, Verformungen und Gefügeinhomogenität auf. Die späteren folgenden Materialentwicklungen und den damit abgestimmten Prozessparametern zeigten das Potenzial für die Verbesserungen der Teileeigenschaften auf. Mit der Zeit sind die Teile genauer, belastbarer und langlebiger geworden und es können mehr Funktionen integriert werden.

Die AF-Materialien befinden sich weiterhin in kontinuierlicher Entwicklung, um die Prozessleistungen zu steigern. Man versucht durch die Entwicklung der Materialaufbereitung die Palette von kommerziell verfügbaren Materialien zu erweitern. Trotz intensiver Forschung ist die Anzahl von AF-Materialien relativ begrenzt und bei weitem nicht mit der Materialvielfalt der klassischen Fertigungsverfahren vergleichbar. Der Anstoß seitens der Produzenten die additiven Fertigungsprozesse zu üblichen Fertigungen zu machen, schafft einen Anreiz solche Werkstoffe mit in engen Grenzen reproduzierbaren Eigenschaften zu entwickeln. Letzteres ist mit den Erkenntnissen über die Betriebseigenschaften von Serienwerkstoffen verbunden. Neu Materialien entstehen im Zuge der Entwicklung von neuen Multimaterialien für AF-gerechte Konstruktionen [QUIT22].

Die Erzielung optimaler Werkstoffeigenschaften für die additive Fertigung kann über die Entwicklung neuer Ausgangsmaterialien erreicht werden, deren Eigenschaften auf die Parameter des geeigneten Verfahrens abgestimmt sind. Diese Optimierungsstrategie steckt derzeit noch im Anfangsstadium. Die Entwicklung neuer Materialien und deren Zertifizierung und Markteinführung nimmt in der Regel viel Zeit in Anspruch. Die Intensivierung dieser Forschung hängt stark von der Nachfrage am Markt ab [WITT20].

Die Beachtung der Nachhaltigkeit stellt einen weiteren Trend von Innovation in der additiven Fertigung dar, welche überwiegend durch sparsamen Umgang mit dem

Material und dessen natürlicher Regenerationsfähigkeit erzielt werden kann. Der intensive Einsatz von biobasierten Materialien soll dabei helfen den Recyclinggrad von AF-Bauteilen deutlich zu erhöhen. Bei den metallischen Teilen kann durch eine optimierende Konstruktionsmethodik weniger Zusatzmaterial verwendet werden, um das Kreislaufmaterial geringer zu halten. Ein weiterer Weg ist die Wiederverwendung von gebrauchten Metallpulver, das ebenfalls zu einer wesentlicher Ressourcenschonung beitragen kann.

Eine Beschreibung der einzelnen Werkstoffentwicklungen befindet sich in den Kap. 5 und 6 unter Berücksichtigung der eingesetzten Verfahren.

### 2.1.3 Fertigungssysteme

Die Fertigungssysteme der additiven Fertigung bestehen aus aufeinander abgestimmten verschiedenen Komponenten (Untersysteme) für die Ausführung des Prozesses (Abb. 2.2). Alle Elemente dieses Systems tragen spezifisch zur Fähigkeit des Prozesses bei.

Die Wirtschaftlichkeit der additiven Fertigung wird durch die Stabilität und Leistungsfähigkeit des Fertigungssystems bestimmt. Die aktuellen Herausforderungen der Produktivitätssteigerung und Kostensenkung können nur durch die Verbesserung der Komponenten dieses Fertigungssystems erreicht werden. Um diese Ziele zu erreichen, wurden in den letzten Jahren zahlreiche Forschungs- und Entwicklungsarbeiten durchgeführt, die durch folgende Trends charakterisiert werden können.

**Vergrößerung des Bauraumes und der Prozessleistung**
Eine der Bedingungen für die erfolgreiche Anwendung der AF-Technologie in der Industrie ist die Teilefertigung in großen Stückzahlen. Die Stückzahl beeinflusst die Stückkosten, z. B. über die Packungsdichte des Bauraums. Eine bessere Ausnutzung des Bauraumes bedeutet niedrige Stückkosten. Problematisch ist dieses bei der Fertigung von relativ großen Teilen. In diesem Fall sollte für eine wirtschaftliche Fertigung in großen Stückzahlen der Bauraum vergrößert werden. Bis jetzt konnte dieses Ziel nur begrenzt verfolgt werden, weil die Bauraumvergrößerung eine entsprechende Anpassung der Komponenten des Fertigungssystems nach sich zieht. Dieses betrifft besonders den Bauraum für energieintensive Fertigungsverfahren von Metallteilen. Der aktuellen Entwicklungen beschränkt sich z. Z. nur auf die Erhöhung der Leistung der Energiequelle und die Flexibilität der Scaneinheit, um die Prozesszeit zu verkürzen.

Bei Kunststoffteilen hängt die Bauraumvergrößerung mit der Leistung des Druckkopfes zusammen. Heutzutage sind auf dem Markt einige großformatige Anlagen für die Materialextrusion (MEX-TRB/P) vorhanden. Der flexible Einsatz verschiedener Düsengrößen ermöglicht die Prozesse zu beschleunigen und entsprechend große Teile zu bauen. Neuste Entwicklungen zeigen, dass man die Prozessleistung mittels verstellbarer Düsenkonstruktionen deutlich erhöhen kann. Durch die Anpassung der Druckbreite

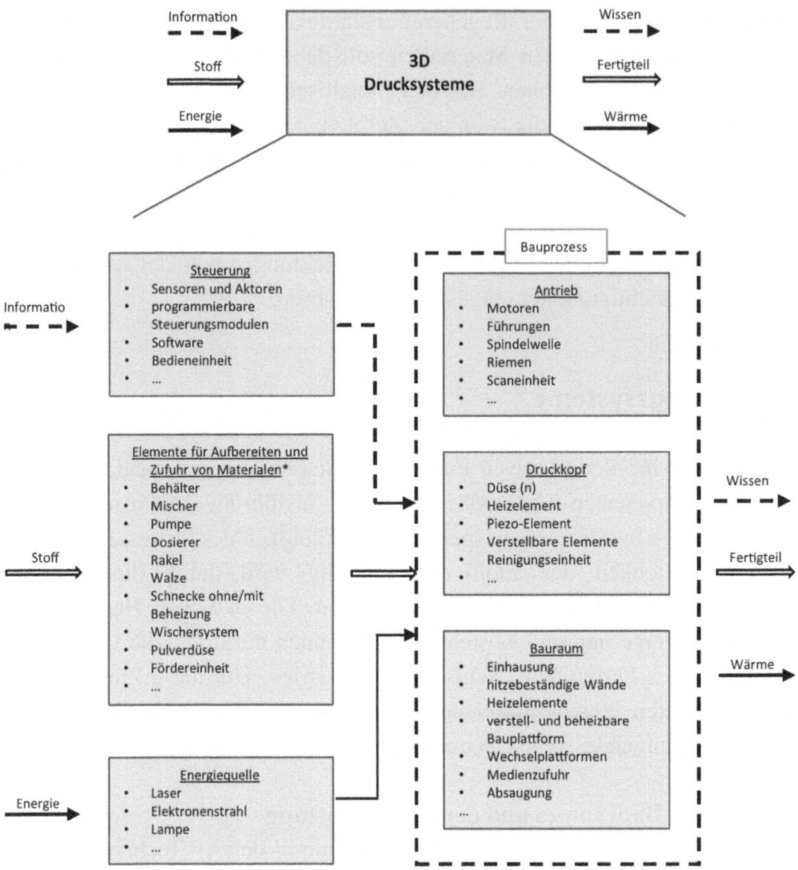


**Abb. 2.2** Technische Komponente eines 3D Drucksystems. **die Komponenten stellen eine allgemeine Situation dar.* (Quelle: eigene Darstellung)

entsteht die Möglichkeit die Anzahl der Bahnen zu reduzieren und dadurch die Materialschichten schneller aufzutragen [LAMO22, VANA17].

Die additive Fertigung großformatiger Bauteile aus pulverartigen Materialien, wie Keramik, Sand, Gips, nachwachsande Werkstoffe etc., mittels BinderJetting-Verfahren stützt sich auch auf leistungsfähige Druckköpfe. Die aktuellen Maschinenhersteller wie Exone oder Voxeljet bieten bereits solche Anlagen [GEBH16]. Die Fertigung von Sandformen bis zu einer Größe von 4 × 4 m ist schon Realität. Eine weitere Erhöhung der Bauraumgröße bzw. Bauteilgröße stößt an Grenzen der Bauteilstabilität. Das sichere Handhaben größer Teile (> 4 m) ist noch nicht gegeben.

Ein weiterer Ansatz zur Herstellung großformatiger Bauteile ist das parallele Arbeiten mit mehreren Druckköpfen in der Anlage. Dieses Konzept zur Erhöhung der Prozessfähigkeit ist nicht neu. Bereits 2018 wurde in [ZHAN18] ein Konzept vorgestellt, bei dem zwei Roboter mit installierten Druckköpfen für die additive Fertigung eines Bauteils eingesetzt wurden. Mit diesem konnte neben einem hohen Materialdurchsatz auch die Flexibilität des Systems durch die Erhöhung der Freiheitsgrade gesteigert werden. Ein ähnliches Prinzip verfolgte das Fertigungssystem, das im Rahmen des von der EU geförderten Forschungsprojekts Grade2XL entwickelt wurde (Abb. 2.3). Hier ist das Ziel, mit zwei kooperierenden Robotern metallische Bauteile bis 10 m Länge aus Multimaterialien auch mit komplexen Innenkonturen zu fertigen [NN21]. Ein weiteres Ziel ist die Marktreife dieser Technik.

Eine Implementierung dieses Konzeptes beim Metalldrucken eröffnet weitere Wege zur Erhöhung der Prozessleistung. Die additive Fertigung von Metallbauteilen mit parallel arbeitenden Laserquellen bei einer SLM Solution-Anlage steigert die Prozessgeschwindigkeit einerseits erheblich und andererseits wird dadurch eine Basis für die Fertigung von großen Bauteilen geschaffen. Die Anlage SLM NXG XII 600 verfügt über 12 simultan arbeitenden Laser, die jeweils 1 kW Leistung aufweisen. Diese ermöglichen es die Schichten im Bauraum von $600 \times 600 \times 600\ mm^3$ schnell zu belichten (Abb. 2.4). Die hohe Leistung ist dank eines intelligenten Scansystems möglich. Das System generiert für jedes Baufeld einen optimal angepassten Bereich für die Laserüberlappung. Die Kommerzialisierung dieses Systems soll helfen die Metallteile in höheren Stückzahlen für die Automobil– und Luftfahrtindustrie zu fertigen [TOYS21].

**Verbesserung der Bauteilqualität durch stabile Prozessführung**
Eine wichtige Voraussetzung für die Stabilität von AF-Prozessen ist die konstante Qualität des Ausgangsmaterials. Die pulverbasierten Prozesse sind hier besonders betroffen. Aktuelle Forschungsarbeiten zur Prüfung und Sicherung der Pulverqualität beschreiben

**Abb. 2.3** Beim Auftragsschweißen kooperierender Roboter. (Quelle: RAMLAB)

**Abb. 2.4** Zwölf simultan arbeitende Laser-Schmelzpunkte. (Quelle: NIKON SLM Solutions AG)

Methoden zur Pulvercharakterisierung vor dem Prozess und zur Überwachung während und nach dem Prozess. Die Form, die Korngröße und Korngrößenverteilung sowie die Fließfähigkeit und Schüttdichte haben einen großen Einfluss auf die Qualität und Reproduzierbarkeit des Prozessergebnisses. Die Pulverpartikel müssen eine gute Fließfähigkeit aufweisen, um eine gleichmäßige Verteilung auf der Bauplattform zu gewährleisten. Eine gleichmäßige Packungsdichte sowie eine stabile chemische Zusammensetzung spielen dabei für die Partikelbindung eine wichtige Rolle. Darüber hinaus können die Wechselwirkungen des Materials mit der Umgebung und dem Prozess zu einer Beeinträchtigung des Prozessergebnisses führen. Die dabei auftretenden Veränderungen des Feuchtegehaltes und die Verschmutzung des Materials erfordern eine ständige Kontrolle des Materialverhaltens entlang der Prozesskette von der Anlieferung bis zur Wiederaufbereitung. Bereits bei der Anlieferung kann das Material durch undichte oder beschädigte Verpackungen mit der Umgebungsluft in Kontakt kommen und zur Bildung von Oxiden führen. Infolge von Temperatur- oder Feuchtigkeitsänderungen während des Transports und der Lagerung kann es zur Kondensation von Wasser kommen. Durch Oxidation und Änderung des Feuchtegehaltes verändert sich auch die Oberflächenchemie der Pulverpartikel [SEYD18].

Bei festen Werkstoffen, wie z. B. Drähten, sind die oben dargestellten Faktoren genauso wichtig. Es sollten für die Lagerung und Transport entsprechende Maßnahmen zur Vermeidung von Oxidation und Wasserkontakt eingesetzt werden.

Die Qualität der Kunststoffmaterialien, wie Filament und Granulat, spielt bei der Plastifizierung in der Anlage eine wesentliche Rolle. Abweichungen in der chemischen

Zusammensetzung und Verunreinigungen können dazu führen, dass das Material im Druckkopf nicht vollständig aufgeschmolzen wird [HOPM21]. Das Vorhandensein von Wasseranteilen im Kunststoff führt zu Tropfenbildung an den Außenflächen, ungleichmäßigen Linienbreiten, einer rauen Oberfläche und damit zu einer schlechten Schichthaftung. Infolgedessen verschlechtern sich auch die mechanischen Eigenschaften der gedruckten Bauteile [WICH21, ZALD18]. Für die Herstellung qualitativ hochwertiger Bauteile sollte daher der Einfluss von Feuchtigkeit auf die Materialqualität durch geeignete Lagerung eliminiert werden. Gegebenenfalls sollten die Materialien vor dem Einsatz in einem Trockenschrank behandelt werden.

### 2.1.4 Prozessüberwachung durch Integration zusätzlicher Funktionalitäten

Der Prozessüberwachung in der additiven Fertigung wird aktuell viel Aufmerksamkeit geschenkt. Dadurch ist es möglich die Einflüsse der im Bauprozess auftretenden Unregelmäßigkeiten auf die Bauteilqualität durch gezielte Maßnahmen zu minimieren. Die direkte Überwachung des Bauprozesses, die Erfassung der Veränderungen von Materialmerkmalen, der Auswertung der Parameter und Eingreifen in den Prozessablauf sind dank der Implementierung geeigneter Überwachungstechnik in den AF-Anlagen möglich geworden [ABOU22, VANA21]. Den prinzipiellen Einsatz dieser Technik stellt die Abb. 2.5 dar.

Die Prozessüberwachungssysteme sind für additive Fertigung von Metallteilen bekannt. Insbesondere bei Laserstrahlschmelzprozessen führen die hohe Prozessdynamik zu einem sehr komplexen thermischen Verlauf innerhalb des Werkstückes. Die zyklische

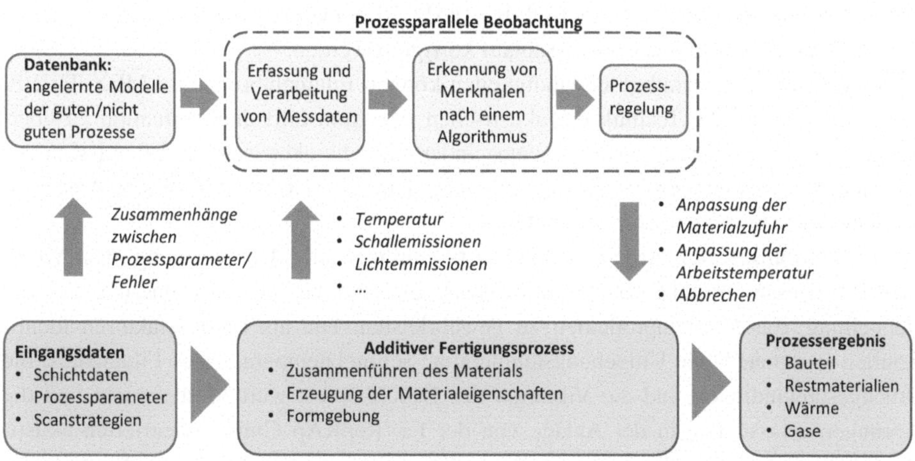


**Abb. 2.5** Konzept der Prozessüberwachung bei der additiven Fertigung. (Quelle: eigene Darstellung)

Belichtung und das Abkühlen erschweren die Vorhersage des Prozessablaufes. Eine zu diesem Zweck direkt in die Maschine integrierte Thermographiekamera ermöglicht es, die gesamte Bauplattform aufzunehmen und die entstehenden Lichtemissionen des PBF/LB-M-Prozesses zu erfassen. Die Veränderungen in der Bauschicht wie Poren und Phasenumwandlungen liefern unterschiedliche Emissionswerte. Die Auswertung der Daten erfolgt anhand eines vorher erstellten Korrelationsmodells für Materialfehler und Lichtparameter [GÖGE20]. Dadurch sind die Defekte in Echtzeit zu erkennen und die Prozessparameter zu korrigieren.

In einer anderen Arbeit wird darüber berichtet, wie die auftretenden Risse, Porosität und Fehlverschmelzungen anhand der aufgenommenen Bilder mittels Machine-Learning-Programme in Echtzeit erkannt werden können. Die Verbesserung der Algorithmen für diesen Zweck sind Gegenstand aktueller Forschungsarbeiten [FUA20, PREI20].

Die Überwachung des DED-Prozesses kann mit Hilfe der laserinduzierte Plasmamikroskopie realisiert werden. Die gesammelten Messergebnisse werden mit der Qualität des Materialauftrags in Korrelation gesetzt. Das dafür eingesetzte neuronale Netz wurde entsprechend trainiert um die Aussagekräftigkeit des Korrelationsmodells zu erhöhen [REN20, TANG20]. Dieser Ansatz gibt einerseits die Möglichkeit, Qualitätsabweichungen in situ zu kontrollieren und andererseits das physikalische Phänomen im Prozess zu verstehen.

In-situ Prozessüberwachung bei der Materialextrusion liefert Informationen über die auftretenden Fehler. Mit einer Infrarotkamera kann der Temperaturverlauf der zu verschmelzenden Filamente erfasst und bei Abweichungen die Prozessparameter angepasst werden, um mögliche Beeinträchtigungen der Bauteilqualität zu vermeiden. Die Überwachung der Gleichförmigkeit der Achsenbewegung mittels Beschleunigungssensoren gibt Aufschluss über eine fehlerfreie Prozessführung. Um diese zu quantifizieren, wurden in [WU18] vorgeschlagen den fehlerfreien Maschinenablauf zu erfassen und darauf bauend ein Modell zu bilden. Mittels des im MATLAB abgebildeten Modells ist dann im Prozess ein Soll-Ist-Vergleich durchführbar [KIM18]. So können die Prozessstörungen in Echtzeit identifiziert und der Prozessablauf korrigiert werden.

Bei kritischen Vorschubgeschwindigkeiten können Filamentbrüche im MEX-TRB/P-Prozess auftreten. Die Technik der akustischen Emission hilft diese Situation zu überwachen. Durch den Bruch des Filamentes ändert sich die akustische Schallemission des Druckkopfes, was man problemlos identifizieren kann [YANG18]. Mit diesem Ansatz ist eine Düsenverstopfung ebenso erkennbar.

Die Ergebnisse der Arbeit [RATJ21] beschreiben die Überwachung des MEX-TRB/P-Prozesses mittels verschiedener Sensoren, um die Qualitätssicherung bei der Herstellung von Medizinprodukten zu gewährleisten. Die als Einflussfaktoren identifizierten Parameter, wie Umgebungstemperatur, Schmelztemperatur des Filamentes, die Druckgeschwindigkeit und die Vibration des Druckkopfes, wurden überwacht und die Störungen erfasst. Die in der Anlage von der Fa. RepRAp GmbH integrierten akustischen Sensoren sind in der Lage unterschiedliche Geräusche zu messen und mittels des entwickelten Mashine-Learning-Programmes zu trennen. Eine App wertet die Signale automatisch aus. Bei auftretenden Fehlern, die zum Ausschuss führen könnten, stoppt die App den Prozess. Nach der Anpassung der Druckeinstellungen kann der Prozess fortgeführt werden.

Die Anwendung des Deep Learning bietet bessere Möglichkeiten die Echtzeit-Überwachung des PBF-LB/P-Verfahrens zu realisieren. Dafür wird das Pulverbett mit einer Kamera aufgenommen und die Bilder verarbeitet. Die Fehlererkennung erfolgt anhand der Anpassung der Kontraste. Aus den aufgenommenen Bildern werden zunächst manuell Merkmale identifiziert, die bei der Auswertung als Lernklassifikator dienen, um vorherzusagen, ob das Bild Fehler enthält oder nicht. Das damit trainierte System erhöht die Sicherheit des Prozesses und die Qualität [MANI22, WEST21, WRIG22].

### 2.1.5 Mehraxiale Bearbeitung

Der schichtweise Bauprozess basiert in der Regel auf 2,5-Achs-Bewegungen, die von den Antrieben entlang der X, Y und Z-Achsen entsprechend der Schichtinformation realisiert werden. Diese Bewegungsart ist eine der Gründe der Entstehung des Treppenstufeneffektes. Zum anderen führt diese Baustrategie dazu, dass die überhängenden Flächen eine Stützstruktur benötigen.

Die Forschungsarbeiten in den letzten Jahren konzentrieren sich daher auf die Erhöhung der Prozessleistung durch multiaxiales Bauen. Dafür bieten die Systeme, die mit strangförmigen Materialien (z. B. Kunststofffilamente, Drähte) arbeiten, ein besseres Potenzial [COUP18, JIAN20, VSHA22, WENG19]. Mittels entsprechender flexibler Technik, wie Roboter oder ein integrierter Drehtisch, besteht die Möglichkeit das Material auf räumlich unterschiedlich definierten Ebenen aufzutragen (Abb. 2.6). Die Vorteile dieser Technik zeigen sich bei der Oberflächenqualität und dem Materialverbrauch. Der Nachteil liegt in der aufwendigen Programmierung des Prozesses. Die volle Ausschöpfung dieses Potenzial bedarf noch der Durchführung weiterer Forschungs- und Entwicklungsarbeiten.

**Abb. 2.6** Mehrachsiger Druck auf einer siebenachsigen MEX-TRB/P-Maschine [COUP18]. (Quelle: Elsevier)

### 2.1.6 Bedeutung der Standardisierung

Die Einführung einer einheitlichen Vorgehensweise bei der Fertigungsplanung fußt immer auf der einheitlichen Beschreibung von Prozessarten und -komponenten. Die Vereinheitlichung von Planungsmethoden, Verfahrensbeschreibungen, Fertigungsmittel sowie anderer Ausgangsmittel ermöglicht stets reproduzierbare Prozessergebnisse zu erzielen. Außerdem kann nur durch standardisierte Vorgehensweisen bei der Qualitätssicherung und der Charakterisierung der Prozessergebnisse eine breite Kommunikation zwischen den Herstellern und den Endanwendern realisiert werden.

Im deutschen Sprachraum wird öfter anstelle „Standardisierung" der Begriff „Normung" verwendet. Sie legen die allgemeinen und wiederkehrenden Anwendungen von Regeln oder Merkmale für die Tätigkeiten in den verschiedenen Prozessabläufen fest. Parallel dazu existieren die umfangreichen Richtlinien zur Organisation und Lenkung der Fertigung. Mit der Einführung von Richtlinien werden für den Anwender der Technik in Wissenschaft und Praxis richtungsweisende Beurteilungs- und Bewertungskriterien in einem Arbeitsdokument gebündelt. Diese Richtlinien haben den Charakter von Empfehlungen und dienen für Orientierung und für ein besseres Verständnis der Fachleute. Die Normen und Richtlinien unterstützen den Fertigungsplaner bei der Auslegung der Fertigungsprozesse und Dokumentation der Arbeitspläne.

Die Einhaltung etablierter Standards bringt eine Reihe von Vorteilen mit sich [PEI23]:

- erhöht die Prozess- und Anlagesicherheit,
- schütz des Personals vor unsicheren Arbeiten,
- stärkt des Kundenvertrauens in das Produkt,
- ermöglicht eine kürzere Markteinführung und dadurch geringere Kosten.

Die genannten Aspekte spielen für die erfolgreiche Umsetzung der additiven Fertigungstechniken eine besondere Rolle. Hinsichtlich der Einführung von Standardisierungen bzw. Richtlinien in die additive Fertigungstechnik befindet sich die additive Fertigung noch in einem frühen Stadium. Das Fehlen umfangreicher Normung schafft Barrieren bei der industriellen Umsetzung. Hier sind besonders die eingeschränkt reproduzierbaren Ergebnisse, uneinheitliche Schnittstellen zur durchgängigen Prozessführung und Einbindung der Technik in die gesamte Wertschöpfungskette zu betonen [KOCH19, SASA15].

Die Entwicklungsdynamik in der additiven Fertigung erschwert die Umsetzung komplexer Standardisierungen. Gerade diese erhöht den Bedarf an zeitnahen und effizienten Standardisierungen. Der VDI war die erste Institution, die diese Herausforderung angenommen und erste Leitfaden zu den additiven Fertigungstechnik erarbeitet hat [RITT18]. Die so entstandene erste VDI Richtlinie 3404 im Jahr 2009 nach Revision im Jahr 2014 umfasst eine Reihe von Empfehlungen sowohl für die Prozessführung als auch für anwendungsbezogene Materialqualifizierungen, die über mehrere Entwicklungsphasen dieser Technik im Fachausschuss 105 „Additive Manufacturing" entstanden sind.

Die nationalen Interessen der Anwender der additiven Fertigungstechnik werden in den europäischen und internationalen Normungen durch den DIN vertreten. In der internationalen Ebene hat sich die „American Society for Testing and Materials“ (ASTM) mit der Standardisierung in der AF beschäftigt und seit 2009 in den USA 14 Standards für die additive Fertigung herausgegeben [MONZ15]. Die starke Verbreitung der AF-Technik über die ganze Welt führte dazu, dass einige Länder begonnen haben eigene Standards zu entwickeln. Um den Anwendern den Zugang zur AF-Technik und eine grundlegende Einführung in die Industrie zu ermöglichen, haben sich mehrere internationale und nationale Gremien (wie z. B. AFNOR, ASTM, CEN, DIN, ISO, VDI etc.) entschieden zusammenzuarbeiten. 2011 entstand so das Komitee ISO TC 261 – Additive Fertigung. In diesem Jahr beschloss das Komitee mit der ASTM zu kooperieren. Die Konstellation der internationalen Gremien ist in der Abb. 2.7 schematisch dargestellt.

Seit 2015 wurden von diesem Gremium zahlreiche Normen veröffentlicht. Die ersten Normen waren der Terminologie und den Grundlagen gewidmet. Unter weltweiter Beteiligung von Experten wurde versucht, wichtige Begriffe zu Verfahren und Prüfungen zu vereinheitlichen. Mittlerweile gibt es internationale Normen, die von der Materialvorbereitung über die Bauteilorientierung und -positionierung bis hin zur Bewertung der Prozessergebnisse wichtiges und bewährtes Grundlagenwissen darstellen. Tab. 2.1 gibt

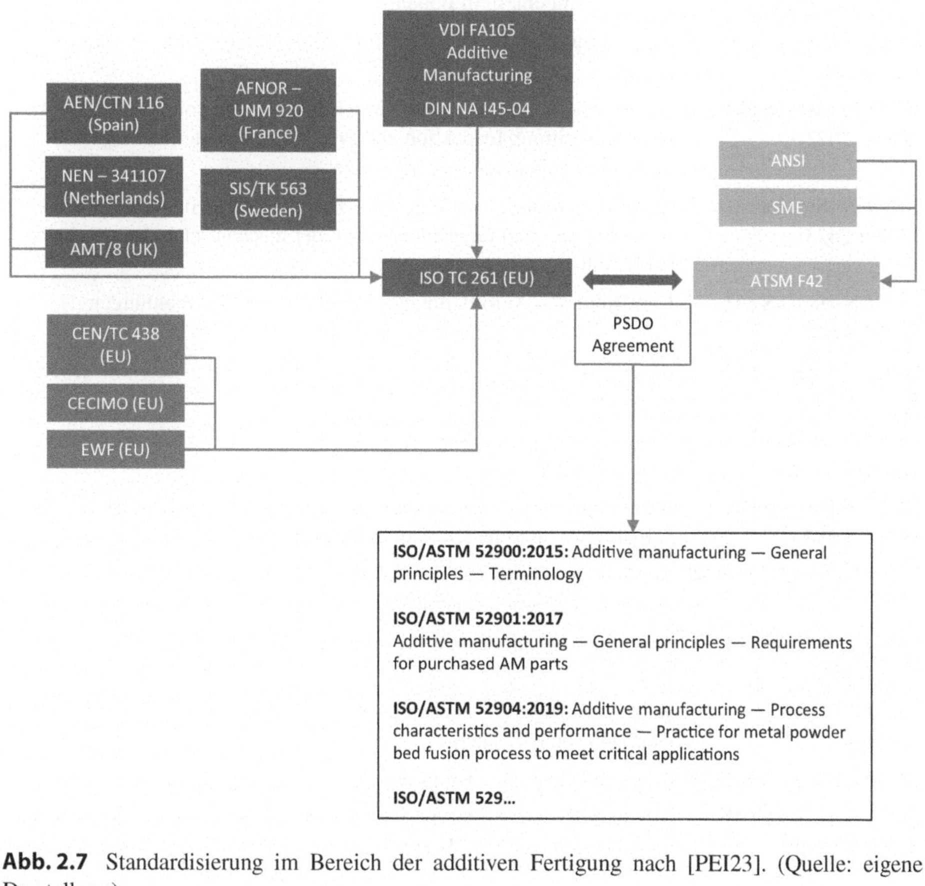


**Abb. 2.7** Standardisierung im Bereich der additiven Fertigung nach [PEI23]. (Quelle: eigene Darstellung)

**Tab. 2.1** Aktuelle internationale Normen für additive Fertigung

| Identifikation | Bezeichnung |
|---|---|
| **DIN EN ISO/ASTM 52900:2015** | Grundlagen –Terminologie |
| **DIN EN ISO/ASTM 52901:2018** | Grundlagen – Anforderungen an erworbene additiv gefertigte Bauteile |
| **DIN EN ISO/ASTM 52902:2023** | Additive Fertigung – Testkörper – Geometrische Leistungsbewertung additiver Fertigungssysteme |
| **DIN EN ISO/ASTM 52903-1:2021** | Additive Fertigung – Materialextrusion-basierte additive Fertigung von Kunststoffen – Teil 1: Ausgangsmaterialien |
| **DIN EN ISO/ASTM 52903-2:2021** | Additive Fertigung – Materialextrusion-basierende additive Fertigungsverfahren für Kunststoffe – Teil 2: Prozesszubehör |
| **DIN EN ISO/ASTM 52904:2022** | Prozessanforderungen und Qualifizierung – Verwendung des pulverbettbasierten Schmelzens von Metallen bei kritischen Anwendungen |
| **ISO/ASTM 52905:2023** | Additive Fertigung von Metallen – Zerstörungsfreie Prüfung und Bewertung – Fehlererkennung in Teilen |
| **DIN CEN ISO/ASTM TR 52906:2022** | Additive Fertigung – Zerstörungsfreie Prüfung – Bewusstes Einbringen von Fehlern in Bauteile |
| **DIN EN ISO/ASTM 52907:2020** | Ausgangswerkstoffe – Verfahren zur Charakterisierung von Metallpulvern |
| **DIN EN ISO/ASTM 52908: 2022** | Additive Fertigung von Metallen – Eigenschaften von Fertigteilen – Nachbearbeitung, Inspektion und Prüfung von Bauteilen hergestellt mittels pulverbettbasierter Schmelze |
| **DIN EN ISO/ASTM 52909: 2023** | Additive Fertigung von Metallen – Eigenschaften von Fertigteilen – Ausrichtungs- und Lageabhängigkeit der mechanischen Eigenschaften bei Metall-Bauteilen |
| **DIN EN ISO/ASTM 52910:2020** | Konstruktion – Anforderungen, Richtlinien und Empfehlungen |
| **DIN EN ISO/ASTM 52911-1:2019** | Additive Fertigung – Konstruktion – Teil 1: Laserbasierte Pulverbettfusion von Metallen |
| **DIN EN ISO/ASTM 52911-2:2020** | Additive Fertigung – Konstruktion – Teil 2: Laserbasierte Pulverbettfusion von Polymeren |
| **DIN EN ISO/ASTM 52911-3:2023** | Additive Fertigung – Konstruktion – Teil 3: Pulverbettbasiertes Schmelzen von Metallen mittels Elektronenstrahl |
| **ISO/ASTM 52912:2020** | Additive Fertigung – Konstruktion – Gestaltung von additiv gefertigten, gradierten Bauteile |
| **DIN EN ISO/ASTM 52915:2020** | Spezifikation Dateiformat für Additive Fertigung (AMF) |
| **ISO/ASTM TR 52916:2022** | Additive Fertigung – Datenformate – Normspezifikation für optimierte medizinische Bilddaten |
| **ISO/ASTM 52917:2023** | Additive Fertigung – Ringversuche – Allgemeine Leitlinien |
| **DIN EN ISO/ASTM 52920:2023-12** | Additive Fertigung – Grundsätze der Qualifizierung – Anforderungen an industrielle additive Fertigungsverfahren und Produktionsstätten |

(Fortsetzung)

**Tab. 2.1** (Fortsetzung)

| Identifikation | Bezeichnung |
|---|---|
| **DIN EN ISO/ASTM 52921:2019** | Grundlagen – Standardpraxis der Positionierung, Koordinaten und Ausrichtung des Bauteils |
| **DIN EN ISO/ASTM 52924:2023-12** | Additive Fertigung von Polymeren – Qualifizierungsgrundsätze – Klassifizierung von Bauteileigenschaften |
| **DIN EN ISO/ASTM 52925:2023-06** | Additive Fertigung von Polymeren – Ausgangsmaterialien – Qualifizierung von Materialien für das laserbasierte Pulverbettschmelzen von Teilen |
| **ISO/ASTM 52926-1:2023** | Additive manufacturing of metals Qualification principles Part 1: General qualification of operators |
| **ISO/ASTM 52926-2:2023** | Additive manufacturing of metals Qualification principles Part 2: Qualification of operators for PBF-LB |
| **ISO/ASTM 52926-3:2023** | Additive manufacturing of metals Qualification principles Part 3: Qualification of operators for PBF-EB |
| **ISO/ASTM 52926-4:2023** | Additive manufacturing of metals Qualification principles Part 4: Qualification of operators for DED-LB |
| **ISO/ASTM 52926-5:2023** | Additive manufacturing of metals Qualification principles Part 5: Qualification of operators for DED-Arc |
| **DIN CEN ISO/ASTM/TS 52930:2022-04** | Additive Fertigung – Grundlagen der Qualifizierung – Installation, Funktion und Leistung (IQ/OQ/PQ) von PBF-LB-Anlagen |
| **DIN EN ISO/ASTM 52931:2023-07** | Additive Fertigung von Metallen – Umweltschutz, Gesundheit und Sicherheit – Allgemeine Grundsätze für die Verwendung metallischer Werkstoffe |
| **DIN EN ISO/ASTM 52936-1:2023-04** | Additive Fertigung von Polymeren – Qualifizierungsgrundsätze – Teil 1: Allgemeine Grundsätze und Herstellung von Probekörpern für laserbasierte Pulverbettfusion |
| **DIN EN ISO/ASTM 52941:2022-02** | Additive Fertigung – Systemleistung und Betriebssicherheit – Abnahmeprüfung von pulverbettbasierten Laserstrahlanlagen für metallische Werkstoffe in Luft- und Raumfahrtanwendungen |
| **DIN EN ISO/ASTM 52942:2020-12** | Additive Fertigung – Grundsätze der Qualifizierung – Prüfung von Anlagenbedienern für pulverbettbasierte Laserstrahlanlagen und Ausrüstung für metallische Werkstoffe für Luft- und Raumfahrtanwendungen |
| **DIN EN ISO/ASTM 52950:2021-05** | Additive Fertigung – Grundlagen – Überblick über die Datenverarbeitung |
| **DIN EN ISO 17295:2023-04** | Additive Fertigung – Grundsätze – Positionierung, Koordinaten und Ausrichtung des Bauteils (ISO 17295:2023) |
| **DIN EN ISO 17296-2:2016-12** | Additive Fertigung – Grundlagen – Teil 2: Überblick über Prozesskategorien und Ausgangswerkstoffe |
| DIN EN ISO **17296-3:2016-12** | Additive Fertigung – Grundlagen – Teil 3: Haupteigenschaften und entsprechende Prüfverfahren |

einen kurzen Überblick über die verabschiedeten Normen. Mit der Umsetzung dieser Normen soll die Einführung der AF-Technik in die Serienfertigung durch die Schaffung einheitlicher Anforderungen an Werkstoffe, Anlagen, Prozesse und Personal sowie Werkstoffkennwerte unterstützt werden.

## 2.2 Prozessbeschreibung

### 2.2.1 Prozesskomponenten

Angesichts aktuell zunehmender Anforderungen an die Individualität, Funktionalität und Qualität der Produkte nimmt die Technik der additiven Fertigung eine Schlüsselstellung im Produktentstehungsprozess ein. Mit der weitgehenden Gestaltungsfreiheit und Flexibilität bietet die additive Fertigung basierend auf verschiedene Materialarten die Möglichkeit die Kundenwünsche umfassend und schnell stofflich umzusetzen.

Die Spezifik dieser Technik ist in der VDI 3405 [VDI14] wie folgt definiert:

> *„Bei additiven Fertigungsverfahren erfolgt die Fertigung nicht materialabtragend aus einem massiven Körper wie beim Fräsen, sondern materialzufügend, also additiv. Das heißt, die Bauteile entstehen schichtweise durch Hinzufügen von Ausgangsmaterial oder durch Phasenübergang eines Materials vom flüssigen oder pulverförmigen in den festen Zustand...“*

Die anfängliche Entwicklung der additiven Fertigungsverfahren wurden von Werkstofftechnikern initiiert und vorangetrieben. Dies führte dazu, dass die systemtechnischen Beschreibungen der Prozessabläufe, sowie die Gliederung dieser in der Produktionstechnik nicht gemäß dem bekannten Regeln stattgefunden hat. Mittlerweile werden die Verfahren der additiven Fertigung zu der Gesamtheit der Fertigungsverfahren gemäß DIN 8580 eingeordnet. Da es bisher nicht möglich war, die additiven Fertigungsverfahren in die Hauptgruppen einzuordnen, werden diese mehrheitlich dem Urformen nach DIN 8580 zugeordnet [FRIT12, MEIN05].

Das additive Fertigungssystem lässt sich anhand seiner Komponenten im Sinne der Systemtechnik beschreiben (s. Abb. 2.2). Ein wesentlicher Bestandteil dieses Systems sind die Fertigungsmittel für die additive Fertigung. Bestehend aus der Anlage für die additive Fertigung und deren Peripherie sowohl für Materialaufbereitung als auch für die Nachbearbeitung ist das Fertigungssystem in der Lage das Bauteil in einem geschlossenen Fertigungssystem effektiv herzustellen. Die wichtigsten Bedingungen zum Erreichen der erforderlichen Genauigkeit und Oberflächengüte sind die Qualität des Rohmaterials, die Zuverlässigkeit der Bewegungsteile der Anlage und die daraus resultierende Reproduzierbarkeit des Verfahrensergebnisse. Die schwankenden Materialeigenschaften üben einen starken Einfluss auf die Prozessergebnis aus. Die Eingangsgrößen des Fertigungssystems bestehen aus den werkstückbezogenen Auftragsparametern und der für die Realisierung des Auftrags benötigten Informationen. Nach der Transformation des Ausgangsmaterials entstehen die Fertigteile mit bestimmten Genauigkeits- und

Qualitätsparametern. Die Prozesse, begleitet durch schrittweise Zustandsänderungen, verlaufen in zeitlich abgegrenzter Folge von Vorgängen, die für die Erzeugung eines Teils mit gewünschtem Endzustand erforderlich sind.

Bei der Überführung des CAD-Modells in die Ist-Geometrie des Fertigteiles durch additive Fertigen kann das Übertragungsverhalten des Prozesses anhand von fünf Kriterien bewertet werden:

- Materialstruktur
- Verzug
- Treppenstufeneffekt
- Materialanhaftungen
- Abfall

Diese Kriterien werden neben den Werkstoffeigenschaften, auch von den Prozessparametern beeinflusst. Daher ist bei der Prozessauslegung die Beachtung der Gesamtheit aller im Prozess wirkenden Einflussgrößen und deren Verknüpfung über die Prozesselemente erforderlich.

### 2.2.2 Prozessablauf

Die additiv gefertigten Teile durchlaufen mehrere Schritte eines Fertigungsprozesses, die in wechselseitigen und komplexen Beziehungen stehen. Diese Schritte werden häufig durch konventionelle Fertigungsverfahren ergänzt, um die Bauteile mit der geforderten Soll-Geometrie und Materialeigenschaften auszustatten.

Der Fertigungsprozess kann als ein System betrachtet werden, das je nach Detaillierungsgrad aus mehreren Untersystemen besteht [MOEH18]. Diese Untersysteme agieren miteinander so, dass ein gemeinsames Objekt „Werkstück" von einem Anfangszustand in einen Endzustand überführt wird. Dadurch entstehende Abhängigkeiten zwischen den einzelnen Prozessen bestimmen die Zwischenzustände des Werkstückes, die an den Schnittstellen zwischen den Schritten durch Werkstückparameter repräsentiert werden. Diese zeitlich miteinander gekoppelten Prozesse zeichnen sich durch eine logische Folge aus und können wie folgt definiert werden:

> *Prozesskette der additiven Fertigung – ist eine modellhafte, deterministische Darstellung aller fortschreitender Schritte zur Herstellung eines Bauteiles mittels der Verfahren der additiven Fertigung und umfasst sowohl materialaufbereitende, als auch formgebende Prozesse.*

Die additiven Fertigungsprozesse sind in der VDI Richtlinien 3405 in drei Hauptgruppen geteilt und umfassen im Allgemeinen die drei Schritte: Pre-Prozess, In-Prozess und Post-Prozess (Abb. 2.8). Inhaltlich werden diese Schritte anlagen- oder bauteilbezogen behandelt.

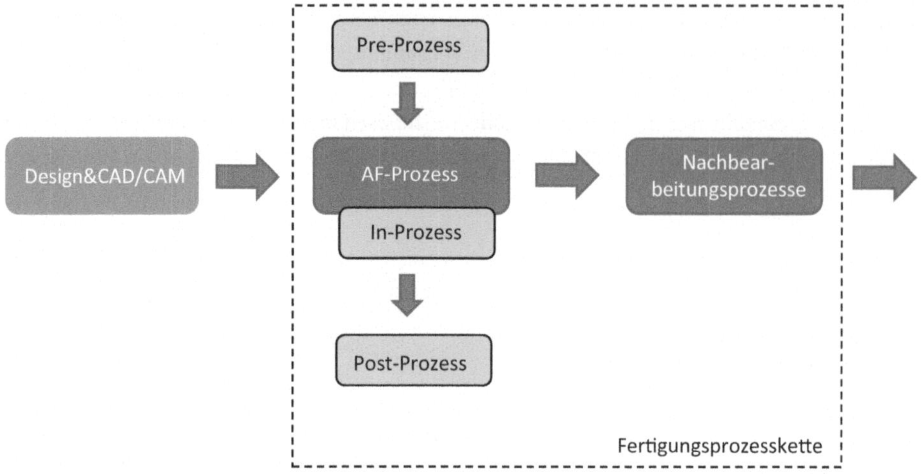


**Abb. 2.8** Prozesskette der additiven Fertigung. (Quelle: eigene Darstellung)

Planungstechnische Aspekte der Prozesskette zeigen sich nicht nur in der Auslegung dieser Prozessschritte, sondern auch in deren Kommunikation mit anderen Funktionen des Produktionssystems, wie Entwicklung, Beschaffung, Materialfluss und Logistik.

### 2.2.3 Pre-Prozess

Dieser Prozessschritt wird nach VDI 3405 wie folgt definiert [VDI14]:

> *„Pre-Prozess beschreibt alle erforderlichen Operationen, die erfolgen, bevor das Bauteil in der additiven Fertigungsanlage gefertigt werden kann. Dazu gehören insbesondere die Datenvorbereitung, die Erzeugung von Zusatz- und Hilfsgeometrien (z.B. Stützkonstruktionen), das Anordnen der Bauteile im Bauraum und die Schichtdatengenerierung. Neben der Datenvorbereitung werden mit diesem Begriff auch weitere prozessvorbereitende Maßnahmen, z.B. die hardwareseitige Anlagenvorbereitung (Materialbefüllung etc.), beschrieben."*

Wie man erkennt ist für den Beginn der additiven Fertigung ein digitales Abbild des zu fertigenden Bauteiles erforderlich. Eigentlich erfolgt die Entwicklung eines 3D-Modells des Bauteiles außerhalb der Prozesskette. Dieser vorgelagerte Schritt entscheidet über die Anwendungsvorteile additiver Fertigungsverfahren und ermöglicht durch die fertigungsgerechte Konstruktion das Potenzial dieser Technik voll auszuschöpfen [vgl. Kap. 4].

**Datenaufbereitung**
Die Datenaufbereitung dient der Bereitstellung der vollständigen Geometriedaten als Volumenmodell und den prozessspezifischen Änderungen/Anpassungen. Diese Anpassungen berücksichtigen die verfahrensbedingten Veränderungen im Bauprozess wie

Verzug, Gestaltabweichung, Werkstoffeigenschaften usw. Die aufbereiteten Daten werden in das STL-Format überführt, da sich dieses Format in der industriellen Anwendung als Standard etabliert hat (vgl. Kap. 4).

Die Datenaufbereitung besteht prinzipiell aus den zwei Teilen – a) Einlesen/Reparatur der Daten und b) Anbindung der technologischen Vorgaben. Bei der Konvertierung der Geometriedaten in das STL-Format entstehen häufig Fehler (z. B. nicht geschlossene Flächen, Überlappungen oder invertierte Dreiecke). Um diese Fehler zu beseitigen wird spezielle Software eingesetzt. Stehen die Daten für die Fertigung bereit, werden sie entsprechend des eingesetzten Fertigungsverfahrens im Bauraum der Anlage zunächst orientiert und danach positioniert.

Die Bauteilorientierung dient dazu durch Drehen um Koordinatenachsen das Bauteil im Bauraum so auszurichten, dass die verfahrensbedingten Fehler hinsichtlich der Oberfläche (z. B. geringe Oberflächenbeeinflussung durch Rückstände von Supportstrukturen und Treppenstufeneffekten) und Materialeigenschaften minimieret werden (Abb. 2.9). Unter der Berücksichtigung des Zeitkriteriums soll ein entsprechender Kompromiss gefunden werden, da die Orientierung nach den genannten Kriterien nicht immer zeitoptimal sein kann.

Bislang gibt es noch keine Software für die automatische Ausrichtung von Bauteilen. Der Bedarf für ein solches System steigt jedoch stetig. Die bisher entwickelten Systeme unterstützen den Arbeitsplaner beim Finden einer optimalen Bauteillage im Maschinenraum aber verfolgen jedoch unterschiedliche Schwerpunkte. Daher sollten für eine Kompromisslösung die bekannten Vorgehensweisen sequenziell umgesetzt werden. So ist möglich durch die Analyse verschiedener Orientierungen des Bauteiles eine sukzessive

**Abb. 2.9** Exemplarische Darstellung der verschiedenen Orientierungen eines Bauteils in Bezug auf eine Achse. (Quelle: eigene Darstellung)

Approximation eines Optimums zu erreichen [DANJ10]. Die modernen Systeme unterstützen dabei den Arbeitsplaner mittels Visualisierungstechniken, um eine beste Bauteillage zu finden.

Eine der gängigen Optimierungsvorgehen orientiert sich am Treppenstufeneffekt. Die Kombination dieses Kriteriums mit der Z-Höhe-Minimierung bereitet aber schon bei komplexen Geometrien wesentliche Schwierigkeiten. Um dieses Problem einigermaßen zu lösen wurde ein Ansatz basierend auf der Klassifikation und der Gewichtung von Bauteilflächen entwickelt [CHEN95]. Man zerlegt die gesamte Bauteilgeometrie in einzelne Geometrieelemente und legt die optimale Orientierung für jedes Element fest [KLAH18]. Die Orientierung der Elemente mit der höchsten Relevanz ist ausschlaggebend für die Orientierung des gesamten Bauteiles. Dieses ermöglicht die Quantifizierung einzelner Einflussfaktoren auf die Bauteilorientierung.

Der Einfluss der Stützstruktur auf den Prozessverlauf wird anhand des Volumens und der Kontaktfläche dieser mit dem Bauteil quantifiziert. Dieser Faktor kann mit den Kosten des Prozesses in Verbindung gebracht und bei der Planung berücksichtigt werden. Die dargelegten geometrischen Ansätze können durch parameterbasierte Methoden erweitert werden. Die bereits existierende Top-Down- und Bottom-up Slicing -Strategien verbessern die erzielbare Oberflächenrauheit signifikant. Unter Berücksichtigung der Hatch-Abstand, der Pulverbett-Temperatur, der Laserleistung sowie dem Schmelzfaktor wird eine integrierte Prozessparameteroptimierung möglich [GEBH16, WEST01].

Das Finden einer optimalen Positionierung wird mathematisch auf eine Packungsproblem (Dichte der Teile im Bauraum) reduziert und mittels spezieller Algorithmen gelöst [ZHAN16]. Die kommerzielle Software unterstützt den Arbeitsplaner bei der Vorbereitung des Jobs.

**Bauteilpositionierung**

Die Bauteilpositionierung legt die Position des Bauteiles auf der Bauplattform und im Bauraum durch Translation der orientierten Bauteile entlang der Maschinenachsen fest [VDI14]. Im darauffolgenden Schritt werden Bauteile je nach Material und Verfahren im Pre-Prozess skaliert. Der Skalierungsfaktor entspricht dem Materialschwund im jeweiligen Verfahren. Da der Schwund nicht immer über den gesamten Bauraum gleich verteilt ist, werden häufig unterschiedliche Skalierungsfaktoren für verschiedene Bauraumpositionen eingestellt. Nach der Skalierung sind keine Lageveränderungen mehr möglich, weil das zu einer Verzerrung der Geometrie führen könnte.

Um den Bauraum beim Fertigen optimal zu nutzen, werden mehrere Bauteile in einem Bauprozess (Job) gefertigt. Die Bauteile können nebeneinander angeordnet und teilweise verfahrensabhängig verschachtelt werden (Abb. 2.10). Wesentlicher Vorteil dieser Bauteilanordnung ist die Kosteinsparung. Dadurch kann die Nebenzeit der Fertigung deutlich reduziert werden. Bei der Realisierung dieser Verfahrensführung sollte jedoch

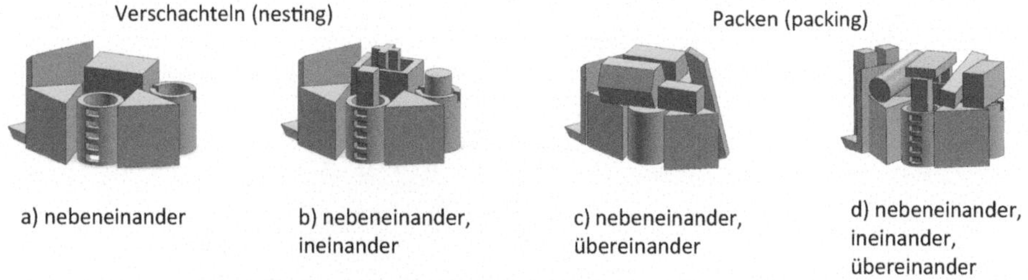


**Abb. 2.10** Verschachtelungs- und Packungstypen nach [MART15]. (Quelle: eigene Darstellung)

gegenseitige Einflüsse von Bauteilen berücksichtigt werden. Insbesondere die Wärmeeinflüsse von benachbarten Bauteilen kann zu Qualitätsproblemen führen. Dem kann mit einem Mindestabstand zwischen Bauteilen entgegengewirkt werden. Bei den Verfahren, die Stützstrukturen benötigen, ist Packing und Nesting nur begrenzt möglich.

Für die Orientierung und Positionierung der Bauteile existieren einige Strategien. Die Kombination verschiedener Orientierungs- und Positionierungsmöglichkeiten erzeugen alternative Gestaltungsvarianten.

### Stützstruktur

Die Stützstruktur ermöglicht bei der Fertigung der Bauteile einerseits den sicheren Zusammenhalt und andererseits das Abführen der Wärme, um den Verzug des Bauteiles zu vermeiden (Abb. 2.11). Diese hängt von der Verfahrens- und Werkstoffart ab. Wird das Bauteil mittels pulverbasierten Verfahrens mit niedriger Energieintensität (z. B. Binder-Jetting) gebaut, kann auf die Stützstruktur verzichtet werden. Bei der additiven Fertigung von metallischen Bauteilen ist empfohlen (bzw. erforderlich) eine Stützstruktur für die Abfuhr der Wärme vorzusehen, weil die Wärmeleitfähigkeit der Pulver deutlich niedriger ist als die des Körpers.

In einigen Fällen ist die Realisierung des Prozesses ohne Stützstruktur nicht möglich. Das tritt beim Bau von Teilen mit Überhängen, von Inseln und Brücken bei der additiven Fertigung mit flüssigen Werkstoffen besonders in Erscheinung.

Die Auslegung einer notwendigen Stützstruktur gehört zur Planung des Fertigungsprozesses, weil das Volumen des zusätzlichen Materials und damit verbundener Fertigungsaufwand sowohl im In-Prozess als auch im Post-Prozess erheblich beeinflusst. In einigen Fällen können diese bis 40 % des gesamten Aufwands ausmachen. Die Stützstrukturen sollten so angelegt werden, dass sie nach dem Bauprozess leicht und möglichst mit wenigen Rückständen entfernt werden können. Für die Lösung dieses Optimierungsproblems können gängige Softwarepakete eingesetzt werden. Je nach der Werkstoffart helfen vielfältige Verbindungsarten zwischen Supportelement und Oberfläche mit verschiedene Geometrietypen (wie z. B. Block, Konus oder Volumen) das Bauteil optimal zu stützen.

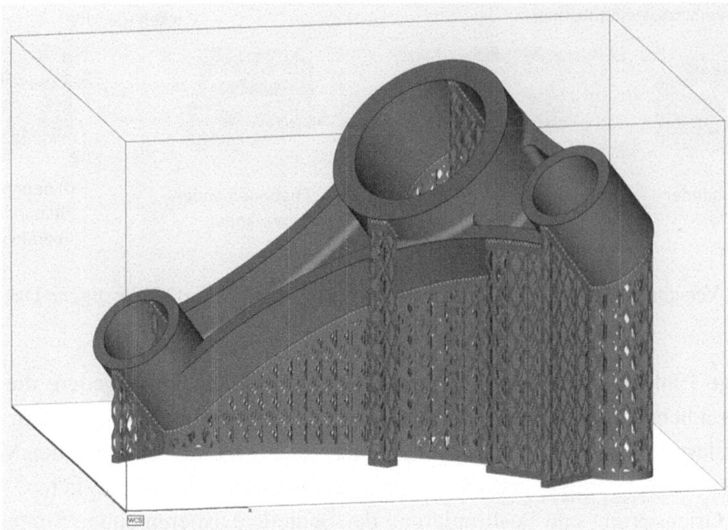

**Abb. 2.11** Modellierte Stützstruktur. (Quelle: eigene Darstellung)

### Slicing

Das schichtweise Materialauftragen oder Verfestigung verlangt die Bereitstellung der Bauteildaten im entsprechenden Format. Steht der Job mit entsprechenden Bauteilen fest, werden die Daten unter Berücksichtigung der Verfahrensvorgaben in Schichten zerlegt. So enthalten die 2D-Schichtdaten neben den maschinenspezifischen Fertigungsparametern, wie Schichtdicke, Vorschub, Leistung auch die werkstoffabhängige Füllung (Hatching) jeder Schicht. Mit der optimalen Kombination aus Werkstoff- und Fertigungsparametern ist das Prozessergebnis deutlich zu beeinflussen. Dieser Prozessschritt ist Bestandteil der CAM-Prozessplanung und wird durch kommerzielle Software unterstützt.

### Maschinenvorbereitung

In vielen Fällen reduziert sich dieser Schritt auf eine rein physische Maschinenvorbereitung, da die Prozessparameter während der Ausführung auf die Standardparameter der Maschinen zurückgreifen und im Automatikbetrieb kommunizieren. Bei einigen Verfahren soll jedoch die Bauplattform eingebaut und ausgerichtet werden. Die Bauplatten müssen nach jeder Verwendung gefräst oder geschliffen und anschließend mit abrasiven Partikeln gestrahlt werden, um eine gute Anhaftung der ersten Schicht zu gewährleisten. Bei Bedarf sollten noch Schutzgasfilter und Beschichtungslippen/-klingen erneut werden.

### Bereitstellung des Materials

Inzwischen existiert eine Vielfalt gut gebrauchsfähiger Materialien für die eingeführten Verfahren. Die Eigenschaften dieser Materialien sind für die Werkstoffeigenschaften der Teile, die im Prozess entstehen, entscheidend. Daher werden die Werkstoffe in geeigneter Form und Qualität angeboten. In den meisten Fällen können diese (z. B. Filamenten, Harze) ohne weiteres direkt im Prozess eingesetzt werden.

Bei den pulverförmigen Materialien sieht dieser Vorgang anders aus. Die Pulvermaterialein werden in zwei Kategorien geteilt: neues und gebrauchtes Pulver. Beide Pulverarten sollen vor dem Einsatz vorbereitet und im verfahrensspezifischen Verhältnis miteinander gemischt werden. Für die Pulvermaterialien ist es typisch, dass die lange Lagerung dieser Materialien zu Agglomeration von Partikeln führt. Um eine Auswirkung auf das Prozessergebnis auszuschließen, werden die Pulver vor dem Einsatz gesiebt. Damit werden die Oberflächen der einzelnen Partikel wieder aktiviert. In Abhängigkeit vom Material läuft der Siebvorgang unter heißer Luft (bei Sand) oder Schutzgasatmosphäre (bei reaktiven Materialien) ab. Mittlerweile bieten viele Maschinenhersteller ein geschlossenes System zur Verarbeitung des gebrauchten Pulvers, was einerseits die Effektivität des Vorganges und andererseits die Gewährleistung des erforderlichen Arbeits- und Gesundheitsschutzes deutlich erhöht. Ein weiter integrierter Ansatz ermöglicht die überschüssigen Pulver schon parallel zum Bauprozess zu sieben und damit die Fertigungszeit zu verkürzen.

### 2.2.4 In-Prozess

In diesem Prozessschritt findet der eigentliche Bau des Bauteiles statt. Darüber hinaus gehören zu den Fertigungsabläufen die anlagebezogenen Hilfsarbeiten, die nach VDI 3405 wie folgt definiert sind [VDI14]:

> *„In-Prozess beschreibt die aus dem Pre-Prozess resultierenden Fertigungsoperationen, die von der additiven Fertigungsanlage ausgeführt werden. Dazu zählt insbesondere der schichtweise Bauteilaufbau. Ebenfalls werden die noch in der Anlage erfolgenden Arbeitsschritte zum Entpacken oder Entnehmen der Bauteile hier eingruppiert“.*

Der Bauprozess ist charakterisiert durch den Bindemechanismen, der von der Materialgruppe abhängt. In Abhängigkeit davon ob das Bauteil aus festem, flüssigem oder gasförmigem Material aufgebaut wird, findet der Zusammenhalt zwischen den aufgetragenen Schichten durch Aufschmelzen, Verschmelzen, Verkleben oder Polymerisation mittels einzubringender Energie statt (Abb. 2.12). Diese verlangt bei einigen Verfahren, besonders bei der Fertigung von metallischen Teilen, das Vorheizen des Prozessbauraumes, um den auftretenden Eigenspannungen im Werkstück zu kompensieren. Die reaktivierten Werkstoffe, die im Prozess zur Oxidation neigen, verlangen noch ein zusätzliches Neutralisieren des Bauraumes mit einem Inertgas (i.R. mit Stickstoff). Bei Kunststoffteilen entfallen dieser Vorgänge. Es wird aber dazu das Aufwärmen der Bauplattform (z. B. bei MEX-TRB/P-Verfahren) oder des Bauraumes bevorzugt.

**Abb. 2.12** MEX-TRB/P-Bauprozess. (Quelle: eigene Darstellung)

Die additiv gefertigten Metallteile müssen am Ende des Prozesses im Bauraum abkühlen. Anschließend werden sie je nach Verfahren von Restmaterial befreit und aus der Maschine entnommen.

### 2.2.5 Post-Prozess

Der Post-Prozess folgt den In-Prozess und wird nach DİN EN İSO/ASTM 52900:2022–03 wie folgt definiert:

> „*Der Post-Prozess ist ein Prozessschritt oder Reihe von Prozessschritten, die nach Abschluss eines Bauprozesses der additiven Fertigung unternommen werden, um die angestrebten Eigenschaften beim Endprodukt zu erzielen*"

Zu diesen Arbeitsschritten zählen u. a. die Entfernung von Pulverrückständen oder Stützkonstruktionen und zwingend erforderliche Schritte zur Schaffung der technologisch erreichbaren Bauteileigenschaften (Abb. 2.13).

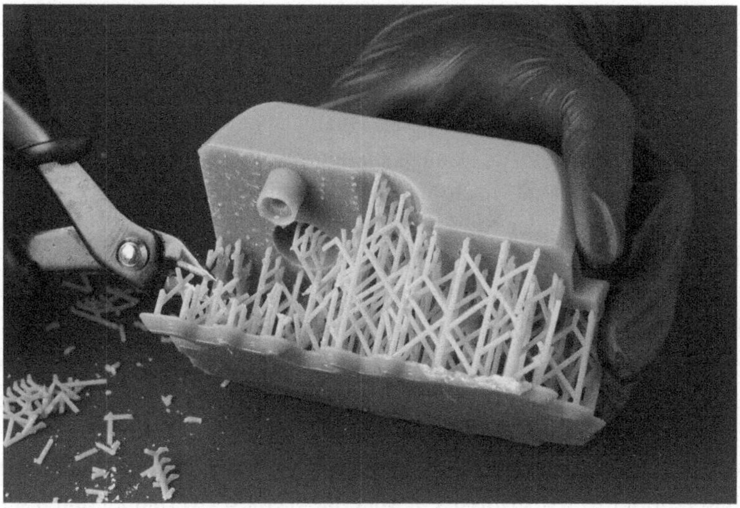

**Abb. 2.13** Entfernung der Stützstruktur. (Quelle: FORMLABS)

Der Inhalt dieses Prozessschrittes gestaltet sich ja nach Verfahren und Anforderungen an die Bauteilqualität unterschiedlich. Typische durchzuführende Arbeiten sind:

- das Entfernen des Restmaterials
- das Abtrennen des Bauteils von der Bauplattform
- die Entfernung der Stützstruktur
- das Trocknen, Aushärten und/oder die Wärmebehandeln der Bauteile
- manuelle oder maschinelle spanende Nachbearbeitung von Funktionsflächen
- die Infiltration von porösen Bauteilen

Diese teilbezogenen Tätigkeiten werden an einem separaten Arbeitsplatz durchgeführt, der mit den erforderlichen Fertigungsmitteln ausgestattet ist.

Bei der Planung additiver Prozesse hat bis jetzt der Post-Prozess eine untergeordnete Rolle gespielt. Man hat den damit verbundenen Aufwand nur pauschal betrachtet. Die durchgeführten Forschungen, besonders auf dem Gebiet der additiven Fertigung von schwer spanbaren Metallen, hat das Optimierungspotenzial dieses Arbeitsschrittes ans Licht gebracht [AURI17, KOSH18].

Die Integration des Postprozesses in die CAM-Prozesskette wurde bisher aufgrund der geringen Automatisierbarkeit nicht realisiert. Neuere Entwicklungen zeigen nur Teillösungen für die Entfernung von Stützstrukturen, Materialresten und deren Recycling.

### 2.2.6 Nachbearbeitung

Das Werkstück ist dann einsatzfertig, wenn alle Flächen unabhängig von der Fertigungsart die erforderlichen Genauigkeits- und Qualitätsparameter besitzen. Die Technologie der additiven Fertigung reicht nicht immer aus, diese Anforderungen zu erfüllen. Die Oberflächen besitzen je nach dem Verfahren eigenspanungsbedingte Gestaltabweichungen, Rückstände der Stützstrukturen und sogar fehlende Geometrieelemente, wie Bohrungen oder/und Gewinde.

Bei Vorsehen eines ausreichenden Bearbeitungsaufmaßes auf den Funktionsflächen können diese Fehler mittels der Verfahren der spanenden Bearbeitung erfolgreich beseitigt werden. Die Größe des Bearbeitungsaufmaßes richtet sich nach den Eigenschaften des zu bauenden Bauteiles. Sie kann in Abhängigkeit vom Material sogar mehrere Millimeter betragen.

Die geometrische Gestaltänderung der additiv gefertigten Werkstücke erfolgt am meistens durch Fräsen von überflüssigem Material, da dieses Verfahren durch seine Wirkzusammenhänge für die Nachbearbeitung von doppelgekrümmten Oberflächen deutlich günstige Möglichkeiten bietet (Abb. 2.14). Die fehlenden Bohrungen werden mittels Bohrbearbeitung eingebracht. Wenn die erforderliche Genauigkeit mit dem Verfahren mit geometrisch bestimmter Schneide (Drehen, Fräsen, Bohren) nicht erzielbar ist, stehen die Verfahren der Feinbearbeitung für die Endformbearbeitung zur Verfügung. Dieser Arbeitsschritt gestaltet sich aufgrund der Komplexität der Oberflächenbearbeitung sehr

Fräsen des Bauteiles

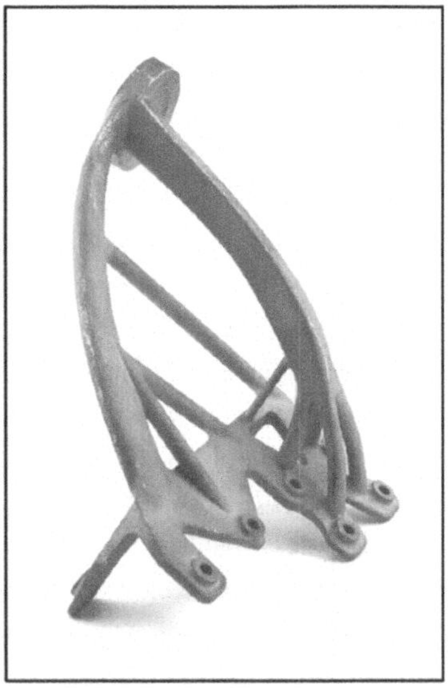

Fertigteil

**Abb. 2.14** Fräsen eines additiv gefertigten Teiles [FERC22]. (Quelle: Springer)

schwierig. Als besonderer Fall für die Feinbearbeitung von gekrümmten Oberflächen bieten sich die Verfahren an, die ohne formgebundenes Werkzeug arbeiten. Das Partikelstrahlen, das Gleitschliefen und plasmaelektrolytisches Polieren sind die am meistens untersuchten Verfahren für diesen Zweck [GEBR16, ZEID21].

Der Bedarf an Nachbearbeitung von additiv gefertigten Teilen ist so hoch, dass es zur Hybridisierung der Prozesse geführt hat. Die Kombination von additiven und spanabhebenden Verfahren ermöglicht unter anderem die Bauteile einsatzfertig bereit zu stellen [vgl. Kap. 7].

## Literatur


[ABOU22] AbouelNour Y, Gupta N (2022) In-situ monitoring of sub-surface and internal defects in additive manufacturing: A review. Mater Des 222:111063. https://doi.org/10.1016/j.matdes.2022.111063

[AURI17] Aurich JC, Greco S, Hotz H, Zimmermann M, Hartig J, Kirsch B (2017) Schleifende Nachbearbeitung additiv gefertigter austenitischer Edelstähle. ZWF Zeitschrift für Wirtschaftlichen Fabrikbetrieb 112(7–8):473–476. https://doi.org/10.3139/104.111748

[CHEN95] Cheng W, Fuh J, Nee A, Wong YS, Loh HT, Miyazawa T (1995) Multi -Objective Optimization of Part-Building Orientation in Stereolithography. Rapid Prototyping Journal 1:12–23. https://doi.org/10.1108/13552549510104429

[COUP18] Coupek D, Friedrich J, Battran D, Riedel O (2018) Reduction of Support Structures and Building Time by Optimized Path Planning Algorithms in Multi-axis Additive Manufacturing. Procedia CIRP 67:221–226. https://doi.org/10.1016/j.procir.2017.12.203

[DANJ10] Danjou S (2010) Mehrzieloptimierung der Bauteilorientierung für Anwendungen der Rapid-Technologie. Dissertation, Verlag: Cuvillier

[FERC22] Ferchow J, Kälin D, Englberger G, Schlüssel M, Ch, Klahn, Meboldt M (2022) Design and validation of integrated clamping interfaces for post-processing and robotic handling in additive manufacturing. The International Journal of Advanced Manufacturing Technology. 118:3761–3787. https://doi.org/10.1007/s00170-021-08065-4

[FRIT12] Fritz AH, Schulze G (2015) Fertigungstechnik, 10. Auflage, Springer Vieweg: Berlin Heidelberg. https://doi.org/10.1007/978-3-662-46555-4

[FUA20] Fua Y, Downeya AR, Yuan L, Zhang T, Pratt A, Balogun Y (2022) Machine learning algorithms for defect detection in metal laser-based additive manufacturing: A review. J Manuf Process 75:693–710. https://doi.org/10.1016/j.jmapro.2021.12.061

[GEBH16] Gebhardt A (2016) Additive Fertigungsverfahren Additive Manufacturing und 3D-Drucken für Prototyping – Tooling – Produktion Auflage: 5., neu bearbeitete und erweiterte Auflage. Carl Hanser Verlag

[GÖGE20] Gögelein A, Bamberg J, Zenzinger G, Ladewig A (2018) Process Monitoring of Additive Manufacturing by Using Optical Tomography. QIRT2018, 14th Quantitative InfraRed Thermography Conference. Berlin. Online: https://www.qirt2018.de/portals/qirt18/doc/Tu.2.A.4.pdf

[HOPM21] Hopmann Ch, Greif H, Wolters L (2021) Technologie der Kunststoffe. Lern- und Arbeitsbuch für die Aus- und Weiterbildung. Auflage: 5., neu bearbeitete und erweiterte Auflage. Hanser Verlag

[JIAN20] Jiang J, Newman ST, Zhong RY (2021) A review of multiple degrees of freedom for additive manufacturing machines. Int J Comput Integr Manuf 34:195–211. https://doi.org/10.1080/0951192X.2020.1858510

[KIM18] Kim JS, Lee CS, Kim SM et al (2018) Development of Data-Driven In-Situ Monitoring and Diagnosis System of Fused Deposition Modeling (FDM) Process Based on Support Vector Machine Algorithm. Int. J. of Precis. Eng. and Manuf.-Green Tech. 5:479–486. https://doi.org/10.1007/s40684-018-0051-4

[KLAH18] Klahn Ch, Meboldt M (2018) Entwicklung und Konstruktion für die Additive Fertigung. Vogel Verlag

[KOCH19] Koch C (2019) Normung für neue Technologien am Beispiel Additiver Fertigung. In Normen und Standards für die digitale Transformation 2019. https://doi.org/10.1515/9783110629057-003

[KOSC18] Kosche T (2018) Nachbearbeitung additiv gefertigter Bauteile. In: Lachmayer R, Lippert R, Kaierle S. (eds). Additive Serienfertigung. Springer Vieweg, Berlin, Heidelberg. https://doi.org/10.1007/978-3-662-56463-9_12

[KUMK18] Kumke M (2018) Methodisches Konstruieren von additiv gefertigten Bauteilen. Dissertation. Springer Wiesbaden. https://doi.org/10.1007/978-3-658-22209-3

[LAMO22] Lamottke M, Micke L, Zeidler H, Berger T, Loebel S, Martin A, Schubert A, Steinert P, Müller P (2022) Efficient fused filament fabrication of large-scale parts with high resolution. In: Proceedings of the 2022 ASPE and euspen Summer Topical Meeting on Advancing Precision in Additive Manufacturing, Knoxville, Tennessee, USA, S. 126–130

[MANI22] Manivannan S (2022) Automatic quality inspection in additive manufacturing using semi-supervised deep learning. J Intell Manuf. https://doi.org/10.1007/s10845-022-02000-4

[MART15] Martha A (2015) Optimierung des Produktentwicklungsprozesses durch CAD-CAM-Integration im Kontext der additiven Fertigung. Universität Duisburg-Essen, Dissertation

[MEIN05] Meindl M (2005) Beitrag zur Entwicklung generativer Fertigungsverfahren für das Rapid Manufacturing. Dissertation, TU München

[MOEH18] Möhrle M (2018) Gestaltung von Fabrikstrukturen für die additive Fertigung. Dissertation, Springer. https://doi.org/10.1007/978-3-662-57707-3

[MONZ15] Monzón MD, Ortega Z, Martínez A. et al (2015) Standardization in additive manufacturing: activities carried out by international organizations and projects. The International Journal of Advanced Manufacturing Technology 76: (1111–1121). https://doi.org/10.1007/s00170-014-6334-1

[NN21] Grade2XL, next step in Wire Arc Additive Manufacturing (WAAM) https://www.ramlab.com/updates/grade2xl-next-step-in-wire-arc-additive-manufacturing/. Zugegriffen: 13. Nov. 2023

[PEI23] Pei E, Bernard A, Gu D, Klahn CH, Monzon M, Petersen M, Sun T (2023) Springer Handbook of Additive Manufacturing. Springer, Cham. https://doi.org/10.1007/978-3-031-20752-5

[PREI20] Preißler M, Jobmann S, Notni G (2020) Geschlossener Qualitätsregelkreis für die Additive Fertigung durch bildgestütztes Maschinelles Lernen. In: Schmitt RH (Hrsg) Datengetriebenes Qualitätsmanagement. Springer Vieweg, Berlin, Heidelberg. https://doi.org/10.1007/978-3-662-62442-5_4

[QUIT22] Quitter Q (2022) Neun neue Materialien, die für den 3D-Druck bereit stehen. Konstruktionspraxis. Online Publikation: https://www.konstruktionspraxis.vogel.de/neun-neue-werkstoffe-fuer-die-additive-fertigung-a-af515817e7d06ac8e-23a3e2bd9e03bb3/. Zugegriffen: 19. Juli 2024

[RATJ21] Ratje A, Knott A-L, Küster B, Stonis M, Overmeyer L (2021) Einführung einer In-situ-Prozess-Überwachung in der additiven Materialextrusion. Zeitschrift für wirtschaftlichen Fabrikbetrieb 116(10):707–710. https://doi.org/10.1515/zwf-2021-0156

[REN20] Ren W, Mazumder J (2020) In-situ porosity recognition for laser additive manufacturing of 7075-Al alloy using plasma emission spectroscopy. Sci Rep 10:19493. https://doi.org/10.1038/s41598-020-75131-4

[RITT18] Ritt S (2018) Der Krieg der Standardisierung in der additiven Fertigung. In: https://www.ingenieur.de/technik/fachbereiche/3d-druck/der-krieg-der-standardisierung-in-der-additiven-fertigung/. Zugegriffen: 18. Juli 2024

[SASA15] SASAM (2015) Additive Manufacturing: SASAM Standardisation Roadmap

[SEYD18] Seyda V (2018) Werkstoff- und Prozessverhalten von Metallpulvern in der laseradditiven Fertigung. Springer Vieweg, Berlin. https://doi.org/10.1007/978-3-662-58233-6

[TOYS21] Toyserkani E, Sarker D, Obehi Ibhadode O, Liravi F, Russo P, Taherkhani K (2021) Metal Additive Manufacturing. Publisher Wiley & Sons Ltd

[TANG20] Tang Zj, Liu W, Wang Y. et al (2020) A review on in situ monitoring technology for directed energy deposition of metals. The International Journal of Advanced Manufacturing Technology 108:3437–3463.https://doi.org/10.1007/s00170-020-05569-3

[VDI14] VDI3405: Additive Fertigungsverfahren – Grundlagen, Begriffe, Verfahrensbeschreibungen. VDI, 2014

[VANA17] Vanacker, G. 3D Printing system and process. EU Paten: EP 3 117 982 A1, 18.01.2017

[VANA21] Vanaei HR, Shirinbayan M, Deligant M, Khelladi S, Tcharkhtchi A (2021) In-Process Monitoring of Temperature Evolution during Fused Filament Fabrication: A Journey from Numerical to Experimental Approaches. Thermo 1:332–360. https://doi.org/10.3390/thermo1030021

[VSHA22] VSHAPER 5-AXIS MACHINE—3D Printing Solutions for Industries—VSHAPER. Vshaper

[WENG19] Weng F, Shiming G, Jingchao J, Jianjian W, Ping G (2019) A Novel Strategy to Fabricate Thin 316L Stainless Steel Rods by Continuous Direct Metal Deposition in Z Direction. Addit Manuf 27:474–481. https://doi.org/10.1016/j.addma.2019.03.024

[WEST01] West AP, Sambu SP, Rosen DW (2001) A process planning method for improving build performance in stereolithography. Comput Aided Des 33(1):65–79. https://doi.org/10.1016/S0010-4485(00)00064-6

[WEST21] Westphal E, Seitz H (2021) A machine learning method for defect detection and visualization in selective laser sintering based on convolutional neural networks. Addit Manuf 41:101965. https://doi.org/10.1016/j.addma.2021.101965

[WICH21] Wichniarek R, Hamrol A, Kuczko W, Górski F, Rogalewicz M (2021) ABS filament moisture compensation possibilities in the FDM process. CIRP J Manuf Sci Technol 35:550–559. https://doi.org/10.1016/j.cirpj.2021.08.011

[WITT20] Witt E, Anton Ch (2020) Additive Fertigung – Entwicklungen, Möglichkeiten und Herausforderungen. Druckhaus köthen GmbH & Co. KG

[WRIG22] Wright WJ, Darville J, Celik N, Koerner H, Celik E (2022) In-situ optimization of thermoset composite additive manufacturing via deep learning and computer vision. Addit Manuf 58:102985. https://doi.org/10.1016/j.addma.2022.102985

[WU18] Wu Y, He K, Hu H et al (2019) Process Monitoring of Fused Deposition Modeling through Profile Control. 2018 IEEE Int Conf Cyborg Bionic Syst (CBS):936–941. https://doi.org/10.1109/CBS.2018.8612192

[YANG18] Yang Z, Jin L, Yan Y, Mei Y (2018) Filament Breakage Monitoring in Fused Deposition Modeling Using Acoustic Emission Technique. Sensors 18(3):749. https://doi.org/10.3390/s18030749

[ZALD18] Zaldivar R, McLouth TD, Ferrelli GL, Witkin DB (2018) Effect of Initial Filament Moisture Content on the Microstructure and Mechanical Performance of ULTEM® 9085 3D Printed Parts. Addit Manuf 24:457–466. https://doi.org/10.1016/j.addma.2018.10.022

[ZEID21] Zeidler H, Aliyev R, Gindorf F (2021) Efficient Finishing of Laser Beam Melting Additive Manufactured Parts. J Manuf Mater Process 5(4):106. https://doi.org/10.3390/jmmp5040106

[ZHAN16] Zhang Y, Gupta RK, Bernard A (2016) Two-dimensional placement optimization for multi-parts production in additive manufacturing. Robotics and Computer-Integrated Manufacturing 38:102–117. https://doi.org/10.1016/j.rcim.2015.11.003

[ZHAN18] Zhang X, Li M, Lim JH, Weng Y, Tay YWD, Pham H, Pham DG (2018) Large-Scale 3D Printing by a Team of Mobile Robots. Autom Constr 95:98–106. https://doi.org/10.1016/j.autcon.2018.08.004

# 3 Planungsgrundlagen von Fertigungsprozessen

## 3.1 Begrifflichkeiten

Die unterschiedlichen Herangehensweisen bei den Prozessentwicklungen auf dem Gebiet der additiven Fertigung führten in der Fachliteratur zu unterschiedlichen Bedeutungen. Teilweise widersprüchliche Begrifflichkeiten, welche mit der Auslegung von Prozessabläufen der additiven Fertigung verbunden sind, erschweren den Fachleute das Verständnis der angestrebten Fertigungsziele. Daher ist dringend notwendig für ein einheitliches Verständnis der Thematik die Begriffe im Kontext dieses Buches festzulegen bzw. zu definieren. Damit soll ein Bezug zwischen den etablierten Begrifflichkeiten der AF und klassischen Fertigungsverfahren, der Maschinentechnik und den CAx-Systemen hergestellt werden. Anlehnend an die Fachliteratur sind die wichtigen Definitionen wie folgt zusammengefasst [EVER02, JACO02, MEIN95, REFA92, SCHU11, WIEND19]:

**Alternative Fertigungspläne** ermöglichen gleiche Bauteile mit unterschiedlicher Fertigungstechnik oder Fertigungsparameter zu fertigen.

**Arbeitsplan** ist ein Dokument oder eine Datei, die strukturierte Anweisungen und NC-Programme für einen Fertigungsprozess mit einer Beschreibung der einzelnen Bearbeitungsschritte enthält.

**Arbeitsplanung** oder Arbeitsvorbereitung ist ein zukunftsorientierter, systematischer Prozess, der die notwendigen Arbeitsaufgaben, Abläufe, Ressourcen und Zeitpläne für die wirtschaftliche Durchführung eines Fertigungsauftrages in einem Unternehmen festlegt.

**Arbeitsvorgang** oder Arbeitsgang bezeichnet die Folge von Verrichtungen/Arbeitsstufen der Arbeit auf einem Arbeitsplatz.

**Bearbeitungsreihenfolge** bezeichnet die Aufeinanderfolge von Arbeitsschritten, die für die Fertigung eines oder gleichzeitig mehrerer Teile an einem Arbeitsplatz durchgeführt werden.



R. Aliyev, *Planung von additiven Fertigungsprozessen*,
https://doi.org/10.1007/978-3-662-70199-7_3

**Fertigen** ist das Schaffen, Form und Eigenschaften verändernde Bearbeiten und Verbinden von geometrisch bestimmten Körpern in industriellen Prozessen.

**Fertigungsart** charakterisiert die Fertigung eines bestimmten Produktspektrums in Abhängigkeit von der Stückzahl der Fertigungsaufträge und deren Wiederholhäufigkeit (Einmal- und Einzel-, Serien-, Massenfertigung).

**Fertigungsaufgabe** umfasst die Gesamtheit der Merkmale und Bedingungen für die Fertigung von Erzeugnissen/Bauteilen.

**Fertigungsplanung** verfolgt die kurzfristigen Ziele der Arbeitsplanung und legt fest was, wie, womit und in welcher Reihenfolge zu fertigen ist. Dabei werden sowohl die technischen Anforderungen, wie Maschinen und Geräte, als auch das Personal berücksichtigt.

**Fertigungsprozess** ist die Folge aller zur Fertigung eines Werkstückes und Erzeugnisses erforderlichen fertigungstechnischen Operationen, die als Arbeitsgänge mit Arbeitsstufen definiert werden.

**Fertigungsverfahren** sind Methoden zur Herstellung geometrisch bestimmter Körper. Sie kennzeichnen den Arbeitsgang bzw. die Arbeitsstufe.

**Fertigungszeit** ist die Zeit für die Fertigung eines Bauteils gemäß der Fertigungsaufgabe und bezieht sich auf alle Zeitglieder des Fertigungsprozesses.

**Qualität** ist der Erfüllungsgrad der inhärenten Merkmale eines Objektes, der gestellten Anforderungen.

**Job** wird in der additiven Fertigung als alternativer Begriff für den Arbeitsvorgang / Arbeitsgang verwendet.

**Prozess** umfasst alle erforderlichen Vorgänge und Tätigkeiten zur Fertigung eines Bauteiles mittels eines Verfahrens. Dazu gehören neben den Schritten der direkten Fertigung auch die Material- und Maschinenaufbereitung.

**Prozessgestaltung** ist ein zusammenfassender Begriff für die Fertigungsplanung und notwendiger Hilfs- und Ergänzungsprozesse.

**Prozessoptimierung** ermöglicht im Rahmen eines Systems mit betrachteten Restriktionen ein Extremum von Zielgrößen mithilfe von mathematischen Zusammenhängen zu finden.

**Prozessschritt** beschreibt die Teile/Aktivitäten der Prozesse in verschiedenen Ebenen.

**Scannen** entspricht in der additiven Fertigung im Wesentlichen dem Abtasten der Materialoberfläche mit dem Laserstrahl entlang einer definierten Bahn.

**Scangeschwindigkeit oder auch Vorschubgeschwindigkeit** bezeichnet die Geschwindigkeit des Werkzeugs (z. B. Laserkopf, Extruder) entlang der Bahn im Bauprozess.

## 3.2 Ziele der Fertigungsplanung

Seitdem die additive Fertigung in der industriellen Praxis Fuß gefasst hat, ist diese Technik ein Glied der Wertschöpfungskette geworden. Für die sinnvolle Integration dieser neuen Fertigungstechnik in den gesamten Produktionsprozess sollten die Schritte der additiven Prozesskette im Rahmen der Arbeitsvorbereitung geplant und die Maßnahmen für ihre Realisierung erarbeitet werden.

Obwohl die additive Fertigungstechnik z. Z. überwiegend nur in der Einzel- und Kleinserienfertigung Einsatz findet, geben die neusten Entwicklungen hinsichtlich der Erhöhung der Produktivität und der Reproduzierbarkeit der Prozessergebnisse eine Hoffnung auf den Einsatz dieser Technik in der Serienfertigung. Das stellt für den Arbeitsplaner eine neue Herausforderung dar. Sie sollten in der Lage sein je nach Fertigungsart die AF-Technik so einzuplanen, dass diese dem Ziel einer gesamthaften wirtschaftlichen Produktion des Betriebes entspricht. Dafür sollten ausführliche Informationen zu den Fertigungsmitteln, dem Automatisierungsgrad, der Mitarbeiterqualifikation als auch zu den Materialien vorhanden sein. Außerdem ermöglichen die Produktionsdaten in der Phase der Arbeitsplanung eine parallele Termin-, Material-, Kapazitäts- sowie Kostenplanung durchzuführen.

Der Detaillierungsgrad der Informationen zu den Prozesskomponenten entscheidet über die Qualität der Planung der Prozesse und damit über einen möglichen optimalen Prozessablauf. Außerdem unterstützen kumulierte Daten der Prozessverläufe und mögliche modellbasierte Zusammenhänge zwischen den Prozessen den Planungsprozess. Diese Informationen helfen dem Arbeitsplaner die Auswirkungen einzelner Planungsschritte auf die Endqualität der Teile besser abzuschätzen.

Abgeleitet aus der Wirtschaftlichkeit der Produktion stellt sich für die Planung einzelner additiver Fertigungsverfahren die Aufgabe, kurze Fertigungszeiten und niedrige Kosten zur Einhaltung der gestellten Qualitätsanforderungen zu gewährleisten. Damit erhält diese Technik eine essentielle Stellung bei der Erhöhung der Wettbewerbsfähigkeit der Betriebe [WEST06].

Die Planung additiver Fertigungsprozesse im Kontext der klassischen Arbeitsvorbereitung bedarf eines determinierten Ansatzes zur Anwendung von bekannten Methoden und zur Ergänzung durch spezifische Gegebenheiten der neuen Technik. In der Fertigungstechnik untergliedert man die Arbeitsvorbereitung in die Teilbereiche „Arbeitsplanung" und „Arbeitssteuerung" [EVER02]. Nach REFA legt man in der Arbeitsplanung fest welches Objekt, mit welcher Technik, in welcher Reihenfolge, mit welchen Mitteln und in welcher Zeit gefertigt werden soll. Sie strukturiert die Fertigungsaufgaben und organisiert die Arbeitsvorbereitung und -steuerung so, dass die Unternehmensziele hinsichtlich Zeit, Kosten und Qualität in den einzelnen Stufen erreicht werden (Abb. 3.1). Als Ergebnis steht die dokumentierte Folge der Arbeitsgänge/Arbeitsvorgänge und Arbeitssysteme dem Fertiger zur Verfügung [DANG01].

Um die zeit- und termingerechte Realisierung der geplanten Arbeitspläne kümmert sich die Arbeitssteuerung, welche die optimale Verteilung von Aufgaben unter den Fertigungsbereichen, sowie die Bereitstellung von Material, Fertigungsmitteln und Arbeitskräften organisiert. Die Erzielung kurzer Durchlaufzeiten, geringer Lager- und Werkstattbestände und einer hohen Flexibilität steht dabei im Vordergrund. Das Erreichen der Fertigungsziele erfolgt im Rahmen der Arbeitsvorbereitung im Betrieb

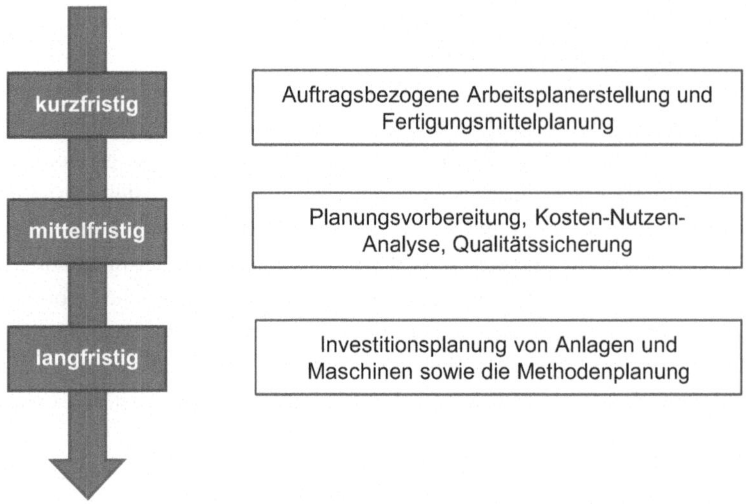


**Abb. 3.1** Aufgaben der Arbeitsplanung [nach REFA92]. (Quelle: eigene Darstellung)

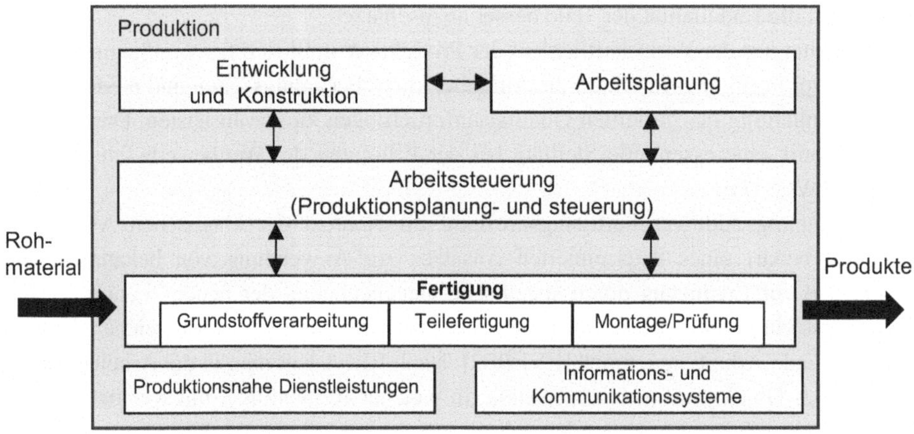


**Abb. 3.2** Informationsaustausch in der Produktion [WEST10]. (Quelle: Springer)

[SCHU11]. Diese bindet verschiedene Bereiche der Fertigung ein und ermöglicht einen störungsfreien Informations- und Materialfluss (Abb. 3.2).

Die Arbeitsvorbereitung versorgt einerseits den Fertigungsprozess mit allen notwendigen Informationen, die man anhand der Konstruktions- und Auftragsdaten erstellt, und andererseits unterstütz sie die Entwicklung und Konstruktion mit den notwendigen Beratungen hinsichtlich einer fertigungsgerechten Konstruktion.

Die Integration der additiven Fertigung in dieses komplexe technische System verlangt die Berücksichtigung der technischen und organisatorischen Restriktionen bezüglich der Erfüllung von Qualitätsanforderungen. Ziel dabei sollte es sein durch ein methodisches Vorgehen bei der Arbeitsplanung und -steuerung ein Minimum für Aufwand und ein Maximum an Arbeitsergebnis zu erreichen.

Die erfolgreiche Erstellung eines Arbeitsplanes stellt hohe Anforderungen an die Fähigkeit des Arbeitsplaners. Der Arbeitsplaner sollte umfassende Kenntnisse über die im Unternehmen vorhandenen Fertigungsmittel und -verfahren sowie den Zusammenhang zur Ver- und Bearbeitbarkeit der Werkstoffe besitzen. Er sollte ebenso über den aktuellen Stand der Entwicklung der Fertigungstechnik informiert sein. Für die möglichst genauere Terminierung der Fertigung sollte er Methoden des Arbeits- und Zeitstudiums beherrschen. Dabei wird er durch verschiedene Arbeitsmethoden und -werkzeuge unterstützt. Das sind die wichtigsten Voraussetzungen für die Realisierung der Unternehmensziele unter den gegebenen Randbedingungen und Ressourcen.

## 3.3 Additive Fertigung in Unternehmensprozessen

Die Herstellung eines Produktes in der Industrie umfasst die gesamte Kette von der Entwicklung der Produktidee, über ihre technische Umsetzung bis hin zur Vermarktung. Ein besonderer Aspekt stellt in dieser Kette der Produktentstehungsprozess dar, der für den industriellen Einsatz der additiven Fertigungsverfahren die zentrale Stellung einnimmt (Abb. 3.3).

Die historische Entwicklung der additiven Fertigungstechnik zeigt auf, dass die ersten Entwicklungen einer additiven Fertigung aus dem Bereich der Prototypenentwicklung stammen. Mit dieser Fertigungstechnik konnten die ersten Produktideen direkt oder indirekt in ein physisches Modell überführt werden [GEBH16]. Bei der Fertigung von Prototypen handelte es sich um die heute bekannten additiven Fertigungsverfahren, die es ermöglichten anhand von CAD-Modellen die wichtigsten Merkmale eines Produktes in den Konzept-, Anschauungs- oder Funktionsmodellen zu erzeugen. Bei Teilen deren erwartete spezifische Merkmale auf direktem Weg nicht realisierbar war, hat man Gießverfahren eingesetzt. In diesen Fällen diente die AF-Technik zur Fertigung von Modellen oder Formen für den Abguss. Die gefertigten Formen wurden dann mit den entsprechenden Materialschmelzen gefüllt.

Die Prototypenherstellung (auch: Rapid Prototyping) gehört zur Fertigungsart Einzelfertigung und wird in der Produktentwicklungsphase eingesetzt. Vorteile dieser Techniken zeigen sich in der Verkürzung der genannten Produktentwicklungsphase.

Im Zuge der Weiterentwicklung hat sich der Bereich des Rapid Tooling für den Bau von Werkzeugen der Ur- und Umformtechnik herausgebildet. Die Werkzeuge bestehen überwiegend aus Metall und so kommen für die Fertigung geeignete AF-Verfahren mit hoher Energieleistung zum Einsatz (z. PBF-LB/M, PBF-EB, DED u. a.).

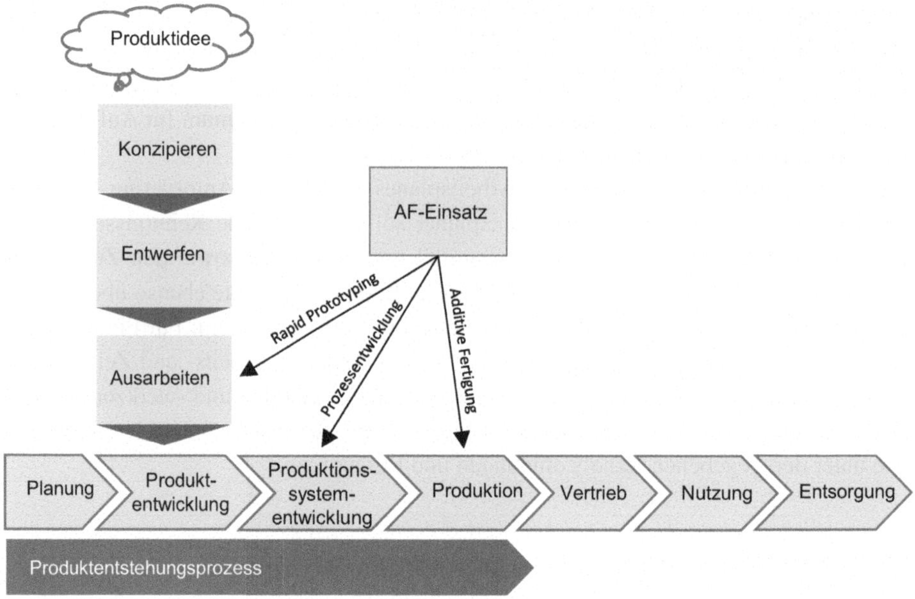


**Abb. 3.3** Einsatz der additiven Fertigung im Produktentstehungsprozess. (Quelle: eigene Darstellung)

Für die Einführung gereifter Produktideen in die Serienfertigung ist es notwendig diese mit seriennahen Eigenschaften zu fertigen. Das wird mit der Direct Manufacturing-Technik (ursprünglich: Rapid Manufacturing) realisiert. Direct Manufacturing fußt auf additiven Fertigungsverfahren, beschränkt sich aber auf einige wenige, welche in der Lage sind mit der verfügbaren Anlage und geeignetem Material die Bauteile mit den vom Konstrukteur festgelegten mechanischen Eigenschaften zu fertigen. Dieser Technik hat sich bei der schnelleren Einführung neuer Produkte in die Serienfertigung bewährt, da es möglich war die Fertigungszeiten deutlich zu senken.

Die Planung und Steuerung der additiven Fertigungsprozesse unterscheiden sich von der konventionellen Teilefertigung hinsichtlich der Mittel und der spezifischen Struktur der Arbeit. Diese zeichnen sich durch die Anwendung spezieller Anlagen und zugehöriger Materialein aus, die im Fertigungsprozess eines Werkstückes benötigt werden. Dieses Merkmal ist für die Fertigungsmittelzuordnung während der Planung entscheidend. Umfangreiche Informationen zu verarbeitbaren Materialien, Bauraumgrößen, Aufbauraten, erreichbare Genauigkeits- und Qualitätskenngrößen der Maschinen sollten dem Prozessplaner vorliegen. Diese Informationen werden vom Hersteller der Maschinen bereitgestellt. In der Regel werden sie in den Betrieben noch durch eigene Versuche validiert und mit konkreten Zahlen versehen.

Weitere Mittel, die für die Planung eines wirtschaftlichen Prozesses mit entscheidend sind, stellen die Einrichtungen für die Materialaufbereitung und das Post-Prozessing dar. Diese Einrichtungen bzw. Arbeitsplätze gehören zur Peripherie der AF-Anlagen und stehen in unmittelbarer Nähe. Die Kapazität der Materialaufbereitung entscheidet die Produktivität des Fertigungsprozesses an einer konkreten Anlage. Einerseits benötigt ein Betrieb mit wenig Stillstandszeit die Bereitstellung einer genügenden Menge aufbereiteten Materials, andererseits sollen die fertiggestellten Jobs möglichst schnell aus der Maschine entfernt werden, um die Maschine für den nächsten Job frei zu geben. Diese Arbeitsteilung und -zuordnung der genannten Einrichtungen bestimmen die Steuerung der Fertigung. Aus organisatorischem Grund sollten diese Arbeitsgänge strukturiert in die Prozessketten integriert sein, um die Durchlaufzeit der Fertigung vorhersagbar zu machen. Der Einsatz die Hilfseinrichtungen wird in den Kapiteln Kap. 5 und 6 näher erläutert.

Ein in die Wertschöpfungskette integrierter AF-Prozess bestimmt die Material- und Informationsflüsse im Unternehmen nach den angewendeten Fertigungsprinzipien. Die dafür eingesetzten Methoden richten sich stark nach der Organisationstypen. Es existieren grundsätzlich drei Arten, die je nach der Komplexität und der Variantenvielfalt der Produkte entsprechende Rahmenbedingungen aufweisen (Abb. 3.4). So wird z. B. bei komplexen Montagetätigkeiten, die den Einsatz von Handhabungsgeräten erfordern, das Werkbankprinzip angewendet. Die für die ganzheitliche Tätigkeit eingesetzten Arbeiter erledigen die gestellte Aufgabe an einem Arbeitsplatz. Bei der Fertigung nach dem Werkstattprinzip werden dagegen die Arbeitsplätze mit gleichen/ähnlichen Verrichtungen der Verfahren räumlich zu einer Werkstatt zusammengeführt. Dabei wird ein hohes Maß an Flexibilität realisiert, wobei die Art und Anzahl der Arbeitsobjekte häufig wechseln [SCHU14]. In der Fließfertigung ist aufgrund der starren Anbindung der Arbeitsplätze kaum Flexibilität möglich. Die Ressourcen werden entlang der Prozesskette prozessorientiert angeordnet [HELB10, LOED08, MATH09, SCHU06, WIEN19].

| | **Werkbankprinzip** | **Werkstattprinzip** | **Fließprinzip** |
|---|---|---|---|
| Ordnungskriterien für die räumliche Anordnung | Mensch | Verrichtung | Prozessfolge |
| Kopplung zwischen den Arbeitsplätzen | nicht vorhanden | frei | starr…elastisch |
| Taktbestimmung zwischen den Arbeitsplätzen | nicht vorhanden | nicht vorhanden | ungefähr…-exakt |
| Beispiele | Werkzeugbau, Vorrichtungsbau | Dreherei, Bohrerei, Lackiererei | Montage von Automobilen, Fertigung von Elektrogeräten |

**Abb. 3.4** Organisationstypen der Fertigung nach [SCHU14]. (Quelle: eigene Darstellung)

Die bekannten Einsatzfelder der AF-Technik konzentrieren sich aktuell auf die Fertigung von komplexen und individualisierten Produkten. Die damit in Verbindung stehenden kleinen Losgrößen und steigende Anzahl der Aufträge können bisher nur mit dem Werkstattprinzip bewältigt werden (Abb. 3.5). Durch die Anordnung entlang der Arbeitsfolge ist es möglich die notwendige Flexibilität der Fertigung bei den schwankenden Stückzahlen zu sichern [MOEH18]. Die planungstechnische Realisierung dieses Fertigungsprinzips erfordert einen starken Informationsaustausch und Koordination mit vor- und nachgelagerten Prozessen. So können die strategischen Leistungsziele des Unternehmens -Zeit, Qualität, Kosten- erfüllt werden [WEST06].

Weiterhin sollte die Fertigungsart bei der Arbeitsplanerstellung berücksichtigt werden. Je nach dem Grad der Wiederholfertigung unterscheiden sich folgende Arten: Einmal- und Einzelfertgung, Klein- und Großserienfertigung sowie Massenfertigung [MEIN95]. Sie bestimmen die Organisation bzw. räumliche und zeitliche Zuordnung der Arbeitsplätze in der Betriebsstätte. Danach werden der Material- und Informationsfluss organisiert. Die Verknüpfung der eingesetzten Betriebsmittel unter Berücksichtigung der Fertigungsfolge bestimmt die Struktur einer konkreten Fertigung.

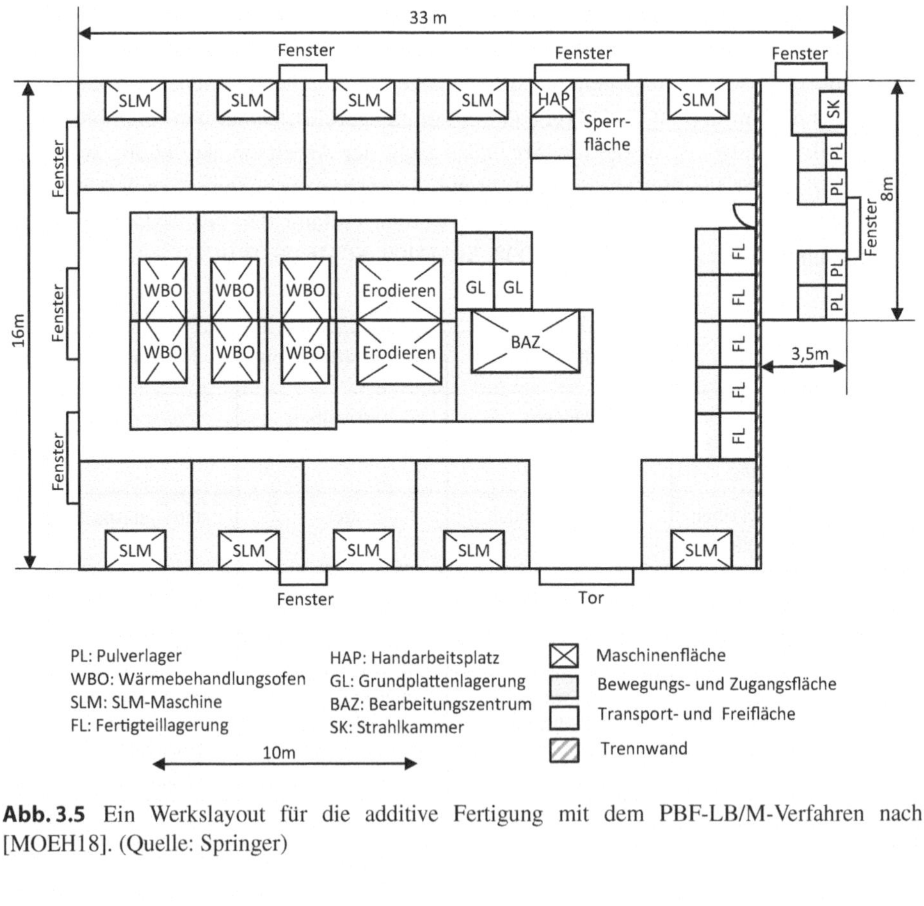


**Abb. 3.5** Ein Werkslayout für die additive Fertigung mit dem PBF-LB/M-Verfahren nach [MOEH18]. (Quelle: Springer)

## 3.4 Strukturelle und zeitliche Aspekte des Fertigungsablaufes

Die Planung der Fertigungsprozesse zieht neben den räumlichen Aspekten auch die zeitlichen Aspekte bei der Organisation von Prozessabläufen in Betracht. In der Regel werden die zeitliche Abfolge der Prozesse durch die technologischen Besonderheiten entlang der Wertschöpfungskette des Unternehmens gegeben, wobei für die Fertigung der Produkte das Zusammenwirken von Menschen und Betriebsmittel/Arbeitsmittel innerhalb definierter und bestimmter Schritte erforderlich ist. Bei der Ermittlung und Planung konkreter Zeitkomponenten der Fertigung sollen die einzelnen Schritte des Prozesses eindeutig beschrieben werden.

Es sind menschen- und betriebsmittelbezogene Ablaufarten zu unterscheiden. Im Rahmen seiner Arbeitstätigkeit verrichtet der Mensch verschiedene Tätigkeiten, die im Einzelnen beschrieben werden. Wenn ein Bediener in seiner Arbeitszeit das Fertigungsmittel (z. B. Fräsen, Schleifen) überwacht oder die Anlage für die Ausführung der Aufgabe vorbereitet (Rüsten) befindet er sich im Einsatz. Wenn er langfristig nicht beschäftigt werden kann, dann ist er außer Einsatz. Gesetzlich, tariflich oder betrieblich geregelten Arbeitspausen werden als Arbeitsruhe beschrieben. Betriebsmittelbezogene Zeitkomponente beziehen sich auf den Einsatz der Betriebsmittel [SCHU14].

Die Festlegung von Ressourcen, wie z. B. der Maschinenbediener, die Belegungszeit der Arbeitsplätze und die Durchlaufzeit durch die Fertigung erfolgt auf der Basis von Erfahrungen, Ähnlichkeitsbetrachtungen, Dimensionierungsrechnungen und Optimierungsbetrachtungen.

Die Beschreibung der Zustände, die während des Einsatzes des Menschen und der Betriebsmittel zur Arbeitsausführung im Produktionsprozess auftreten, erfolgt analog der Arbeitsabläufe. Dabei finden folgende Gliederungsschemata weitgehend Anwendung:

- für den Auftragsdurchlauf die Durchlaufzeit (Abb. 3.6)
- für den Auftrag bzw. Fertigungsauftrag die Auftragszeitgliederung (Abb. 3.7)
- für die Planung des Personals die Tätigkeitszeit (Abb. 3.8)
- für die Planung der Betriebsmittel/Arbeitsplätze die Belegungszeit (Abb. 3.9).

**Durchlaufzeiten**

Diese Zeit ist wichtig um den Durchlauf eines Arbeitsgegenstandes/Auftrages durch ein Arbeitssystem zeitlich zu fixieren. Die Durchlaufzeit setzt sich aus Durchführungszeiten und Überganszeit zusammen (Abb. 3.6).

Unter der Durchführungszeit versteht man die Auftragszeit. Damit werden auch diejenigen Zeiten berücksichtigt, die nicht analytisch, sondern pauschal ermittelt werden. Die Zeit zwischen zwei Arbeitsgängen an einem Auftrag, die aus Liege-, Transport- und Wartezeiten bestehen, werden als Überganszeit deklariert.

Die hier dargestellte Zeitgliederung eignet sich neben der Vorgabe von Sollzeiten, auch für die Organisation der Produktion durch Zeitanalysen. In diesem Abschnitt wurde

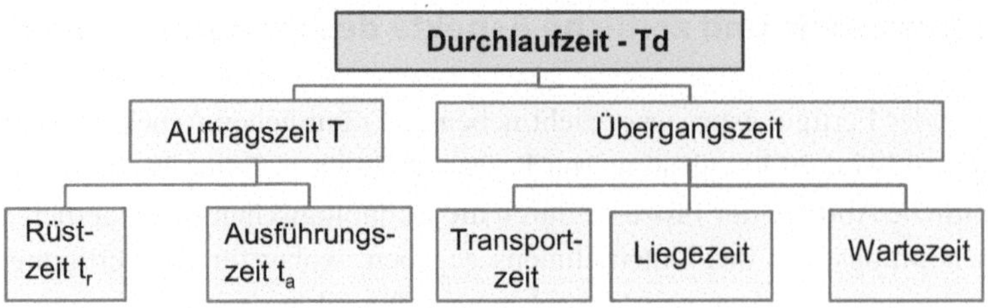


**Abb. 3.6** Durchlaufzeitbestandteile. (Quelle: eigene Darstellung)

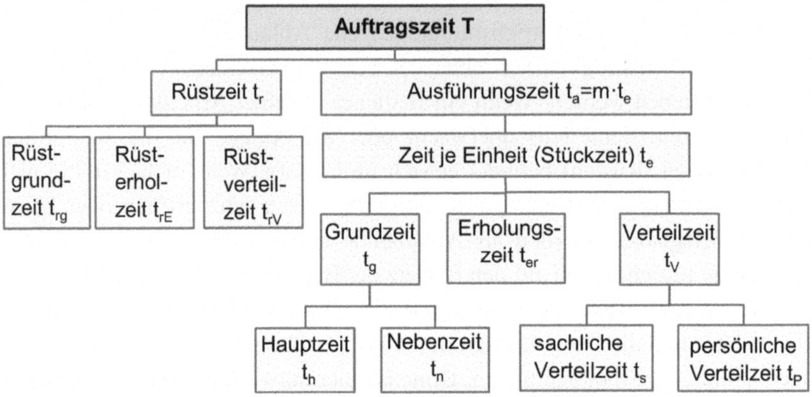


**Abb. 3.7** Auftragszeitgliederung. (Quelle: eigene Darstellung)

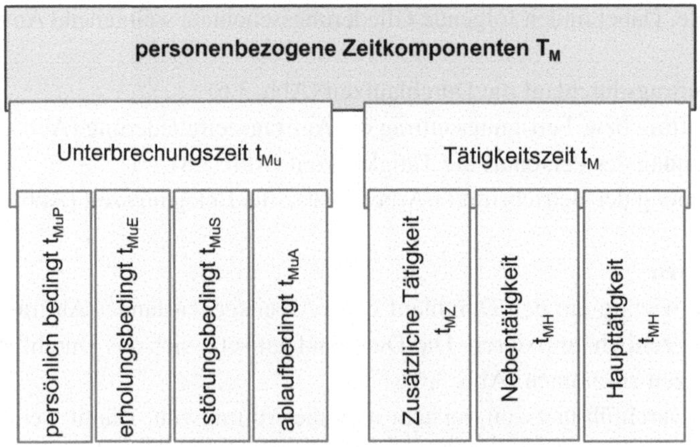


**Abb. 3.8** Die Tätigkeitszeitgliederung. (Quelle: eigene Darstellung)

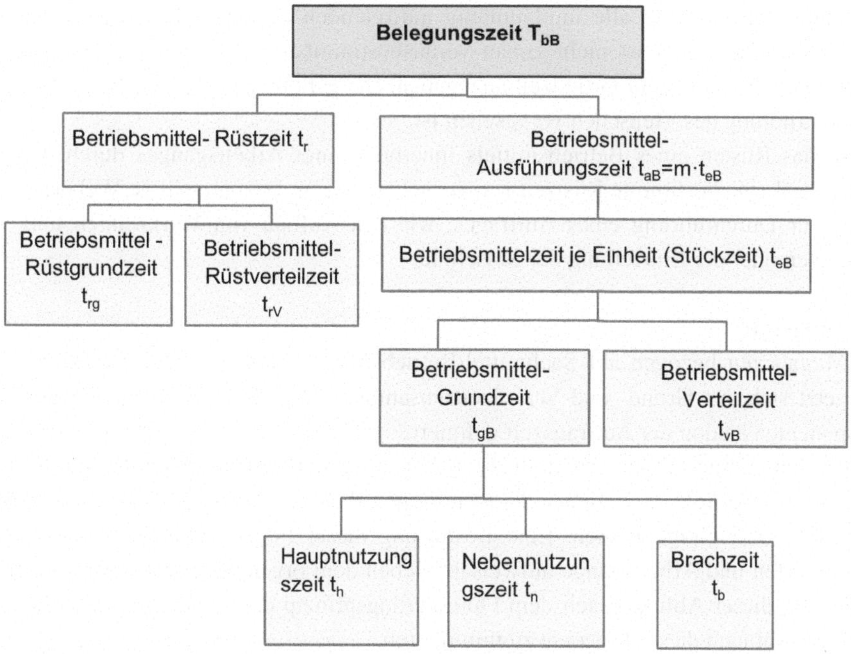


**Abb. 3.9** Die Belegungszeitgliederung. (Quelle: eigene Darstellung)

nicht auf alle Zeitarten eingegangen. Die genaue Beschreibung der Zeitarten und der Methoden der Ermittlung sind der REFA [REFA78] zu entnehmen.

**Auftragszeiten**

Auftragszeiten legen die Sollzeiten zur Durchführung von Arbeitsprozessen durch den Menschen und die Maschine fest. Sie dienen einerseits für die Planung der erforderlichen Personalkapazität und der Entlohnung und andererseits ermöglicht es die Kostenkalkulation für Produkte und Leistungen auszuführen [REFA78, WIEN19]. Die *Auftragszeit* (T) gliedert sich prinzipiell in Grund-, Erholungs- und Verteilzeiten (Abb. 3.7). Die Vorgabezeit für die Ausführung eines Arbeitsganges durch den Menschen definiert die Zeit je Einheit Arbeitsgegenstand $t_e$. Die Grundzeit macht einen wesentlichen Anteil der Vorgabezeit aus und setzt sich aus der Tätigkeitszeit $t_g$ und der Wartezeit $t_w$ zusammen. Alle für die planmäßige Ausführung eines Auftrages durch den Menschen erforderliche Tätigkeiten wie „Haupttätigkeit“ und „Nebentätigkeit“ werden als Tätigkeitszeit $t_t$ bezeichnet (Abb. 3.8). Die Wartezeit $t_w$ bezieht sich auf Sollzeiten, die durch Zeiten der Art „ablaufbedingtes Unterbrechen“ entstehen.

Die Verteilzeit $t_v$ wird definiert als Summe der Zeiten aller Ablaufabschritte, die zusätzlich zur planmäßigen Ausführung eines Auftrages durch den Menschen erforderlich sind und berücksichtigt alle unplanmäßig auftretenden Zeiten, z. B. durch Störungen [SCHU14]. Diese Zeit ist nicht genau vorausbestimmbar, daher wird diese häufig als prozentualer Zuschlag zur Grundzeit angegeben. Die Erholungszeit $t_{er}$ ist die Sollzeit, die für die Erholung des Menschen vorgesehen ist.

Für das Rüsten eines Betriebsmittels innerhalb eines Arbeitsganges durch den Bediener wird eine bestimmte Rüstzeit $t_r$ vorgegeben. Sie umfasst einmalige Vorbereitungszeiten zur Durchführung eines Auftrages, wie den Aufbau von Werkzeugen und Vorrichtungen oder der Einstellung der Maschine.

**Belegungszeit**
Die Vorgabezeit bezogen auf Sachmittel/Betriebsmittel nennt man Belegungszeit ($T_{bB}$) und setzt sich aus Grund- und Verteilzeit zusammen (Abb. 3.9). Hier werden die Zeitkomponenten analog der Auftragszeit definiert.

Bei mehrstufigen Prozessen stellt die Arbeitsgang-/Arbeitsvorgangsfolge die Reihenfolge der Fertigung dar, bei denen die technischen Randbedingungen und die Wirtschaftlichkeit berücksichtigt werden. Eine Bestlösung dieser Folge sollte möglichst wenige Prozessstufen und Arbeitsgänge aufweisen. Neben dem organisatorischen Ziel bietet die Auslegung dieser Abfolge nach dem Optimierungsprinzip eine weitere Möglichkeit um den Zeitverbrauch dieser Prozesse zu minimieren.

## 3.5 Besonderheiten der Fertigungsplanung der additiven Fertigung

Betrachtet man die Prozessketten von additiven Fertigungen so wird es deutlich, dass diese in einem digitalen Umfeld ablaufen und sehr stark vernetzt sind. Diese Eigenschaft ermöglicht diese Technik in bestehende PPS-Systeme zu integrieren. Es gibt erste Ansätze die Organisation der Produktion unter Einbezug der AF-Technik mittels Webapplikation automatisiert auszuführen [CUI22, DEAN23, DEAN20, EMME17, EMME18, LI17, WANG19]. Eine auslastungsorientierte Maschinenplanung mit Teilen aus verschiedenen Aufträgen, die sich optimal zu einem Job kombinieren lassen, ist möglich. Darauf aufbauend kann eine zeiteffiziente Reihenfolgeplanung der einzelnen Aufträge abgeleitet werden. Solche Lösungen beziehen sich nur auf laufende Prozessschritte und können nicht optimal für die gesamte Prozesskette sein. Eine optimale Gestaltung und Steuerung gesamter Fertigungsprozesse sollte unter Berücksichtigung der vor- und nachgelagerten Prozesse erfolgen.

Die Arbeitsabläufe der additiven Fertigung kann man wie folgt beschreiben:

*anlagebezogen*

- Datenaufbereiten
- G-Kode generieren

- Anlage vorbereiten
- Anlage mit Material versorgen
- Job bauen
- Bauteil herausnehmen
- Materialreste entfernen

*bauteilbezogen*

- eventuelle Materialreste entfernen
- eventuelle Stützstruktur entfernen
- Bauteil ggf. sintern/nachhärten
- Bauteil nachbearbeiten
- Qualitätsprüfung

Die Arbeitsabläufe stehen größtenteils zwanghaft miteinander in Verbindung und geben so die technisch-organisatorische Struktur der gesamten Prozesskette vor. Der Umfang und die Kosten des Arbeitsaufwandes jedes einzelnen Schrittes ist verfahrensbedingt. Sie steigen mit dem Fortschritt der Wertschöpfung an. Die Prozessschritte werden miteinander und mit dazu notwendigen Arbeitsplätzen durch einzelne Bauteil-Features verknüpft. Die Abbildung der Bauteil-Features bildet die Fertigungsfolge, die sich durch einen folgegerechten Aufbau auszeichnet.

## 3.6 Methoden/Prinzipien der Fertigungsplanung

In Abhängigkeit von den Bedingungen werden in der Fertigungstechnik unterschiedliche Methoden zur Arbeitsplanerstellung angewendet, die auch für eine additive Fertigung gelten. Hier ist entscheidend, ob das Bauteil neu, oder wiederholt gefertigt werden soll. Außerdem kann es vorkommen, dass der vorhandene Arbeitsplan geändert werden soll. Diese Anlässe zur erneuten Arbeitsplanerstellung lassen sich durch unterschiedliche Prinzipien realisieren [EVER02, JACO02].

- Bei der *Neuplanung* geht man generisch vor und erstellt den Arbeitsplan komplett neu. Das ist bei Neukonstruktion eines Produktes der Fall.
- *Wiederholplanung* lehnt sich an einen schon vorhandenen Arbeitsplan an. Dieser wird für das zu planende Bauteil gesucht und nach geringer formeller Anpassung der Fertigungsunterlagen für den neuen Auftrag übernommen.
- Wenn bereits die Standardpläne für Teilefamilien existieren, werden diese für eine *Variantenplanung* des Teles aus der zutreffenden Familie verwendet. Entscheidend für die Auswahl eines passenden Arbeitsplanes sind die Merkmale (geometrisch, technologisch, organisatorisch) der zu fertigenden Teile und setzt eine starke Systematisierung des Teilespektrums voraus.

- Die *Ähnlichkeitsplanung* basiert auf den existierenden Arbeitsplänen für geometrisch und damit fertigungstechnisch ähnliche Teile. Die Planung erfolgt durch die Modifizierung der Fertigungsunterlagen entsprechend den Anforderungen des zu fertigenden Bauteiles.

Hier zeigt sich, dass je nach Neuheitsgrad der vorliegenden Fertigungsaufgabe der Umfang des Planungsaufwandes variiert. Bei der Neuplanung liegt der Kostentreiber in den Schritten der Arbeitsplanung. Bei den anderen Varianten ist der höchste Aufwand dagegen mit dem Sammeln und Systematisieren der planungsorganisatorischen Informationen durch eine Klassifizierung der Teile gebunden.

## 3.7 Schritte der Planung additiver Fertigungsprozesse

Für die Auslegung eines wirtschaftlichen Prozesses werden die planungsorganisatorischen Aufgaben einzelner Abläufe der Prozesskette unter jeweils konkreten betrieblichen Fertigungsbedingungen gelöst. Die dazu erforderlichen wichtigen Schritte der Arbeitsplanung sind in der Abb. 3.10 dargestellt. Im Folgenden werden diese Schritte aus Sicht eines systematischen Planungsmethodik näher erläutert.

**Schritt 1: Fertigungsaufgabe und derer Analyse**
Die Fertigungsaufgabe ist bei der Planung wichtiger Informationsträger. Sie umfasst alle Merkmale eines Teiles, die für die Gestaltung eines Fertigungsprozesses notwendig sind und dient als Ausgangspunkt der Prozessgestaltung. Die Gesamtheit aller Anforderungen an die Überführung des Rohmaterials in einen Fertigzustand durch additive Fertigung bildet den Hauptinhalt der Fertigungsaufgabe. Diese Merkmale können in vier Gruppen zusammengefasst werden.

*Konstruktive Merkmale*, die vom Konstrukteur für die Erfüllung einer bestimmten Funktion festgelegt sind, umfassen:

- Datenqualität
- integrierte Geometrien
- Dimension (makro/mikro)
- Innenstruktur des Bauteiles
- Oberflächenbeschaffenheit

Die Sicherstellung der mechanischen Eigenschaften der konstruierten Teile wird von den *werkstoffspezifischen Merkmalen* beeinflusst:

- Materialkomponente
  - Monowerkstoff
  - Verbundwerkstoff
  - Gradientenwerkstoff

| | | |
|---|---|---|
| **Schritt 1** | • Analyse der Fertigungsaufgabe<br>• Festlegung der Rahmenbedingungen (Kapazität, Material, finanzielle Ressourcen usw.) | • Konstruktive Merkmale<br>• Werkstoff<br>• Oberfläche<br>• Stückzahl<br>• … |
| **Schritt 2** | • Festlegung eines AF-Verfahrens anhand der Erfahrungen<br>• Identifikation von Fertigungsalternativen anhand der Potentiale unterschiedlicher Verfahren | • MEX-TRB/P<br>• VPP-UVM<br>• VPP-UVL<br>• PBF-LB/P<br>• PBF-LB/M<br>• Drehen, Bohren, Fräsen<br>• Gleitschleifen<br>• Polieren<br>• … |
| **Schritt 3** | • Generieren von alternativen Prozessketten<br>• Zuordnung der Fertigungsmittel und Ermittlung der Prozessparameter<br>• Beschreibung von Wechselwirkungen zwischen den Prozessschritten | 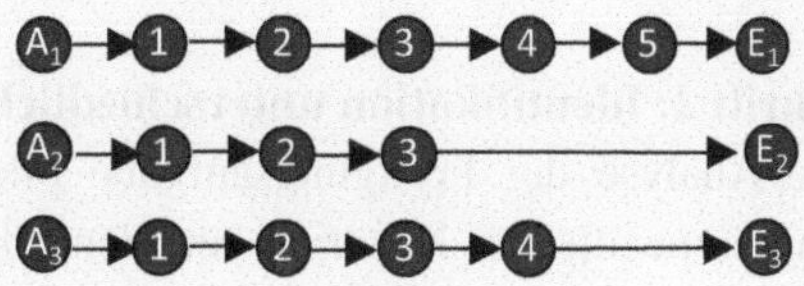 |
| **Schritt 4** | • Technologiebewertung anhand der Wirtschaftlichkeit und Potential<br>• Auswahl optimaler Prozesskette | 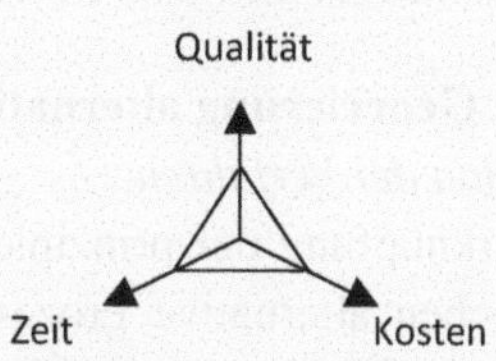  |
| **Schritt 5** | • Prüfplanung |  |

*→Ausgangszustand; E→Endzustand*

**Abb. 3.10** Schritte der Arbeitsplanung. → *Ausgangszustand; E → Endzustand.* (Quelle: eigene Darstellung)

- Werkstoffarten
  - Modell- /Konstruktionswerkstoff
- Recyclingfähigkeit
  - komplett, teilweise oder nicht biologisch abbaubar

Die detaillierte Planung eines additiven Fertigungsprozesses fußt immer auf den Angaben zu Maß-, Form- und Lagetoleranzen. Diese Parameter entscheiden den Aufwand der gesamten Prozesskette. Zusammen mit der Fertigungsgerechtheit der Konstruktion bilden sie die *fertigungstechnischen Merkmale*:

- fertigungsgerechte Geometrie
- Bemaßung, Maß-, Form- und Lagetoleranzen
- Spannmöglichkeiten

Der Verwendungszweck der additiv gefertigten Bauteile hat großen Einfluss auf die Entscheidungsfindung bei der Planung eines geeigneten Fertigungsprozesses. Diese Informationen gehören auch zu den *anwendungsspezifischen Merkmalen* der Fertigungsaufgabe:

- Prototyp
- vollfunktionsfähiges Endprodukt
- Serienprodukt

**Schritt 2: Identifikation unterschiedlicher Fertigungsverfahren**
Die Analyse der Fertigungsaufgabe bildet die Grundlage für die Formulierung verfahrensspezifischer Kriterien zur Identifikation möglicher Verfahren zur Herstellung des Bauteils. Dies betrifft nicht nur den additiven Fertigungsprozess, sondern auch die vor- und nachgelagerten Prozesse.

**Schritt 3: Generierung alternativer Prozessketten**
*Kombination der Verfahren*

Die Verknüpfung der prinzipiell möglichen Materialarten, Verfahren und Fertigungsmittel ergeben alternative Prozessketten mit verschiedenen Ausprägungen. Die daraus entstehenden Pläne werden als Prozessgraph dargestellt (Abb. 3.11).

Die Vorteile dieser Darstellung machen die Zwischenzustände des Bauteiles und eingesetzter Verfahren/Bearbeitungsschritte anschaulicher. Der Prozessgraph umfasst die verfahrensspezifischen Abläufe an der Maschine sowie die vor- und nachgelagerten Prozesse, wie z. B. die CAD-Datenaufbereitung, die CAM-Planung, die Aufbereitung und das Recycling der Materialien, die Nachbearbeitung, die mechanische Bearbeitung und die Überwachung.

Bei der graphischen Darstellung der Prozesse sind zwei Formen zu unterscheiden: Der eindeutiger Prozessgraph und der mehrdeutiger Prozessgraph. Die eindeutige Lösung ist dadurch gekennzeichnet, dass für die Fertigungsaufgabe nur eine fertigungstechnische Lösung vorhanden ist. Ein mehrdeutiger Prozessgraph umfasst dagegen mehrere Prozessvarianten, die den Anforderungen der Fertigungsaufgabe (den Merkmalen) mehrere Lösungen der Prozessparameter (AF-Verfahren, Nachbearbeitung) zuordnen. Für die Erstellung der alternativen Prozessvarianten benötigt der Arbeitsplaner die Informationen zu den Arbeitsplänen ähnlicher Bauteile, Erfahrungsberichte, Normen und Richtlinien, Standardarbeitspläne typischer Bauteile und Kostenkataloge.

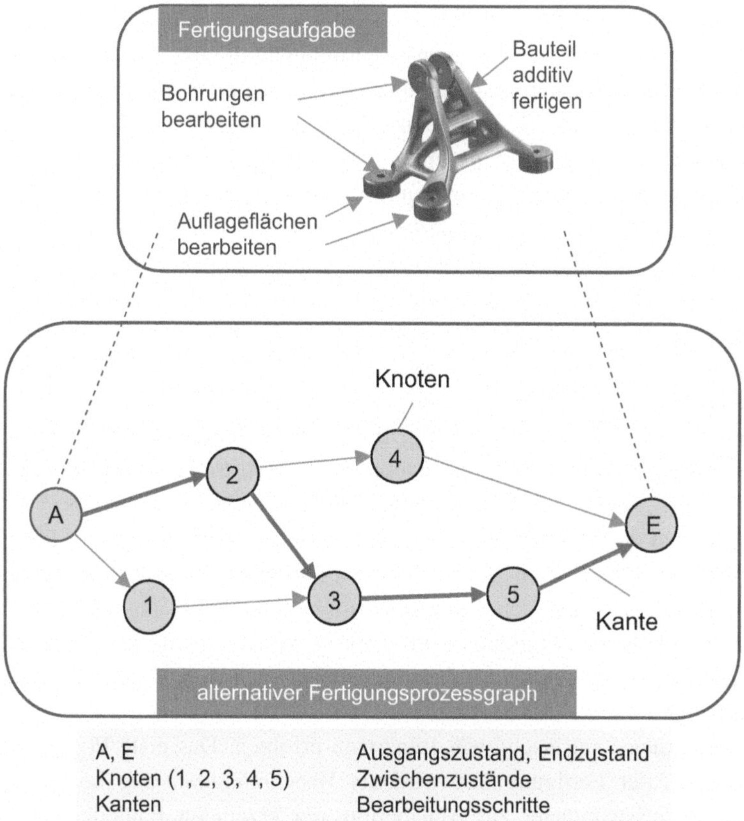


**Abb. 3.11** Das Prozessgraph. (Quelle: eigene Darstellung)

*Zuordnung des Fertigungsmittels*
Sind das additive Fertigungsverfahren und das Verfahren zur Nachbearbeitung festgelegt worden, werden für die additive Fertigung eine bestgeeignete Maschine (falls das Unternehmen mehrere solche Anlagen besitzt) und Fertigungsmittel, wie Werkzeuge und Vorrichtungen für das Post-Processing und die Nachbearbeitung ausgewählt. Bei der Auswahl der AF-Anlage werden der Fertigungsaufgabe die Fähigkeit und Eigenschaften der verfügbaren Anlagen gegenübergestellt. Entscheidend dabei sind die Arbeitsräume, die Aufbaurate und die erzielbaren Werkstoffeigenschaften sowie Gestaltabweichungen der Oberflächen. Ferner wird die Möglichkeit eines automatisierten Materialkreislaufs berücksichtigt.

Die Festlegung von Werkzeugen und Vorrichtungen für die Nachbearbeitung erfolgt in einem weiteren Schritt. Die geometrische Komplexität der AF-Bauteile machen es öfter erforderlich spezielle Vorrichtungen zu konstruieren und zu fertigen. Besonders schwierig gestalten sich die Vorrichtungen für Teile mit filigranen Strukturen. Vorrichtungsbeispiele hierfür werden im Kap. 7 anwendungsspezifisch erläutert.

*CAM-Planung*
Der Automatisierungsgrad des AF-Prozesses ermöglicht die Erstellung des Arbeitsplanes im Rahmen der Maschinenprogrammierung, der sogenannten NC-Prozesskette, die aus der Praxis der klassischen NC-Bearbeitung bekannt ist. Hier wird eine übergreifende integrierte Informationsverarbeitung entlang der Prozesskette notwendig. Die rechnergestützte Programmerstellung bedingt zunächst die Festlegung der Arbeitsgänge für die Fertigstellung des Bauteiles mit erforderlichen Qualitätsansprüchen.

Nach der Bestimmung der Arbeitsgänge für die additive Fertigung und Nachbearbeitung werden die Bearbeitungsparameter einzelner Schritte bestimmt und dokumentiert. Dabei können die Parameter entweder nach Richtwertstabelen bestimmt oder nach dem Optimierungsprinzip ermittelt werden [JACO02]. Das letztere basiert auf die mathematischen Modellbeschreibungen der gesamten Prozesskette. Dafür existieren einige Vorgehensweise zur Prozessoptimierung. Bei einer Verfahrensoptimierung werden die Parameter eines Verfahrens (z. B. Scangeschwindigkeit, Schichtdicke, Spurabdeckung, Partikelgröße usw.) hinsichtlich der gestellten Ziele so angepasst, dass das Prozessergebnis ein Extremum des Optimierungskriteriums (z. b. Bauzeit) ermöglicht. Mithilfe eines analytischen oder empirischen Modells, welches Prozessparameter und Kriterium verknüpft, ist es möglich, aus den Parameterkombinationen (Lösungsfeld) eine optimale Parametereinstellung zu bestimmen (vgl. Kap. 8). Voraussetzung hierfür ist die Kenntnis der modellhaften Abbildung der Zusammenhänge zwischen Maschine, Werkstoff und Prozessverhalten.

Die Optimierung kann nach zwei Prinzipien erfolgen. Das erste Prinzip basiert auf der Reihenfolge der Fertigung und wird als *Vorwärtsoptimierung* bezeichnet. Dabei werden die Prozessparameter zur Annäherung der erzeugten Bauteileigenschaften an die Qualitäts- und Zeitziele sukzessive realisiert. Ausgangspunkt sind das Rohmaterial, die Information und die Energiemenge. Die Suche nach einer optimalen Prozesskette kann über mehrere Iterationen erfolgen (Abb. 3.12). Bei der *Rückwärtsoptimierung* wird in umgekehrter Richtung vorgegangen. Die festgelegten Endergebnisse (Qualität, Fertigungszeit, Fertigstellungstermin) bestimmen den Ausgangspunkt für die Bestimmung der Prozessparameter der Einzelschritte. So können aus einer großen Menge von Lösungen mit geringem Aufwand die optimalen Parameter für die vorgegebene Prozesskette ermittelt werden.

Stehen konkrete Parameter für die Fertigung fest, werden Sie mittels von prozessspezifischen Programmiersystemen in den Steuerungscode umgewandelt. Dieser Code können je nach der Maschinenart direkt, oder nach der entsprechenden Umwandlung für die Maschinensteuerung eingesetzt werden.

*Ermittlung der Vorgabezeiten*
Die Vorgabezeitermittlung ist ein wichtiger Bestandteil der Arbeitsplanung. Auf der Basis der Vorgabezeiten erfolgt einerseits die Kapazitäts- und Terminplanung und andererseits die Personalkapazitätsplanung und Entlohnung. Mit den ermittelten Vorgabezeiten und den Lohn-/ Maschinenstundensätzen kann die Kostenermittlung für

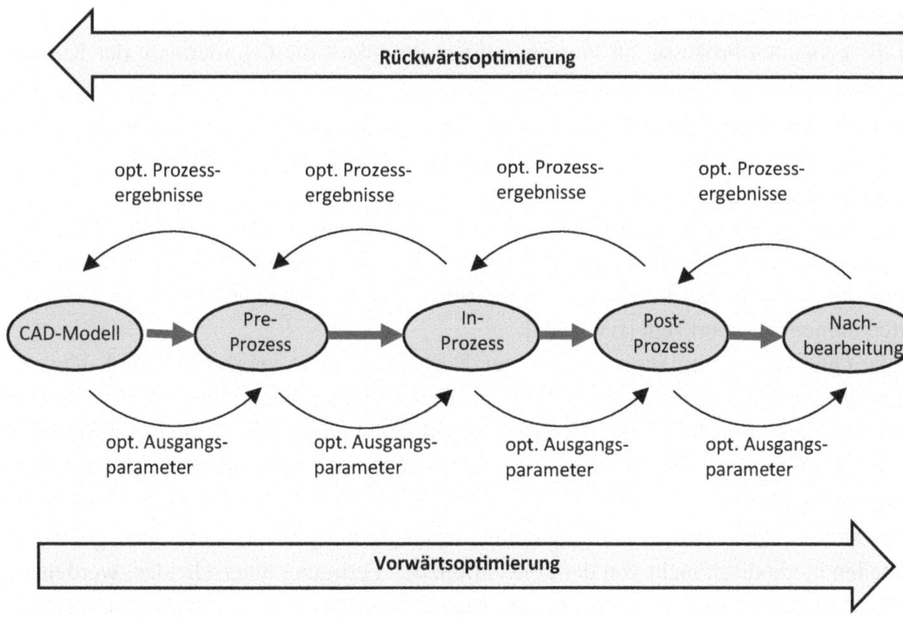


**Abb. 3.12** Informationsfluss der Optimierungsstrategien bei der AF-Prozessauslegung. (Quelle: eigene Darstellung)

Produkte und Leistungen im Rahmen der betrieblichen Kostenrechnung realisiert werden [WIEND19].

Die Vorgabezeiten werden in der Regel durch Zeitstudien für jeden Arbeitsablauf von Menschen und Betriebsmittel ermittelt [HART04]. Die Ist-Zeiten werden direkt in der Produktion mithilfe des Zeitaufnahmegeräts gemessen und ausgewertet. Diese aufwendige Methode stellt die Objektivität der Zeiten sicher, die von vielen betriebsbedingten Faktoren beeinflusst werden.

**Schritt 4: Prozesskettenbewertung**

Nach der Ermittlung einzelner alternativen Prozessketten der additiven Fertigung mit resultierenden Aufwänden, erfolgt die Auswahl einer wirtschaftlichen Variante anhand der Entscheidungskriterien.

Ein wirtschaftlicher Prozesskette ist dann gegeben, wenn die Kosten und die Zeit ein Minimum im technischen-organisatorischen Rahmen erreichen. Eine Kostenabschätzung in der Phase der Arbeitsplanung erfolgt in der Regel anhand empirischer Untersuchungen und weitgehend grob. Hier werden nur Produktionsfaktoren des Unternehmens in Betracht gezogen. Investitionen werden hier außer Betrachtung gelassen [EVER02]. Zur kostenbasierten Bewertung der gesamten Prozesskette in der Planungsphase können empirische oder analytische Methoden eingesetzt werden. Die Einzelheiten werden im folgenden Kapitel beschrieben.

**Schritt 5: Qualitätsprüfung**

Ob die geplanten Prozesse zur Fertigung eines Produktes die Erfordernisse der Kunden hinsichtlich der Produktspezifikationen erfüllen, wird durch die Prüfung der Zwischen- und Endqualität des Bauteiles entlang der Prozesskette sichergestellt. Dadurch können auftretende qualitätsrelevante Fehler frühzeitig lokalisiert und Maßnahmen zu deren Beseitigung abgeleitet werden.

Die Prüfung wird als eigenständiger Arbeitsvorgang in den Fertigungsablauf integriert und kann manuell oder automatisiert erfolgen. Deshalb sollte die Prüfung in enger Abstimmung mit anderen Stellen des Produktionsprozesses im Qualitätsmanagement der Unternehmen integriert sein [EVER02].

Die Qualitätsprüfung verursacht immer Kosten, die nicht unerheblich sind. Um unnötige Prüfkosten zu vermeiden, sollten die Prüfmerkmale und Häufigkeit der Prüfung sorgfältig unter Beachtung der Unternehmensfunktionen geplant sein. Der Prüfablauf und die Prüfmittel werden in einem Prüfplan dokumentiert, welcher zu den Fertigungsunterlagen gehört.

Da sich die Qualitätssicherung und entsprechende Prüfplanung für additiv gefertigte Bauteilen methodisch nicht von der konventionellen Fertigung unterscheiden, werden sie im Rahmen dieses Buches nicht gesondert behandelt. Hierzu wird auf die Fachliteratur [DIET14, KALE00, KRAU16, KEFE17, SAJA22, TOYS21, VDI14] verwiesen.

## 3.8 Planung wirtschaftlicher Prozessketten

### 3.8.1 Entscheidungskriterien

Die Auswahl einer Prozesskette stellt eine der betriebsinternen Problemsituationen dar, bei der die Entscheidungsfindung öfter mehrere Ziele berücksichtigen soll. Hierfür spielen neben den produktspezifischen Anforderungen auch einige organisatorische Einflussgrößen eine wesentliche Rolle.

Um Entscheidungen in der Fertigungsplanung für den Einsatz einer optimalen Prozesskette treffen zu können, ist eine grundlegende Bewertung erforderlich. Der Vergleich mehrerer Prozessoptionen wird dabei durch verschiedene Methoden/Tools unterstützt. Nach der Festlegung der entsprechenden alternativen Prozessketten für die Fertigungsaufgabe erfolgt die Auswahl der bestangepassten Prozesskette anhand vorher definierter Bewertungskriterien. Die Bewertungskriterien haben quantitativen und/oder qualitativen Charakter. Sie helfen dem Arbeitsplaner, die richtige Entscheidung zu treffen. (Abb. 3.13). Mit den Bewertungskriterien werden die Rahmenbedingungen für eine optimale Prozesskette der additiven Fertigung festgelegt.

In vielen Fällen wird die Problemlösung auf die Bewertung der Wirtschaftlichkeit reduziert oder als dominierendes Kriterium angesehen. Da es in der betrieblichen Praxis schwierig ist, die Absatz-, Umsatz- und Ertragsvorteile des Unternehmens einzelnen Verfahren zuzuordnen, wird sinnvollerweise die Kostenrechnung eingesetzt. Die Entscheidung

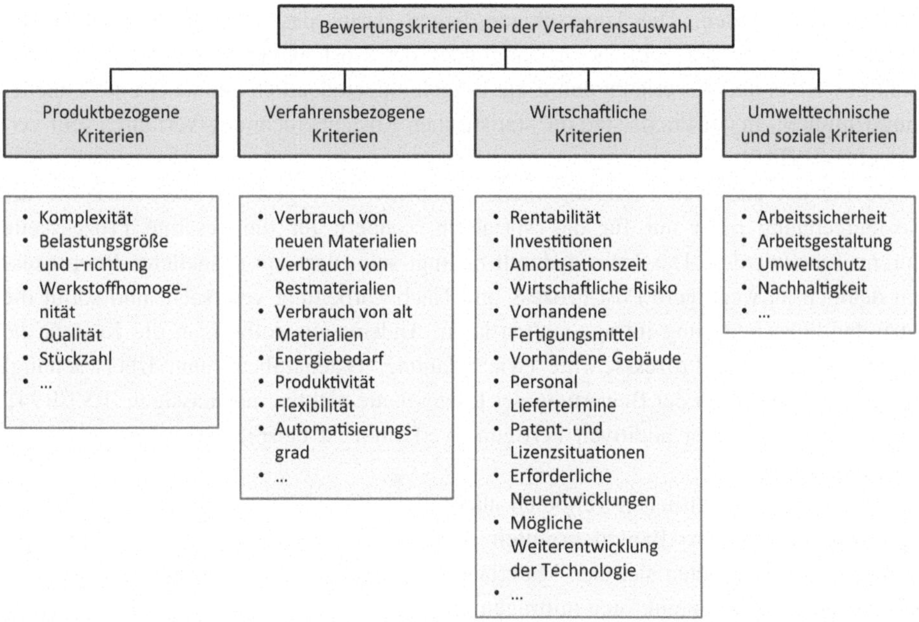


**Abb. 3.13** Wichtige Bewertungskriterien für die Auswahl der Prozesskette, nach [WEST10]. (Quelle: eigene Darstellung)

reduziert sich dabei auf die Berechnung und den Vergleich der Kosten der infrage kommenden Prozessketten. Dabei werden alle Kostentreiber berücksichtigt, die mit der Herstellung eines Produktes und den eingesetzten Verfahren verbunden sind.

Weiterhin steht für die qualitativen Entscheidungsfindungen die Methode der Nutzwertanalyse zur Verfügung. Diese Methode lässt durch spezielle Bewertungsverfahren die Vor- und Nachteile von zu bewertenden Prozessen anschaulich darstellen. Im Folgenden sind die Besonderheiten dieser beiden Methoden bei der Auswahl einer Prozesskette näher erläutert.

## 3.8.2 Kosten-Nutzen-Rechnung

Die Anwendung der Kostenvergleichsrechnung ist typisch für die Wirtschaftlichkeitsbewertung von Prozessketten, die aus produktionstechnisch gleichwertigen Verfahren/Prozessen bestehen. Dabei werden mehrere Alternativen miteinander, unter Beachtung der Gleichwertigkeit anderer Kriterien, verglichen. Die Kostenrechnung kann

- statisch oder
- dynamisch

durchgeführt werden. Die Unterschiede liegen darin, dass bei der statischen Berechnungsmethode die zeitliche Abhängigkeit der Kostenkomponenten nicht berücksichtigt werden und das erlaubt damit die Berechnungen deutlich einfacher und schneller durchzuführen. In der Praxis sind die statistischen Kostenberechnungsverfahren sehr verbreitet [WEST10].

Da bei der additiven Fertigung meist komplexe Teile gefertigt werden, sollte die Kostenrechnung nicht nur für das Verfahren, sondern für die gesamte Prozesskette durchgeführt werden. Das kann dadurch bedingt sein, dass ein schnellerer Bauprozess ein deutlich aufwendigere Post-Prozess und Nachbearbeitung verursacht und somit die wirtschaftliche Fertigung infrage stellen kann. Andererseits sollte man die Kosten, die durch vorbereitende Prozessschritte (wie: Planung, Datenaufbereitung, Überwachung) zustande kommen, bei der Bewertung der Prozesskette nicht vernachlässigen [EVER94]. Die Kostenstruktur der additiven Fertigungsverfahren ist beispielhaft in der Abb. 3.14 dargestellt.

Für einen wirtschaftlichen Vergleich alternativer Prozesskette sollen die anfallenden Herstellungskosten pro Bauteil ermittelt werden. Die Herstellkosten des additiv gefertigten Bauteils setzten sich aus Material- und Fertigungskosten zusammen, die nach REFA Anteile der Gemeinkosten mittragen:

$$KH = KM + KF \tag{3.1}$$

$K_H$ - Herstellkosten eines Bauteils [€/Stück]
$K_M$ - Materialkosten [€/Stück]
$K_F$ - Fertigungskosten [€/Stück]

Die Gemeinkosten werden den Herstellkosten der Einzelteile entsprechend der Prozessdauer auf Basis von Zuschlägen zugerechnet. Zu den Gemeinkosten zählen alle Kosten, die nicht direkt Kostenstellen zugeordnet werden können (z. B. Energiekosten, Kosten für Hilfsmittel, Werkzeugkosten, Reparaturkosten usw.). Der Anteil dieser Kosten kann je nach AF-Anlage unterschiedlich sein. Komplexe und teure Anlagen verursachen entsprechend hohe Gemeinkosten.

Die hohen Maschinenstundensätze, die aus den hohen Investitionskosten der Anlagen resultieren, treiben die Fertigungskosten häufig in die Höhe. So kann eine alternative Prozesskette aus konventionellen Verfahren wirtschaftlicher sein als eine Prozesskette mit AF-Verfahren, obwohl die Fertigungszeit durch letztere deutlich kürzer sein kann. Eine Wirtschaftlichkeitsbetrachtung sollte daher nur unter den AF-Prozessketten durchgeführt werden. Die Prozesse können dann anhand der Kostentreiber miteinander verglichen werden. Die Ermittlung dieser Kostentreiber ist für die Bewertung alternativer Prozessketten von großer Bedeutung. Folgend werden die wichtigen Kostenkomponente für eine AF-Prozesskette hervorgehoben, die als variable Kosten oder Fixkosten die Gesamtkosten erheblich beeinflussen.

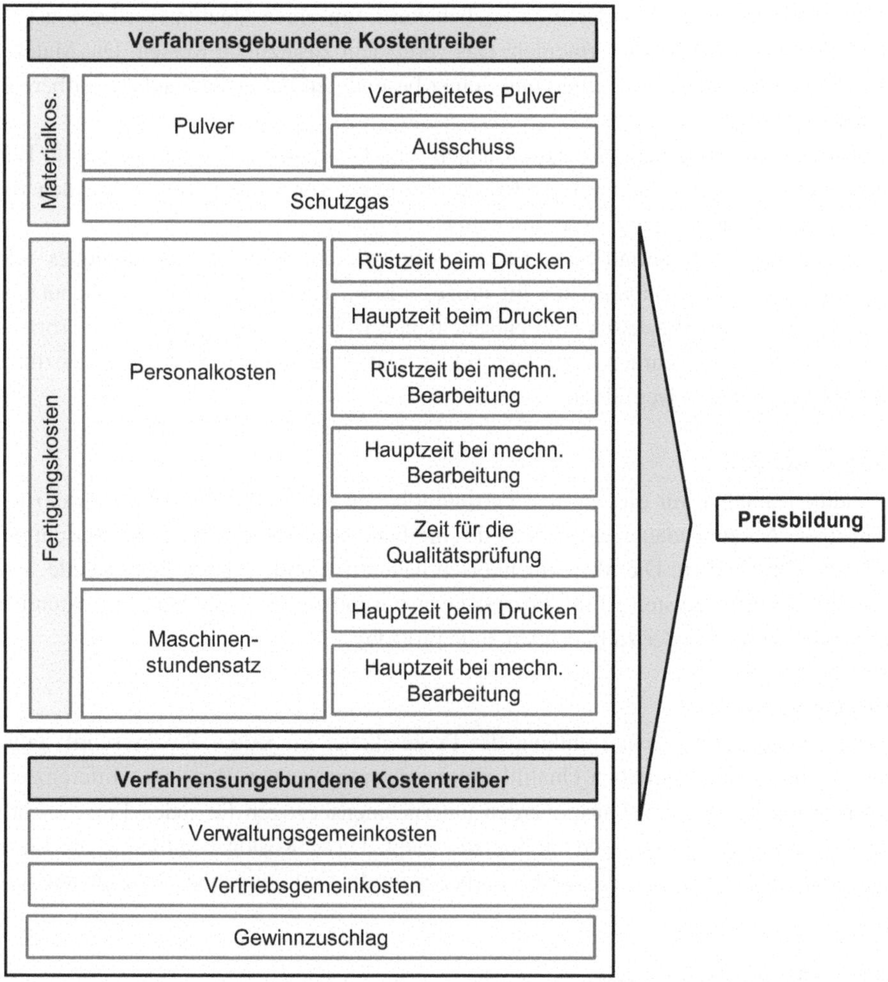


**Abb. 3.14** Kostenstruktur der additiven Fertigung am Beispiel des PBF-LB/M-Verfahrens in Anl. [NEUM20]. (Quelle: eigene Darstellung)

### Kosten für Bau- und Hilfsmaterialien

Die Materialkosten, die durch die Beschaffung, Aufbereitung und Recycling von Materialien entstehen, bilden einen wichtigen Bestandteil der Kostenkalkulation. Entscheidend sind hier neben der Menge auch die Art des Materials. Die aufwendige Herstellung von AF-Materialien steigert die Kosten. Im Vergleich zu Rohmaterialien für die konventionelle Fertigung verlangen AF-Verfahren bereits in der Materialherstellung die Sicherung nicht nur der mechanischen Eigenschaften, sondern auch die konstante und gleiche Form der Materialpartikel. Außerdem erfolgt die Lieferung und Aufbewahrung der AF-Materialien in besonderen Schutzbehältern, um einen Qualitätsverlust hinsichtlich der Verarbeitbarkeit zu vermeiden. Das verursacht zusätzliche Kosten. Die Materialien, die mit Luft reagieren, sollten unter einer besonderen Schutzatmosphäre aufbereitet werden.

Schwankende Materiaeigenschaften haben eine Qualitätsminderung zur Folge. Eine Mindestbefüllung einer Anlage kann bei der Fertigung von kleinen Teilen eine negative Auswirkung auf die Kostenggestaltung haben.

Berechnung der Materialkosten bezieht sich auf das Volumen des Bauteiles inkl. Stützstruktur und Materialverlusten im Prozess. Beim Hilfsmaterialien, wie Schutzgas, spielt die Dauer des Prozesses eine entscheidende Rolle, die zusammen mit Verbrauch pro Zeiteinheit den gesamten Verbrauch bildet. Dieser Kostenanteil ist anlagespezifisch und kann gegebenfalls wegfallen.

**Maschinenkosten**
Die Industrieanlagen für die additive Fertigung haben relativ hohe Anschaffungskosten, die über die Nutzungsdauer eine hohe Abschreibung und demzufolge hohe Maschinenkosen zur Folge haben. Die Maschinenkosten haben fixe und variable Bestandteile. Entscheidend für diese Kosten ist die Prozessdauer (Grundzeit) und der Maschinenstundensatz, sowie die Anzahl der zu bauenden Teile pro Job.

**Personalkosten**
Die Personalkosten entstehen entlang der Prozesskette. Im jedem Prozessschritt fallen aufgrund der unterschiedlichen Qualifikationen des eingesetzten Personals differenzierte Kosten pro Zeiteinheit an. Diese werden unternehmensbezogen für jeden Prozessschritt berechnet und auf alle Bauteile im Job umgelegt. Diese Kosten resultieren aus Lohnkosten und der Auftragszeit, die der Facharbeiter für die Fertigung eines Teiles benötigen.

### 3.8.3 Nutzwertanalyse

Ist die Durchführung einer Kostenvergleichsrechnung nicht möglich, bietet die Methode der Nutzwertanalyse Hilfestellung bei der Auswahl einer wirtschaftlichen Prozesskette aus der Lösungsmenge. Diese Methode ist sehr hilfreich, wenn eine Alternative anhand mehrerer nicht quantifizierbarerer Beurteilungskriterien ausgewählt werden soll. Dafür sollten die Kriterien durch Zahlenwerte gewichtet werden [BAEU21, SCHU11]. Die durch Multiplikation der Gewichtung mit dem Bewertungswert sich ergebende Zahlenwerte werden summiert, um direkte Prozessvergleiche durchzuführen. Dieser eindimensionale Nutzwert jeder Prozesskette zeigt den Zielerfüllungsgrad und ermöglicht die Vorteile der möglichen Prozesskette für die gegebene Fertigungsaufgabe darzulegen. Um eine Mehrfachbewertung zu vermeiden, sollte eine Unabhängigkeit der Bewertungskriterien gewährleistet sein. Die genauere Formulierung der Anforderungen an die Fertigung und die Ausformulierung von Kriterien sind für die erfolgreiche Prozesskettenauswahl entscheidend.

**Tab. 3.1** Nutzwertanalyse für die Auswahl einer alternativen AF-Prozesskette

| Bewertungskriterium | Gewichtung | Lösungsalternativen | | | | | |
|---|---|---|---|---|---|---|---|
| | | Prozesskette A | | Prozesskette B | | Prozesskette C | |
| | | Bewertung | Gesamt | Bewertung | Gesamt | Bewertung | Gesamt |
| Technische Umsetzbarkeit | 20% | 4 | 0,8 | 5 | 1 | 3 | 0,6 |
| Materialvielfalt | 5% | 3 | 0,15 | 4 | 0,2 | 3 | 0,15 |
| Reproduzierbare Ergebnisse | 20% | 2 | 0,4 | 3 | 0,6 | 4 | 0,8 |
| Termineinhaltung | 15% | 2 | 0,3 | 4 | 0,6 | 3 | 0,45 |
| niedrige Fertigungskosten | 15% | 2 | 0,3 | 2 | 0,3 | 4 | 0,6 |
| niedrige Investitionskosten | 15% | 5 | 0,3 | 3 | 0,45 | 3 | 0,45 |
| Termineinhaltung | 10% | 2 | 0,2 | 5 | 0,5 | 4 | 0,4 |
| Summe | 100% | | 2,45 | | 3,65 | | 3,45 |
| Rangliste | | | 3 | | 1 | | 2 |

| | Stufen | | | | |
|---|---|---|---|---|---|
| Bewertung | -- | - | 0 | + | ++ |
| Punktzahl | 1 | 2 | 3 | 4 | 5 |

In der Tab. 3.1 ist eine Nutzwertanalyse bespielhaft dargestellt. Die hier beschriebenen Bewertungskriterien bilden sowohl wirtschaftliche als auch fertigungstechnische Merkmale der Prozessketten ab.

Der Vorteil dieser Methode liegt darin, dass man einzelne Kriterien direkt vergleichen und diese bei Bedarf flexibel an eine veränderte Situation/Erfordernis anpassen kann. Die Gewichtung der Kriterien und die Zuordnung des Erfüllungsgrades erfolgt ausschließlich anhand des fundierten Fertigungs- und Erfahrungswissens des Arbeitsplaners und ist daher stark subjektiv geprägt. Dieser Nachteil kann in einigen Fällen zu Konflikten bei der Entscheidungsfindungen mit mehreren Personen führen. Daher sollten die Vorteile dieser Methode immer als Ergänzung anderer Methoden bei der Bewertung von alternativen Fertigungsprozessen angewendet werden.

### 3.8.4 Kostenoptimale Prozesse

Wie bereits dargelegt, bestehen die Prozessketten der additiven Fertigung aus unterschiedlichen Prozessen (Abb. 2.8). Durch effizientes Zusammenwirken dieser Prozesse ist im Rahmen der Wertschöpfungskette des Unternehmens eine wirtschaftliche Fertigung von Teilen in vorbestimmter Qualität möglich. Die wirtschaftliche Fertigung eines Teiles soll mit minimalem Ressourcenverbrauch und unter gleichzeitiger Berücksichtigung von Durchlaufzeit und Qualität erfolgen. Die Ausschöpfung der Potenziale von additiven Fertigungsprozessen bei der Teilefertigung setzt den Einsatz von effektiven Planungsmethoden und –mittel voraus. Um die Ziele der Wirtschaftlichkeit einer Prozesskette zu erreichen, bietet sich die Methode der Prozessoptimierung an.

Der Begriff „Optimierung" wird in der Praxis meist als Verbesserung eines Vorganges oder eines Prozesses hinsichtlich unterschiedlicher Kriterien verstanden. Sollten mehrere Kriterien bei der Optimierung in Betracht gezogen werden, werden sie unter bestimmten Randbedingungen gewichtet und damit die Prozessergebnisse gesteuert.

Bei der Prozessoptimierung können die Prozessergebnisse qualitativ oder quantitativ bewertet werden. Wenn die Ergebnisse der qualitativen Prozessoptimierung schwer messbar sind, ermöglicht eine quantitative Betrachtung das Erkennen der Verbesserungen anhand der Leistungskennzahlen. Dieses ist mit mathematischen Optimierungsmethoden praktisch umsetzbar. Die Prozessoptimierung dient dazu die Effizienz der Fertigungsprozesse durch eine optimale Kombination der Prozessparameter unter Berücksichtigung unternehmerischer Rahmenbedingungen zu steigern. Diese kann je nach dem Betrachtungsaspekt die gesamte Prozesskette oder auch nur einzelne Prozesse umfassen. Eine übergreifende Prozessoptimierung in der additiven Fertigung umfasst den gesamten Ablauf beginnend mit der Konstruktion bis zur Nachbearbeitung. Dabei werden ihre Struktur und das Zusammenwirken so verbessert, dass die notwendige Prozessfähigkeit hinsichtlich Flexibilität, Qualität und Durchlaufzeit erreicht wird. Bekannte Mittel für so ein Prozessmanagement sind z. B. das Reengineering, die Verfahrensoptimierung, der KVP, das Six Sigma, die SPC, die FMEA usw. (Abb. 3.15).

Bei der Suche nach optimalen Parametereinstellungen steht mit der Prozessoptimierung eine im Rahmen der Arbeitsplanung anwendbare Methodik zur Verfügung. In Kombination mit anderen Methoden, wie z. B. dem Simultaneous Engineering, ermöglicht sie eine bessere Nutzung der Ressourcen entlang der gesamten Prozesskette. Das Verfolgen von widersprüchlich gestellten Zielen führt bei der Prozessauslegung zu Zielkonflikten, wie z. B. eine Qualitätssteigerung vs. höherer Leistung. Das kann nur anhand von qualitativen Verbesserungsmaßnahmen erreicht werden.

Die praktische Umsetzung der Prozessoptimierung kann mittels Simulationssoftware erreicht werden, wenn die Ursache-Wirkungs-Zusammenhänge im betrachteten System realitätsnah abgebildet werden. Der erfolgreiche Einsatz der Simulation bedingt das Vorhandsein einer umfangreichen Wissensdatenbank, die für jede Fertigungsbedingung aufwendig erstellt werden müsste. Dieses erfahrungsbasierte Wissen ermöglicht die Bildung eines Prozessmodells und erleichtert die Prozessoptimierung. Die Modelle können anhand der Erfahrungsdaten mittels verschiedener Werkzeuge, wie z. B. DataScience, verarbeitet und für die Vorhersage der Prozessergebnisse nutzbar gemacht werden. Der Nachteil dieser Methodik der Erkenntnisgewinnung liegt darin, dass sie grundsätzlich nicht auf andere Fälle erweitert werden kann.

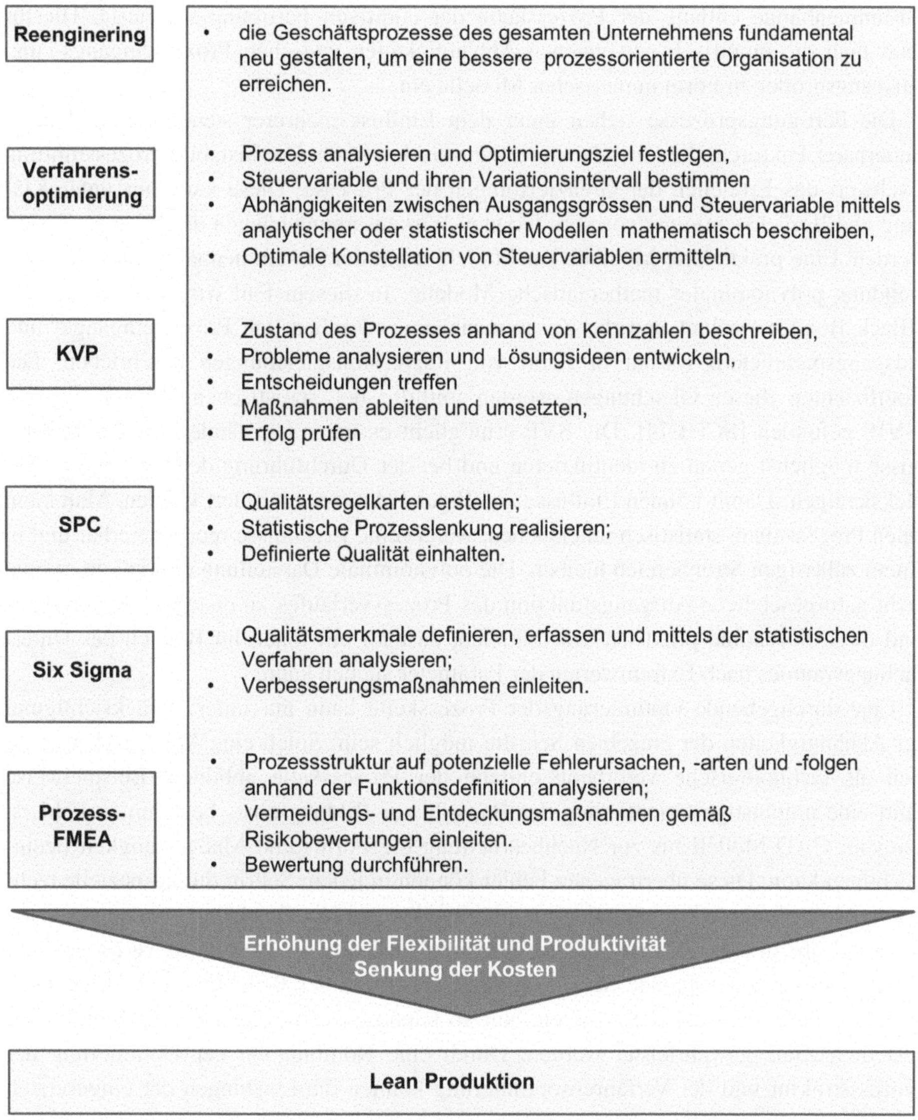


**Abb. 3.15** Möglichkeiten zur Prozessverbesserung [ALIY21]. (Quelle: Springer)

Ein weiterer Weg beschreibt die direkte mathematische Prozessmodellierung basierend auf wissenschaftlichen Methoden der Prozessoptimierung. Bei diesem Ansatz hilft die Beschreibung der Ursache-Wirkung-Zusammenhänge von prozessrelevanten Parameterkollektiven eine optimale Einstellung der Prozessparameter zu finden. Aufgrund von vielen auf den Prozess wirkenden Faktoren ist eine analytische Beschreibung der

Zusammenhänge entlang der Prozesskette der additiven Fertigung schwierig. Hierfür setzt man die empirisch gewonnenen Abhängigkeiten zwischen Prozesseingangs- und -ausgangsgrößen in Form numerischer Modelle ein.

Die Fertigungsprozesse stehen unter dem Einfluss mehrerer steuerbarer und nicht steuerbarer Faktoren, die teilweise nur stochastisch wirken. Die instabile Prozessführung erschwert das Erreichen der Grenzleistungen der Prozesse. Diese kann nur unter Klärung und Berücksichtigung von signifikanten Wirkzusammenhängen der Prozesse erzielt werden. Eine praktizierte Methode zur Modellierung der Zusammenhänge nutzt die Anwendung polynominaler mathematische Modelle. In diesem Fall wird der Prozess als „Black Box" betrachtet und die Zusammenhänge zwischen den Prozesseingangs- und -ausgangsparametern formal in Form von Regressionsgleichungen beschrieben. Die Koeffizienten dieser Gleichungen werden mithilfe der statistischen Versuchsplanung (SVP) gefunden [SCHE74]. Die SVP ermöglicht es unter Umständen im Voraus Einflüsse möglichst genau zu identifizieren und bei der Durchführung der Versuche zu berücksichtigen. Damit können Einflüsse zufälliger Faktoren minimiert werden. Man kann einen Prozess dann statistisch untersuchen, wenn seine Ergebnisse reproduzierbar und in einem zulässigen Streubereich bleiben. Die polynominale Darstellung ermöglicht es eine nicht naturgesetzliche Ausgangsfunktion des Prozessverlaufes zu erstellen. Andererseits sind diese Polynome praktisch sehr nützlich, da man mit ihnen im Bereich des Untersuchungsraumes nach Extremwerten der Parameter suchen kann.

Eine durchgehende Optimierung der Prozesskette kann nur unter Berücksichtigung der Abhängigkeiten der einzelnen Schritte möglich sein. Solch eine Abhängigkeit kann sich als technologische Vererbung entlang der Prozesskette abbilden. Beispielweise führt eine ungünstige Orientierung des Bauteils zur Bildung eines bestimmten Fehlers, der vom CAD-Modell bis zur Nachbearbeitung die Form- und Maßgenauigkeit beeinträchtigen kann. Diese übertragenen Fehler können in jedem Schritt durch spezielle technische Maßnahmen verringert oder gar unterbunden werden. Das hängt vom eingesetzten Aufwand ab. Inwieweit man eine Abweichung in einem Prozessschritt verringert und seinen Einfluss auf folgende Schritte reduziert, sollte unter Beachtung des Gesamtaufwandes für die Prozesskette erfolgen. Nur so kann eine hohe Leistung hinsichtlich der gestellten Ziele gewährleistet werden. Durch eine Kombination der Optimierung der Prozessstruktur und der Verfahrensoptimierung können die Leistungen der eingesetzten Prozesse besser ausgeschöpft werden.

Betrachtet man die additive Fertigung näher, zeigt sich der Fertigungsprozess als von vielen Faktoren technischer Art beeinflusster komplexer Vorgang. Die Abb. 3.16 stellt diese in Wechselbeziehung stehenden Systemkomponenten dar. Der Zustand einzelner Systemkomponente wie der Lasertechnik, der Anlage, das Bauteil und die Prozessführung haben einen besonderen Einfluss auf das Prozessergebnis. Die Abweichungen dieser Komponenten betreffen besonders die Qualität des Bauteiles. Eine gute Endqualität verlangt daher eine entsprechende Abstimmung der Parameter dieser Systemkomponenten. Für die Wirtschaftlichkeit der Prozesse in einer AF-Anlage sorgen

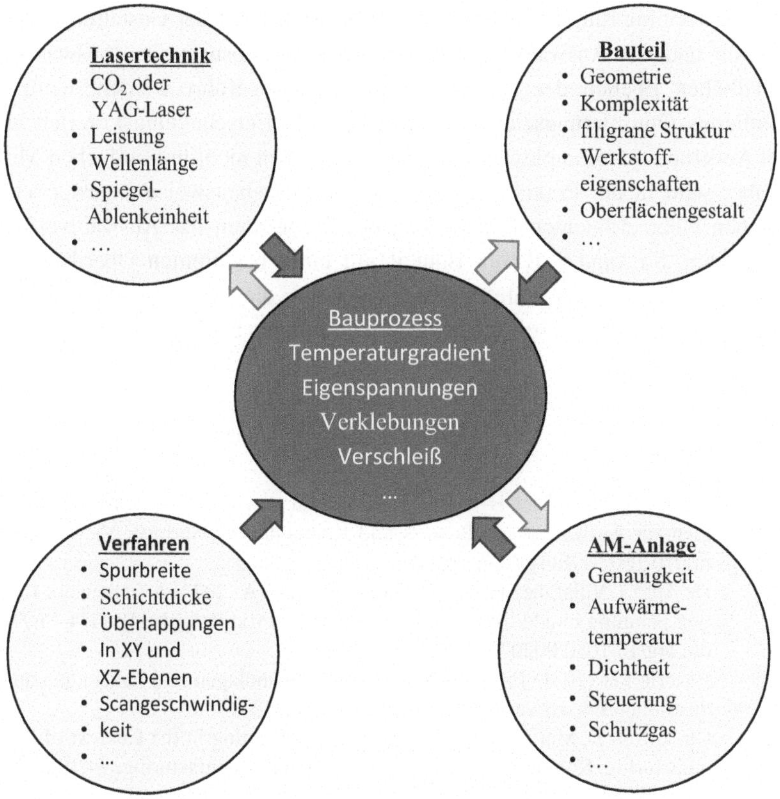


**Abb. 3.16** Einflussparameter auf den Prozess der additiven Fertigung mit PBF-LB/M-Verfahren. (Quelle: eigene Darstellung)

schließlich die Prozessparameter. Durch eine optimale Konstellation der Parameter kann ein lokales Extremum und damit das Ziel erreicht werden.

Die Effektivität der Prozessführung in der additiven Fertigung hängt im Wesentlichen von der Komplexität der Fertigungsaufgabe, dem vorhandenen Fertigungswissen, dem Einsatz der CAx-Techniken und den möglichen mathematischen Beschreibungen der Prozesskenngrößen ab. Dazu kommen noch das Wissen über Eingangs- und Ausgangsgrößen, die gemeinsam mit technischen Restriktionen den Gestaltungsbereich der Prozesse bestimmen. Durch die Optimierung sind einzelne Prozessabläufe so steuerbar, dass man ein Optimum erreicht. Dafür ist eine genaue Betrachtung der Prozessstruktur von großer Bedeutung. Die Prozessstruktur von der Datengenerierung bis zur Nachbearbeitung wird durch die Fertigungsaufgabe bestimmt. Je genauer die Bauteilgeometrie und die Oberfläche gefertigt werden soll, desto komplexer wird die Prozesskette. Eine wirtschaftliche Fertigung ist gekennzeichnet durch eine möglichst kurz gehaltene Prozesskette. Die ausgewählten Prozesse sind so gestaltet, dass sie mit optimalen Parametern zur kostengünstigen Zielerreichung beitragen.

Die Strukturoptimierung beschäftigt sich in der Regel mit der Gestaltung alternativer Prozessketten und der Auswahl einer bestangepassten Lösung. Die Auswahl kann in unterschiedlichen Ebenen der Prozessgestaltung durchgeführt werden, wofür immer ein formuliertes Optimierungsziel und wirkungsvolle Entscheidungskriterien erforderlich sind. Aufgrund der Komplexität sind diese Aufgaben nicht mit einfachen Mitteln zu lösen. Daher wird in der Praxis eine vereinfachte Vorgehensweise angewendet. Durch das Erreichen einer effizienten Lösung in jeder Phase kann das Auswahlverfahren erleichtert werden. So kann z. B. ein Bauteil mit einer bestimmten Oberflächenqualität durch unterschiedliche AF-Verfahren erreicht werden, die unterschiedliche Kosten verursachen. Dieses kann beim Finden des lokalen Optimums behilflich sein.

## Literatur


[ALIY21] Aliyev R, Hentschel B (2021) HSC-Fräsen von stäubenden Werkstoffen. Strategien zur Auslegung von Prozess und Komponenten. Springer Vieweg. https://doi.org/10.1007/978-3-662-63693-0

[DEAN23] De Anto J, Villafáñez F, Poza D, López-Paredes A (2023) A framework for production planning in additive manufacturing. Int J Prod Res 61(24):8674–8691. https://doi.org/10.1080/00207543.2022.2160026

[BAEU21] Bäuerle PH (2021) Produktionswirtschaft: Grundlagen und Fallstudien aus der industriellen Praxis. Verlag: Schäffer-Poeschel, 573 S

[CUI22] Cui J, Ren L, Mai J, Zheng P, Zhang L. 3D Printing in the Context of Cloud Manufacturing. Robotics and Computer-Integrated Manufacturing, 74:102256. https://doi.org/10.1016/j.rcim.2021.102256

[DANG01] Dangelmaier W (2001) Fertigungsplanung. Planung von Aufbau und Ablauf der Fertigung. Springer Berlin, Heidelberg. https://doi.org/10.1007/978-3-642-56453-6

[DIET14] Dietrich E, Schulze A (2014) Eignungsnachweis von Prüfprozessen, Prüfmittelfähigkeit und Messunsicherheit im aktuellen Normenumfeld, 4. Aufl. Hanser, München

[DEAN20] De Anton J et al (2020) (2020) Production planning in 3D printing factories. International Journal of Production Management and Engineering 8(2):75–86. https://doi.org/10.4995/ijpme.2020.12944

[EMME17] Emmelmann C, Möhrle M et al (2017) Bionic Smart Factory 4.0 – Konzept einer Fabrik zur additiven Fertigung komplexer Produktionsprogramme. Industrie 4.0 Management 4: 38–42

[EMME18] Emmelmann C, Rudolph JP, Güntzer F (2018) Produktionsplanung für die industrielle additive Teilefertigung. VDI-Z Integrierte Produktion 160(6):51–53

[EVER02] Eversheim W (2002) Organisation in der Produktionstechnik 3. Arbeitsvorbereitung. Springer Berlin, Heidelberg. https://doi.org/10.1007/978-3-642-56336-2

[EVER94] Eversheim W, Humburger R, Pollak A (1994) Wirtschaftlicher Verfahrensvergleich mit prozeßorientierter Kalkulation. In: io Management Zeitschrift 63(6):78–83

[EVER96] Eversheim W, Schuh G (1996) Produktion und Management „Betriebslehre". Teil 2. 7. Auflager, Springer

[GEBH16] Gebhardt A (2016) Additive Fertigungsverfahren Additive Manufacturing und 3D-Drucken für Prototyping – Tooling – Produktion 5. Aufl., neu bearbeitete und erweiterte Auflage. Carl Hanser Verlag

[HART04] Hartmut FB (2004) Handbuch der prozessorientierten Arbeitsorganisation. Hanser, München

[HELB10] Helbing K (2010) Handbuch Fabrikprojektierung. Springer, Berlin

[JACO02] Jacobs HJ, Dürr, H. (2002) Entwicklung und Gestaltung von Fertigungsprozessen. Carl Hanser Verlag München Wien

[KALE00] Kalender WA (2000) Computertomographie – Grundlagen, Gerätetechnologie, Bildqualität. Publicis Corporate Publishing, Erlangen, Anwendungen

[KEFE17] Claus P, Keferstein MM, Carlo (2017) Fertigungsmesstechnik. Alles zu Messunsicherheit, konventioneller Messtechnik und Multisensorik. Springer Vieweg Wiesbaden. https://doi.org/10.1007/978-3-658-17756-0

[KRAU16] Krauss H (2016) Qualitätssicherung beim Laserstrahlschmelzen durch schichtweise thermografische In-Process-Überwachung. Dissertation, Technische Universität München

[LI17] Li Q, Kucukkoc I, David ZZ. Production planning in additive manufacturing and 3D printing. Computers & Operations Research, 83:157–172. https://doi.org/10.1016/j.cor.2017.01.013

[LOED08] Lödding H (2008) Verfahren der Fertigungssteuerung: Grundlagen, Beschreibung, Konfiguration. 2. Aufl. Springer Berlin. https://doi.org/10.1007/978-3-540-76860-9

[MATH09] Mathar HJ, Scheuring J (2009) Unternehmenslogistik: Grundlagen für die betriebliche Praxis mit zahlreichen Beispielen, Repetitionsfragen und Antworten. Compendio Bildungsmedien, Zürich

[MEIN95] Meinberg U, Topolewski F (1995) Lexikon der Fertigungsleittechnik. Springer, Berlin, Heidelberg. https://doi.org/10.1007/978-3-642-79325-7

[MOEH18] Möhrle M (2018) Gestaltung von Fabrikstrukturen für die additive Fertigung. Springer Vieweg, Berlin. https://doi.org/10.1007/978-3-662-57707-3

[NEUM20] Neumann P, Gamber T, Faupel C (2020) Neues Kostenmodell für die additive Fertigung. SpringerProfessional: Additive Fertigung. Online: https://www.springerprofessional.de/additive-fertigung/controlling/anwendungsorientiertes-kostenmodell-fuer-die-additive-fertigung/18619700. Zugegriffen: 19. Juli 2024

[REFA78] REFA (1978) Methodenlehre des Arbeitsstudiums. Teil 1: Grundlagen und Teil 2: Datenermittlung, 6. Aufl. Hanser, München

[REFA92] REFA (1972) Methodenlehre des Arbeitsstudiums. Teil 1: Grundlagen, Teil 2: Datenermittlung, Teil 3: Kostenrechnung, Arbeitsgestaltung. Hanser, München, Wien (1976/1992)

[SAJA22] Sajadi F, Kadkhodapour J, Schmauder S (2022) Quality Analysis of Additively Manufactured Metals. Simulation Approaches, Processes, and Microstructure Properties. Publisher Elsevier Science

[SCHE74] Scheffler E (1974) Einführung in die Praxis der statistischen Versuchsplanung. Dt. Verlag für Grundstoffindustrie, 361 Seiten

[SCHU06] Schuh G, Schmidt C (2006) Grundlagen der Produktionsplanung und -steuerung: Prozesse. In: Schuh G (Hrsg) Produktionsplanung und -steuerung: Grundlagen, Gestaltung und Konzepte, 3. Aufl. Springer, Berlin, S 108–194

[SCHU11] Schuh G, Klappert S (2011) Handbuch Produktion und Management. 2. Springer Berlin, Heidelberg. https://doi.org/10.1007/978-3-642-12530-0

[SCHU14] Schulte-Zurhausen M (2014) Organisation. Vahlen, München

[TOYS21] Toyserkani E, Sarker D, Obehi Ibhadode O, Liravi F, Russo P, Taherkhani K (2021) Metal Additive Manufacturing. Publisher, Wiley, S 624

[VDI14] VDI3405: Additive Fertigungsverfahren – Grundlagen, Begriffe, Verfahrensbeschreibungen. VDI, 2014

[WANG19] Wang Y, Zheng P, Xu X, Yang H, Zou J (2019) Production planning for cloud-based additive manufacturing – A computer vision-based approach. Robotics and Computer-Integrated Manufacturing 58:145–157. https://doi.org/10.1016/j.rcim.2019.03.003

[WEST06] Westkämper E (2006). Einführung in die Organisation der Produktion. https://doi.org/10.1007/3-540-30764-8

[WEST10] Westkämper E, Warnecke HJ (2010) Einführung in die Fertigungstechnik. Vieweg+Teubner Verlag Wiesbaden. https://doi.org/10.1007/978-3-8348-9798-5

[WIEN19] Wiendahl HP (2019) Betriebsorganisation für Ingenieure. 9., vollständig überarbeitete Auflage, Hanser Verlag

# CAD- Datengenerierung für die additive Fertigung

4

## 4.1 Spezifik des Datenflusses

Die Durchführung additiver Fertigungsprozesse im digitalisierten Umfeld lehnt sich an die 3D-Modelle von zu fertigenden Produkten an. Diese Modelle beinhalten die geometrische Produktrepräsentation und schaffen eine Basis für den durchgängigen Informationsfluss entlang der Prozesskette additiver Fertigung (Abb. 4.1). Die 3D Modelle unterstützen nicht nur konstruktive Entwicklungsprozesse mit Simulations- und Berechnungssoftware, sondern ermöglichen auch eine qualitätsbezogene additive Fertigung zu planen und zu verifizieren. Aussagekräftige digitale Prototypen ermöglichen die wichtigen Eigenschaften des Bauteiles/Produktes im virtuellen Raum zu prüfen und die erforderlichen Fertigungsdaten und- unterlagen zu erstellen.

Komplexe Datenstrukturen von 3D-Modellen aufgrund zunehmender Anforderungen der Anwender steigern die Ansprüche an die Leistungsfähigkeit der CAx-Systeme, da sie als Werkzeuge für die Handhabung dieser Daten in der Informationskette eine wesentliche Rolle spielen. Die Struktur und die Datenelemente dieser Systeme bestimmen ihre Kompatibilität untereinander und dadurch die Qualität der Datenübertragung.

Die Generierung von 3D Modellen haben je nach der Fertigungsaufgabe eine spezifische Entstehungsquelle. Diese bestimmt den Aufwand und Qualität der Aufbereitung der CAD-Daten für die Fertigung. Ein besonderes Augenmerk wird dabei auf die fertigungsgerechte Modellierung gelegt, da mit der Vorgehensweise das Potenzial der additiven Fertigung weitgehend ausgeschöpft werden kann. Dieser Aspekt nimmt bei der Planung additiver Fertigungsprozesse eine wichtige Stellung ein und deshalb ist ein Teil des Kapitels der fertigungsgerechten Konstruktion gewidmet.



R. Aliyev, *Planung von additiven Fertigungsprozessen*,
https://doi.org/10.1007/978-3-662-70199-7_4

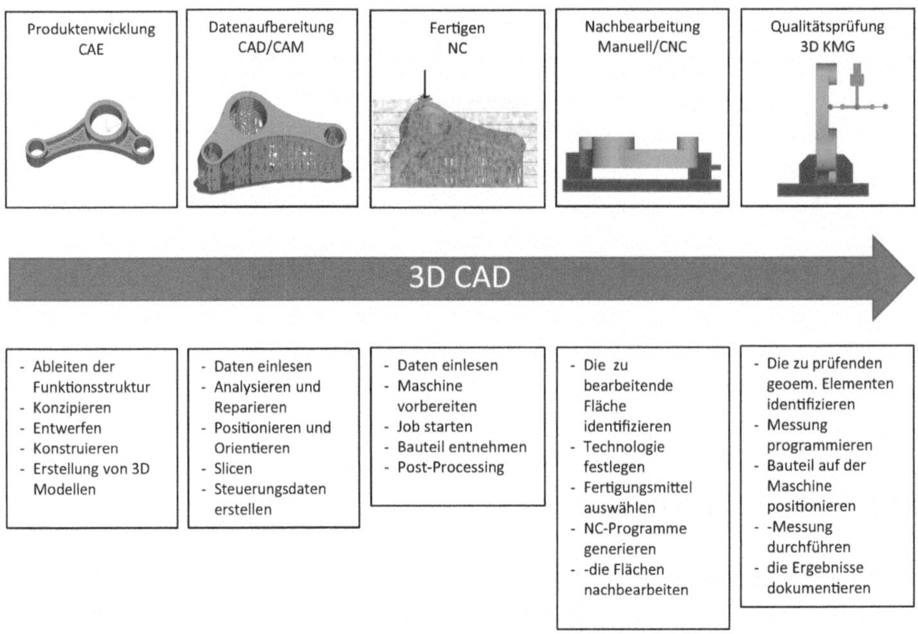


**Abb. 4.1** Fluss der 3D-Daten in der additiven Fertigung. (Quelle: eigene Darstellung)

## 4.2 Wege der Erzeugung von 3D CAD-Daten

**Konstruktionsmodelle**
Im Rahmen der Produktentstehungsprozesse kommen der methodischen Konstruktion und der CAD-Modellierung der zu fertigenden Teile eine besondere Bedeutung zu. Anhand dieser Informationen werden im Rahmen dieses Schrittes die Prozesse und Systeme der Fertigung festgelegt. Die Schritte des Konstruktionsprozess sind in der VDI -Richtlinie 2221/1993 zusammengefasst. Diese Richtlinie zeigt das systematische Vorgehen von der Präzisierung der Aufgabenstellung über funktionale Überlegungen bis zum Entwurf und Detaillieren des neuen Produktes. Das dabei benutzte konstruktive Vorgehen kann in drei Gruppen zusammengefasst werden [LIND16, NEFE16, PAHL07, VAJN09]:

- Eine *Neukonstruktion* entsteht bei der Lösung neuer Aufgaben. Ausgehend von abstrakten Formulierungen entstehen neue und innovative Bauteilkonstruktionen auf der Basis unterschiedlicher Arbeitsmethoden. Als Arbeitsmethoden sind neben der diskursiven Vorgehensweise auch die Kreativitätstechniken bekannt.
- Die *Anpassungskonstruktion* ermöglicht die Gestalt eines Produktes an die veränderte Aufgabenstellung und die daraus folgende Anforderungsliste anzupassen. Dabei werden die geometrischen Elemente dort geändert, wo es sich als notwendig erweist.

- Die *Variantenkonstruktion* wird dann durchgeführt, wenn man nur die Größe und/oder Anordnung von Teilen oder Baugruppen ändern soll. Eine Variantenkonstruktion basiert auf den vorhandenen Lösungen des technischen Systems.

Die Entwicklung der Konstruktionsmodelle im Rahmen der Produktentwicklung wird durch verschiedene Umstände begleitet. Die Produktentwicklung weist zahlreiche Wechselwirkungen zu anderen Funktionen des Unternehmens auf. Daher soll sie mit vor- und nachgelagerten und parallellaufenden Vorgängen abgestimmt werden. Solch ein typischer sogenannter Begleitprozess ist die Fertigungsplanung, der in der Etappe der Entwicklung des Produktionssystems realisiert wird [GAUS16]. Die enge Einbettung der Fertigungsplanung in den Produktentwicklungsprozess wird begründet durch die Wechselwirkungen zwischen den einzelnen Phasen des Produktentstehungsprozesses. Je nach Fortschritt in der Produktentwicklung liefert die Fertigung eine weitreichende Information für die Verbesserung der Produkteigenschaften. Ein iteratives Zusammenwirken führt so zu besseren Ergebnissen des Entwicklungsprozesses.

Um die Ergebnisse einzelner Phasen des Produktentwicklungsprozesses zu bewerten, wird die konzipierte Produktgestalt anhand unterschiedlicher physischer Modelle untersucht und verbessert. Die physischen Modelle werden in drei Klassen unterteilt [GEBH16]:

- Anschauungsmodelle/Konzeptmodelle
- Funktionsmodelle und
- Prototypen

Sie unterscheiden sich im Detaillierungsgrad und im eingesetzten Werkstoff. Für die Überprüfung von Proportionen oder des Designs der Konstruktionen kommen die Anschauungsmodelle zum Einsatz. Die Funktionsmodelle zeigen, ob die konstruierten Teile/Baugruppe die geforderten mechanischen Funktionalitäten erfüllen. Sind die ersten Vorbereitungen abgeschlossen und Fragen geklärt, werden Prototypen des entwickelten Produktes gefertigt. Die Prototypen zeichnen sich durch ihre hohe Detailtreue aus. Sie besitzen außerdem seriennahe Werkstoffeigenschaften. Die Prototypfertigung ist die eigentliche Vorstufe der Serienfertigung, da die Prototypen zur Aufklärung der möglichen Fertigungsprobleme beitragen. Diese physischen Modelle werden direkt oder indirekt mittels der additiven Fertigung gefertigt. An dieser Stelle kommt den CAD – Modellen eine wichtige Bedeutung zu. Um die additiven Fertigungsprozesse effektiv durchzuführen, sollte die Geometrie der Objekte für die AM-Anlage fertigungsgerecht generiert und bereitgestellt werden.

**CAD Modelle**

Die entwickelten Produktdaten werden in CAD-Modelle umgewandelt, um die Fertigung im digitalen Umfeld zu ermöglichen. Die Transformation der Produktinformationen in die 3D-Modelle geschieht mittels unterschiedlicher Methoden.

Nach der Festlegung des Funktionsprinzips eines Produktes, welches aus der Aufgabenstellung abgeleitet wird, erfolgt die Modellierung des eigentlichen Teiles im virtuellen Raum. Das erste Modell entsteht entsprechend der Vorstellungen des Konstrukteurs. Sie zeigt wie die Aufgabe konstruktionstechnisch gelöst werden kann. Bei diesem Denkprozess pendeln seine Gedanken zwischen abstrakten Zusammenhängen, wie Wirklinien, Wirkflächen sowie Funktionsstrukturen, und der schon ihm anhand seiner Erfahrungen bekannten Formen und Konturen hin und her [FELD13]. Diese abstrahierten Modelle werden zunächst in Form von 2D als auch 3D Skizzen (Isometrie, Dimetrie, Zentralperspektive) niedergelegt. Die gängigen CAD-systemen unterstützen dabei den Konstrukteur seine Entwürfe zu digitalisieren.

Es existieren drei Modellarten, die für die 3D Darstellung der entwickelten Produkte zum Einsatz kommen [GEBH16, VAYN09]:

- *Das Drahtmodell* benutzt Linienelemente (Strecken, Kreis-/Ellipsenbögen, Freiformkurven) für die Darstellung der Konturen eines Objektes im Raum. Seine Vorteile liegen in der schnellen Darstellung und Bewegen der Modelle am Bildschirm.
- *Das Flächenmodell* beschreibt alle Flächen eines Objektes zusammenhängend und geschlossen. Diese Flächenbeschreibung ist besonders bei der mechanischen Bearbeitung von Bauteiloberflächen vorteilhaft.
- *Das Volumenmodell* baut auf den Grundelementen wie Quader, Zylinder, Kugel oder Pyramide, auf und führt damit die Beschreibung von 3D-Modellen durch. Durch die booleschen Operationen Vereinigen, Subtrahieren und Durchschnitt entstehen die unterschiedlichen Geometrien. Die Volumenmodelle erfassen neben der Hülle von Objekten, auch deren Materialinformationen anhand der Volumina.

Die in diesen Modellen gesammelten Informationen bilden neben den werkstoffseitigen Eigenschaften auch die Produktmerkmale ab. Durch eine entsprechende methodische Konfiguration der Geometrie ist es möglich die Funktionalität und Betriebseigenschaften wesentlich zu beeinflussen. Die genannten Vorteile können mit CAD-Systemen mit integrierten eigenschaftsbestimmenden Analysesystemen umgesetzt werden [VAJN09]. Die integrierten Algorithmen (z. B. zu FEM, CFD, MKS u. ä.) unterstützen die zweckbestimmte Anpassung von Geometrien der CAD-Modelle. Damit können die generierten Daten anhand geforderter Eigenschaften gesteuert werden.

Mittels der Topologieoptimierung der Teilegeometrie werden die Potenziale der additiven Fertigung wesentlich erweitert (Abb. 4.2). Für die Umsetzung wurden spezielle Modelle, Methoden und Werkzeuge entwickelt und in kommerziellen CAE-Systemen implementiert. Eine Finite-Elemente-Analyse ermöglicht es dabei die geometrischen Merkmale der Bauteile in Hinblick auf eine besondere Eigenschaft so anzupassen, dass das gestellte Ziel erfüllt wird (z. B. ein bestimmtes Festigkeitsverhalten bei minimalem Gewicht → Leichtbau).

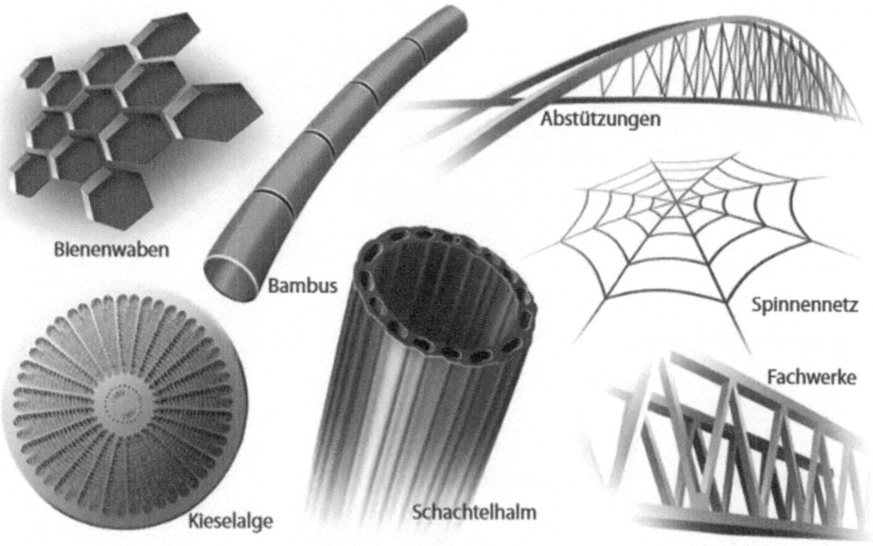


**Abb. 4.2** Bionische Strukturen und CAD Modelle [LACH17]. (Quelle: Springer)

Ein bewährter methodischer Weg für die Gestaltanpassung durch Topologiotimierung ist das „Lernen von der Natur". So haben viele von der Natur abgeschaute technische Strukturen Vorteile gezeigt [LACH20, LANG21]. Bis vor kurzem war die praktische Umsetzung dieser Gebilde aus technologischen Gründen nur begrenzt möglich. Nun steht mit der additiven Fertigung eine komplett neue Möglichkeit zur Verfügung solche komplexen Geometrien industriell zu fertigen. Die Vereinigung der Möglichkeiten der Topologieoptimierung mit der additiven Fertigung schafft ein großes Potenzial zur Entwicklung von Produkten mit neuen Strukturen.

Nach der Topologieoptimierung steht ein Designvorschlag für die Anpassung der Bauteilgeometrie zur Verfügung. Im nächsten Schritt wird dieser Designvorschlag unter Berücksichtigung von technologischen Restriktionen in eine fertigbare Form überführt (Abb. 4.3). Dabei sind bestimmte Wandstärken, Überhänge, Hohlräume, Treppenstufeneffekt oder auch Hinterschnitte, die mehr hängende Flächen (Downskin) bedingen, zu berücksichtigen. Die CAD-Modelle der topologieoptimierten Bauteile sollen unter Berücksichtigung der Fertigungsgerechtheit aufbereitet und für die additive Fertigung bereitgestellt werden.

### 3D-Digitalisierung von physischen Modellen

Ein weiter Weg zur Gewinnung von 3D-Modellen für die additive Fertigung beschreibt das Reverse-Engineering. Wenn keine 3D-Daten für nachzufertigende Objekt zur Verfügung stehen, wird in der Regel die 3D-Digitalisierung eingesetzt. Die Schritte des Reverse Engineering gliedern sich wie folgt [FRAN18]:

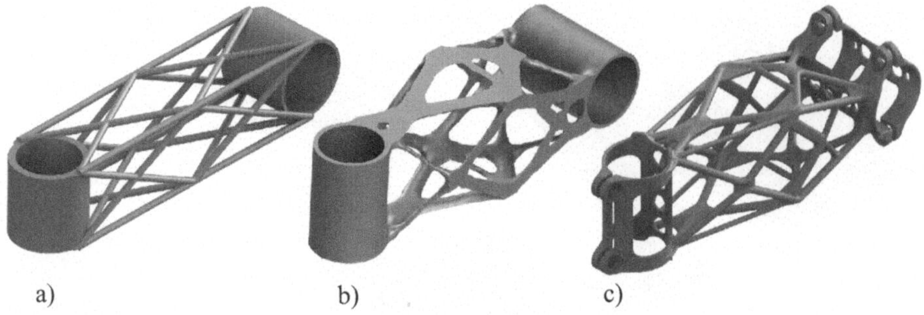

**Abb. 4.3** Schritte zur Topologioptimierung [BRUG17]. a) Analytisch ausgelegtes Fachwerk, b) Topologieoptimierungsergebnis, c) Parametrisiertes Modell. (Quelle: Springer)

- Bauteilerfassung (3D Vermessung oder Scanning)
- Geometrieverarbeitung (Abmaßverarbeitung/Flächenrückführung)
- Anpassung/Modifikation der erhaltenen Flächenmodelle

In Abhängigkeit von den Anforderungen an die erzeugten Flächen werden für die Bauteilvermessung unterschiedliche Messtechnik und -strategien angewendet. Hier spielt die Komplexität (Taschen, Bohrungen, Hinterschnitte), sowie das Material und die Oberflächeneigenschaften der Bauteile eine bestimmende Rolle. Nach der direkten Messung mit taktilen Messverfahren entsteht immer eine Punktewolke, die dann mithilfe einer Software in eine Fläche umgewandelt wird [RIEG18]. Diese Flächenvermessung ist sehr genau und preiswert. Den Vorteilen der taktilen Messung stehen jedoch lange Messzeiten und die Nichteignung für leicht druckelastische Werkstoffe entgegen.

Die optische Vermessung ermöglicht es dagegen die Flächen schnell und berührungslos zu erfassen. Die Erzeugung von vielen Punkten auf der Fläche ist in kürzester Zeit möglich. Die optischen Eigenschaften der Oberflächen (Glanz, Kontrast, Transparenz etc.) schränken in einigen Fällen den Einsatz dieser Verfahren ein. Dem kann aber durch eine Vorbehandlung der zu erfassenden Oberflächen entgegengewirkt werden. Die hohe Punktdichte kann aufgrund großer Datenmengen zu einem hohem Rechenaufwand führen. Die Qualität der Flächenrückführung bestimmt die Qualität von additiv gefertigten Bauteilen. Besonders bei der Konstruktion von Freiformflächen sind mehrere Iterationen notwendig, um eine gute Anpassung zu erlangen. In der Praxis wird die Qualität der Flächenanpassung mittels statistischer Analyse der Abweichungen zwischen gescannten und modellierten Flächen gesteuert [FRAN18]. Die durch Oberflächenvermessung gewonnenen Punktewolken werden im nächsten Schritt zu einer geschlossenen Fläche weiterverarbeitet. Während die Erzeugung von Regelgeometrien anhand der Messpunkte relativ einfach ist, gestaltet sich die Flächenrückführung für komplexe und freiformförmige

Geometrieelemente deutlich aufwendiger. Dies lässt sich mithilfe von Ausgleichrechnungen unterstützen. Damit wird die erzeugte Flächengeometrie an die Punktwolke bestangepasst.

**Schnittstellenproblematik**

Anhand der dargelegten Vorgehensweisen zur Erstellung von 3D-Modellen für die additive Fertigung können die Modellierungsprozesse in einem Diagramm zusammengefasst werden (Abb. 4.4).

Im Diagramm sind die unterschiedlichen Quellen und die dazugehörigen Formate von CAD-Daten ersichtlich. Diese zeichnen sich durch Punktwolken, Bilddateien oder 3D-Datenmodellen aus, die in unterschiedlichen Phasen der Datengenerierung erzeugt und in die nächsten Arbeitsschritte weitergeleitet werden. Dabei werden die Daten konvertiert, um die Kommunikation zwischen diesen Arbeitsschritten zu gewährleisten. Da man in jeder Etappe mit einem anderen CAx-System arbeitet, ist die Konvertierung fast immer systembedingt durch geometrische Fehler begleitet. Die bekannte Schnittstellenproblematik beim Datenaustausch ist ein Faktor, der bei der Generierung, Verarbeitung und Anwendung von CAD-Daten berücksichtigt werden sollte.

Die gängigen CAD-Systeme verwenden verschiedene parametrisierte Algorithmen für die interne Beschreibung von Regel- und Freiformflächen bzw. Volumina. Sie ermöglichen eine realitätsgetreue Gestalt von zu modellierenden Objekten zu schaffen. Die meisten CAD Systeme setzten eigene Datenformate ein, um die erzeugten Modelle intern zu speichern. Dieses ermöglicht einerseits Informationsverluste zu vermeiden, erschwert aber andererseits den Datenaustausch zwischen den verschiedenen Systemen. Im Zuge der Entwicklung von CAD-Systemen sind systemneutrale Datenformate wie VDA-FS, IGES, STEP u. a. entstanden, um den Datenverlust bei einer weiteren Verwendung entgegenzuwirken. Die Anwendung von CAD-Daten mit diesen Formaten in der additiven Fertigung verlangt eine weitere Konvertierung. In der industriellen Praxis erfolgt der Datenaustausch entweder über eine direkte Anbindung verschiedener CAD-Systeme oder über eine neutrale Schnittstelle. Die Anwendung der einen oder anderen Schnittstelle entscheidet über die Effizienz der Zusammenarbeit in einer Multi-CAD-Umgebung.

Heutzutage nutzen fast alle Softwarelösungen für die Datenaufbereitung in der additiven Fertigung das STL-Datenformat. Dieses Format hat sich in vergangenen Jahren als Quasi-Industriestandard durchgesetzt. Das STL-Format (Surface Tesselation Language oder Standard Triangulation Language oder Standard Transformation Language) basiert auf einem Facettenmodell der Bauteiloberfläche [BUEH19]. Das Facettieren der Flächen lehnt sich an die aus der Geodäsie bekannte Triangulationstechnik an, die eine beliebige Fläche mittels planarer Dreiecke beschreibt. Die Dreiecke werden im Raum durch die Koordinaten der Eckpunkte und der Flächennormalenvektoren bestimmt. Die lückenlose Verbindung dieser Dreiecke über gemeinsame Seitenkanten ermöglicht komplexe Flächen als Polygone zu beschreiben. So hat ein Dreieck mit zwei anderen Dreiecken einen gemeinsamen Eckpunkt. Dies bedeutet, dass die Koordinaten eines Eckpunktes dreifach gespeichert werden, was sich direkt auf die Größe der STL-Datei auswirkt.

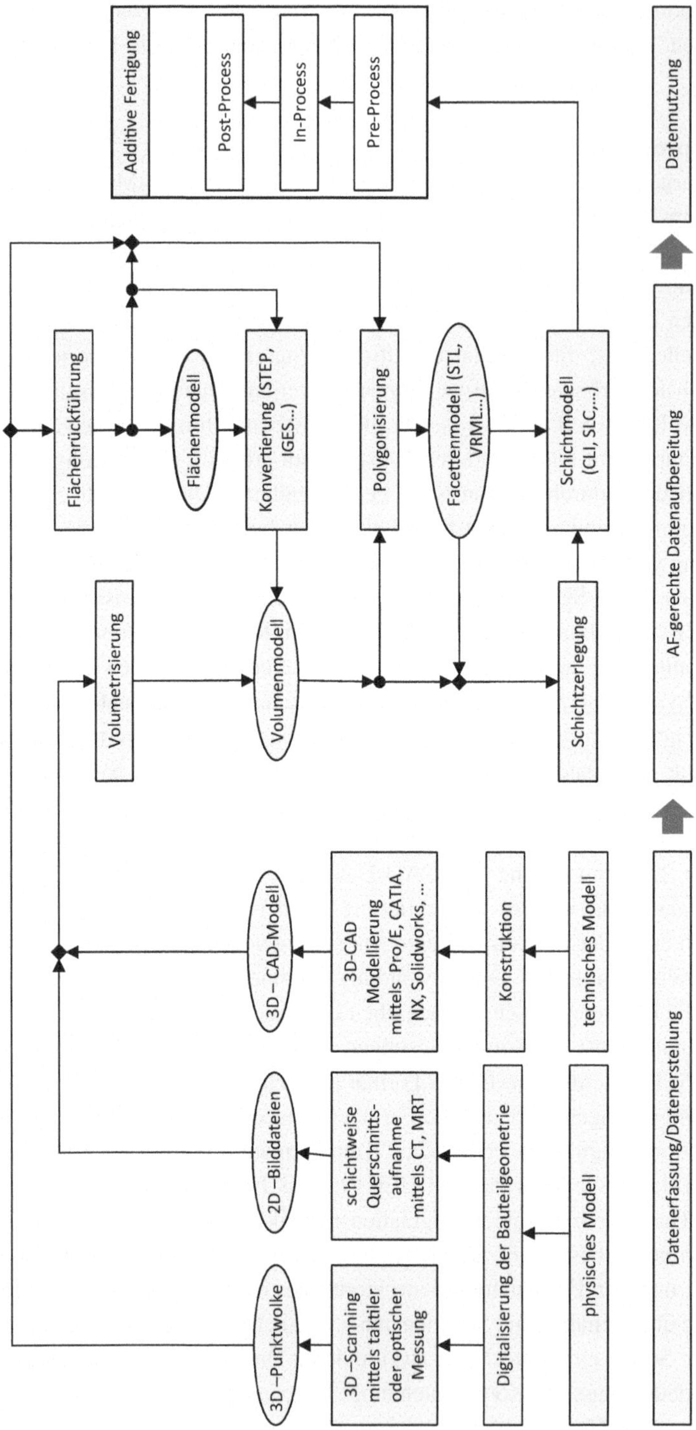


**Abb. 4.4** Datengenerierung für die Additive Fertigung nach [VDI14, DANJ10]. (Quelle: eigene Darstellung)

Andererseits werden für eine genauere Beschreibung gekrümmter Bauteiloberflächen mehr Polygone benötigt. Außerdem wird die Anzahl der Polygone durch die zulässige Abweichung von der Krümmungsgeometrie bestimmt. Durch die Einstellung der Approximationsgenauigkeit im CAD-System kann die Anzahl der Polygone/Dreiecke bei der Datenkonvertierung signifikant beeinflusst werden. In vielen Fällen läuft die Datenkonvertierung nicht problemlos und führt zu folgenden Fehlern [DANJ10]:

- *Konstruktionsfehler*: Diese Fehlerart entsteht nicht unbedingt durch fehlerhafte Konzipierung der Konstruktion, sondern vielmehr durch fehlerhaftes Vorgehen bei der Erzeugung von geometrischen Elementen. Z.B. ein falscher Einsatz von booleschen Verknüpfungen von Körperteilen können zu „Lücken" in den STL-Daten führen. Eine fehlende Vereinigung oder Subtraktion von Einzelelementen verursacht ebenfalls Geometriefehler im Bauteil.
- *Umsetzungsfehler*: Diese Fehlerart tritt dann ein, wenn Systemeinstellungen für die Konvertierung nicht korrekt durchgeführt wurden. Die fehlerhaften mathematischen Rundungen der Geometrieberechnung gehört ebenso zu den Umsetzungsfehlern. Die Triangulation der mathematisch exakt definierten Flächen bedingt immer eine Abweichung.
- *Beschreibungsfehler*: Diese bedeutet eine Fehlinterpretation der Flächeninformation infolge der zugrunde gelegten Algorithmen. Vorher erwähnte Konstruktions- und Umsetzungsfehler können ebenso zu dieser Fehlerart führen.

Trotz der dargestellten Probleme spielt das STL-Dateiformat beim Datenaustausch in der CAD/CAM-Prozesskette eine substantielle Rolle. Man versucht typische Fehler von STL-Dateien mit verschiedenen Methoden zu beseitigen. Dazu bietet die bekannte Software, z. B. Magics, anwendungsorientierte Werkzeuge fehlerhafte STL-Datei im manuellem oder automatischen Modus zu reparieren. Die Informationen zu Fehlerquellen und Flächenfehler unterstützen die Reparaturarbeiten. Die Möglichkeiten der Reparaturarbeiten sind begrenzt. Besonders große Lücken an komplexen Flächen lassen sich durch Einfügen von zusätzlichen Dreiecken an die Sollkontur nur schwer anpassen.

Typische Fehler des Datenaustausches und deren Auswirkungen auf das Prozessergebnis sind in der Tab. 4.1 dargestellt. Das Vorhandensein der Fehler führt meistens zur Prozessstörungen. Ein häufiges Problem stellen fehlorientierte Dreiecke dar bei denen die Flächennormalen nach innen zeigen. Eine lückenhafte Geometrie infolge fehlender Dreiecke oder die nicht korrekte Übereinstimmung der Eckpunkte benachbarter Dreiecke sind fatal für die Prozessqualität. Eine nicht geschlossene Oberfläche kann beim Slicen nicht eindeutig definiert werden, weil die Begrenzung der inneren oder äußeren Seite der Oberfläche nicht erkannt werden kann [KLAH15]. Überlappungen oder sich durchdringende Facetten gehören zu den negativen Einflussfaktoren auf die Bauteilqualität. Die nicht angepassten Einstellparameter der Triangulation ergeben häufig Probleme bei der Datenaufbereitung. Eine unnötig feine Triangulation der Oberfläche bedeutet mehr Rechen- und Fertigungsaufwand. Bei einer groben Triangulation läuft der

**Tab. 4.1** Mögliche Fehler in STL-Dateien und Maßnahmen für die deren Beseitigung nach [DANJ10, NN14]

| Fehlertypen | TYP I | TYP II | TYP III | TYP IV | TYP V | |
|---|---|---|---|---|---|---|
| | 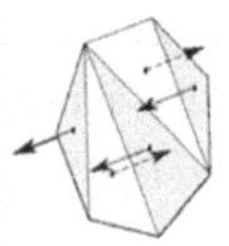 | 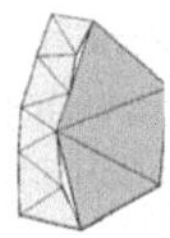 | 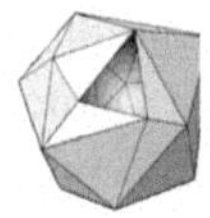 | 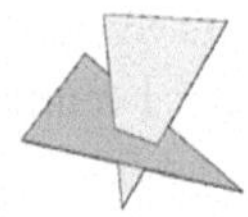 | 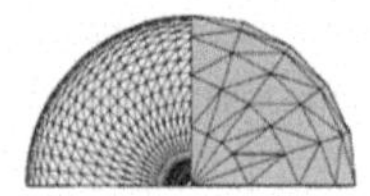 | |
| Datenfehler | Fehlorientierung von Flächennormalien | Fehlkontur | Fehlstellen (fehlende Dreiecke) | Durchdringungen/ Überlappung | zu feine Triangulation | zu grobe Triangulation |
| Prozessauswirkung | Prozessstörungen durch Leerschichten und fehlende Teiledefinition | | | | • hoher Rechenaufwand<br>• lange Bauzeiten<br>• Prozessstörungen<br>• durch zu große<br>• Datenmengen | • keine |
| Bauteilauswirkung | • Geometrieverfälschung<br>• Defekte durch Prozessstörungen<br>• Schicht-ablösung und/oder Festigkeitsverlust in Baurichtung | | | | Defekte durch Prozessstörungen | zu grobe Abbildung der tatsächlichen Geometrie |
| Mögl. Maßnahmen | ✓ Invertierung fehlorientierter<br>✓ Flächennormalien | ✓ Netzreparatur | ✓ Füllen der Fehlstellen durch Dreiecke | ✓ Verschneiden von Flächen<br>✓ Durchführung von booleschen Verknüpfungen | ✓ STL-Generierung mit angepasster Auflösung | ✓ STL-Generierung mit angepasster Auflösung |

Prozess schneller ab, dafür erreicht man aber nur eine unzureichende Bauteilqualität, weil die Geometrie der realen Oberfläche schlecht approximiert wird. Um den Aufwand der Datenreparatur in einem späteren Stadium zu minimieren, sollte versucht werden, die CAD-Daten mit besseren Systemparametern neu zu konvertieren. Das erhöht die Anforderungen an die erzeugten CAD-Daten. Sorgfältig erstellte 3D Modelle ermöglichen den Aufwand für die Datenaufbereitung entlang der CAD/CAM-Kette deutlich zu senken. Man strebt dabei an ein „wasserdichtes" Modell mit sauber verschnittenen und getrimmten Flächen zu liefern.

## 4.3 Architektur von additiv gefertigten Produkten

Die Produktarchitektur entsteht in der Konzeptentwicklungsphase im Produktentstehungsprozess und ist maßgeblich für die erfolgreiche Umsetzung des Produktes verantwortlich. Sie stellt den hierarchischen Aufbau der Produktstruktur dar. Die einzelnen Teile des Produktes bilden die Produkteigenschaften, die den Aufwand einzelner Schritte entlang der Wertschöpfungskette bestimmen. Hier liegt ein deutlich größeres Potenzial, die damit verbundenen Einzelprozesse effizienter zu gestalten.

Die Optimierungsmöglichkeiten der Produktarchitektur lehnen sich maßgeblich an die nutzbaren Fertigungstechniken und deren Grenzen für Herstellung von komplexen Bauteilgeometrien an. Die Anwendung der additiven Fertigungstechniken bietet neue Möglichkeiten diese Restriktionen zu überwinden. Die modellhafte Abbildung funktionaler und physischer Ideen in einem Produkt erfolgt in der Regel durch die Anwendung einer Vielzahl von Methoden, wie z. B. der Funktionsintegration oder der Modularisierung [EHRL17, LIND16, RICH16].

Die Gestaltungsfreiheit und die Materialzusammensetzung der additiven Fertigung eröffnen neue Wege zur Integration von Bauteilen, die bisher aufgrund der Fertigungsmöglichkeiten in Verbindung mit der Zugänglichkeit von Hinterschneidungen nicht möglich waren. Somit kann man die Anzahl der zu fertigenden Bauteile und den Montageaufwand reduzieren. Die Montagearbeiten können ebenfalls durch die Integration von beweglichen Bauteilen oder auch Gitterstrukturen in einem Produkt deutlich erleichtert werden [BECK05, YANG15a, YANG15b]. Bei der Elimination einzelner Teile der Baugruppe rücken die Werkstoffeigenschaften in den Vordergrund. In der Regel können die Bauteile miteinander verbunden werden, die aus gleichem Werkstoff bestehen. Wird dieses Kriterium aufgrund der Funktionalität der betrachteten Bauteile nicht erfüllt, werden sie separat gefertigt. Als ein weiteres Kriterium kann die Bewegungsrichtungen der Bauteile betrachtet werden [RODR10]. Diese Optionen zielen darauf ab, nicht nur den Fertigungsaufwand zu minimieren, sondern auch einige Produkteigenschaften deutlich zu verbessern.

Die Unterbrechung von additiven Fertigungsprozessen ermöglicht die Architektur des Produktes durch weitere Elemente/Teile (wie z. B. elektrische Schaltkreise, Aktoren) zu ergänzen. Die Einbettung von mechanischen Konstruktionselementen wie Muttern oder Lagern sind auch möglich [GLAS15, MAYE15, YANG15a]. Mittels der Fertigung mit verschiedenen Materialien (Multimaterialdruck) können Fügeprozesse der Montage eliminiert werden. Die Integration von elektrisch leitfähigen Filamenten steigert die Funktionalität eines neuen Produktes und findet in der Produktarchitektur seinen Platz (Abb. 4.5).

Unter Berücksichtigung der dargelegten Aspekte kann die Produktarchitektur optimiert werden. Für die Lösung von dabei entstehenden Problemen hilft die TRIZ-Methodik [ZOBE09]. Die TRIZ-Methode bietet einige starke Werkzeuge, um die bei der Funktionsintegration entstehenden technischen Wiedersprüche zu beseitigen. Die TRIZ-Methode wird hierbei als Ergänzung zu anderen Methoden betrachtet.

Die Umsetzung der dargestellten Möglichkeiten erfolgt im Rahmen der fertigungsgerechten Konstruktion für die additive Fertigung, welche im nächsten Abschnitt unter Berücksichtig methodischer Aspekte näher erläutert wird.

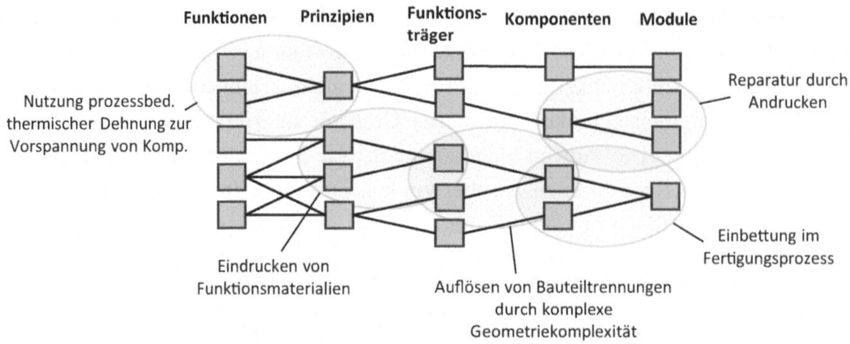


**Abb. 4.5** Anwendung der additiven Fertigung in verschiedenen Ebenen der Produktarchitekturgestaltung nach [RICH16]. (Quelle: eigene Darstellung)

## 4.4 Fertigungsgerechtes Konstruieren

### 4.4.1 Wesen des fertigungsgerechten Konstruierens

Fertigungsgerechtes Konstruieren (Design for Manufacturing: DfM) umfasst alle Maßnahmen zur Produktgestaltung, die dazu dienen eine möglichst rationelle Fertigung zu realisieren. Die Umsetzung dieser Maßnahmen ermöglicht das Erreichen von Qualitätsmerkmalen des Produktes mit minimaler Fertigungszeit und -kosten. Die entsprechenden Konstruktionen werden unter Berücksichtigung der geeigneten Verfahren erstellt. Die Geometrie dieser Konstruktionen soll die Fertigung durch Vereinfachung erleichtern und die Prozesssicherheit durch Reduzierung der Fehleranfälligkeit erhöhen. Fertigungsgerechtes Konstruieren findet in der Frühphase der Produktentstehung statt und kooperiert mit der Arbeitsvorbereitung im Rahmen des Simultaneous Engineering (Abb. 4.6), da die technologischen Informationen zu verfügbaren Fertigungsverfahren sowie verfügbaren Fertigungsmittel nur vom Arbeitsplaner bereitgestellt werden können. Ein kurzer Regelkreis zwischen Fertigung und Konstruktion hilft dabei mittelfristig eine breitere Basis für die wirtschaftliche Fertigung zu schaffen [GAUS01]. Anhand dieses Wissens können die Konstrukteure durch die Bauteilgestaltung den Fertigungsaufwand in hohem Maße beeinflussen. Auf der anderen Seite nimmt der Arbeitsplaner durch die ihn zur Verfügung stehende Fertigungstechnik einen praktischen Einfluss auf die Produktgestaltung. Die Hilfswerkzeuge, wie Quality Function Deployment (QFD), Failure Mode and Effects Analysis (FMEA) und Design for Manufacture and Assembly (DFMA) unterstützen diese Zusammenarbeit. Durch die organisatorische und datentechnische Integration der Tätigkeiten von Konstruktions- und Arbeitsplanung werden die Entscheidungen aufeinander abgestimmt.

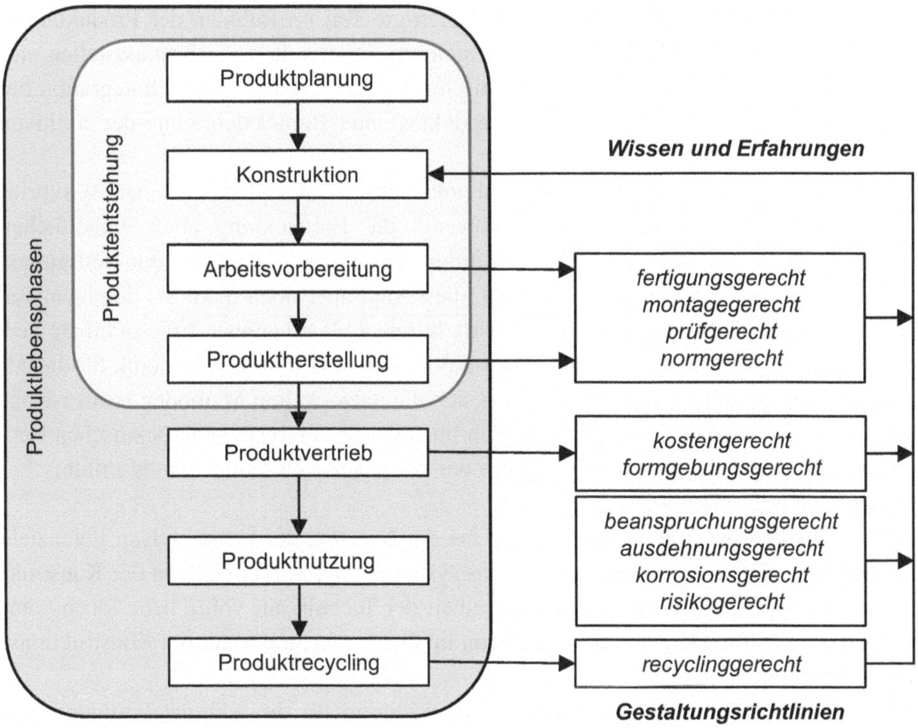


**Abb. 4.6** Die Stellung des Design for X in der Produktentwicklung nach [LIND16, LOSS06]. (Quelle: eigene Darstellung)

Nach Pahl sind bei der fertigungsgerechten Konstruktion neben der Bauteilgestaltung auch die Produktarchitektur, die Werkstoffauswahl, die Einsatzmöglichkeiten von Standard- und Fremdteilen sowie die Fertigungsunterlagen von entscheidender Bedeutung für die Steigerung der Wirtschaftlichkeit des Fertigungsprozesses [PAHL07].

Die im additiven Fertigungsprozess erzeugten Werkstoffe und ihre Eigenschaften haben eine wesentliche Bedeutung für die Funktionalität des Bauteils sowie für die spanende Nachbearbeitung der Werkstücke. Um dieses beim Konstruieren zu berücksichtigen, sollte die Kenntnis über die Zerspanbarkeit der additiven Werkstoffe vorliegen. Besonders wichtig ist es den Anisotropieeinfluß auf die Zerspanung möglichst genau zu identifizieren, da das schwankende Festigkeitsverhalten des Werkstückes im Prozess zu gewissen Gestaltabweichungen führen kann. Die Übertragung von Kenntnissen aus der Bearbeitung konventionell hergestellter Werkstücke auf die AF ist hier mit Vorsicht zu handhaben. Wenn es sich um die Nachbearbeitung von Werkstücken mit komplexen Geometrien handelt, dann sollten weitere Komponenten des Fertigungsprozesses wie die Werkzeuggerechtheit in Betracht gezogen werden. Dafür soll die Zugänglichkeit der konstruierten Oberflächen für die Werkzeuge gewährleistet sein [NEFE16]. Diese Aspekte sind mit Bezug auf die Produktgestaltung bei der hybriden additiven Fertigung von Bedeutung.

Es besteht die Möglichkeit das additiv gefertigte Teil im Rahmen der Produktarchitektur mit anderen Standardteilen zu kombinieren. Dazu sollen die Kontaktstellen entsprechend konstruiert und fertigungstechnisch umgesetzt werden. Bauteilintegration beschreibt einen Weg zur Anpassung des Produktes unter Berücksichtigung der additiven Fertigung.

Die additiven Fertigungsverfahren mit unterschiedlichen physikalischen Wirkprinzipien und Werkstoffanwendungen erschweren die Entwicklung einer einheitlichen Gestaltungsrichtlinie deutlich. Bisher wurden zwar einige Ansätze zur fertigungsgerechten Konstruktion für AF entwickelt, diese sind aber noch nicht als durchgängige Konstruktionsmethodik im Sinne der VDI-Richtlinie 2221 erkennbar. Eine sichtbare Verknüpfung zwischen der klassischen Konstruktionsmethodik und der Methodik für die additive Fertigung fehlt. Außerdem beziehen sich die entwickelten Methoden teilweise nur auf bestimmte Verfahren, die ausschließlich im Rahmen der verfahrensspezifischen Restriktionen ihre Gültigkeit haben. Diese Art der Vorgehensweise kann als algorithmischer Lösungsweg angesehen werden.

Ein weiterer Ansatz unterscheidet sich bei der Nutzung der konstruktiven Potenziale der Additiven Fertigungstechnik. Durch das systematische Vorgehen kann der Konstrukteur anhand von Wissen zur Gestaltungsfreiheit der Technik auf völlig neue Ideen kommen. Dieser kreative Weg ist als höherwertig im Gegensatz zu den starren Konstruktionsregeln einzustufen.

Die Umsetzung der fertigungsgerechten Gestaltung für die additive Fertigung verlangt eine spezielle Methodik, die auf die fertigungstechnischen Restriktionen aufsetzt aber auch deren Freiheiten berücksichtigt [KUMK18].

### 4.4.2 Gestaltungsfreiheit und Restriktionen der additiven Fertigung

Die Gestaltungsfreiheit zeigt den Rahmen der Konstruktionsmöglichkeiten unter Berücksichtigung von verfahrensspezifischen Einschränkungen. Diese wird in der Regel im Vergleich zu konventionellen Fertigungsverfahren bewertet. Dabei stellen sich die Vorteile des Einsatzes von additiven Fertigungsverfahren heraus. Mit den additiven Fertigungsverfahren können nahezu eine beliebige Geometrie mit unbegrenzter Freiformvielfalt sowie unterschiedlichen geometrischen Formen, Anordnungen und Hohlraumgeometrien hergestellt werden. Diese Gestaltungsfreiheit betrifft nicht nur die Geometrie, sondern auch die funktionalen und physikalischen Eigenschaften eines Produktes, welches mit der additiven Fertigung deutlich komplexer gestaltet werden kann als in der konventionellen Fertigung. Anhand der durchgeführten Forschungen können folgende Gestaltungspotenziale der additiven Fertigung zusammengefasst werden [GODE22, BEND21, HAGU03, LIPP18, LACH20]:

- *Hinterschnitte*: Die bei konventionellen Fertigungsverfahren nur mit sehr hohem Aufwand realisierbar sind, können mit AF-Verfahren problemlos ohne Zusatzaufwand umgesetzt werden.
- *Die innere Struktur*: Diese umfasst die Hohlräume zum Ab- und Zuführen von Medien (z. B. mittels Kanäle) oder zur Gewichtsreduzierung (z. B. Wabenstruktur) bei gleichen Rahmenbedingungen.
- *Dünnwandigkeit*: Diese ermöglicht filigrane Konturen und innere Strukturen zu realisieren, um das Gewicht zu reduzieren.
- *Funktionsintegration*: Diese entsteht beim Zusammenführen mehrerer Bauteile in eines mit dem Ziel die Funktionen zu verdichten. Damit reduzieren sich die Schnittstellen des Produktes. Die eingesetzten Werkstoffe müssen die gestellten Anforderungen der bisherigen verschiedenen Bauteile erfüllen.
- Werkstoffe mit *Gradienteneigenschaften*: Diese bewirken eine richtungsabhängige Eigenschaftsänderung am Bauteil. Dieser Effekt wird entweder durch die Variation der chemischen Zusammensetzung oder durch eine Werkstoffkomponente erreicht. Die geeigneten additiven Fertigungsverfahren sind in der Lage die Parameter bzw. Komponente der Prozesse entsprechend der Anforderungen anzupassen.
- *Belastungsanpassung*: Diese ermöglicht durch Topologieoptimierung am Bauteil dort mehr Material hinzuzufügen, wo es aus Sicht der mechanischen Belastung sinnvoll erscheint.

Den dargelegten konstruktiven Vorteilen stehen einige prozessbedingte Restriktionen gegenüber. Die Ausprägung dieser ist verfahrensabhängig und wird durch fortschreitende Entwicklungsarbeiten verbessert.

Ein wesentlicher Einfluss auf die Prozessergebnisse haben die zu erzeugenden Werkstoffeigenschaften [ABEL11, GAO13, KRAN17]. Die beim Bauen entstehende Anisotropie erschwert es die Werkstoffeigenschaften des Bauteiles vorherzusagen. Hier spielt nicht nur der schichtweise Aufbau des Volumens, sondern auch die Charakteristik des eingesetzten Ausgangsmaterials eine wichtige Rolle. Daher ist die Fertigung von Bauteilen mit serienähnlichen mechanischen Eigenschaften nur mit zusätzlichen Maßnahmen möglich. Das Verhalten der Materialien im Prozess hängt von systematischen und zufälligen Einflussfaktoren ab. Hierbei ist die Kontrolle der Prozessparameter eine wichtige Voraussetzung für eine stabile Prozessführung und dieses macht erst damit die Reproduzierbarkeit der Ergebnisse möglich [GAO13]. Besonders thermisch induzierte Eigenspannungen beinträchtigen die Bauteilqualität und können zu Prozessstörungen führen, wenn die Bauteildeformation im Prozess die zulässige Grenze überschreitet und den Bauprozess blockiert [KRAN17]. Nur durch einen zusätzlichen Schritt kann dieser negative Einfluss auf die Genauigkeit reduziert bzw. gesteuert werden.

Der prozessbedingte Treppenstufeneffekt ist ein negativer Effekt, der in jeder Etappe der Produktentwicklung mit konstruktiven und technologischen Maßnahmen minimiert

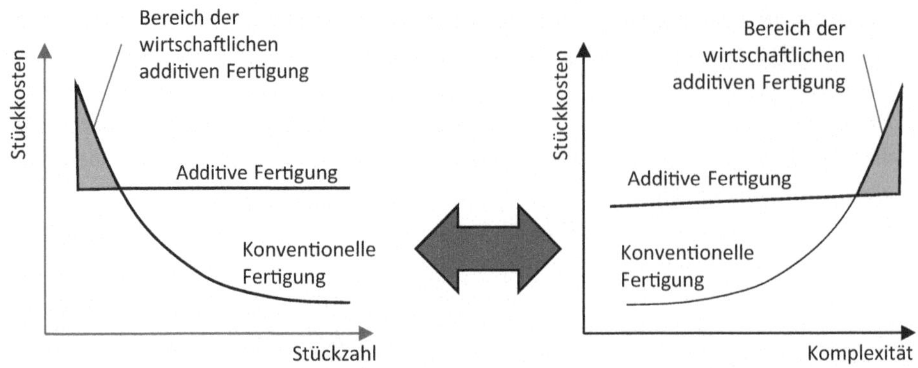


**Abb. 4.7** Einfluss der Stückzahl und Komplexität der Bauteile auf die Stückkosten [ATZE10, HOPK03, POPR15]. (Quelle: eigene Darstellung)

werden sollte. Kleinere Schichthöhe liefern zwar bessere Oberflächenparameter, sind aber für die Produktivität nicht förderlich. Bei größeren Schichthöhen ist eine Nachbearbeitung notwendig.

Da viele Anlagen einen relativ kleineren Bauraum besitzen, entscheidet dieser Faktor über die Fertigung des entwickelten Produktes/Bauteiles mittels der additiven Fertigung. Gegebenenfalls müsste die Teilegeometrie angepasst werden.

Die Komplexität hat bei der additiven Fertigung keinen signifikanten Einfluss auf die Fertigungsdauer aber zeigt Grenzen im Bauprozess (Abb. 4.7). Dies macht sich insbesondere bei der Erzeugung filigraner Bauteilelemente bemerkbar. Es kann vorkommen, dass sehr komplexe Bauteile aufgrund schmaler Bereiche nicht entpulvert werden können oder die Festigkeit nicht ausreicht um sie nachzubearbeiten. Die DfAM Technik befasst sich mit der Berücksichtigung dieser verfahrensbedingten Einschränkungen.

### 4.4.3 Methoden für das Design for AM

Die Umsetzung des Design for AM erfolgt nach einer methodischen Vorgehensweise, die sich mittlerweile im Rahmen der in der Praxis etabliertes und anerkannten Konstruktionsweise betrachten lässt.

Es gibt eine Vielzahl von Literaturquellen, die sich in jüngster Zeit mit Fragen der fertigungsgerechten Konstruktion für die additive Fertigung beschäftigen und einige Empfehlungen für Konstrukteure beinhalten [BEND21, DIEG19, GODE22, KLAH14]. Die Empfehlungen beziehen sich auf Lösungen, die die prozess- und konstruktionsbedingten Aufgaben entlang der Wertschöpfungskette behandeln (Abb. 4.8). Wenn die zu fertigenden Teile ohne konstruktive Änderungen schnell gefertigt werden sollen, unterstützten die additive Fertigungsverfahren den Fertigungsprozess. Dieser Ansatz ist besonders geeignet

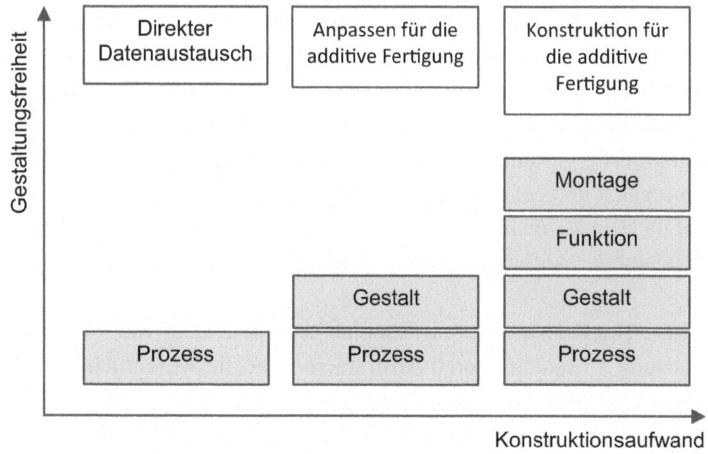


**Abb. 4.8** Konstruktionsarbeiten für den Einsatz der additiven Fertigungstechnologien in Anlehnung an [DIEG19]. (Quelle: eigene Darstellung)

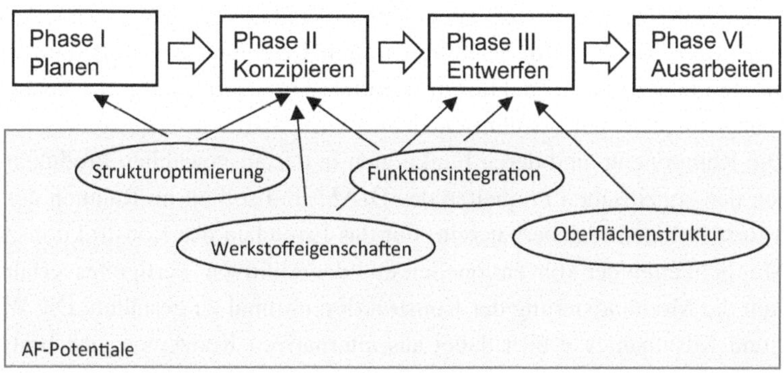


**Abb. 4.9** Phasen der Konstruktion von neuen Produkten nach [PAHL07, NEFE16]. (Quelle: eigene Darstellung)

für die Fertigung von Ersatzteilen anhand der Daten aus dem Reverse Engineering. Handelt sich um die Fertigung von Teilen, die durch AM rationalisiert werden soll, bietet sich die Möglichkeit die Potenziale der AF zu nutzen ohne an der Funktionalität der Teile etwas zu ändern (z. B. durch Leichtbau). Die Änderungen betreffen hierbei die konstruktiven Merkmale der Teile, die technologisch umsetzbar sind. Diese beiden Aspekte treffen mehr oder weniger auf die Varianten- oder Änderungskonstruktion zu. Die Neukonstruktion der Teile lässt schon von Anfang an die Vorteile der AF-Technologie konstruktiv so umsetzten, dass eine wirtschaftliche Fertigung möglich ist. Eine Neukonstruktion verläuft nach VDI 2221 über mehrere Phasen, in denen unterschiedliche Einsatzmöglichkeiten für die AF-Technik besteht (Abb. 4.9). In der ersten Phase, dem „Planen", wird die Aufgabestellung geklärt und präzisiert. Man befasst sich hier mit dem Hauptziel der Konstruktionsaufgabe und der daraus folgenden Anforderungsliste. Die Anforderungsliste umfasst alle wichtigen Informationen zu den Produktmerkmalen, die vom Konstruktor bei der Lösung der Aufgabe beachtet werden sollen. Hier ist zu erwähnen, dass diese Liste oft nicht auf Anhieb fertig gestellt werden kann, sondern im Verlauf der Produktentwicklung immer wieder ergänzt und geändert wird. Obwohl in dieser Etappe die Fertigungsmöglichkeiten erstmal nicht in Betracht gezogen werden, kann man hier die AF-Potenziale durchaus bei der Bildung der Anforderungsliste (z. B. Leichtbau, Funktionsintegration) berücksichtigen.

Ziel der Phase II, „Konzipieren“, ist es, eine geeignete, den Nutzeranforderungen entsprechende Lösung zu finden. Durch Abstrahieren auf die wesentlichen Probleme, dem Aufstellen von Funktionsstrukturen und geeignete Wirkprinzipe, die in einer Wirkstruktur kombiniert werden, entsteht die prinzipielle Lösung. Laut VDI 2221 spielen in dieser Phase die Fertigungsverfahren ebenfalls eine untergeordnete Rolle. Eine fertigungsgerechte Konstruktion verlangt jedoch eine Erweiterung dieses Vorgehens um die Aspekte der additiven Fertigung.

Unter Berücksichtigung additiver Fertigungsverfahren können Funktionen und deren Strukturen optimal gestaltet werden, zudem bestehen in dieser Phase erweiterte Möglichkeiten für neue konstruktive Ansätze. Neben dem Leichtbau erweitert die Anwendung von Multimaterialien und der Funktionsintegration den Lösungsraum für das DfAM. Die neuen Lösungen sollen einer technischen und wirtschaftlichen Bewertung unterzogen werden. Die Komponente und deren Funktionen in der ausgewählten Produktarchitektur entsprechen den spezifischen Freiheiten des DfAM und sollten im Rahmen der prozessbedingten Restriktionen realisierbar sein. Für das Erreichen des Konstruktionsziels kann man die Möglichkeiten der konventionellen und der additiven Fertigungsverfahren kombinieren, um die Modularisierung der Konstruktion optimal zu gestalten. Die Wirtschaftlichkeits- und Kostenanalyse hilft dabei aus alternativen Konzepten eine bestgeeignete auszuwählen. Mit der AF werden nur wirtschaftlich sinnvoll fertigbare Komponenten des Produktes erzeugt und entsprechend konstruiert. Die Konstruktion der restlichen Bauteile im Produkt erfolgt anhand der allgemeinen Konstruktionsmethodik [KUMK18].

Die Phase III, “Entwerfen”, setzt die erarbeitete Prinziplösung in eine Baustruktur unter Berücksichtigung technologischer Aspekte um. In diesem Entwurf werden die geometrischen Eigenschaften, die stofflichen Eigenschaften und die Zustandseigenschaften festgelegt. Der iterativ verlaufende Gestaltungprozess ermöglich es die Gestalt der entworfenen Konstruktion Schritt für Schritt zu verfeinern. Als Hilfswerkzeuge kommen neben der Kreativitätstechnik auch die algorithmischen Schritte, wie Grundregeln, Gestaltungsprinzipe, Gestaltungsrichtlinien usw., zum Einsatz. Die fertigungsgerechte Konstruktion für AF erweitert diese Regeln um deren prozessspezifischen Anforderungen. Spezifische Produkteigenschaften, wie Masse, Strömung, Akustik usw., werden mittels unterschiedlicher Hilfswerkzeuge unter Berücksichtigung von AF-spezifischen Ausprägungen entworfen. Besonders ist die Etappe der eigentlichen CAD-Konstruktion stark von den AF-Anforderungen betroffen. Die AM-Konstruktionsregeln werden dabei in Kombination mit den existierenden anderen produktspezifischen DfX-Richtlinien umgesetzt. Durch Berücksichtigung der konventionellen Nachbearbeitungsverfahren können auch die Anforderungen der Montage erfüllt werden.

Da bei der Neukonstruktion mehr Wert auf die Modularisierung gelegt wird, trägt die Funktionsintegration mittels AF zu einer optimalen Produktstruktur bei und erleichtert eine zukünftige rasche Konstruktionsanpassung zur Erfüllung neuer Kundenwünsche. Die Entscheidungen zur Empfehlung, Annahme und Bewertung der AF-Verfahren verlaufen in Absprachen mit den anderen Beteiligten des Produktentwicklungsprozesses. Dieses iterative Vorgehen kann durch spezielle Werkzeuge (wie. z. B. Baugruppenanalyse nach Gerber, Freiheitsgradanalyse, Gestaltungskonstruktionsregeln zur Funktionsintegration nach Ehrlenspiel usw.) unterstützt werden. Eine ausführliche Beschreibung des zweckmäßigen Arbeitens mit Konstruktionswerkzeugen sind in [KUMK18] zu finden.

Die letzte Phase des Konstruktionsprozesses, dem „Ausarbeiten", beschäftigt sich mit der Dokumentation der Konstruktion. Die dabei entstehenden technischen Unterlagen bilden eine feste Basis für reibungslose Fertigungs- und Montagearbeiten sowie das Aufrechthalten von Betriebs-, Prüfungs- und Servicearbeiten.

### 4.4.4 Grundregeln des Design for AM

Allgemeingültige Empfehlungen für das DfAM trotz gegenseitiger Abhängigkeiten kann laut zahlreichen Quellen [BHAT19, DIEG19, HUAN15, GODE22, KUMK18, LEAR19, NN14] wie folgt zusammengefasst werden:

- Die Öffnungsgrößen von Bohrungen, Schlitzen und Spalten zwischen den beweglichen Teilen bei komplexen Produktarchitekturen sollten entsprechend der minimal möglichen Größen, die von Einstellparametern, Druckrichtung und Verfahrensart abhängig sind, festgelegt werden.
- Downskin-Flächen sollten bei einem Downskin-Winkel $\delta < 45°$ mit einer Stützkonstruktion gebaut werden. Die Größe des Downskin-Winkels ist verfahrensspezifisch und kann daher vom 45° abweichen. Beim Konstruieren sollte möglichst die Entstehung solcher Flächen vermieden werden.
- Der Downskin-Winkel $\delta = 0°$ führt zu Überhängen. In Abhängigkeit von der Länge des Überhanges ergibt sich der Bedarf einer Stützkonstruktion. Die Auskraglänge der Überhänge sollte minimal gehalten werden, um den Bau einer Stützkonstruktion zu vermeiden.
- Bei komplexen Bauteilen kann es verfahrensspezifisch dazu kommen, dass im späteren Stadium des Bauprozesses freistehende Elemente (Inseln) erzeugt werden, die dann im weiteren Bau mit dem gesamten Körper zusammenwachsen soll. Die Inseln können unter Umständen den Bauprozess sowie die mechanischen Eigenschaften des Bauteiles negativ beeinflussen. Der Konstrukteur sollte dieses bei der Bauteilgestaltung berücksichtigen.

- Die scharfen Kanten sollen abgerundet sein, da es schwierig ist diese aus fertigungstechnischer Sicht exakt abzubilden. Zudem kann durch Abrunden eine Verletzungsgefahr verringert und die Montage vereinfacht werden.
- Der Einfluss der Anisotropie auf die Bauteilfestigkeit ist bei der Konstruktion zu berücksichtigen. Dieser kann durch die Wahl der Druckrichtung verringert werden.
- Materialmassenminimierung durch eine optimale Verteilung der Masse nach dem Prinzip: So viel wie notwendig, so wenig wie möglich. Mit der Topologieoptimierung kann dieses Ziel erfolgreich umgesetzt werden.
- Das Bauteil sollte so konstruiert werden, dass der Bauprozess mit minimaler Stützstruktur anhand von selbstragenden geometrischen Elementen realisierbar ist. Damit können die Fertigungszeiten und -kosten deutlich reduziert werden.

## Literatur

[ABEL11] Abelle E, Reinhart, G (2001) Zukunft der Produktion: Herausforderungen, Forschungsfelder, Chancen. Carl Hanser, Munchen

[ATZE10] Atzeni E, Iuliano L, Minetola P, Salmi A (2010) Redesign and cost estimation of rapid manufactured plastic parts. Rapid Prototyping Journal 16(5):308–317. https://doi.org/10.1108/13552541011065704

[BECK05] Becker R, Grzesiak A, Henning A (2005) Rethink assembly design. Assem Autom 25(4):262–266. https://doi.org/10.1108/01445150510626370

[BEND21] Bender B, Gericke K (2021) Pahl/Beitz Konstruktionslehre. Methoden und Anwendung erfolgreicher Produktentwicklung. Springer, Berlin. https://doi.org/10.1007/978-3-662-57303-7

[BHAT19] Bhate D (2018) Design for Additive Manufacturing. Publisher SAE International, Concepts and Considerations for the Aerospace Industry

[BRUG17] Brüggemann JP, Risse L, Kullmer G, Richard HA (2017) Vergleich zweier Optimierungsstrategien am Beispiel additiv gefertigter Rennradvorbauten. In: DVM-Bericht 402, Arbeitskreis: Additiv gefertigte Bauteile und Strukturen, Deutscher Verband für Materialforschung und -prüfung e.V., Berlin, S. 49–66

[BUEH19] Bühler P, Schlaich P, Sinner D, Stauss A, Stauss T (2019) Produktdesign. Konzeption, Entwurf, Technologie. Springer, Berlin. https://doi.org/10.1007/978-3-662-55511-8

[DANJ10] Danjou S (2010) Mehrzieloptimierung der Bauteilorientierung für Anwendungen der Rapid-Technologie. Cuvillier Verlag

[DIEG19] Diegel O, Nordin A, Motte D (2019) A Practical Guide to Design for Additive Manufacturing. Springer Nature Singapore Pte Ltd. https://doi.org/10.1007/978-981-13-8281-9

[EHRL17] Ehrlenspiel K, Meerkamm H (2017) Integrierte Produktentwicklung. Denkabläufe, Methodeneinsatz, Zusammenarbeit 6. Aufl., überarbeitete und erweiterte Auflage. Carl Hanser, München

[FELD13] Feldhause J, Grote, KH (2013) Pahl/Beitz Konstruktionslehre. Grundlagen erfolgreicher Produktentwicklung. Springer, Berlin, Heidelberg. https://doi.org/10.1007/978-3-642-29569-0

[FRAN18] Frank R (2018) Handbuch Konstruktion. Carl Hanser Verlag, München

[GAO13] Gao W, Zhang Y, Ramanujan D, Ramani K, Chen Y, Williams CB, Wang CC, Shin YC, Zhang S, Zavatteri PD (2015) The status, challenges, and future of additive manufacturing in engineering. Comput Aided Des 69:65–89

[GAUS01] Gausemeier J, Ebbesmeyer PK, Allmeyer F (2001) Produktinnovation – Strategische Planung und Entwicklung für die Produkte von morgen. Carl Hanser Verlag, München

[GAUS16] Gausemeier J, Echterfeld J, Mshoff B (2016) Strategische Produkt- und Prozessplanung. In: Lindemann U: Handbuch Produktentwicklung. Carl Hanser, München

[GEBH16] Gebhardt A (2016) Additive Fertigungsverfahren Additive Manufacturing und 3D-Drucken für Prototyping – Tooling – Produktion Auflage: 5, neu bearbeitete und, erweiterte. Hanser, München

[GLAS15] Glasschröder J, Prager E, Zäh MF (2015) Powder-bed-based 3D-printing of function integrated parts. Rapid Prototyping Journal 21(2):207–215. https://doi.org/10.1108/RPJ-12-2014-0172

[GODE22] Godec D, Gonzalez-Gutierrez J, Nordin A, Pei E, Ureña Alcázar JA (2022) Guide to Additive Manufacturing. Springer Cham. https://doi.org/10.1007/978-3-031-05863-9

[HAGU03] Hague R, Campbell I, Dickens P (2003) Implications on design of rapid manufacturing. Proceedings of the Institute of Mechanical Engineers Part C in Journal of Mechnaical Engineering Science 217(1):25–30. https://doi.org/10.1243/095440603762554596

[HOPK03] Hopkinson N, Dickens PM (2003) Analysis of rapid manufacturing— using layer manufacturing processes for production. Proceedings of the Institute of Mechanical Engineers Part C. Journal of Mechnaical Engineering Science 217(1):31–39. https://doi.org/10.1243/095440603762554596

[HUAN15] Huang Y, Leu MC, Mazumder J, Donmez A. Additive Manufacturing: Current State, Future Potential, Gaps and Needs and Recommendations. J Manuf Sci Eng 137(1)1: 1–10. https://doi.org/10.1115/1.4028725

[KLAH14] Klahn C, Leutenecker B, Meboldt M (2014) Design for Additive Manufacturing – Supporting the Substitution of Components in Series Products. Procedia CIRP 21:138–143. https://doi.org/10.1016/j.procir.2014.03.145

[KLAH15] Klahn C, Leutenecker B, Meboldt M (2015) Design Strategies for the Process of Additive Manufacturing. Procedia CIRP 36:230–235. https://doi.org/10.1016/j.procir.2015.01.082

[KRAN17] Kranz J (2017) Methodik und Richtlinien für die Konstruktion von laseradditiv gefertigten Leichtbaustrukturen. Springer Vieweg, Berlin, Heidelberg. https://doi.org/10.1007/978-3-662-55339-8

[KUMK18] Kumke M (2018) Methodisches Konstruieren von additiv gefertigten Bauteilen. Springer, Wiesbaden. https://doi.org/10.1007/978-3-658-22209-3

[LACH17] Lachmayer R, Lippert RB (2017) Additive Manufacturing Quantifiziert. Visionäre Anwendungen und Stand der Technik. Springer Vieweg Berlin, Heidelberg. https://doi.org/10.1007/978-3-662-54113-5

[LACH20] Lachmayer R, Lippert RB (2020) Entwicklungsmethodik für die Additive Fertigung. Springer Vieweg, Berlin, Heidelberg. https://doi.org/10.1007/978-3-662-59789-7

[LANG21] Lange F (2021) Prozessgerechte Topologieoptimierung für die Additive Fertigung. Springer Vieweg, Berlin, Heidelberg. https://doi.org/10.1007/978-3-662-63133-1

[LEAR19] Leary M (2019) Design for Additive Manufacturing: Tools and Optimization. Publisher Elsevier

[LIND16] Lindemann U (2016) Handbuch Produktentwicklung. Hanser, München

[LIPP18] Lippert RB (2018) Restriktionsgerechtes Gestalten gewichtsoptimierter Strukturbauteile für das Selektive Laserstrahlschmelzen. TEWISS – Technik und Wissen GmbH Verlag, Garbsen

[LOSS06] Lossack RS (2006) Wissenschaftstheoretische Grundlagen für die rechnerunterstützte Konstruktion. Springer, Berlin, Heidelberg. https://doi.org/10.1007/3-540-29947-5

[MAYE15] Mayer D, Stoffregen HA, Heuss O, Thiel J, Abele E, Melz T (2015) Additive manufacturing of active struts for piezoelectric shunt damping. Journal of Intelligent Material Systems and Structures, Special Issue Article 1–12. https://doi.org/10.1177/1045389X15575090

[NEFE16] Nefe R, Luderich J (2016) Konstruktionsmethodik für die Praxis. Springer Fachmedien Wiesbaden. https://doi.org/10.1007/978-3-658-13871-4

[PAHL07] Pahl G, Beitz W, Feldhusen J, Grote KH (2007) Pahl/Beitz Konstruktionslehre. Grundlagen erfolgreicher Produktentwicklung. Methoden und Anwendung. Springer, Berlin, Heidelberg. https://doi.org/10.1007/978-3-540-34061-4

[POPR15] Poprawe R, Hinke C, Meiners W, Schrage J, Bremen S, Merkt S (2015) SLM Production Systems: Recent Developments in Process Development, Machine Concepts and Component Design. In: Brecher C (Hrsg) Advances in Production Technology, Springer, Cham Heidelberg New York Dordrecht London, S 49–65. https://doi.org/10.1007/978-3-319-12304-2_5

[RICH16] Richter T, Watschke H, Inkermann D, Vietor T (2016) Produktarchitekturgestaltung unter Berücksichtigung additiver Fertigungsverfahren. In: Stelzer R et al (Hrsg) Beiträge zur virtuellen Produktentwicklung und Konstruktionstechnik. Tagungsband. w.e.b. Universitätsverlag & Buchhandel, Eckhard Richter & Co. OHG., S 375–392

[RIEG18] Rieg F, Steinhilper R (2018) Handbuch Konstruktion. Carl Hanser Verlag, München

[RODR10] Rodrigue H, Rivette M (2010) An Assembly-Level Design for Additive Manufacturing Methodology. Proceedings of IDMME – Virtual Concept, Bordeaux. https://doi.org/10.1007/978-2-8178-0169-8

[VAJN09] Vajna S, Weber C, Bley H, Zeman K (2009) CAx für Ingenieure – Eine praxisbezogene Einführung. Springer Verlag, Berlin, Heidelberg. https://doi.org/10.1007/978-3-540-36039-1

[NN14] VDI Richtlinie VDI3405 (2014) Additive Fertigungsverfahren – Grundlagen, Begriffe, Verfahrensbeschreibungen

[YANG15a] Yang S, Zhao YF (2015) Additive manufacturing-enabled design theory and methodology: a critical review. Int J Adv Manuf Tech 80(1):327–342. https://doi.org/10.1007/s00170-015-6994-5

[YANG15b] Yang S, Tang Y, Zhao YF (2015) A new part consolidation method to embrace the design freedom of additive manufacturing. J Manuf Process 20:444–449. https://doi.org/10.1016/j.jmapro.2015.06.024

[ZOBE09] Zobel D (2009) Systematisches Erfinden: Methoden und Beispiele für den Praktiker. Expert Verlag, Tübingen

# Fertigungsplanung für die additive Fertigung von metallischen Teilen

# 5

## 5.1 Ziele der Fertigung

Additive Fertigung nimmt bei der Herstellung von metallischen Bauteilen in verschiedenen Bereichen der Industrie eine besondere Stellung ein. Diese Fortschritte haben die Umsetzung der AF-Technik in der Praxis vorangetrieben und eine besondere Dynamik in die Herstellung hochwertiger Komponenten aus Metallwerkstoffen eingebracht. Die ersten einsatzfähigen Teile wurden mithilfe der lasergestützten additiven Fertigung für den Einsatz in der Medizin- und Zahntechnik hergestellt. Heutzutage gehören Bauteile der Luft- und Raumfahrt, deren Fertigung aus Sicherheitsgründen immer kritisch betrachtet wurden, zu den Anwendungsfeldern. Ein besonderes Potenzial dieser Technik ist bei der Realisierung von Kühlkanälen im Werkzeug- und Formenbau für die Verbesserung derer Leistungsfähigkeit zu beobachten. Darüber hinaus nimmt die additive Fertigung von Komponenten aus Metall in der Automobilindustrie zu.

Das breite Anwendungsspektrum der AF für Metallteile sind in Abb. 5.1 zusammengefasst. Die hier dargestellten Bereiche stellen an die additive Fertigungstechnik besondere anwendungsspezifischen Anforderungen. Sie werden zunächst in einer Konstruktion umgesetzt, die dann mittels AF realisiert werden soll. Zu den konstruktiven Anforderungen für die Erfüllung der Funktion eines Bauteils gehören:

*werkstoffspezifische*:

- hohe Ermüdungsfestigkeit/hohe Lebensdauer
- hohe Warmfestigkeit
- hohe Biege-/Torsionsfestigkeit
- hohe Korrosionsbeständigkeit
- biologische Verträglichkeit



R. Aliyev, *Planung von additiven Fertigungsprozessen*,
https://doi.org/10.1007/978-3-662-70199-7_5

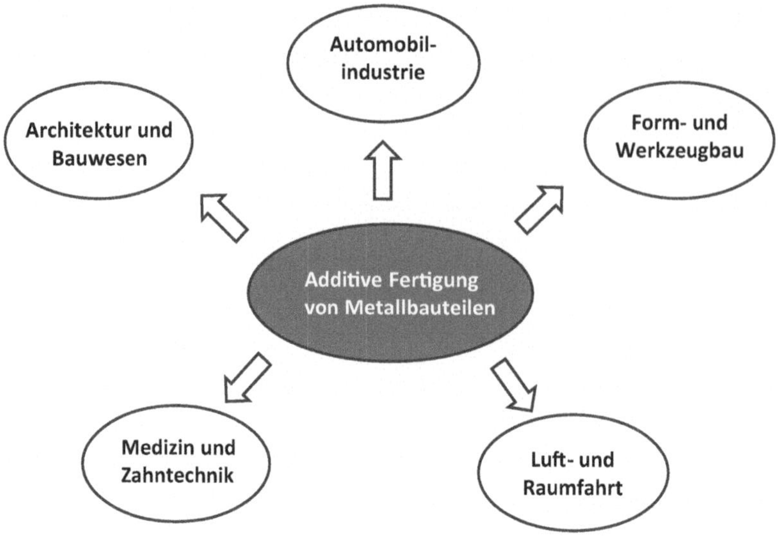


**Abb. 5.1** Anwendungsgebiete der Metall-AF. (Quelle: eigene Darstellung)

*geometrische*:

- Leichtbau
- freie Flächenformen
- dünne Wände
- schmale Kanäle
- glatte Oberflächen
- stark unterschiedliche Dimensionen
- unterschiedliche Toleranzanforderungen

Diese Anforderungen können bei den konkreten Anwendungsfällen technische Wiedersprüche verursachen. Beispielsweise könnten Teile mit dünnen Wänden in kritischen Fällen die erforderliche Biegefestigkeit nicht erreichen. Dieses kann entweder mit einem Kompromiss zwischen den zu optimierenden geometrischen Parametern der Bauteile oder durch den Einsatz von neuartigen Werkstoffkombinationen gelöst werden. Die Suche nach neuen Lösungen für die Sicherstellung der konstruktiven Anforderungen wird durch die AF-Technik unterstützt. Dabei besteht die Aufgabe der AF darin, die metallischen Bauteile anhand eines 3D Modells wirtschaftlich so herzustellen, dass die konstruktiven Anforderungen erfüllt werden.

Die Werkstoffeigenschaften werden während des additiven Bauprozesses erzeugt, daher ist die sorgfältige Auswahl eines geeigneten Verfahrens entscheidend. Dieses kann anhand des Dreiecks Kosten-Produktivität-Qualität analysiert und bewertet werden

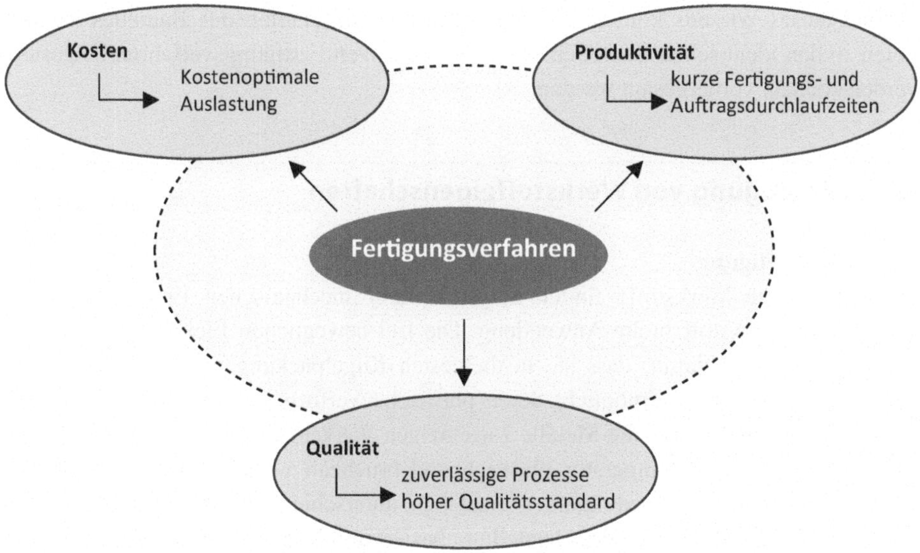


**Abb. 5.2** Einflüsse auf die Auswahl der Fertigungsverfahren. (Quelle: eigene Darstellung)

(Abb. 5.2). Die Kostendimension umfasst den wertmäßigen Einsatz des Prozesses, der im Vergleich zu Alternativen zu bewerten ist. Die Produktivität beschreibt die Leistungsfähigkeit des Prozesses in Bezug auf die Herstellung der Teile je Zeiteinheit. Die Qualität wird vom Kunden vorgegeben und soll im Prozess wirtschaftlich umgesetzt werden. Diese Kriterien können zur Beurteilung der Wirtschaftlichkeit von alternativen Prozessen herangezogen werden.

Die effiziente Auslegung eines effektiven Fertigungsprozesses setzt ausreichende Wissen zu folgenden Prozesskenngrößen voraus:

- erreichbare Lage-, Form- und Maßgenauigkeit
- erreichbare Oberflächenqualität
- Bauraumgröße
- Detail (verfahrensspezifische erreichbare Feingestalt)
- erzielbare Mikrostruktur des Werkstoffes, die für die Festigkeit signifikant ist
- real erreichbare Dichtheit/Porosität
- Kenntnisse zum Wärmehaushalt im Prozess
- erforderliche Nachbearbeitungsschritte
- Automatisierungsgrad der Prozessführung besonders in den Pre- und Post-Prozessschritten
- Leistung (Volumen je Zeiteinheit)
- Kosten/ Maschinenstundensatz
- Möglichkeiten zur Materialkombination

Anhand dieses Wissens können die erreichbaren Eigenschaften des Bauteiles im Vergleich zu den identischen Bauteilen, die mit alternativen Fertigungsverfahren hergestellt werden können, vorhergesagt werden.

## 5.2 Erzeugung von Werkstoffeigenschaften

**Klassische Fertigung**

Die metallischen Werkstoffe finden aufgrund ihrer mechanischen Eigenschaften als Konstruktionswerkstoff breite Anwendung. Die frei beweglichen Elektronen im Metall kennzeichnen diese damit, dass sie in dichtesten Kugelpackungen kristallisieren können. Diese Eigenschaft ermöglicht deren plastische Verformung auch bei sehr niedriger Temperatur und macht die Metalle zur einzigen Werkstoffgruppe, die sich zwischen 0 K und ihrer Schmelztemperatur plastisch und bruchzäh verhalten kann [HORN17]. Je nach der Herstellungsbedingungen entstehen unterschiedliche mechanische Eigenschaften. Der klassische Weg der Herstellung basiert auf dem Aufbereiten der Erze, dem Schmelzen und der Formgebung in einer Urform. Das Erstarren der Schmelze in der Gießform durchläuft verschiedene Phasen der Struktur- und Gefügeausbildung, die für die Ausbildung der mechanischen Eigenschaften entscheidend sind. Die Kristallisation der Schmelze in der Urform wird durch Keimbildung und Kristallwachstum beschrieben. Die Keimbildung benötigt eine günstige Temperaturführung in der Schmelze. Durch die formbedingte Unterkühlung der metallischen Legierungen in den Kokillen entsteht eine Erstarrungsfront, in der Kristalle in verschiedene Richtungen wachsen. Es kommt dabei zur Ausbildung von nadelartigen Kristallen, deren weitere Verzweigungen eine tannenbaumartige Struktur bilden (Abb. 5.3). Diese Strukturen – Dendriten – bestimmen die Gefügestruktur des Metalls in der gesamten Form und damit die mechanische Eigenschafen des zu erzeugenden Bauteils. Je kleiner und feiner diese Dendriten sind, desto höher ist das Festigkeitsverhalten der metallischen Bauteile [HAAS00, WERN19].

Die erreichbaren Eigenschaften bestimmen im Wesentlichen die Bereiche der Funktionsfähigkeit der hergestellten Bauteile. Dabei soll das Beanspruchungsprofil für eine sichere und zuverlässige Nutzung gewährleistet werden. Durch Legierungsmaßnahmen, Wärmebehandlung, Kalt- und Warmverformungen sowie durch kombinierte thermomechanischen Behandlungsverfahren können die mechanischen Kennwerte weiter verändert werden. Diese hängt vom Grundwerkstoff ab. Hier weisen Eisen- und Nichteisenmetalle sowie Hartmetalle ein unterschiedliches anwendungsspezifisches Festigkeitsverhalten auf [WEST10]. Die Eignung eines Werkstoffes für eine bestimmte Konstruktion setzt funktionsspezifische Eigenschaften voraus, z. B. eine elektrische Leitfähigkeit, ein Verhältnis von Festigkeit zum spezifischen Gewicht für den Leichtbau, eine hohe Temperaturbeständigkeit für Turbinen usw.

Daneben spielt die Formgebung der Werkstoffe eine wichtige Rolle. Mit steigender Formkomplexität steigt auch die Schwierigkeit den Stoff in diese Bauteilformen mittels plastischen Umformens, Gießens, Sinterns oder Spanens zu bringen.

**Abb. 5.3** Dendritisches Gefüge [BARG18]. (Quelle: Springer)

Die technologischen Grenzen der klassischen Fertigungsverfahren hinsichtlich der Gestaltungsfreiheit kann an dieser Stelle durch AF-Verfahren erweitert werden. Hier sind eine direkte und die indirekte Fertigung von metallischen Bauteilen zu unterscheiden.

**Direkte additive Fertigung**

Die additive Fertigung metallischer Werkstoffe basiert auf dem Auftragen des Ausgangsmaterials auf eine Plattform und der stofflichen Verbindung durch Aufschmelzen mittels verschiedener Energieeinführungsmethoden. Im Unterschied zu den klassischen Fertigungsverfahren bildet sich die Werkstoffstruktur schrittweise in einem lokalen Schmelzbad.

Nach dem Energieeintrag in die Wirkzone werden die Werkstoffteile (partikel- oder strangförmige Halbzeuge) lokal aufgeschmolzen und beginnen nach dem Entfernen der Energiequelle abzukühlen. So geht die flüssige Phase in eine feste Phase über. Bei diesem Vorgang bildet sich analog zum klassischen Urformen ein dendritisches Gefüge aus und damit die resultierenden Werkstoffeigenschaften, die spezifisch für additive Fertigung sind [BARG18]. Eine Besonderheit liegt darin, dass der Vorgang in einem sehr kleinen Raum stattfindet. Die schnelle Abkühlung des lokalen Schmelzbades führt zu einem feinkörnigen dendritischen Gefüge [CASA16, GU15, THIJ13]. Der Abstand der Dendritenarme hängt maßgeblich von der Erstarrungsgeschwindigkeit ab. Als Folge entsteht ein Gefüge bestehend aus periodisch sich wiederholenden Schmelzbahnen, die idealerweise sich nicht voneinander unterscheiden (Abb. 5.4).

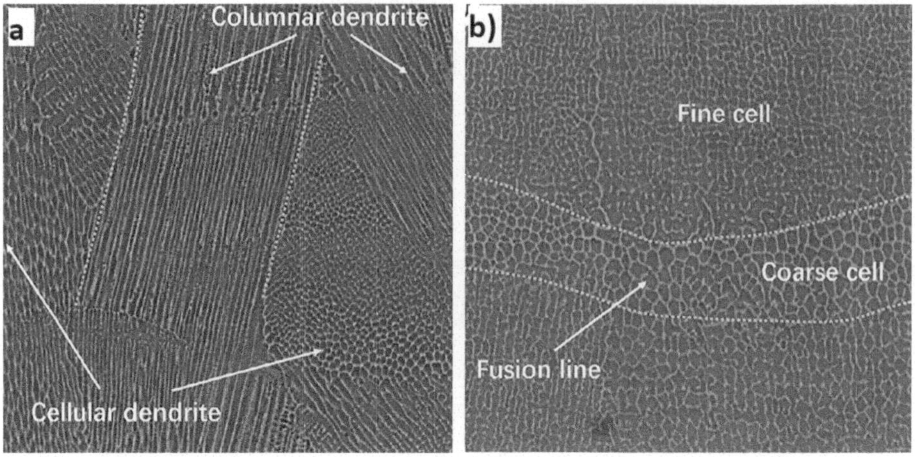


**Abb. 5.4** REM-Aufnahme des Spures einer dünnwandigen Probe: a) zeigt den säulenförmigen Dendriten und den zellulären Dendriten, b) zeigt die Fusionslinie zwischen zwei abgeschiedenen Schichten. Werkstoff: Fe–Ni-Cr-Legierung [TAN21]. (Quelle: Springer)

Da der unter dem Schmelzbad liegende, bereits erstarrte Festkörper in den Prozess mit einbezogen ist, kommt es beim Abkühlen zu einer gerichteten Erstarrung. Die Wachstumsrate bei der Erstarrung wird wesentlich durch die Vorschubgeschwindigkeit (Scannen) beeinflusst. Dieser Parameter hat über die Abkühlgeschwindigkeit einen signifikanten Einfluss auf die Größe und Form der Dendriten. Andererseits wirkt sich die Variation der Laserleistung auf die auszubildende Mikrostruktur aus. Bei einer niedrigen Laserleistung entstehen feine Dendriten, die auf eine schnellere Erstarrung zurückzuführen sind. Eine höhere Laserleistung bei relativ niedriger Vorschubgeschwindigkeit hingegen erzeugt größere Schmelzbäder, deren Erstarrung länger dauert. Dieses begünstigt das Wachstum dickerer Dendriten.

Eine weitere Besonderheit besteht darin, dass eine spezifische Textur ausgebildet wird, gekennzeichnet durch eine Anisotropie der mechanischen Eigenschaften. Die für den Prozess charakteristische hohe Erstarrungsgeschwindigkeit erzeugt viele Substrukturen, die mit einander in Verbindung stehen und so die gesamte Gefügestruktur des Bauteiles erzeugen [SAED15, WU16, ZHON17].

Die additive Erzeugung der Strukturen wird durch erhebliche Zugeigenspannungen begleitet. Diese negative Erscheinung kann sich in Verzug und Heißrissen auswirken [HARR15, KOU03, MUNS13]. Bei Überschreiten einer gewissen werkstoffabhängigen Energiedichte kann ein weiters Defekt, die sog. Mikrolunker im Gefüge (Keyhols) entstehen. Bei der hohen Energiedichte kommt es zu einem Verdampfen des Werkstoffes. Die dabei entstandenen Kapillare lassen nach dem Abkühlen gasgefüllte sphärisch ausgeprägte Hohlräume zurück [HUEG09, KING14]. Die genannten Fehler werden später verfahrensspezifisch näher erläutert. Dem kann bei der Planung der additiven Fertigung durch die Auswahl und Einstellung von optimalen Verfahrensparametern entgegengewirkt werden.

**Indirekte additive Fertigung**

Die Werkstoffeigenschaften bei der indirekten additiven Fertigung von Metallteilen ist dadurch gekennzeichnet, dass deren Mikrostruktur im Sinterprozess hauptsächlich durch Diffusion der Atome und Moleküle entsteht. Eine höhere Sintertemperatur begünstigen das Verbinden der Atome und Moleküle, ohne die Pulverpartikel vollständig zu verschmelzen. Man kann das auch als partielles Schmelzen charakterisieren. Die entstandene Struktur ermöglicht es die funktionalen Materialeigenschaften zu erreichen.

Wenn die Teile als Prototypen gefertigt werden, können sie unter Umständen eine geringere Festigkeit als die gewünschte besitzen. Bei solchen Fällen wird anstelle des aufwendigen Sinterprozesses die Infiltration des gesinterten Grünlings mit einem Metall (i.R. mit niedrigerem Schmelzpunkt) bevorzugt [GEBH16].

Je nach Sintertemperatur verläuft der Bindeprozess des Pulvers in der Fest- oder Flüssigphase. Beim Festphasensintern werden in erster Linie die Pulverpartikel durch Erhitzen und Diffusion miteinander „eingehakt" und so die Verbindung aufgebaut. Dieses führt meist zu einer porösen Struktur. Das Flüssigphasensintern gewährleistet dagegen durch das Aufschmelzen von Legierungsbestandteilen eine großflächigere Bindung zwischen den Metallpartikeln. Die additiv gesinterten Metalle können Dichten im Bereich 94–99 % aufweisen [HAFE19, SKRI02]. Das heißisostatische Pressen (HIP) unterstützt diesen Prozess (s. Abschn. 5.4).

## 5.3 Materialien für die additive Fertigung

Die thermischen und mechanischen Eigenschaften des Ausgangsmaterials bestimmen die Verfahrensführung und die Qualität des hergestellten Bauteils. Der Einsatz dieser Materialen ist anwendungsspezifisch. Die Herstellung von AF-gerechten Metallen stellt besondere Anforderungen an die Partikelform und deren Verteilung. Verbreitet sind die metallischen Pulverwerkstoffe, die mittels Zerstäubung hergestellt und aufbereitet wurden. Größe, Form und Größenverteilung der Pulverpartikel sowie deren Fließverhalten haben einen starken Einfluss auf die Prozessgeschwindigkeit und die Gefügeausbildung der Bauteile. Aufgrund der unterschiedlicher Ausgangsmaterialeigenschaften verschiedener Hersteller ist die Charakterisierung der genannten Merkmale vor Prozessstart immer noch erforderlich. Als ein weiterer Werkstoff dient der Schweißdraht des Auftragsschweißens.

Für die additive Fertigung eingesetzte Metallmaterialien lassen sich anhand des Grundwerkstoffes wie folgt gruppieren [TOYS21]:

- eisenbasierte Legierungen
- nickelbasierte Legierungen

- aluminiumbasierte Legierungen
- titanbasierte Legierungen
- kupferbasierte Legierungen

Am meisten verbreitet sind die eisenbasierten Legierungen aufgrund ihrer Verfügbarkeit und der Anwendungshäufigkeit. Es wurden rostfreie und hochfeste Stahlsorten und Werkzeugstähle eingesetzt. Die Stähle 304 und 316 waren die ersten rostfreien Stähle die für die AF entwickelt und vermarktet wurden. Im Zuge weiterer Werkstoffentwicklungen entstanden die hochfesten Stähle mit den Bezeichnungen 300M, 30CrMnSiA und 40CrMnSiMoVA. Auch die Werkzeugstähle, wie H13, FeCrMoVC und AIS1420 gehören zu dieser Gruppe.

Als typische nickelbasierte Legierungen für die AF gelten die Inconelsorten: 600, 625, 690, 713, 718 und 738. Diese Werkstoffe zeichnen sich durch ihre hohe Festigkeit, Oxidations- und Korrosionsbeständigkeit bei Temperaturen von 600° bis 1000°C aus [MILE17]. Sie finden Einsatz überwiegenden bei der Herstellung von Bauteilen für die Luft- und Raumfahrt.

Die Aluminiumlegierungen überzeugen mit ihren sehr guten Leistung-Kosten Verhältnis zur Herstellung von Leichtbauteilen. Sie standen daher im Zentrum der Forschungen zur Werkstoffentwicklung für die AF-Prozesse. Als Grundlage für die Pulverentwicklung wurden die Werkstoffzusammensetzungen der Aluminiumgussteile genommen und diese Legierungen in Pulver- und Drahtform entwickelt: AlSi12, AlSi10Mg, AlSi7Mg0.6, AlSi9Cu3, AlSi5Cu3Mg, 1050 A, 1100, 2017 A, 2219, 2318, 4043, 4047, 5183, 5356, 5554, 5556, 6061, 7020, 7050, 7075 sowie 5083 [YANG17, SCIA22].

Die Eigenschaften von Titan, besonders dessen hohe Temperaturbeständigkeit und hohe Festigkeit/Dichte-Verhältnis, macht seinen Einsatz bei der Herstellung von Strukturbauteilen attraktiv. TiAl6V4 ist die am meisten verwendete Titanlegierung in der AF-Industrie. Die von EOS entwickelte Familie der Titanpulver umfasst Ti64, Ti64ELI sowie die TiCP-Legierungen [EOS22].

Die additive Fertigung mit reinem Kupfermaterial stellt eine große Herausforderung dar. Aufgrund der hohen Wärmeleitung wird die Wärme schnell aus dem Schmelzbad abgeführt. Das erfordert eine hohe Strahlleistung der Anlage, um die Verfahrensführung unter Kontrolle zu halten. Die üblichen Laserparameter, besonders die Wellenlänge einer Laserstrahlschmelzanlage war nicht in der Lage ein stabiles Schmelzbad in der belichteten Zone zu schaffen. Da das Kupfer einen niedrigen Absorptionsgrad und eine hohe Wärmeleitfähigkeit aufweist, war die geringe eingedrungene Energie schnell abgeführt. Erst nach der Einführung einer Prozesstechnik mit einer Wellenlänge von 515 nm, geringer als bei den herkömmlichen PBF-LB-Anlagen mit einer Wellenlänge von 1064 nm, war es möglich die Teile aus reinem Kupfer herzustellen [SING17]. Dies ergänzt die Palette der auf dem Markt erhältlichen Kupferwerkstoffe: Reinkupfer; CuCr1Zr; CuNi2SiCr; CuSn10 als Pulver und CuAl8 als Draht [TRUM24, DONG17].

Die additiv gefertigten Bauteile sollen nicht nur chemisch identisch zu konventionell hergestellten Bauteilen sein, sondern auch gleiche seriennahe mechanische

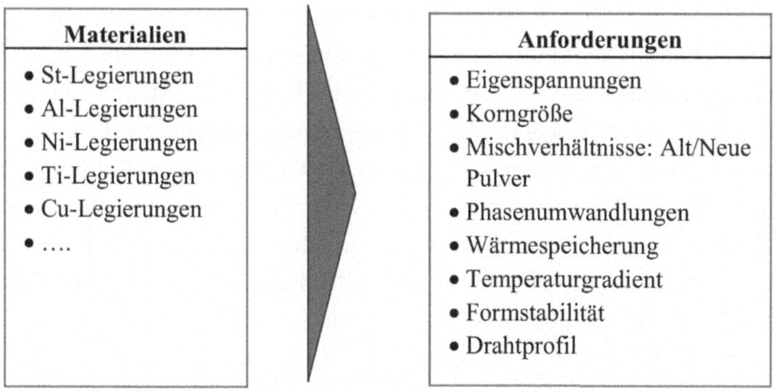


**Abb. 5.5** Anforderungen an die Metalle für AF. (Quelle: eigene Darstellung)

Eigenschaften aufweisen. Nur so kann eine breite Anwendung der AF-Technologie in der Serienfertigung vorangetrieben werden. Die daraus resultierenden Anforderungen sind in Abb. 5.5 dargestellt.

Die verfügbaren AF-Metallwerkstoffe sind nur mit den vom Hersteller entwickelten maschinenspezifischen Prozessparametern einsetzbar. Das schränkt die Austauschbarkeit der Metallpulver zwischen den AF-Anlagen ein. Andererseits nutzen diese Materialien technologische Besonderheiten der additiven Fertigungsverfahren. Die hohe Abkühlgeschwindigkeit und das zyklische Wiederaufheizen sowie der pulvermetallurgische Charakter ermöglichen in Verbindung mit den Prozessparametern eine Beeinflussung der sich erzeugten Mikrostruktur der Werkstoffe. Somit können mit den AF-Verfahren Materialeigenschafften erzeugt werden, die mit konventionellen Fertigungsverfahren nicht möglich sind.

**Entwicklungstendenzen**

Die technischen Weiterentwicklungen der additiven Fertigung von Metallteilen betrifft die Verbesserung der Eigenschaften von vorhandenen metallischen Werkstoffen und der Verbreitung der Werkstoffpalette durch neue.

Weiterhin wurden die Entwicklungsarbeiten zur additiven Fertigung von Formgedächtnislegierungen (FGL) forciert. Diese Legierungen besitzen die besondere Eigenschaft, dass sie sich trotz eingeleiteter plastischer Verformung an eine frühere Form „erinnern" können [LANG13]. FGL gehören zu den „intelligenten" Materialien und können eine Aktor- und Sensorfunktion mittels gespeicherter Energie erfüllen. Der Formgedächtniseffekt resultiert aus einer Martensit-Austenit-Phasenumwandlungen, welche auch bei den additiv gefertigten Teilen realisiert werden kann. Die dafür entwickelte Technik konzentriert sich besonders auf die Komplexität der Geometrie, die mit konventioneller Formgebung nicht möglich ist. So z. B. war es möglich die Nitinol-Feder mit dem PBF-LB/M-Verfahren erfolgreich zu fertigen und zu testen [STEP21]. Eine weitere Arbeit beschreibt die additive Fertigung von kupferbasierten Legierungen als alternative FGL

(z. B. Cu-Al-Ni), welche im Bereich der Formgedächtnislegierungen mit guten Umwandlungseigenschaften vergleichsweise ein kostengünstiger Vertreter sind [GUST18].

Auf die additive Fertigung von austenitischen TRIP/TWIP-Stählen wurden auch ein Augenmerkt gelegt, um so Teilen die besonderen Eigenschaften zu geben, dass sie bei der plastischen Verformung eine verformungsinduzierte Gefügeumwandlung oder Verzwillingung aufweisen [BAJA20]. Diese Eigenschaft setzt die Erzeugung einer entsprechenden kristallinen Gefügestruktur der Legierung (z. B. X60Mn22; X30Mn20) mit dem PBF-LB/M-Prozess voraus. Die Ergebnisse in [BAJA20, HAAS17] zeigen einen ausgeprägten Verfestigungseffekt unter Druck- und Zugbelastung der additiv gefertigten Proben. Bei einer optimalen Konstellation von Scanmuster (Schraffur), Scangeschwindigkeit und Laserleistung war es möglich eine Dichte von 99,9 % zu erreichen [SAND17].

Die Freiheiten im Materialdesign eröffnen neue Wege die Verbundmaterialien auf Metallbasis für die AF zu entwickeln. Die strukturellen und funktionellen Anwendungen der sogenannten Metal Matrix Composites (MMC) können durch die Gestaltungsfreiheit der AF-Technik erweitert werden. Die jüngsten Ergebnisse der additiven Fertigung von MMC auf Basis von AL- und Ti-Legierungen zeigen ein vielversprechendes Potenzial. Die Zugabe von Verstärkern in Form von Nanopartikeln hilft, die Schmelz- und Erstarrungsdynamik des Prozesses (PBF, DED) besser einzustellen. Sie unterstützen den Keimbildungsprozess so, dass sich während der Erstarrung feine und rissfreie Gefügestrukturen ausbilden.

Der Herstellungsprozess von MMC-Werkstoffen kann ex-situ oder in-situ erfolgen. Dies hängt von der Art und Weise ab, wie die Verbindung zwischen Matrix und Verstärkung hergestellt wird.

In ex-situ Verfahren werden Nanopartikel bei der Herstellung der Pulverpartikel in die Schmelze eingegeben. So entstehen bei der Zerstäubung eine von Nanopartikeln umhüllten Molekülen des Matrixmaterials. Im Schmelzprozess bleiben die Verstärker (z. B. SiC, oder TiC) in der Matrix eingeschlossen und führen zu einer Verbesserung der Werkstoffeigenschaften. So konnte mit 3 % $TiB_2$ verstärktes Al7075-Pulver erfolgreich gedruckt werden [DADK21, MART17]. Eine Steigerung der Zugfestigkeit auf 284 MPa und der Duktilität auf 18,7 % ist möglich.

Beim in-situ-Verfahren erfolgt die Ausscheidung in der Metallmatrix durch eine chemische Reaktion zwischen dem Verstärker und der Matrix. Die einzelnen Legierungselemente reagieren in der Schmelze mit dem Verstärker und es entstehen Ringe aus neu gebildeten Verbindungen (z. B. SiC), die eine wabenartige Struktur aufweisen. Die Ringe aus hartem Material ermöglichen eine gezielte Beeinflussung der Duktilität des Werkstoffes [XIA17]. So konnte aus Al12Si20Ti/SiC ein Werkstoffverbund Al12Si20Ti/TiC erzeugt werden [RIQU17, RIQU20].

Die Erweiterung des technologischen Potenzials der AF-Maschinen eröffnete neue Wege zur Steigerung der Funktionalität der gefertigten Bauteile durch die Kombination verschiedener Metalle. So ist es beispielsweise gelungen, hochfeste Grundwerkstoffe (Stahllegierungen) mit thermisch und elektrisch leitfähigen Funktionswerkstoffen (Reinkupfer, Kupferlegierungen) so zu gradieren, dass eine für die Aufgabenstellung optimale

Funktion realisiert werden kann [ANST20, BARE22, SHAH24]. Als gängigste additive Fertigungsverfahren für Multimaterialien haben sich das PBF-LB/M- und das DED-Verfahren als vielversprechend erwiesen. Die Herausforderung dabei liegt in den unterschiedlichen Schmelzpunkten der verwendeten Materialien: Stahl und Kupfer haben deutlich unterschiedliche Schmelzpunkte (Kupfer bei ca. 1085 °C und Stahl je nach Legierung bei ca. 1370–1540 °C). Dies erfordert eine genaue Parametereinstellung und Temperaturkontrolle [KOOP20].

## 5.4 Verbesserung mechanischer Eigenschaften

**Wärmebehandlung**

Die direkt aufgebauten Metallteile weisen bei Härte- und Festigkeitsmessungen Abweichungen zu den Angaben für die konventionell hergestellten Werkstoffe auf [CARL16, MANF14, RIEM14, PRAS14]. Die Gefüge und Eigenspannungszustände von additiv gefertigten Teilen wird durch die schnelle Abkühlung wesentlich beeinflusst. Die wechselnde Erwärmung und Abkühlung verbessert die Zugfestigkeit und die Dehngrenze [OVER03, KLAH15, SEYD18], steigert aber andererseits die Sprödigkeit des Werkstoffes. Das bedingt eine niedrigere Bruchdehnung, die für die Dauerfestigkeit von gefertigten Bauteilen eine große Bedeutung hat.

Diese Werkstoffeigenschaften lassen sich nachträglich durch eine anschließende Wärmebehandlung beeinflussen und verändern [DUPR20, LEBR15, VILA11].

Für die additiv gefertigten Metalteile werden vorwiegend

- Spanungsarmglühen: Metallteile werden bis zu einer Temperatur (werkstoffabhängig) langsam erwärmt, mehrere Stunden bei dieser Temperatur gehalten und anschließend langsam und gleichmäßig über mehrere Stunden abgekühlt;
- Lösungsglühen: Sie hilft die Konzentrationsunterschiede der Legierungselemente durch Verminderung von Gefügeinhomogenitäten in einzelnen Kristallen zu minimieren.
- Einsatzhärten: Sie dient zur Verbesserung der mechanischen Eigenschaften der Randschicht von Bauteilen, z. B. durch Anreichern von Kohlenstoff.

eingesetzt, um die während der Bauprozesse entstehenden Spannungen im Gefüge abzubauen und die Gefüge zu homogenisieren. Die gezielte Wärmebehandlung hilft die erforderlichen Eigenschaften zu erreichen.

Die im Bauteil vorhandenen Eigenspannungen führen zum Verzug und dadurch zur Verformung der Bauteile. Daher werden die Teile gleich nach der additiven Fertigung als erstes dem Spanungsarmglühen unterzogen. Um den dabei entstehenden plastischen Deformationen entgegenzuwirken, empfiehlt es sich die Teile beim thermischen Abbau von Eigenspannungen auf der Bauteilplattform zu belassen. Der Temperaturbereich für Stahlteile liegt zwischen 550 °C bis 650 °C und für Titanlegierungen zwischen 450 °C bis 650 °C.

Das Lösungsglühen wird in der Regel bei Eisenwerkstoffen eingesetzt, um die Härtungsphasen und Sprödphasen im Gefüge auflösen und auszuscheiden. Dafür werden die austenitischen Stähle bei 1000°C erwärmt und dann im Wasser abgekühlt. Das Erwärmen von martensitisch aushärtenden Nickelstählen erfolgt bei einer Temperatur von 820°C bis 840°C und nachfolgendem Abkühlen an der Luft.

Oberflächenbehandlung der Stahllegierungen durch Einsatzhärten besteht aus den Schritten: Aufkohlen, Härten und Anlassen. Nach dem die Teile zwischen 880 °C und 950 °C erwärmt wurden, findet die Diffusion des Kohlenstoffes aus einem Kohlenstoff-Medium (Salzschmelzen, Kohlungspulver) über die Werkstückoberfläche in das Werkstück statt. Im nächsten Schritt werden die erhitzten Teile mittels Abschreckmittel (flüssig oder gasförmig) schnell abgekühlt. Anschließend erfolgt das Anlassen der Teile, um die Duktilität der aufgekohltem Randschicht zu erhöhen.

Untersuchungen zeigten, dass durch eine entsprechend geplante Wärmebehandlung die mechanischen Eigenschaften der Bauteile an die von seriennahen Werkstoffen angenähert werden können. (Abb. 5.6). Die hohe Temperatur bei der Wärmebehandlung senkt zwar die Zugfestigkeit im zulässigen Bereich, steigert aber dagegen die Bruchdehnung erheblich. Durch die Veränderung des Gefüges werden Spannungen, die durch ungleichmäßig schnelle Abkühlung entstanden sind, abgebaut und das Festigkeits- und Zähigkeitsverhalten angeglichen (Abb. 5.7).

**Heißisostatisches Pressen -HIP**

Das aus der Pulvermetallurgie bekannte HIP-Verfahren wird eingesetzt, um die gewünschten mechanischen Eigenschaften, wie Festigkeit und Dichte von additiv gefertigten Metallteilen, zu erzielen. Besonders eignet sich das Verfahren für die Teile, die mittels pulverbasierten Verfahrens hergestellt sind. Das Grundprinzip des Verfahrens besteht darin, dass das Bauteil bei einer Temperatur bis 2000 °C mit einem Druck von

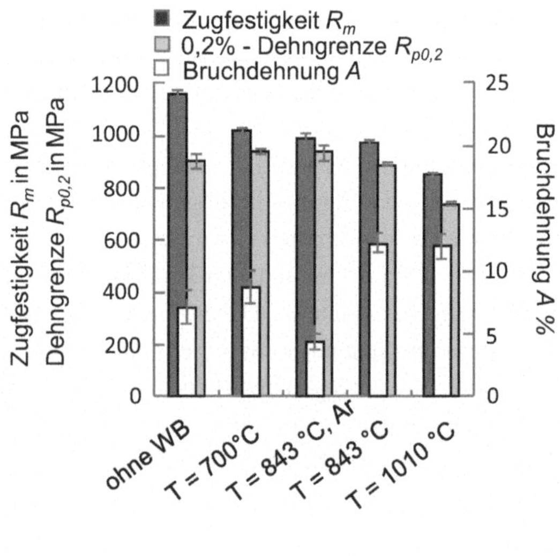


**Abb. 5.6** Einfluss der Wärmebehandlung auf die mechanischen Eigenschaften von laseradditiv gefertigten Ti-6Al-4 V [SEYD18]. (Quelle: Springer)

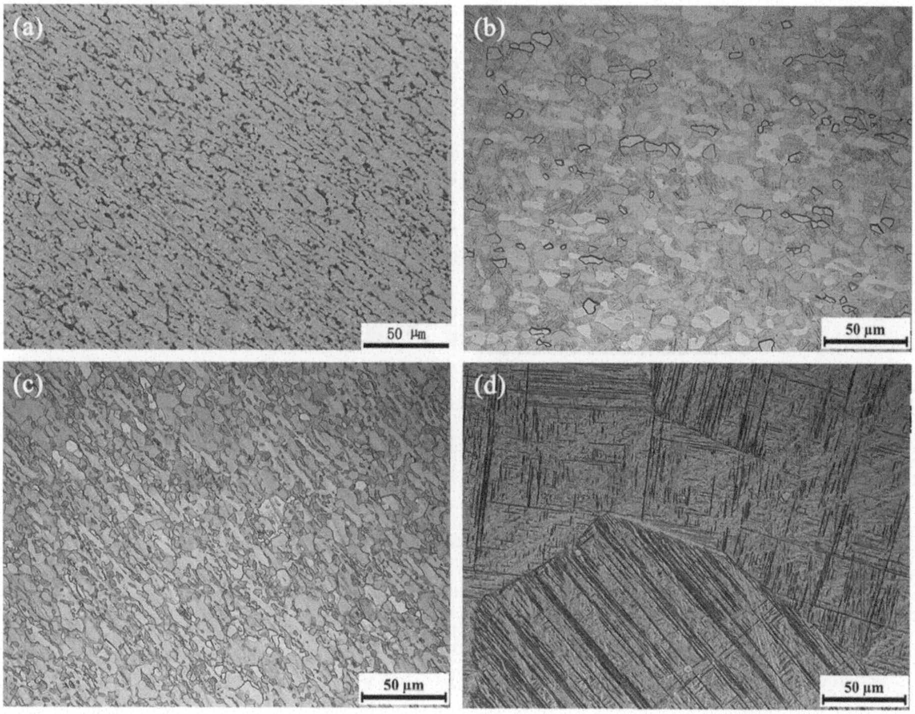


**Abb. 5.7** Mikrostruktur von additiv gefertigtem Ti-6Al-4 V bei unterschiedlichen Wärmebehandlungstemperaturen: a) Originalmaterial, b) 850 °C/1 h + Wasserabschreckung, c) 900 °C/1 h + Wasserabschreckung, d) 950 °C /1h + Wasserabschreckung [FENG18]. (Quelle: Material Research Journal)

100 MPa bis 200 MPa (werkstoffabhängig) gepresst wird. Der höhe Druck führt dazu, dass die Poren im Bauteil verschlossen sind und dadurch die Streuung der Eigenschaftswerte reduziert werden. Damit kann in vielen Fällen der Schritt der Wärmebehandlung eliminiert werden. Die Behandlung mit dem HIP-Verfahren erhöht den Sicherheitsfaktor der hergestellten Bauteile [HAFE19].

Das HIP-Verfahren wird hauptsächlich für die Verbesserung der Eigenschaften von gesinterten Werkstoffen eingesetzt, um die Eigenschaften des Werkstoffes hinsichtlich der Hohlräume zu modifizieren und vorhandene Defekte zu beseitigen. Weiterhin ermöglicht dieses Verfahren die Richtungsabhängigkeit der anisotropen Eigenschaften des Werkstoffes zu reduzieren. Dieser zusätzliche Schritt erhöht den Aufwand der Fertigung aufgrund der hochspezialisierten und teuren Ausrüstung deutlich.

Neben der Reduzierung der Porosität findet im HIP-Verfahren eine Phasenänderung im Gefüge statt. Die Abb. 5.8 zeigt die Ergebnisse eines mit PBF-EB/M hergestellten Versuchsteiles. Die im Schliffbild des Ausgangswerkstoffes (Inconel 718) vorhandene

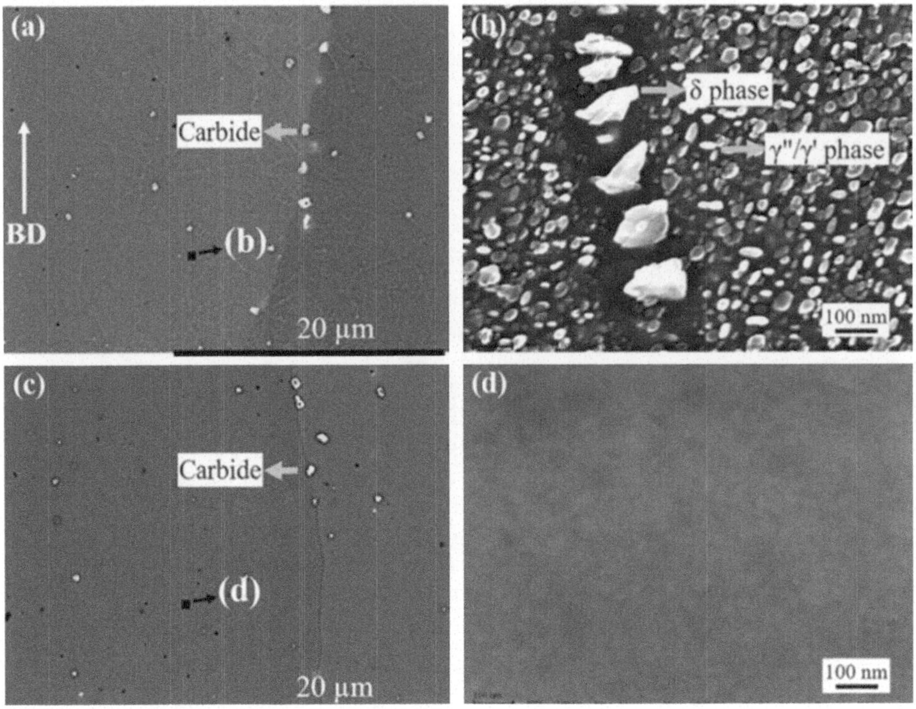


**Abb. 5.8** Änderung der Gefügestruktur nach dem HIP: a) und b) Bauteil vor dem Behandlung, c) und d) die HIPed Struktur [GOEL21]. (Quelle: Springer)

δ-Phase, die auf das Bauverfahren zurückzuführen ist, wurde nach dem HIP-Prozess beseitigt (Abb. 5.8 a und d). Im HIP-Prozess werden alle sekundären Phasen, deren Solidustemperatur unter der HIP-Temperatur liegen, aufgelöst und damit eine Homogenisierung des Materials herbeigeführt [ZHAN15].

Die Nachteile des Verfahrens sind die hohen Fertigungskosten und großen Maßabweichungen. Daher ist dieses Verfahren nur bei den Bauteilen mit extremen Eigenschaften wirtschaftlich einsetzbar. Als ein wichtiges Kriterium für den Einsatz des Verfahrens ist die Höhe der dynamischen Bruchfestigkeit bei Sicherheitsteilen zu benennen.

Der HIP Prozess mit integrierter Wärmebehandlung kann 2 h bis 5 h dauern [HAFE19]. Die Dauer der Wärmbehandlung ist weitgehend geometrieunabhängig. Entscheidend ist das Vorhandensein einer geeigneten Anlage für die Durchführung des Schrittes. Die Behandlung der metallischen Bauteile aus einem Baujob kann in kleinen Öfen erfolgen.

Die Wärmebehandlung sollte bei der Planung der Prozesskette nur werkstoffabhängig mit einem festen Zeitanteil berücksichtigt werden.

## 5.5 Eingesetzte Fertigungsverfahren

### 5.5.1 Freistrahl-Bindemittelauftrag

Freistrahl-Bindemittelauftrag, in engl. *Binder Jetting* (BJT), bezeichnet laut DIN EN ISO/ASTM 52900:2022 ein pulverbasiertes additives Fertigungsverfahren, bei dem für die stoffliche Verbindung des Metallpulvers ein flüssiges Bindemittel eingesetzt wird (Abb. 5.9). Im Prozess wird Metallpulver ohne Phasenänderung in einem Grünteil fixiert. Die Endfestigkeit entsteht nur nach dem Sintern des Grtünteils in einem Ofen bei höherer Temperatur (z. B. 1230 °C). Dabei wird das Bindemittel ausgebrannt und eine direkte stoffliche Verbindung zwischen den Metallpulverpartikel erreicht. Diese verfahrensspezifische Vorgehensweise bedingt eine hohe Porosität im Bauteil. Die Dichte des gesinterten Teiles beträgt ca. 60 % der Zieldichte, welche durch eine Infiltration nachgebessert werden muss [GEBH16]. Diese mit einander gekoppelten Schritte erhöhen den Aufwand der Fertigung und sollten bei der Planung der gesamten Prozesskette berücksichtigt werden.

Der Bauprozess beginnt mit der Beschichtung der Bauplattform. Das Metallpulver wird bei kleineren Anlagen mit Rakel oder Walze, bei großen Anlagen mit einem Beschichter mit größerem Durchsatzvolumen, auf die Arbeitsplatte der Anlage aufgetragen. Das Einspritzen des Bindemittels erfolgt dann mittels eines Multi-Düsen-Druckkopfes. Die Anzahl der Düsen im Druckkopf bestimmt die Geschwindigkeit des Bauprozesses.

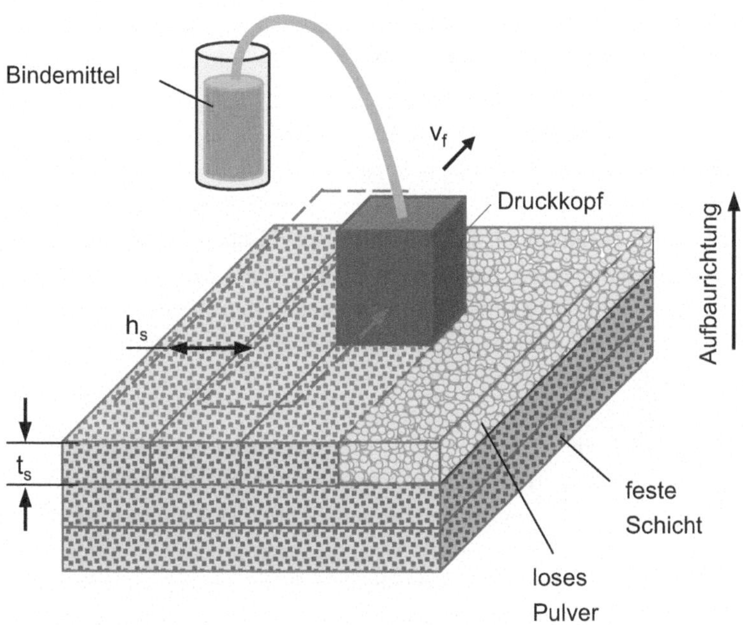


**Abb. 5.9** Verfahrenskinematik von BJT. (Quelle: eigene Darstellung)

Der Fortschritt des Bauprozesses in Z-Richtung wird durch das Absenken der Bauplattform eingestellt. Das Verfahren arbeitet bei Raumtemperatur.

**Prozessparameter**

$v_s$ – Vorschubgeschwindigkeit des Druckkopfes [mm/s]
$h_s$ – Spurbreite (Breite des Druckkopfes) [mm]
$t_s$ – Schichtdicke [µm]
$K_ü$ – Überlappungsgrad
H – Höhe des Bauteiles [mm]
$V_B$ – Bauteilvolumen [$mm^3$]
$\dot{V}$ – Volumenaufbaurate [$mm^3/min$]

**Grundzeit**
Die Grundzeit des BJT-Prozesses hängt von der Volumenbaurate ab, welche durch die Breite des Druckkopfes begrenzt ist (Abb. 5.9). Die Berechnung der Grundzeit $t_g$ kann anhand der Volumenbaurate wie folgt durchgeführt werden:

$$t_g = \frac{V_B}{v_s \cdot h_s \cdot t_s} + t_n \tag{5.1}$$

oder

$$t_g = \frac{V_B}{\dot{V}} + t_n \tag{5.2}$$

wobei

$$t_n = t_{bl} \cdot \frac{H}{t_s} \tag{5.3}$$

Diese Nebenzeit ($t_n$) resultiert aus der maschinenspezifischen Beschichtungszeit $t_{bl}$, welche aus einer Zeitstudie durch Beobachten, Erfassen und Messen von Arbeitsabläufen bestimmt werden sollte. Typische Volumenbauraten liegen gegenwärtig je nach gewählter Fertigungsanlage, eingesetztem Metallpulver und zu fertigender Bauteilgeometrie bei max. 200 $cm^3/min$ [DESK22].

**Typische Materialfehler**
Porosität: Die hergestellten Teile sind im Allgemeinen porös (manchmal über 50 Vol.-% Porosität). Die einhundert prozentige Beseitigung der Porosität ist nach sorgfältigem Post-Processing in mehreren Etappen möglich. Der polymergebundene Grünling wird zunächst entbindet. Anschließend werden die verbleibenden Poren entweder durch Infiltration mit einem niedrigen schmelzenden Metall gefüllt oder durch weiteres Sintern und Verdichten bearbeitet. Das Schrumpfen stellt eine große Herausforderung für den Prozess dar. Sie kann je nach dem Werkstoff bis zu 2 % betragen [CHEN16, FRYK16, GRUN15].

### 5.5.2 PBF-Verfahrensgruppe

PBF ist englische Abkürzung für *„Powder Bed Fusion“* und bezeichnet nach DIN EN ISO/ASTM 52900:2022 alle pulverbasierten AF-Verfahren, bei denen die Generierung des Bauteiles durch die Bindung von pulverförmigem Material auf einem mit dem Ausgangsmaterials bedeckten Bett durchgeführt wird. Die Verbindung der Partikeln erfolgt entweder durch selektives Eintragen von Bindemittel oder thermischer Energie. Die Bindemittel kleben die Metallpartikeln zusammen, die im Post-Prozess durch Erwärmen zu einer festen Schicht verschmolzen werden. Das direkte Eintragen der thermischen Energie lässt dagegen die Pulverpartikel in der obersten Schicht zusammenschmelzen. Die Kombination von Energiequelle und Fusionsmechanismus ergibt verschiedene Verfahren.

#### 5.5.2.1 Pulverbettbasiertes Schmelzen mit Laserstrahl – PBF-LB/M

Das Verfahren wurde Mitte der 1990-ziger Jahre am Fraunhofer-Institut für Lasertechnik (ILT) in Aachen in Kooperation mit Dr. Matthias Fockele und Dr. Dieter Schwarze entwickelt [WILH99]. In den darauffolgenden Jahren haben verschiedene Unternehmen ihre eigene Verfahren- und Anlageentwicklungen mit eigenen Marken geschützt [SAND18]:

- Selective Laser Melting (SLM®): SLM Solutions Group AG, ReaLizer, DMG Mori
- Direct Metal Laser Sintering (DMLS): EOS
- LaserCUSING®: Concept Laser
- Laser Metal Fusion: Trumpf, Sisma3D
- Direct Metal Printing: 3D Systems
- Laser-based Powder Bed Fusion (PBF-LB): ISO und VDI-Norm

Der Bau des Bauteils erfolgt auf einer Platte der entsprechenden Anlage in einem beheizten Raum. Das schichtweise aufgetragene Metallpulver wird mit einem Laserstrahl erhitzt und dadurch lokal verschmolzen (Abb. 5.10). Nach diesem Vorgang erstarrt das aufgetragene Pulver und es erfolgt eine neue Beschichtung der Plattform. Dieser Schichtaufbau wird solange wiederholt, bis das Bauteil komplett fertig ist. Die Werkstoffzusammensetzung des Pulvers entspricht dabei dem Zielwerkstoff des Bauteiles. Beim Belichten einer Pulverschicht durchdring der Laserstrahl die neue aufgetragene Schicht bis in den darunterliegenden erstarrten Festkörper. Das so erzeugte Schmelzbad ermöglicht eine stoffschlüssige Verbindung zwischen den Schichten. Am Ende des Bauprozesses werden die Stützstrukturen entfernt und die Fläche manuell oder durch spanende Bearbeitung verbessert. Verfahrensbedingt kann eine Oberflächengüte bis $R_z$ 40 µm erreicht werden. Für eine bessere Oberflächenqualität der additiv gefertigten Teile sollen weitere abtragende Fertigungsverfahren eingesetzt werden.

Um den Verzug des Bauteiles im Prozess zu minimieren kommen Stützstrukturen zum Einsatz, die zusätzlich helfen die entstehende Wärme an die Bauplattform weitezuleiten.

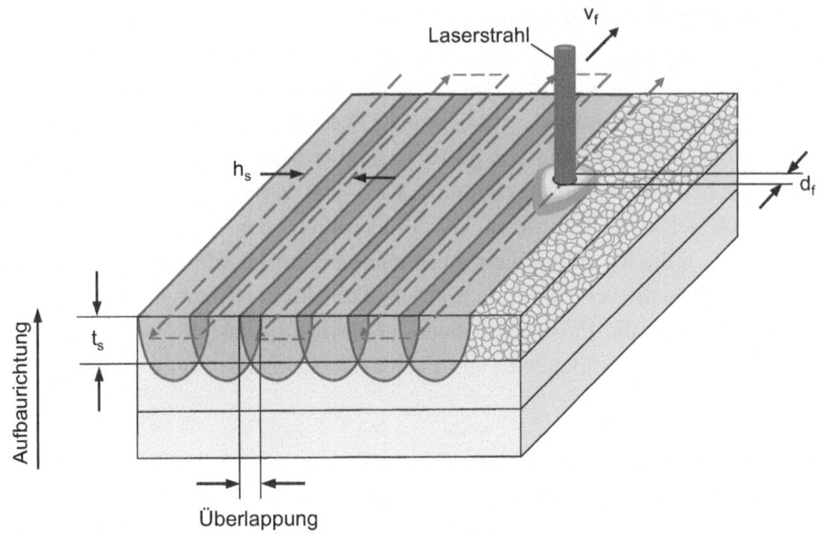


**Abb. 5.10** Verfahrensprinzip des PBF-LB/M-Bauprozesses. (Quelle: eigene Darstellung)

## Prozessparameter

$P_L$ – Laserleitung [W]
$v_s$ – Belichtungsgeschwindigkeit [mm/s]
$h_s$ – Spurabstand [μm]
$t_s$ – Schichtdicke [μm]
$T_{BP}$ – Vorwärmetemperatur [K]
$d_f$ – Laserstrahldurchmesser [μm]
$K_ü$ – Überlappungsgrad
H – Höhe des Bauteiles [mm]
$V_B$ – Bauteilvolumen [$mm^3$]
$\dot{V}$ – Volumenaufbaurate [$mm^3$/min]
m – Batchgröße (Losgröße)

## Grundzeit

Die Grundzeit beim PBF-LB/M-Verfahren resultiert aus verfahrensbezogenen Zeitkomponenten, die von der Volumenbaurate abhängen. Die Volumenbaurate wird im Wesentlichen durch das eingesetzte Belichtungssystem der Maschine und die Eigenschaften der verwendeten Metallpulver bestimmt und berechnet sich zu:

$$\dot{V} = v_s \cdot h_s \cdot t_s \tag{5.4}$$

Auf Basis der Volumenbaurate erfolgt die Berechnung der Grundzeit $t_g$ pro Batch wie folgt:

$$t_g = \frac{V_B \cdot m}{\dot{V}} + t_n \tag{5.5}$$

Diese Grundzeit $t_g$ beinhaltet außerdem die Nebenzeit $t_n$, die sehr maschinenspezifisch ist und sollte in einer Zeitstudie durch Beobachtung, Erfassung und Messung von Arbeitsabläufen bestimmt werden. Die Nebenzeit umfasst neben der Beschichtungszeit ($t_{bs}$), auch die Zeiten, die für das Aufheizen ($t_a$) und Kühlen ($t_k$) der Maschine erforderlich sind:

$$t_n = t_{bs} \cdot \frac{H}{t_s} + t_a + t_k \tag{5.6}$$

Typische Volumenaufbauraten liegen gegenwärtig je nach gewählter Fertigungsanlage, eingesetztem Metallpulver und zu fertigender Bauteilgeometrie zwischen 2 $cm^3/h$ und 105 $cm^3/h$ [GE24, SLM22].

**Scanstrategien**

Die Scanstrategie nimmt Einfluss auf die Verteilung des Wärmeeintrages über das Pulverbett und das Werkstück und dadurch auf das Gefüge, die mechanischen Eigenschaften und die Eigenspannungen. Die Variation der Länge, Richtung und Lage des Belichtungsweges bilden die Menge der Scanmuster (Abb. 5.11). Es wird unterschieden zwischen Konturbelichtung und Flächenbelichtung.

Für die Flächenbelichtung werden am häufigsten der unidirektionale und bidirektionale Scanmodus (Vorschubmodus) eingesetzt. Das Hatching (Scanmuster) „Schachbrett" bietet den Einsatz des kurzen Weges. Mit dieser Strategie ist es möglich größere Flächen optimal zu belichtet und auftretende Eigenspannung gering zu halten. Die Rotation der Richtungen zwischen den Schichten hilft dabei Anisotropieeffekt zu verringern [JIA21]. Dadurch abgebildete Scanmodie bilden verschiedene Hatchingmuster. Sie gibt die Wegstrecken und Belichtungsgeschwindigkeit vor.

Die Konturbelichtungstrategie basiert auf der kontinuierlichen Laserbelichtung entlang der definierten Schichtkontur. Diese wird durch Schraffieren des Innenbereiches ergänzt.

**Gestaltung der Stützstruktur**

Die erfolgreiche Durchführung des PBF-LB/M-Verfahrens erfordert eine sorgfältig gestaltete Stützstruktur, die mehrere wichtige Aufgaben erfüllt:

- *Unterstützung von Überhängen*: Diese verhindern, dass Teile des Bauteils während des Bauprozesses durchhängen oder verziehen.
- *Ableitung von Wärme*: Die Stützstruktur hilft dabei, die im Prozess entstehende Wärme abzuleiten, was entscheidend für die Qualität des fertigen Bauteils ist.
- *Vermeidung von spannungsbedingten Verformungen*: Durch die Ableitung von Kräften und Spannungen während des Bauprozesses wird eine Verformung des Bauteils verhindert.

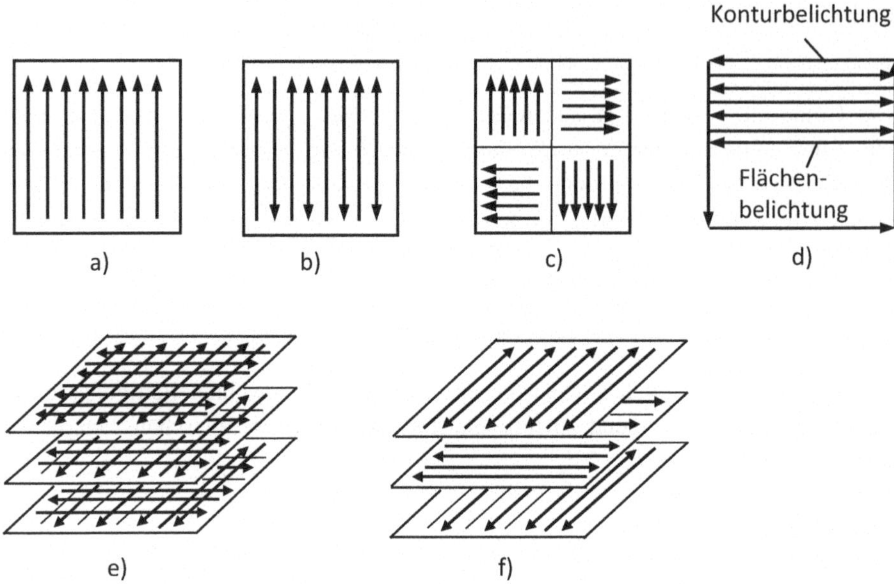


**Abb. 5.11** Schematische Darstellung gängiger Scanstrategien für das Verfahren PBF-LB. a) uni-direktionale Belichtung, b) bidirektional Belichtung, c) Schachbrett-Muster, d) einfache Kontur und Flächenbelichtung, e) Querscan, f) bidirektional, einmaliger Durchlauf des Laserstrahls, 90°-Drehung des Scanvektors zwischen den Schichten. (Quelle: eigene Darstellung)

Aufgrund der Komplexität der Aufgabenstellung erfolgt die Generierung der Stützstruktur mittels einer Software, die auf Basis von Erfahrungswerten optimale Geometrien ermöglicht. Neben den oben genannten Aufgaben soll die Stützstruktur zusätzlich in der Nachbearbeitung mit geringem Aufwand entfernt werden können [MARK22].

Die Wahl der geeigneten Form und der Parameter der Stützkonstruktion ist nicht nur aus technischer, sondern auch aus wirtschaftlicher Sicht wichtig. Die Menge des Materials für die Stützstruktur und der Schwierigkeitsgrad seiner Abtragung beeinflussen die Herstellungskosten des Bauteils. Letztere hängen von der Art der Verbindung zwischen der Stützstruktur und dem Bauteil ab.

Die wichtigsten geometrischen Parameter, die in der Software eingestellt werden müssen, sind in Abb. 5.12 dargestellt. Zur Bestimmung der Stützstrukturparameter wurden Untersuchungen zur Zug- und Torsionsfestigkeit durchgeführt, um die belastungsorientierten Grenzwerte der Stützstruktur zu bestimmen [CALI14, COSM20, LIND18, MARK22]. Damit konnte festgestellt werden, ob die Steifigkeit der Stützkonstruktion in der Lage ist, die im Prozess auftretenden Kräfte aufzunehmen. Bei einer schwachen Stützstruktur kann die während des Prozesses auftretende Schrumpfung zu einer Verformung des Bauteils führen. Erfolgt die Verformung frei, kann es aufgrund der Durchbiegung der Schicht (des Bauteils) zu Kollisionen mit der Beschichtungsklinge kommen.

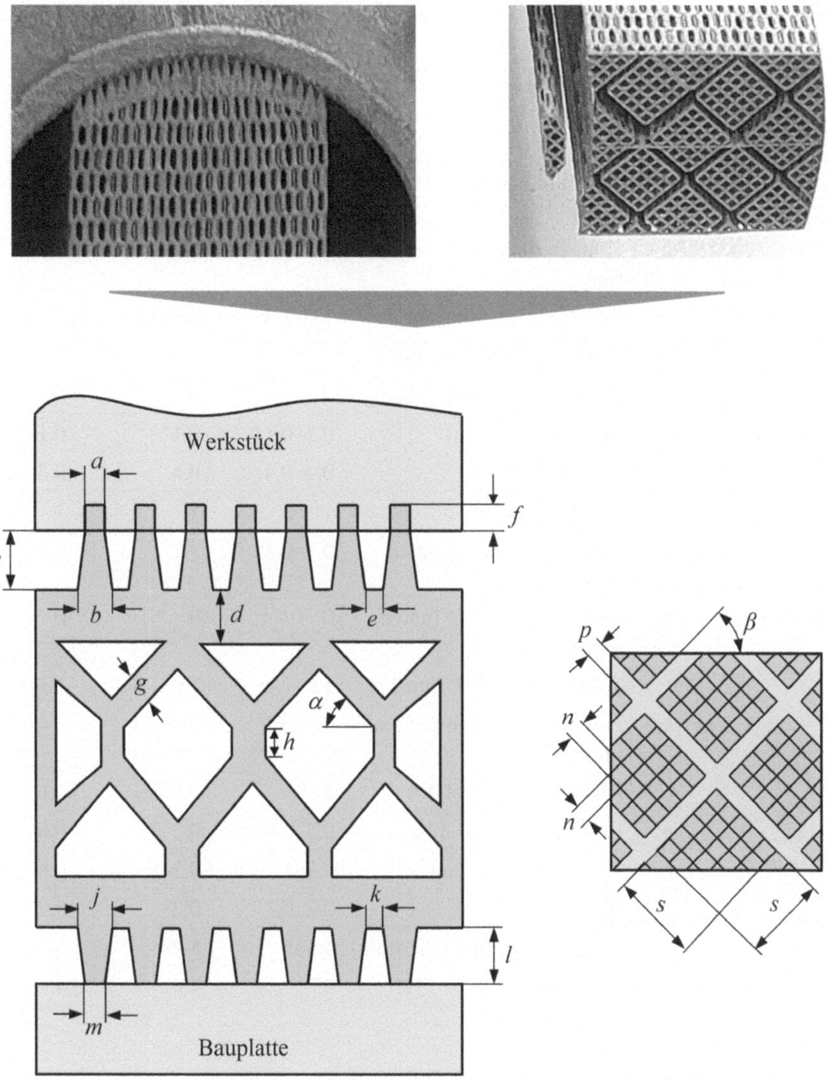


**Abb. 5.12** Einstellbare Prozessparameter der Stützstruktur. (Quelle: eigene Darstellung)

Die Stützstruktur ist in der Regel in zwei Funktionsbereiche unterteilt:

- *Zähne*, die die Verbindungen zum Bauteil und zur Grundplatte sichern, und
- *Gerüst*, welches den im Prozess auftretenden Wärme- und Kraftbelastungen standhalten muss.

Die Parameter der Zähne, insbesondere die Kontaktlänge im oberen Bereich, sind für die resultierende Verbindungsfestigkeit ausschlaggebend. Dieser Parameter ist in Tab. 5.1 als

**Tab. 5.1** Parameter der Stützstruktur für die ausgewählte Metalle [CALI14, COSM20, DIMO23, GAN16, JIAN18, LIND18, MARK22, WANG12, WU21]

| Parameter | | Bezeichnung | Stahl-Legierungen | Alu-Legierungen | Ti-Legierungen |
|---|---|---|---|---|---|
| *Supportparameter* | *a* | Zahn-Spitzenlänge (oben), [mm] | 0,2–0,5 | 0,2–0,5 | 0,1–0,4 |
| | *b* | Zahn-Basislänge (oben), [mm] | 0,5–0,7 | 1 | 0,8 |
| | *c* | Zahnhöhe (oben), [mm] | 1,0–1,3 | 1,0–1,3 | 1,3–1,5 |
| | *d* | Solidhöhe (oben), [mm] | 1 | 1 | 2–3 |
| | *e* | Zahn-Basisinterval, (oben) | 0 | 0 | 0 |
| | *f* | Zahn-Offset, [mm] | 0,1–0,14 | 0,1 | 0,14 |
| | *g* | Stegdicke, [mm] | 0,2–0,4 | 0,4 | 0,3–0,4 |
| | *h* | Steghöhe, [mm] | 1 | 1 | 1 |
| | *j* | Zahn-Basislänge (unten), [mm] | 0,1–0,5 | 1 | 0,8 |
| | *k* | Zahn-Basisinterval (unten), [mm] | 0 | 0 | 0 |
| | *l* | Zahnhöhe (unten), [mm] | 1,0–1,3 | 1,0–1,3 | 1,5 |
| | *m* | Zahn-Spitzenlänge (unten), [mm] | 0,3–0,5 | 0,3–0,4 | 0,4 |
| | $\alpha$ | Perforationswinkel, [°] | 60° | 60° | 60° |
| *Hatching „Blockstruktur"* | *n* | Hatchingsabstand, [mm] | 0,5–0,8 | 0,5–1,2 | 0,8 |
| | *p* | Trennungslücke, [mm] | 0,7–1 | 0,7–1,2 | 0,8–1 |
| | *q* | Wanddicke, [mm] | 0,2–0,3 | 0,2 | 0,2 |
| | *s* | Fragmenationsinterval, [mm] | 4,5–5 | 5–6 | 4–5 |
| | $\beta$ | Drehwinkel, [°] | 45 | 45 | 45 |

Mindestlänge angegeben. Ein positiver Z-Offset erhöht sowohl die Zugfestigkeit als auch die Wärmeleitfähigkeit in beiden Richtungen. Untere Zähne erleichtern die Trennung des Bauteils von der Grundplatte. Der Zahnparameter gelten als wichtigster Faktor bei der Auslegung der Stützstruktur. Er bestimmt die Prozesssicherheit, die Bauzeit und die Oberflächenqualität. Aus diesem Grund wird bei der Planung großer Wert auf die Auswahl dieser Parameter gelegt.

Die Parameter des Hatchings (Wandstärke, Segmentierung) bestimmen den Querschnitt der Stützstruktur. Auch hier muss die Festigkeit der Stützstruktur ausreichend sein. Der Stützstrukturtyp „Block" erfüllt die gestellten Anforderungen für die additive Fertigung von Metallen. Sie besteht aus einem Raster von x- und y-Linien, die durch einen

**Tab. 5.2** Prozessbedingte Fehler am Bauteil nach [ABOU14, BAYA19, CUNN19, FINF18, KRUT04, MATT16, SHI16, THAN19, WAYN14, WEIN15, WISC21]

| Fehlerbeschreibung | Mögliche Ursachen |
|---|---|
| Lack-of-Fusion (LOF) | Bei geringen Energieeintrag dringt das Schmelzbad auf die darunter liegende Schicht nicht durch. Dies verursacht Porosität/Bindungsfehler. Bei großen Spurabstand bleiben zwischen benachbarten Schmelzspuren nicht vollständig aufgeschmolzene Pulverpartikel übrig, die ebenso die Entstehung der Porosität begünstigen. |
| Keyhols | Keyhols treten dagegen auf, wenn der Energieeintrag die Werkstoffeigenschaften übertrifft. Im Schmelzbad eingeschlossene Gasblasen schaffen es nicht bei geringer Erstarrungszeit nach ober zu steigen und es bildet sich eine kugelförmige Pore im erstarrten Material. |
| Hydrogen-Porosität | Hydrogen-Porosität ist typisch für Aluminiumteile. Der von der Feuchtigkeit auf der Oberfläche der Pulverpartikeln entstandene oder in den Partikeln eingeschlossene Wasserstoff löst sich während der Erstarrung oder Wärmebehandlung im Schmelzbad und bildet damit Wasserstoffgasporen im hinteren Bereich des Schmelzbades. |
| Balling | Eine geringere Laserleitung kann zur Tröpfchenbildung der Schmelze und damit zu einem weiteren Prozessfehler führen. Dieser typische Prozessfehler wird als „Balling“ bezeichnet und resultiert aus unzureichender Anbindung zwischen den Materialschichten. Die Schmelze zieht sich im lokalen Schmelzbad zu kleinen Kugeln zusammen, welche unzureichende Verbindung mit dem festen Material herstellen. |

bestimmten Abstand voneinander getrennt sind (x- und y-Schraffur). Durch die Fragmentierung der Blockstützen entsteht eine kleine Lücke in der Schraffur. Dies erleichtert die Trennung der Stützstruktur sowohl vom Bauteil als auch von der Grundplatte.

**Typische Materialfehler**

In Tab. 5.2 sind die möglichen Fehler im PBF-LB/M-Verfahren dargestellt. Der Haupteinflussfaktor ist die Energiebilanz in der Schmelzzone. Diese kann basierend auf das entsprechende Wissen über Parametereinflüsse auf das Bauergebnis optimiert werden. Die Abb. 5.13 zeigt in einem Übersichtsdiagramm exemplarisch das Auftreten des Ballingseffektes in Abhängigkeit von der Strahlleistung P und der Ablenkungsgeschwindigkeit $v_s$. (Vorschub) auf. Diese besagt, dass für eine glatte Fläche die Abstimmung von Leistung zur Geschwindigkeit werkstoffspezifisch ausgewählt werden sollte.

#### 5.5.2.2 Pulverbettbasiertes Schmelzen mit Elektronenstrahl (PBF-EB)

Das Verfahren PBF-EB gehört zu den pulverbettbasierten additiven Fertigungsverfahren, welche für die selektive Verschmelzung der Metallpulver eine Elektronenstrahlquelle verwenden.

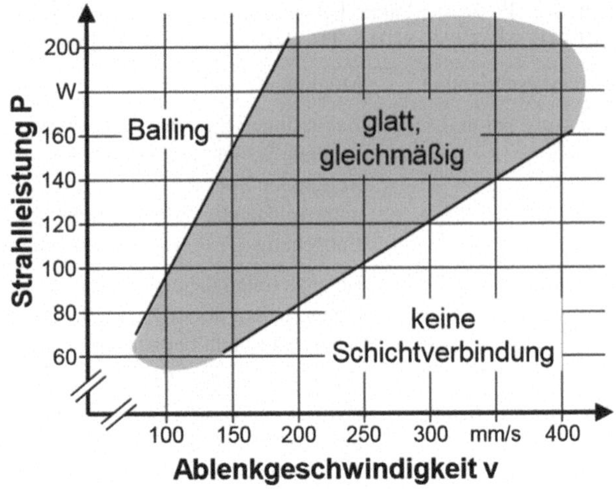


**Abb. 5.13** Einfluss der Prozessparameter auf den Balling-Effekt nach [KLES18]. (Quelle: Dissi)

Das System zur Erzeugung und Lenkung der Elektronenstrahlen bestimmt die Konstruktion der Maschine. Aufgrund höherer Energiedichte, resultierend aus gleichzeitig wirkenden mehreren Elektronenstrahlen, kann die Elektronenstrahl – Anlage nur mit relativ grobkörnigem Metallpulver arbeiten. Durch die größeren Schichtdicken ist eine hohe Aufbaurate zu erreichen, was aber auch einen geringeren Detailierungsgrad bedeutet. Zudem ermöglicht die hohe Energiedichte hochtemperaturschmelzende Werkstoffe (Refraktärmetalle) wie z. B. Legierungen auf Ti- und Ni-Basis zu bearbeiten. Weiterhin kann der Bauraum mithilfe von Elektronenstrahlen vorgeheizt werden und damit eine Reduktion der thermischen Spannungen einerseits und eine Erhöhung der Baugeschwindigkeit andererseits erreicht werden. Die Durchführung des Verfahrens im Vakuum ist eine Voraussetzung für die Lenkung der Elektronenstrahlen. Das Vakuum sorgt für eine hohe thermische Isolation und ermöglicht die Bearbeitung von reaktiven Werkstoffen. Die gefertigten Bauteile weisen eine hohe Dichte auf. Allerdings ist die Materialpalette dafür eingeschränkt und der Prozess kostenintensiv.

Das Auftragen des Metallpulvers erfolgt durch eine Rakel. Die auf der Platte abgeschiedene Schicht aus Metallpulver wird dann mit der Elektrodenstrahl belichtet und verschmolzen. Nach dem Erstarren der Schmelze senkt sich die Arbeitsplatte der Maschine und es erfolgt das Auftragen einer weiteren Pulverschicht. Dieser wiederkehrende Schritt wird solange wiederholt bis das Bauteil komplett aufgebaut ist (Abb. 5.14). Die dabei erzeugte Bauteilqualität wird durch das Hatching bestimmt (Abb. 5.15). Eine homogene und konstante Schichtbindung kann durch wechselnde Scanrichtungen realisiert werden, wodurch den auftretenden Spannungen im Bauteil entgegengewirkt wird. Besonders vorteilhaft zeigt sich der bidirektionale Modus innerhalb einer Schicht mit 90° versetzten Richtungen, sog. xy-*Hatching* [KAHN14].

Ursprünglich standen für den PBF-EB – Prozess nur die ARCAM-Maschinen (Schweden) zur Verfügung. Diese Maschinen besitzen einen relativ kleineren Bauraum (max. 350 × 430 mm bei Arcam EBM Spectra L).

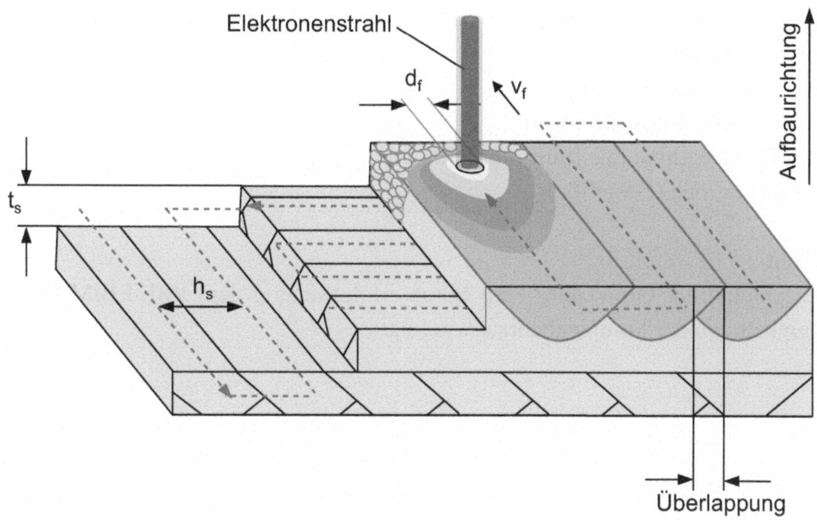


**Abb. 5.14** Verfahrenskinematik des PBF-EB- Bauprozesses. (Quelle: eigene Darstellung)

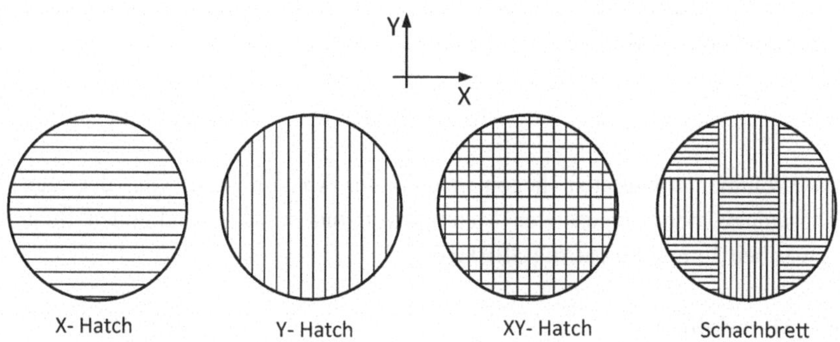


**Abb. 5.15** Scanstrategien zur Verfestigung von pulverförmigen Werkstoffen nach [KAHN14]. (Quelle: eigene Darstellung)

Mittlerweile gibt es auf dem Markt weitere Anbieter der PBF-EB-Anlagen (z. B. die Maschine von pro-beam additive GmbH).

**Prozessparameter**

$P_L$ – Leistung [W]
$v_s$ – Ablenkungsgeschwindigkeit [mm/s]
$h_s$ – Spurabstand [μm]
$t_s$ – Schichtdicke [μm]
$T_{BP}$ – Vorwärmetemperatur [K]

$d_f$ – Elektronenstrahlfokus [µm]
$K_ü$ – Überlappungsgrad
$V_B$ – Bauteilvolumen [$mm^3$]
H – Höhe des Bauteiles [mm]
$\dot{V}$ – Volumenaufbaurate [$mm^3/min$]
m – Batchgröße (Losgröße)

**Grundzeit**
Die Berechnung der Grundzeit $t_g$ pro Batch erfolgt analog dem PBF-LB/M-Prozess in Abhängigkeit von der Volumenbaurate wie folgt:

$$t_g = \frac{V_B \cdot m}{\dot{V}} + t_n \tag{5.7}$$

mit

$$\dot{V} = v_s \cdot h_s \cdot t_s \tag{5.8}$$

In dieser Grundzeit $t_g$ ist auch die maschinenspezifische Beschichtungs-, Aufheiz- und Abkühlzeiten als Nebenzeit enthalten, die im Rahmen einer Zeitstudie durch Beobachten, Erfassen und Messen der Arbeitsabläufe ermittelt wird:

$$t_n = t_{bs} \cdot \frac{H}{t_s} + t_a + t_k \tag{5.9}$$

Typische Volumenaufbauraten liegen derzeit in Abhängigkeit von der gewählten Fertigungsanlage, dem eingesetzten Metallpulver und der herzustellenden Bauteilgeometrie zwischen 55 und 80 $cm^3/h$ [GEBH16].

**Typische Materialfehler**
Das EBM-Verfahren zeichnet sich durch eine hohe Vorschubgeschwindigkeit aus, die mit anderen Parametern abgestimmt werden sollte, um eine hohe Leistung zu erzielen. Bei einer ungünstigen Einstellung von Prozessparameter können Fehler auftreten, die für die Bauteilqualität von Nachteil sind. Die Tab. 5.3 beschreibt diese Fehler.

### 5.5.3 DED Verfahrensgruppe

DED ist englische Abkürzung für *„Directed Energie Deposition"* und beschreibt nach DIN EN ISO/ASTM 52900:2022 die Verfahren, bei denen das draht- oder pulverförmige Ausgangsmaterial durch gerichteter Energieeinbringung geschmolzen und verschmolzen wird. DED-Prozesse finden in einer inerten Atmosphäre statt, um eine Oxidation der Metallschmelze zu vermeiden. Das DED-Verfahren ist dem PBF-Verfahren ähnlich, unterscheidet sich von diesem jedoch dadurch, dass das PBF-Verfahren im Pulverbett

**Tab. 5.3** Prozessbedingte Fehler am Bauteil nach [DANC02, KAHN14, KRUT04]

| Fehlerbeschreibung | Mögliche Ursachen |
|---|---|
| Balling | Die ungünstigen Geschwindigkeits- bzw. Strahlleistungsverhältnissen führen zu diesem Fehler. Wenn die Schmelzbadlänge zu -breite größer als 2:1 ist, verursacht das eine hohe Oberflächenspannung mit Oberflächenverringerung des Schmelzbades bis hin zur Ausbildung einer Schmelzkugel. Als Folge entsteht eine unzureichende Anbindung zwischen den erzeugten Schichten. |
| Werkstoffanhäufung | Werkstoffanhäufung tritt auf, wenn die Strömung der Schmelze in Umlenkrichtung aufgrund der Richtungsänderungen abreißt. Dabei bilden sich Werkstoffanhäufungen, welche die Oberflächenqualität verschlechtern. Mit der Auswahl eines geeigneten Vorschubmodus (z. B. Kreismuster) kann dieser negative Effekt vermieden werden. |
| Poren | Eine zu hohe Energiedichte des Strahlens bedingt eine zu hohe Oberflächenspannung der Schmelze. Sie ruft folglich eine Verkleinerung und Zusammenziehen der Schmelzoberflächen hervor. Der daraus resultierende Wärmestau verursacht weitere Materialanhäufungen und Inhomogenität in der Energieverteilung. Beim Erstarren so einer Schicht bilden sich Fehlstellen im Werkstoff (zwischen den Schichten), die im Regelfall als Porosität in Erscheinung tritt. |

stattfindet, während beim DED-Verfahren das Metallpulver nur dort aufgetragen wird, wo die Energiequelle fokussiert ist. Da sich die Düse des DED frei im Maschinenraum bewegen kann, eignet sich das DED auch für die Reparatur von Bauteilen wie Propellern, Getriebewellen und Turbinenschaufeln.

#### 5.5.3.1 Materialauftrag mit gerichteter Energieeinbringung durch Lichtbogen (DED-Arc/M)

Das drahtbasierte AF-Verfahren mittels Lichtbogenschweißen beruht darauf, den Draht als Schweißzusatzwerkstoff Schicht für Schicht auf das Substrat schweißtechnisch aufzutragen (Abb. 5.16). Der Schweißkopf führt in einer dafür entwickelten Maschine gezielte Bahnbewegungen aus, um die programmierte Geometrie zu fertigen. Die Oberfläche des Bauteiles bildet sich als Schweißraupe aus, die im Vergleich zu den anderen additiven Fertigungsverfahren sehr grob ausfällt [BUCH19, DING15, DICK92, LACH20, WU18]. Diesem Nachteil kann durch den Einsatz der CNC-Bearbeitung nach dem Bauende begegnet werden. Dafür sollte das Werkstück von der AF-Anlage zu einem CNC-Bearbeitungszentrum transportiert werden.

Die Kombination des DED-ARC/M Verfahrens mit dem Fräsen in einer Anlage bietet weitere technologische Möglichkeiten das Potenzial des Verfahrens deutlich zu erhöhen. Die Hybridisierung des Bauens bringt die Vorteile den Materialverbrauch zu optimieren und durch die Nutzung der CNC-Steuerung des Fräsens einen hohen Automatisierungsgrad zu erreichen. Die mehrachsige Bearbeitungssteuerung ermöglicht es verschiedene Schweißlagen und damit Geometrien mit Hinterschneidungen zu realisieren [ZHAN13].

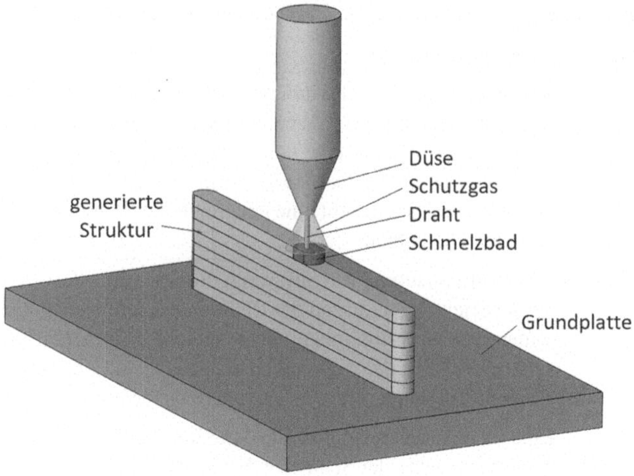


**Abb. 5.16** Verfahrensprinzip des DED-Arc/M- Bauprozesses. (Quelle: eigene Darstellung)

Besonders gestaltet sich die Fertigung von Bauteilen aus teuren Materialien, wie Titan und Nickel, effizienter als die herkömmlichen Verfahren. Die Gestaltungsfreiheit des Bauens resultierend aus Lichtbogenschweißen und Fräsen lässt es zu Teilen mit komplexer Geometrie und Reparaturbauteile schneller zu fertigen. Das DED-Arc/M zeichnet sich durch hohe Aufbauraten im Vergleich zu anderen AF-Verfahren aus. Damit ist die Fertigung großer Teile in kürzer Zeit möglich. Als Werkstoffe können besonders Ti-Basis-Legierungen, rostfreier Stahl, Ni, Bronze, Ta und sehr gut schweißbare Al genutzt werden [CHAT21].

**Scanstrategien**

Da dieses Verfahren auch auf einem richtungsorientierten Materialauftrag beruht, legt der Schweißkopf immer entlang eines definierten Weges das Material ab. Dieses erfolgt entweder entlang einer Geraden oder entlang einer gekrümmten Kurve, um den Körper eine entsprechen Form zu geben (Abb. 5.17).

Das geradlinige Ausfüllen der Fläche mit einer bidirektionalen Baustrategie bietet wenige Start- und Endpunkte im Vergleich zu einer unidirektionaler Baustrategie. Durch die Ausrichtungsänderung zwischen benachbarten Schichten ist es möglich bessere Werkstoffeigenschaften zu erreichen. Beim Bau großer dünnwandiger Bauteile werden die ausgelegten bidirektionalen Bahnen zu einem Mäander so verbunden, dass nur eine Schweißbahn pro Schicht entsteht. Die konturparallele Bahnberechnung orientiert sich an der Außenkontur des Bauteiles, um so das 3D-Modell des Körpers am besten umzusetzen.

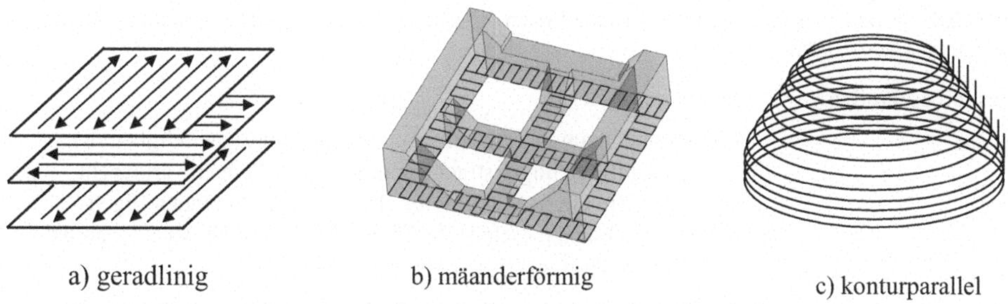


**Abb. 5.17** Scanstrategien. (Quelle: eigene Darstellung)

### Prozessparameter

$P_L$ – Leistung des Brenners [W]
$v_d$ – Drahtvorschub [mm/min]
$v_s$ – Vorschubgeschwindigkeit der Maschine [mm/min]
$t_s$ – Schichtdicke (die Höhe der Schweißraupe) [mm]
$h_s$ – Spurbreite [mm]
$K_ü$ – Überlappungsgrad
H – Höhe des Bauteiles [mm]
$V_B$ – Bauteilvolumen [$mm^3$]

### Grundzeit

Die Grundzeit $t_g$ beim DED-Arc/M-Prozess berechnet sich wie folgt:

$$t_g = \frac{V_B}{v_s \cdot h_s \cdot t_s} + t_n \tag{5.10}$$

Die Nebenzeit $t_h$ resultiert sich aus der Zustellbewegungen des Brenners im Prozess. Diese Zeitkomponente ist maschinenspezifisch und sollte für die Planung des Prozesses vorliegen.

### Typische Materialfehler

Beim DED-Arc/M-Verfahren treten Fehler auf, die aus dem Bereich der konventionellen Schweißtechnik bekannt sind. Die nicht optimal ausgelegten Prozessparameter können eine übermäßige Wärmezufuhr und folglich Eigenspannungen und Verformungen des Bauteiles verursachen. Außerdem können metallurgische Erscheinungen in der Erstarrungszone zu Abweichungen führen. Die dabei auftretenden typischen Materialfehler sind in der Tab. 5.4 dargelegt.

**Tab. 5.4** Prozessbedingte Fehler am Bauteil nach [CHAT21, CHEN21, QI19, LANG21, RODR19, RYAN18, UEN20, WANG20]

| Fehlerbeschreibung | Mögliche Ursachen |
|---|---|
| Risse | Die ungleichmäßige Erstarrungs- und Abkühlgeschwindigkeit der Schmelze infolge ungünstiger Parametereinstellungen verursacht ein ungleichmäßiges Schrumpfen. Die dabei auftretenden Eigenspannungen können entlang der Schichtbildung oder der Korngrenzen der Mikrostruktur zu Rissen führen. |
| Delaminierungs-fehler | Wenn der Abstand zwischen der Lichtbogenschweißzange und dem Werkstück zu gering ist, oszilliert der Draht schnell nach links und rechts. Diese Oszillation führt zu Schmelzfehlern. Das unvollständige Aufschmelzen zwischen den Lagen bewirkt Delaminationsfehler. Ein weiterer Grund für die Delamination kann ein unvollständiges Schmelzen oder unzureichendes Umschmelzen des darunter liegenden Feststoffs genannt werden. |
| Wasserstoffporosität | Bei schnellem Kühlen entstehen Hohlräume, die nicht mit Material gefüllt werden können. Sie lassen im Material einen unregelmäßig geformten Hohlraum zurück. Andererseits können im Prozess die Legierungselemente mit niedriger Schmelztemperatur verdampfen und eine Porosität in der Mikrostruktur hinterlassen. Die auf der Oberfläche des Drahtmaterials vorhandene Verschmutzungen, wie Feuchtigkeit, Fett, andere Kohlenwasserstoffverbindungen oder ein hoher Wasserstoffgehalt im Schutzgas können bei Aluminiumlegierungen durch die Schmelze absorbiert und somit zur Wasserstoffporosität beitragen. |

#### 5.5.3.2 Materialauftrag mit gerichteter Energieeinbringung durch Laserstrahl (DED-LB/M)

Beim DED-LB/M-verfahren erfolgt das Materialzufuhr über ein Düsensystem. Das pulverförmige Material wird durch den entsprechenden Kanal mittels Schutzgas in die Wirkzone transportiert (Abb. 5.18). Die Wirkzone wird dabei mit einem Laser, der ebenfalls im Düsensystem integriert ist, geheizt. Die so entstehende Schmelze bildet nach dem Erstarren die Materialschicht. Die erzeugten Schweißraupen werden miteinander schmelzmetallurgisch verbunden und so entsteht die Höhe der Schicht. Die Verbindung zwischen den Schichten wird vom Vermischungsgrad beeinflusst [FAHR14]. Das Verhältnis von Schweißraupe oberhalb und der Schweißwurzel unterhalb des Substrats definieren die Vermischung und ist für die thermischen Spannungen im Bauteil verantwortlich. Die Qualität der Schweißnaht kann durch die vollständige Abdeckung des Schweißbades erhöht werden. Üblicherweise wird im Prozess ein Gemisch von Helium und Argon als Schutzgas eingesetzt. Das prozessbedingt gebildete anisotrope Gefüge verursacht richtungsabhängige mechanische Eigenschaften. Alternativ können für das Schweißen Drähte als Ausgangsmaterial eingesetzt werden. Hierfür erfolgt das Zuführen des Materials nicht durch eine Düse, sondern seitlich mittels eines Drahtzuführsystems [KLING19, RITT20].

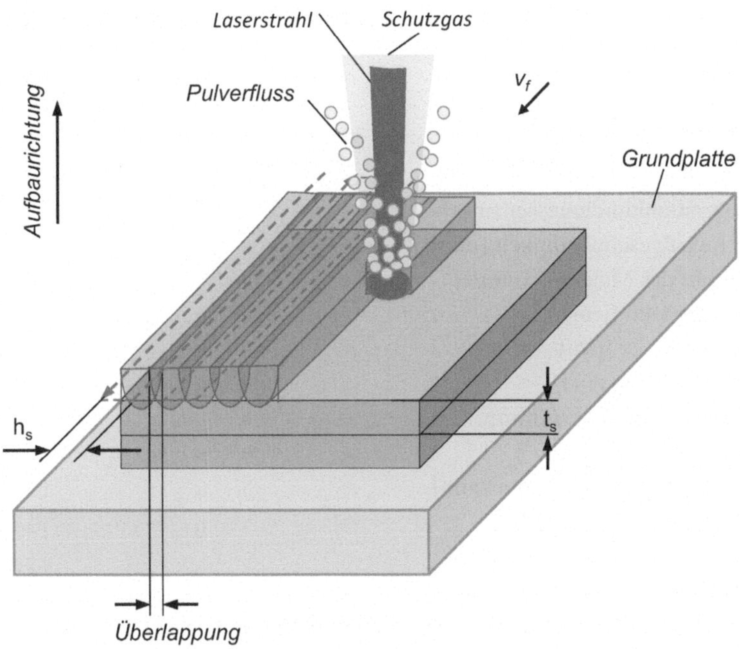


**Abb. 5.18** Verfahrensprinzip des DED-LB/M- Bauprozesses. (Quelle: eigene Darstellung)

Die Hybridisierung des Prozesses mittels Fräsen ermöglicht die Werkstücke aus Metall effektiv zu bearbeiten. Eine spezielle geometrische Aufteilung der gesamten Geometrie und deren Zuweisen zu den entsprechenden Verfahren beschleunigt einerseits den Bauprozess und steigert andererseits die Komplexität der zu fertigenden Bauteile.

Dieses Hybridverfahren macht den Weg frei für eine besondere geometrische Flexibilität und ein breites Spektrum an einsetzbaren Materialien hinsichtlich ihrer Legierungszusammensetzungen als Synergieeffekt. Es ist so auch möglich die unterschiedlich beanspruchten Bereiche eines Teiles mit angepassten Werkstoffeigenschaften zu bauen. Für die Auswahl eines geeigneten Werkstoffs sollten die Besonderheiten, wie Abkühlgeschwindigkeit, Phasenumwandlung und Schrumpfungsvorgänge bekannt sein [KLOC15]. Die Zerspanbarkeit der eingesetzten Werkstoffe wirkt jedoch als limitierende Eigenschaft für den Einsatz des Verfahrens. Schwer zu spanenden Werkstoffen, wie z. B. Titanlegierungen, verursachen lange Bearbeitungszeiten und einen starken Werkzeugverschleiß, welche die Produktionskosten für das Fräsen deutlich erhöhen [WIED14].

Eine weiterhin bekannte Anwendung dieses Verfahrens ist in der Maschine „Lasertec 65 3D" des deutsch-japanischen Unternehmens DMG Mori realisiert. Der in die Fräsmaschine integrierte Druckkopf trägt im Prozess das Pulvergemisch fortlaufend auf die Bauplattform/Werkstückoberfläche auf, wobei das Schweißen unter Schutzgas (meistens Argon oder Helium) stattfindet. Der kontrollierte und abgestimmte Einsatz von Pulverdüse, Schutzgasdüse, Laser- und Fräskopf erfolgt mittels einer zentralen CNC -Steuerung somit ist der beliebige Wechsel zwischen dem DED-LB/M- und dem Fräsverfahren möglich.

**Prozessparameter (DED-LB/M):**

$P_L$ – Laserleitung [W]
$d_s$ – Laserstrahldurchmesser [mm]
$v_s$ – Schweißgeschwindigkeit [mm/s]
$v_D$ – Zufuhr des Materials [mm/s]
$h_s$ – Spurabstand [µm]
$t_s$ – Schichtdicke [µm]
$K_ü$ – Überlappungsgrad
H – Höhe des Bauteiles [mm]
$V_B$ – Bauteilvolumen [$mm^3$]
$\dot{V}$ – Volumenaufbaurate [$mm^3$/min]
m – Batchgröße (Losgröße)

**Scanstrategien**
Der Materialauftrag erfolgt analog zum PBF-LB/M-Verfahren unter Berücksichtigung der Trägheit des Prozesses (s. Abb. 5.13).

**Grundzeit**
Die Grundzeit pro Batch beim DED-LB/M-Verfahren wird auf Basis der Volumenbaurate wie folgt berechnet:

$$t_g = \frac{V_B \cdot m}{\dot{V}} + t_n \tag{5.11}$$

mit:

$$\dot{V} = v_s \cdot h_s \cdot t_s \tag{5.12}$$

Die Nebenzeit ($t_n$) ist maschinenspezifisch und hängt von der Zustellbewegungen ab. Typische Volumenaufbauraten können gegenwärtig je nach gewählter Fertigungsanlage, eingesetztem Metallpulver und zu fertigender Bauteilgeometrie bis zu 3,5 kg/h erreichen [GEBH16].

**Typische Materialfehler**
Die typischen Baufehler resultieren aus dem Laserauftragsschweißen. Die auftretenden Fehler sind mit denen des PBF-LB/M Verfahrens identisch. Bei ungünstigen Prozesseinstellungen treten Fehler in Form von Delamination, Porosität und Balling auf [ABOU14, TAMM15].

## 5.5.4 Nachbearbeitugsverfahren

### 5.5.4.1 Mechanische Bearbeitung

Für die Fertigstellung/Finishing von additiv gefertigten Metallteilen ist der Einsatz von mechanischen Fertigungsverfahren notwendig. Das ist einerseits verbunden mit der Sicherstellung der Form-, Lage- und Maßtoleranzen der Funktionsflächen und andererseits mit der Oberflächenqualität, welche im Maschinenbau üblich sind. Da der Umfang und der Inhalt der CNC-Bearbeitung eine gesonderte Betrachtung verdient, wird im Kap. 7 der Aspekt der mechanischen Bearbeitung durchs Drehen, Bohren und Fräsen ausführlich behandelt.

### 5.5.4.2 Strahlspanen

Strahlspanen gehört nach DIN 8589 zu der Verfahrensgruppe „Trennen" mit geometrisch unbestimmter Schneide. Diese Verfahren werden unter anderem zur Verbesserung der Oberflächen oder zur Vorbereitung für anschließende Oberflächenbehandlungen eingesetzt. Dazu werden Strahlmittel mit Feststoffen und höherer Geschwindigkeit (Druckluft, Wasser) auf die zu bearbeitende Oberfläche aufgebracht (Abb. 5.19).

Bei der Beaufschlagung der Oberfläche tritt ein Spanabtrag und teilweise Verformung der Oberfläche auf. Diese Erscheinungen sind von der Duktilität des Werkstoffes, der Härte des Strahlmittels sowie vom Strahldruck abhängig. Die Anzahl der Aufschlagstellen bestimmt die Zustandsänderungen auf der Oberfläche [KLOC17].

In der Regel wird das Strahlen manuell durchgeführt, um die anlageseitigen Kosten gering zu halten. Die manuelle Behandlung der Oberflächen führt zu ungleichmäßigen Ergebnissen. Eine Automatisierung der Strahlbearbeitung ermöglicht es einerseits ein reproduzierbares und ein gleichmäßiges Ergebnis bei komplexen Teilen zu erzielen und andererseits den Prozess besser zu planen. Dazu werden die Bauteile auf einem Schleuderrad mittels eines Sattels aufgenommen (Abb. 5.20). Die Kinematik dieser Funktionselemente führt

**Abb. 5.19** Partikelstrahlen einer Oberfläche [KLOC17]. (Quelle: Springer)

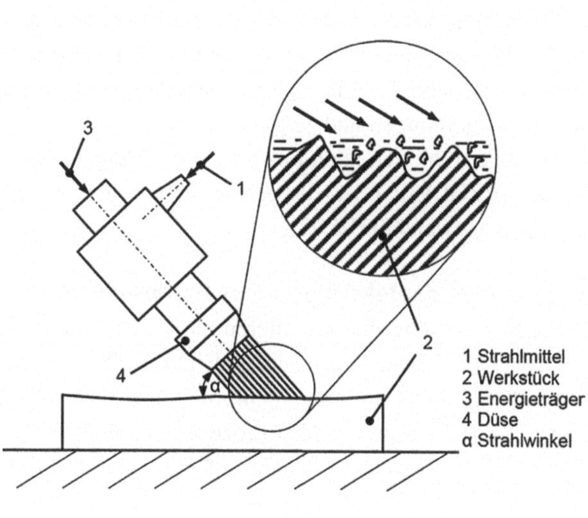

**Abb. 5.20** Arbeitskinematik der Anlage TWISTER. (Quelle: BMF GMBH)

dazu, dass die Teile eine kegelförmige Bahn um ihre eigene Achse ausführen, die mit dem gleichzeitigen Drehen um die Achse des Schleuderrades überlagert wird. Die Wirkbewegung des Strahlgutes und die Drehbewegung des Teiles ermöglichen es alle Bereiche der Oberfläche unter möglichst konstanten Bedingungen zu bearbeiten [TWIS22].

#### 5.5.4.3 Gleitschleifen

Das Gleitschleifen ist ein spannendes Fertigungsverfahren, welches einen Materialabtrag an den Werkstückoberflächen mittels vieler einzelner Schleifkörper hervorruft. Gleitschleifen eignet sich nicht für die Steigerung der Form- und Maßgenauigkeit, sondern hilft nur die Oberflächenrauheit zu verbessern oder besondere Oberflächeneigenschaften zu erzeugen. Dafür werden die Werkstücke zusammen mit den Schleifkörpern und dem Compound (flüssige chemische Mittel) in einem Arbeitsbehälter rotierend oder vibrierend bewegt (Abb. 5.21).

Die Vorteile dieses Verfahrens liegen daran, dass man die Werkstücke als Schüttgut in großer Menge bearbeiten kann, was eine hohe Wirtschaftlichkeit verspricht. Diese Bearbeitung ermöglicht es komplexe Außenkonturen der Werkstücke ohne weitere Mittel zu entgraten, zu reinigen und zu glätten.

Das Gleitschleifen kann nur bei relativ kleinen Werkstücken wirtschaftlich eingesetzt werden [PRÜL15]. Teile, die größer als 1 m und schwer als 30 kg sind, erfordern einen zu hohen Aufwand [THIL92].

#### 5.5.4.4 Plasmaelektrolytisches Polieren (PeP)

Das elektrolytische Plasmapolieren wird für das Reinigen, das Entgraten und das Polieren von Oberflächen eingesetzt [ZEID06]. Diese umweltfreundliche elektrochemische Behandlung findet in wässrigem Medium unter höherer elektrischer Spannung statt (Tab. 5.5). Bei entsprechenden Prozesseinstellungen (Stromdichte, Spannung, Elektrolytlösung, Badtemperatur) entsteht eine Dampfhülle, die wiederum über den steigenden

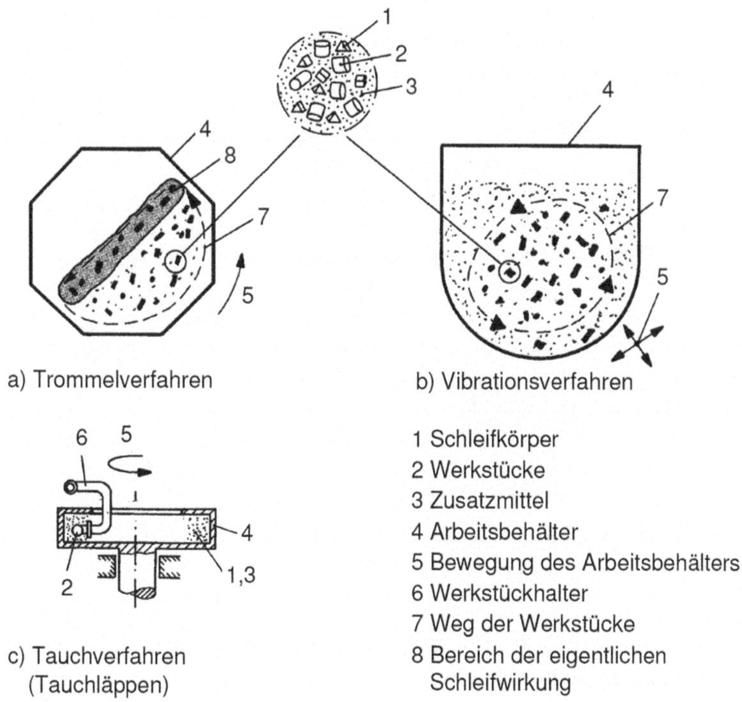


**Abb. 5.21** Verfahren des Gleisschleifens [KLOC17]. (Quelle: Springer)

**Tab. 5.5** Parameterbereiche des PeP-Verfahrens und der Werkstoffe [nach: NEST06, ZEID06]

| Spannung | >300 V DC |
|---|---|
| Stromdichte | 0,1–0,3 A/cm$^2$ |
| Elektrolyt | Werkstoffabhängige Salzlösungen |
| Elektrolytkonzentration | 3–5 % in Wasser |
| Elektrolyttemperatur | ca. 80 °C |
| erzielbare Oberflächen-Rauheit (Ra) | <0,1 µm |
| Materialabtrag | 0,5–1,0 µm/min |
| durchschnittliche Bearbeitungszeit | 1–6 min |
| bearbeitbare Werkstoffe | Edelstähle, unlegierte C-Stähle, Chrom-Kobalt-Legierungen, Wolfram, Molybdän, Nickel, Titan + Titanlegierungen, Kupfer, Messing, Bronze, Metallverbunde |

Widerstand zwischen Werkstück (Anode) und Behälter (Katode) eine Plasmaschicht um die Bauteilkontur erzeugt (Abb. 5.22). Unter der Plasmaschicht ablaufende elektrochemische Reaktionen und physikalische Vorgänge ermöglichen die vorhandenen Spitzen der Rauheit abzutragen. Das abgetragene Material bleibt in der Lösung und wird von

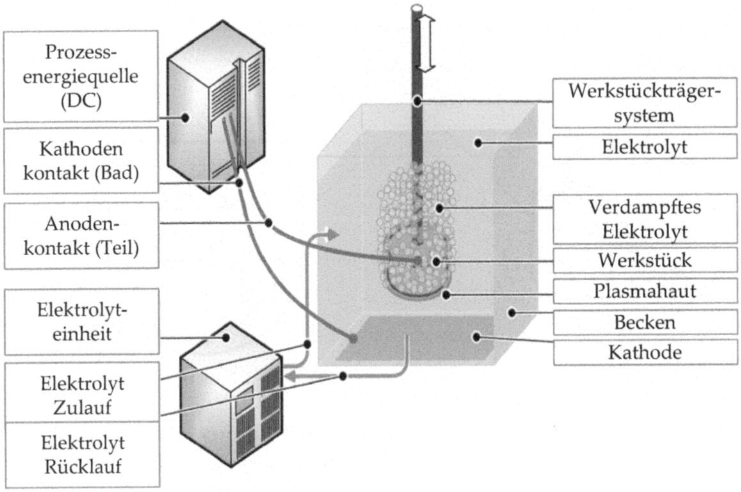


**Abb. 5.22** Schematische Darstellung des PeP-Verfahrens nach [SCHU22]. (Quelle: eigene Darstellung)

der Bearbeitungszone durch die Elektrolytströmung abtransportiert. Bereits nach wenigen Minuten kann ein Poliereffekt erreicht werden.

Charakteristisch für das Verfahren ist ein geringerer Materialabtrag, daher kann mit diesem Verfahren nur die Mikrogeometrie geändert werden. Die Makrogeometrie bleibt weitgehend unbeeinflusst. Darüber hinaus eignet sich dieses Verfahren zum Reinigen und Entgraten von Bauteilen. Der Verfahrensablauf ermöglicht es komplexe Bauteilgeometrien unter der Voraussetzung der Zugänglichkeit von Öffnungen zu bearbeiten.

Der Einsatz dieses Verfahrens hängt von den Anforderungen an die Oberflächenqualität der additiv gefertigten Bauteile ab. Sind die gewünschten Rauheitswerte mit vorhergehenden Fertigungsverfahren nicht sicher herzustellen, so können diese Flächen mit dem PeP-Verfahren effizient poliert werden.

Die Planung des Prozesses erfolgt nach dem Zielergebnis der Oberflächenqualität. Ausgehend aus den Werkstoffeigenschaften werden die Verfahrensparameter und die Elektrolytlösung ausgewählt und die Prozessdauer festgelegt.

## 5.6 Wirtschaftliche Fertigung von metallischen Bauteilen

### 5.6.1 Angepasste Geometriedaten

Wie bereits erwähnt, haben die in der Produktentwicklungsphase festgelegten Geometriemerkmale einen großen Einfluss auf den Fertigungsaufwand metallischer Bauteile. Daher sollte die Gestaltungsfreiheit der additiven Fertigung gezielt für eine optimale Bauteilauslegung genutzt werden. Dies kann durch die Einhaltung einer Vielzahl bereits erarbeiteter Regeln erreicht werden [BEND21, DIEG19, LIPP18]. Die in der DfAM zusammengefassten Regeln umfassen neben der Herstellbarkeit der Bauteile auch weitere technologische Aspekte, wie z. B. die Bauteilorientierung. Diese kann im Rahmen der wirtschaftlichen Fertigung von metallischen Bauteilen am Beispiel des PBF-LB/M-Verfahrens anschaulich dargestellt werden.

Es ist bekannt, dass die direkte Fertigung von metallischen Bauteilen durch das Einbringen, das Weiterleiten und das Abführen höherer Energiemengen begleitet wird. Eine Steuerung des Wärmestroms im Bauteil kann unter anderem mittels Stützstrukturen realisiert werden. Das Volumen der Stützstruktur bestimmt im Post-Prozessing den Aufwand der Nachbearbeitung. Das Finden einer minimalen Stützstruktur kann durch eine optimale Orientierung des Bauteiles im Maschinenraum erfolgen. Hier kann die Bauteilorientierung nach dem Kriterium der minimalen Stützstruktur einige Schwierigkeiten mit sich bringen. In der Regel erreicht man geringe Stützstrukturen bei der Orientierung mit einem Neigungswinkel über 45°. Das bedeutet einen höheren Z-Wert für den Bauprozess. Betrachtet man dazu noch die Oberflächenqualität ergibt sich ein komplexe Optimierungsaufgabe der Bauteilorientierung. Die mathematische Lösung dieser Aufgabe verlangt die möglichst exakte Beschreibung der Zusammenhänge zwischen Bauteilorientierung und genannten Kenngrößen (Supportflächen, Z-Höhe, Treppenstufen, Anisotropie). Da diese mit großem Aufwand verbunden ist, setzt man für das Finden einer optimalen Bauteilorientierung die CAx-Technik ein. Die Software mit einem speziellen Modul (z. B. Magics-Modul) löst das Problem geometrisch, wobei für die ausgewählte Maschine und Bauparameter eine optimale Orientierung nach festgelegtem Kriterium gesucht wird. Manchmal soll der Arbeitsplaner zwischen verschiedenen Kriterien eine Kompromisslösung finden, was eine große Erfahrung des Planers voraussetzt. Die tendenziellen Abhängigkeiten zwischen der Bauteilorientierung und den Optimierungskriterien am Bespielteil sind in der Abb. 5.23 leicht zu erkennen. Das Treffen einer quantifizierten Aussage für komplexe und topologieoptimierte Teile aufgrund einer sprunghaften Änderung der Bauteilquerschnittes ist schwierig.

Ein weiterer Aspekt der Einflüsse der Stützstrukturen auf den Fertigungsaufwand liegt in der Nutzung der Gitterstruktur für die maschinelle Bearbeitung der Bauteile. Beim Finden der Kompromisslösungen für die optimale Bauteilorientierungen kann das als ein weiteres Kriterium eingesetzt werden. Unter Berücksichtigung der Zugänglichkeit der Funktionsflächen lässt sich diese Möglichkeit mit anderen gut kombinieren.

Für die metallischen Bauteile wird eine Block-Stützstruktur eingesetzt, um die erforderliche Wärmeabfuhr zu gewährleisten und dem Verzug entgegenzuwirken. Da das Volumen der Stützstruktur von der Bauteilorientierung abhängt, kann man den dadurch verursachten Aufwand mit einer optimalen Bauteillage minimieren. Ein weiterer Faktor sind die Kontaktflächen der Stützstruktur mit dem Bauteil, die werkstoffabhängig ausgelegt werden.

Das Vorliegen von praxisbezogenen technologischen Informationen zu den Zusammenhängen von Oberflächenqualität und Bauteilorientierung steigert die Effizienz

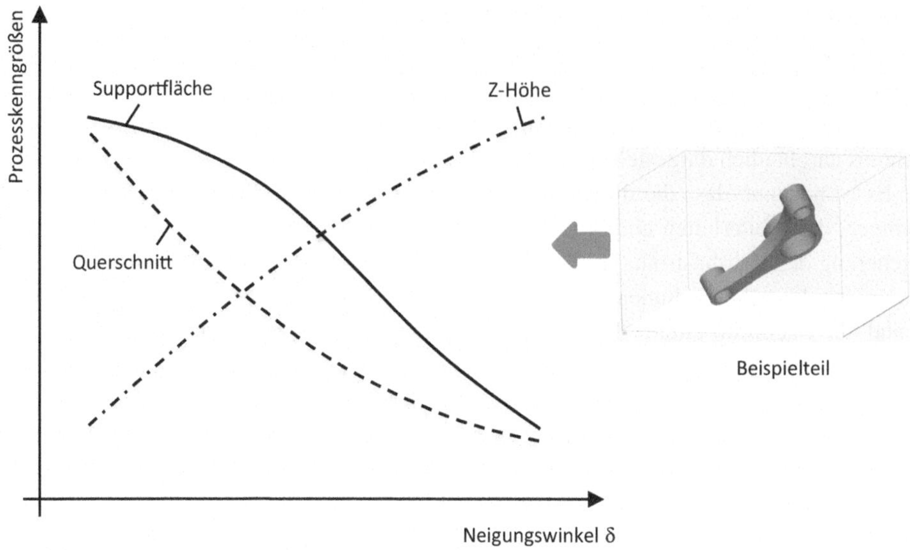


**Abb. 5.23** Exemplarische Darstellung des Zusammenhanges zwischen dem Oberflächenneigungswinkel und den Prozesskenngrößen. (Quelle: eigene Darstellung)

der Arbeit des Ingenieurs. Zusammenfassend lässt sich feststellen, dass der Aufwand für die Datenaufbereitung von der Komplexität der Geometrie, der Datenqualität, der Leistungsfähigkeit der verwendeten Software, der Bauteilorientierung und -positionierung sowie den Erfahrungswerten des Arbeitsplaners abhängig sind.

## 5.6.2 Alternative Prozessketten

### 5.6.2.1 Auswahl eines geeigneten Verfahrens

Die Generierung alternativer Prozessketten bei der Neuplanung basiert auf den vorhandenen AF-Verfahren für Metallwerkstoffe. Unter Berücksichtigung der technologischen Möglichkeiten lassen sich die Kenngrößen von aktuellen Verfahren für Metalle in einer Tabelle darstellen (Tab. 5.6). Die Auswahl des geeigneten Fertigungsverfahrens und der zugehörigen vor- und nachgelagerten Schritte bilden die Prozesskette für die konkrete Fertigungsaufgabe. Die Struktur dieser Kette hängt von den Möglichkeiten der zeitlichen Parallelisierung von Vorgängen ab, um Prozessdauer und- aufwand zu minimieren. Eine parallele Materialaufbereitung wird in vielen Unternehmen bereits als Standard im Rahmen des Materialmanagements realisiert.

Liegen die aufbereiteten Daten vor werden aus der Tab. 5.6 die Verfahren ausgewählt die prinzipiell für die Lösung der Fertigungsaufgabe geeignet sind. Dafür werden alle Schritte nach Abb. 5.24 umgesetzt. Der Auswahlprozess wird durch Entscheidungskriterien unterstützt, die unter Berücksichtigung von technischen und organisatorischen Anforderungen erstellt wurden.

**Tab. 5.6** AF-Verfahren für die direkte Fertigung von metallischen Bauteilen [GEBH16, GRUB20, KRAN19, NEGI20, SMIT16]

| Verfahren | Energiequelle | Ausgangsmaterial | Oberflächenrauheit | Formgenauigkeit | Baurate | Nachbearbeitung |
|---|---|---|---|---|---|---|
| Laserstrahlschmelzen (PBF-LB/M) | Bis zur 12 Laser je 1 KW | Pulver | < 100 µm | ≥ 0,1 mm | bis. 1000 $cm^3/h$ | Nur die Funktionsflächen |
| Elektronenstrahlschmelzen (PBF-EB) | Strahl-kanone bis 6 kW | Pulver | > 100 µm | ≥ 0,2 mm | bis. 80 $cm^3/h$ | Nur die Funktionsflächen |
| Laserauftragschweißen (DED-LB-Hybrid) | Laser bis 3 kW | Pulver | < 100 µm | ≥ 0,05 mm (nach der Bearbeitung) | bis. 6 kg/h | Nur die Funktionsflächen |
| Lichtbogenauftragschweißen (DED-Arc/M) | Licht-bogen bis 2 kW | Draht | > 100 µm | ≥ 0,05 mm (nach der Bearbeitung) | bis. 7 kg/h | Komplette CNC-Bearbeitung der Oberflächen |
| Auftragschweißen mit Elektronenstrahl (DED-EB/M) | Strahl-kanone bis 6 kW | Draht | > 100 µm | ≥ 0,05 mm (nach der Bearbeitung) | bis. 9 $mm^3/min$ | Nur die Funktionsflächen |

Prinzipiell ist es möglich alle Geometrien mit den dargestellten Verfahren zu fertigen. Betrachtet man die Fertigungsaufgabe für die additive Fertigung umfassend, so reduziert sich Anzahl der möglichen Verfahren. Entscheidend für die Auswahl ist erstens die geometrische Gestalt des Bauteiles. Dabei stehen im Vordergrund die typischen Formelemente des Bauteiles und deren Herstellbarkeit mit dem Verfahren. Die technologischen Restriktionen einiger Verfahren (z. B. PBF-EB, DED-EB) hinsichtlich der Abbildung der Oberflächenbeschaffenheit an komplexen Geometrien und von filigranen Konturelementen führen zu einer konkreten Entscheidung. Beinhaltet das Bauteil topologieoptimierte Strukturelemente (z. B. bionische Strukturen) steigt der Komplexitätsgrad des zu fertigenden Teils. Damit ist es nicht mit jedem Verfahren effektiv und qualitätsgerecht realisierbar.

Hier sollten die Restriktionen bezüglich der Minimalwerte einzelner Geometrieelemente berücksichtigt werden. Forschungsergebnisse zeigen, dass für mit dem PBF-LB/M

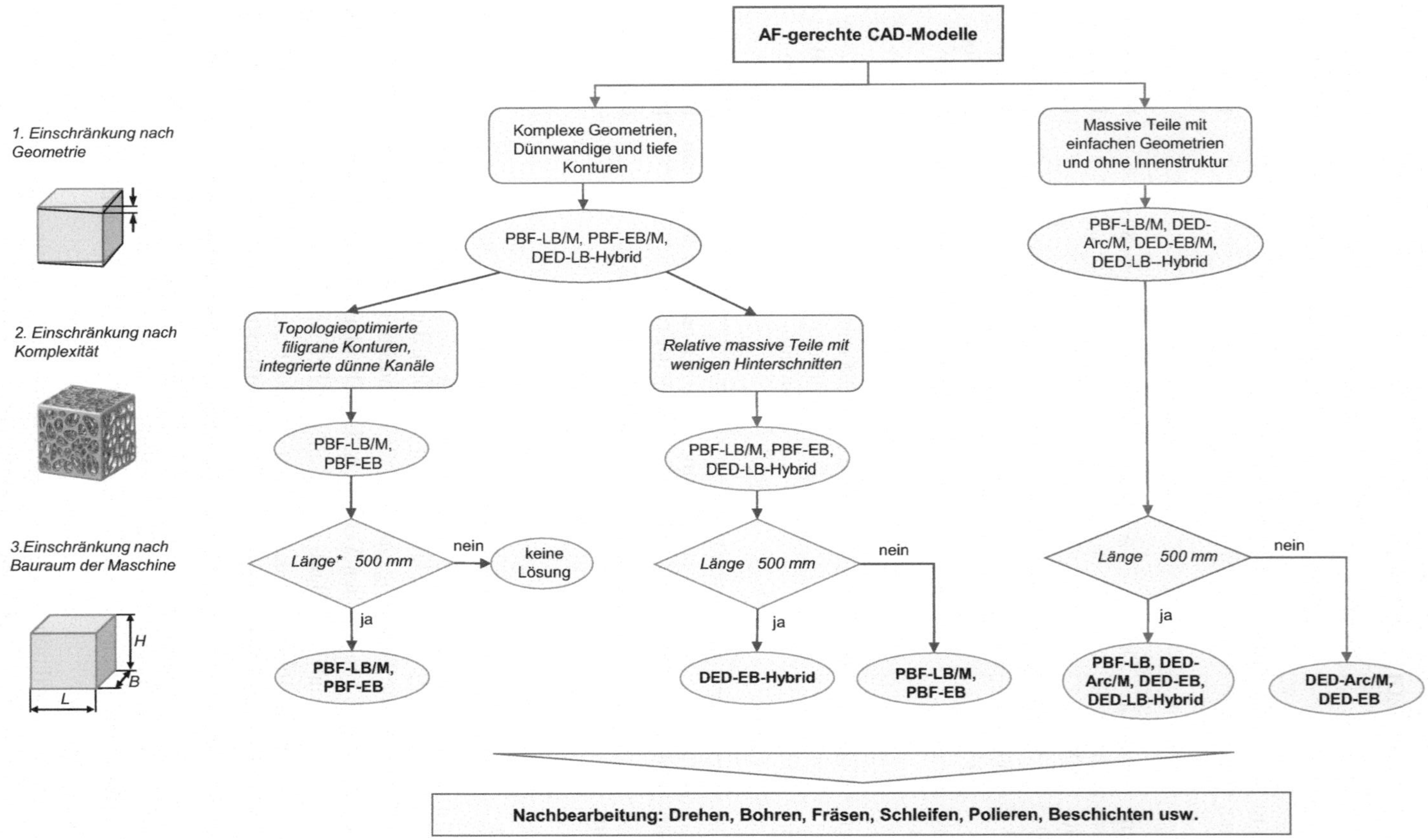


**Abb. 5.24** Auswahl alternativer Verfahren anhand geometrischer Kriterien.
**die hier eingegebenen Parameter beziehen sich auf dem aktuellen Stand der Technik.* (Quelle: eigene Darstellung)

Verfahren gebaute Teile eine Wandstärke von nicht kleiner als 0,8 mm dimensioniert werden sollte [LIPP18]. Das steht mit technologischen Einflussgrößen in Verbindung, die diese bei den kleinen Wanddicken anfällig für Verformungen während des Aufheizens und Abkühlens der Schichten machen. Es ist sehr wahrscheinlich, dass sich dünne Wände aufgrund unterschiedlicher Schwindung während des Abkühlens verziehen.

Für einen Materialüberstand gilt bei pulverbasierten Bauprozessen ein technologiebedingter Grenzwert von 3 mm. Darüber hinausgehende Konturelemente müssen entsprechend abgestützt werden. Beim DED-Arc/M-Verfahren werden die seitlich auskragenden Konturelemente durch seitliches Anstellen des Brenners erzeugt. Daher sind der Länge und Höhe der seitlichen Konturelemente keine technologischen Grenzen gesetzt, vielmehr sollte das Bearbeitungsaufmaß beachtet werden. Darüber hinaus sind die Hinterschneidungen am Bauteil umfassend zu analysieren, um deren mechanische Bearbeitung durch Fräsen sicherzustellen.

Der Neigungswinkel und die Form von Hinterschnittflächen weisen weitere technologische Restriktionen auf, deren Wirkung in Kombination mit einer mehrachsigen Fräsbearbeitung stark verringert wird. Die Strategie der Hybridfertigung gestattet es die geometrischen Abweichungen des Auftragsschweißens zu minimieren, da man nach festgelegtem Baufortschritt die erzeugte Geometrie komplett bearbeiten kann. Dafür wird die gesamte Geometrie in Baurichtung von Hinterschnitt freie Zonen zerlegt. Diese Strategie ermöglicht im Rahmen der Werkzeuganstellung in der Fräsmaschine einen großen Hinterschnittwinkel zu realisieren. Auf einer 3-Achs-Fräsmaschine kann dieser Winkel bis 52° betragen [SOMM21].

Eine 5-Achs-Fräsmaschine bietet mehr Möglichkeiten die komplexen Geometrien hybrid zu bearbeiten. Wie bereits erwähnt, ermöglicht die pulverbasierte Fertigung komplexer Geometrien eine höhere Formgenauigkeit der Bauteile. Sie eignet sich daher gut für die Herstellung von Bauteilen mit integrierten Kühlkanälen. Dieses Kriterium reduziert die Anzahl der Prozesse für die gegebene Fertigungsaufgabe drastisch, da die Erzeugung der Innengeometrie mit kleinen Querschnitten eine hohe Auflösung und Stabilität der Oberflächen im Bauteil erfordert. Der minimal herstellbare Kanaldurchmesser von 1 mm sollte in die Liste der technologischen Restriktionen aufgenommen werden. Eine Dimensionierung der Kanäle mit noch kleineren Durchmessern erschwert das Entpulvern und die Nachbearbeitung erheblich. Mit dem DED-Arc/DED-EB-Verfahren sind verfahrensbedingt keine konturnahen Kanäle möglich.

Bei der Erzeugung von Konturelementen mit bestimmten Spaltbreiten sollte auch zwischen pulverbasierten und drahtbasierten Verfahren unterschieden werden. Häufig ist eine gerade Spaltgeometrie von dicken Wänden umgeben. Die in diesen Wänden konzentrierte Wärme kann im ungünstigen Fall zum Verschmelzen des losen Pulvers im Spalt führen. Andererseits steht die Pulverentfernung aus diesen Bereichen im Vordergrund. Diese Faktoren bedingen begrenzte Spaltbreiten, die technologisch vertretbar sind. Die minimale Breite für pulverbasierte Verfahren liegt werkstoffabhängig zwischen 0,1 mm und 0,3 mm (Abb. 5.25). Bei den Verfahren DED-Arc/DED-EB wird diese Größe durch die Zerspanbarkeit des Werkstoffes mittel Fräsens bestimmt.

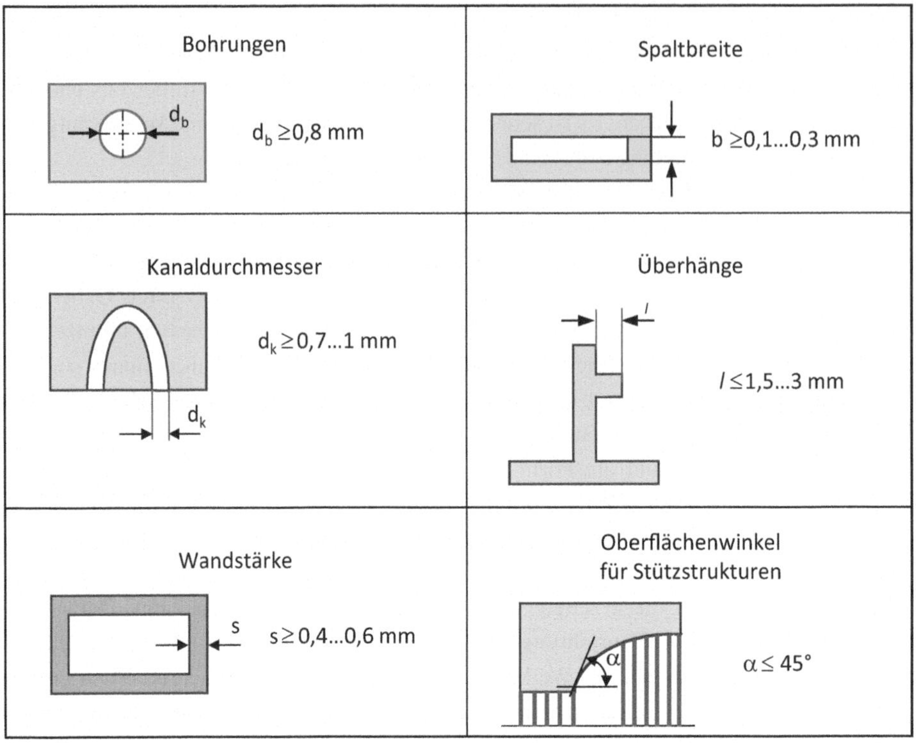


**Abb. 5.25** Einige Richtwerte für die Auswahl der alternativen pulverbasierten Prozesse nach [ADAM15, KLAH15, KLAH21, SOMM21, THOM09]. (Quelle: eigene Darstellung)

Die Genauigkeit von funktionsrelevanten Bohrungen und Öffnungen für die Entpulverung ist unter anderem durch Pulveranhaftungen an den Grenzflächen stark beeinträchtigt. Es sollte daher die Fertigung von Bohrungsdurchmessern kleiner als 0,8 mm vermieden werden. Alternativ können diese voll gebaut und dann in der Nachbearbeitung (z. B. Bohren) eingebracht werden, wenn es technologisch möglich ist. Das Erzeugen kleinerer Bohrungen mit dem DED-Arc/DED-EB -Verfahren ist nicht zu empfehlen, weil die gesamte Kontur spanend bearbeitet wird und so beliebige Bohrungsgrößen einzubringen sind.

Die Dimension der Bauteile bildet ein weiteres Entscheidungskriterium. Die AF-Anlagen, besonders mit pulverbasierten Prozessführung, sind mit kleinen Arbeitsräumen ausgestattet. Dieses ist dem aktuellen Entwicklungsstand der Technik für die Energieerzeugung und -einbringung auf die Bauplattform bedingt. Bei den geschlossenen Bauräumen sind als limitierende Faktoren die Hermetisierung, das Aufwärmen und die Wärmeabfuhr zu benennen. Diese Probleme sind bei Anlagen mit offenen Arbeitsräumen wenig entscheidend, da das Verschmelzen des Materials nur lokal stattfindet. Dieser Vorteil ermöglicht es die Anlagen entsprechend groß zu dimensionieren und damit große

Bauteile additiv zu fertigen. Nachteilig auf die Oberflächenqualität wirkt sich die hierfür angewandte Verfahrensführung aus. Die Verfahren, wie DED-Arc und DED-EB, ermöglichen zwar große Bauteile zu bauen, sind aber nicht in der Lage die komplexen Bauteilstrukturen in hoher Qualität zu realisieren.

Die Praxis zeigt, dass bei der Fertigung von Bauteilen mit höchstem Komplexitätsgrad und hoher Oberflächenqualität mit dem PBF-LB/M-Verfahren bessere Erfolge erzielt werden. Die drahtbasierten Auftragsprozesse eignen sich am besten für gröbere Oberflächen und große Bauteile.

#### 5.6.2.2 Nachbearbeitung von metallischen Werkstücken

Trotz der Verbesserungen der Anlagen und der Verfahrensführung bei der additiven Fertigung besteht immer noch der Bedarf die Funktionsflächen, in speziellen Fällen auch die gesamte Oberfläche, nachzuarbeiten. Für die Sicherung der Genauigkeits- und Qualitätsanforderungen dieser Flächen kommen in der Regel die klassischen Fertigungsverfahren sowohl mit geometrisch bestimmter als auch mit geometrisch unbestimmter Schneide zum Einsatz (s. Kap. 7). Diese Verfahren haben sich aufgrund ihrer Wirtschaftlichkeit und Beherrschung der Prozessführung als eine effektive Methode für die Endbearbeitung in der metallbearbeitenden Industrie durchgesetzt. Bei der Auslegung der Fräsbearbeitung von Funktionsflächen rückt die Frage der Aufspannung des Bauteiles in der Maschine in den Vordergrund. Aus der Praxis ist bekannt, dass das Fräsen von konventionell hergestellten komplexen Bauteilen (z. B. Gussteile) die Konstruktion und Fertigung von speziellen Spannvorrichtungen erfordert. In Abhängigkeit von den einzusetzenden Bearbeitungsverfahren kann das Spannen der Bauteile auch hier problematisch werden.

Das erfordert die gesonderte Auslegung der Nachbearbeitungsprozesse unter Berücksichtigung des Qualitätszustandes der Ausgangsflächen der AF-Bauteile. Die Oberflächenqualität der metallischen AF-Teile ist von vielen technologischen Faktoren abhängig. Trotzdem kann man die zu erwartende Gestaltabweichung für die Prozesse des Metalldruckens mit einer gewissen Sicherheit voraussagen.

Die Implementierung der Nachbearbeitung in den Fertigungsprozessen erfolgt durch die Erweiterung der Struktur der AF-Prozesskette mit dem Ziel, die mit der Fertigungsaufgabe hervorgegangenen Qualitäts- und Genauigkeitsanforderungen zu erfüllen (Abb. 5.26).

In der Tab. 5.7 sind die bekannten Verfahren und deren Eignung für die geometrischen Anwendungsfälle dargestellt. Die wenig automatisierten Verfahren werden nur dann eingesetzt, wenn die Durchführung maschineller Bearbeitung nicht möglich ist. Die manuelle Bearbeitung ist wenig effektiv und eignet sich mehr für eine grobe Bearbeitung von Supportflächen. Die Verfahren ohne geometriegebundene Werkzeuge ermöglichen es dagegen komplexe Flächen mit hoher Effizienz zu bearbeiten.

Für die Verbesserung der Oberflächenparameter von additiv gefertigten metallischen Bauteilen durch Strahlen werden die Strahlmittel – Kugeln aus Glasperlen, SiC oder

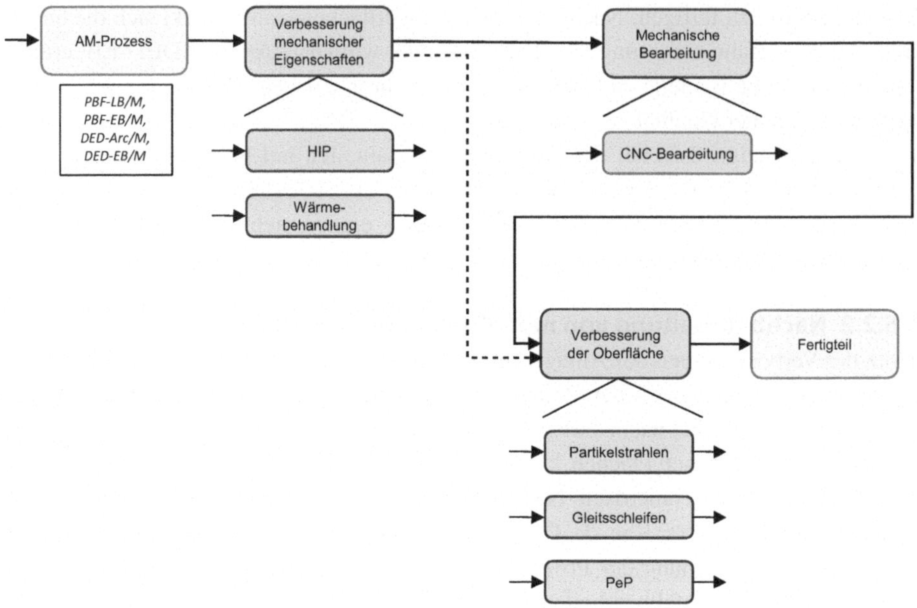


**Abb. 5.26** Erweiterte AF-Prozesskette. (Quelle: eigene Darstellung)

**Tab. 5.7** Besonderheiten einiger abtragender Nachbearbeitungsverfahren

| | Oberflächen-güte | Komplexe Geometrie | Bearbeitungs-dauer | Kosten | Automatisierungs-potenzial |
|---|---|---|---|---|---|
| manuelle Bearbeitung | – | o | – | – | – |
| Partikelstrahlen | o | – | + | + | o |
| Gleitschleifen | + | o | – | – | + |
| PeP | + | + | + | – | + |

Legende: + positiv; o neutral; – negative

$ZrO_2$ – eingesetzt, die aufgrund der Spezifik der Materialverformung eine unterschiedliche optische Erscheinung der Oberflächen erzeugen (Abb. 5.27).

Forschungsergebnisse zeigen, dass die Effektivität des Strahlens sehr stark von der Lage der erzeugten Bauteiloberfläche zur Bauplattform abhängt (Abb. 5.28). Es ist aus der Abbildung eindeutig ersichtlich, dass sich SiC-Mittel als effektives Strahlmittel für Upskin-Flächen (nach oben gerichtet) herausstellt. Für die Glättung der Gestaltabweichungen der Downskin-Flächen (nach unten gerichtet) in Mikroebene eignet sich am besten das $ZiO_2$-Mittel. Da die $ZiO_2$-Kugeln beim Aufprallen aufgrund ihrer höheren Härte mehr plastische Verformung in der Kontaktstelle leisten können, führen sie

**Abb. 5.27** Durch Strahlmittel bearbeitete Oberflächen (Probekörper: 316 L, PBF-LB/M gefertigt). (Quelle: eigene Darstellung)

zur schnelleren und effektiven Glättung der additiv gefertigten Oberflächen. Daher ist es sinnvoll ein komplettes Bauteil nur mit $ZiO_2$-Strahlmittel zu behandeln, um eine bessere Oberflächenqualität zu erreichen. Die dargestellten Ergebnisse in Abb. 5.28 zeigen auch dass eine bessere Oberflächenqualität ($R_a$< 1µm) den Einsatz weiterer Verfahren erfordert [ZEID21].

Dafür bietet das Gleitschleifen die Oberflächenfehler durch die Auswahl geeigneter Schleifkörper und Verfahrensparameter effizient zu reduzieren. Die Abmessungen der Schleifkörper sind so auszuwählen, dass damit die Glättung aller zugänglichen Bereiche der Werkstückoberfläche gewährleitet wird. Mit einem entsprechendem Zusatzmittel können das Abtragverhalten der Schleifkörper für eine bessere Oberflächenqualität gesteuert werden. Maßgebend für die Abtragleistung ist die relative Bewegung zwischen den Schleifkörpern und der Oberfläche der Werkstücke.

Das planungstechnische Vorgehen beinhaltet folgende Schritte:

- Festlegen der Verfahrensart: Trommelverfahren oder Vibrationsverfahren oder Tauchverfahren
- Wahl des Schleifmittels: Keramik/Kunststoff/Glaskugeln/Stahlkörper
- Wahl des Compounds in Abhängigkeit von Schleifmittel
- Wahl der Prozessparameter: Drehzahl/Frequenz/Amplitude/Dauer

Erfahrungsgemäß dauert das Gleitschleifen mehrere Stunden. Für additiv gefertigte Metallteile ist daher der Maschinentyp zu wählen, mit dem die gewünschte Oberflächenqualität in kurzer Zeit erreicht werden kann.

Für die Auswahl der Schleifkörper ist entscheidend die Härte der zu bearbeitenden Werkstückoberflächen zu beachten. Da die additiv gefertigte Metallteile meist verfahrensbedingt

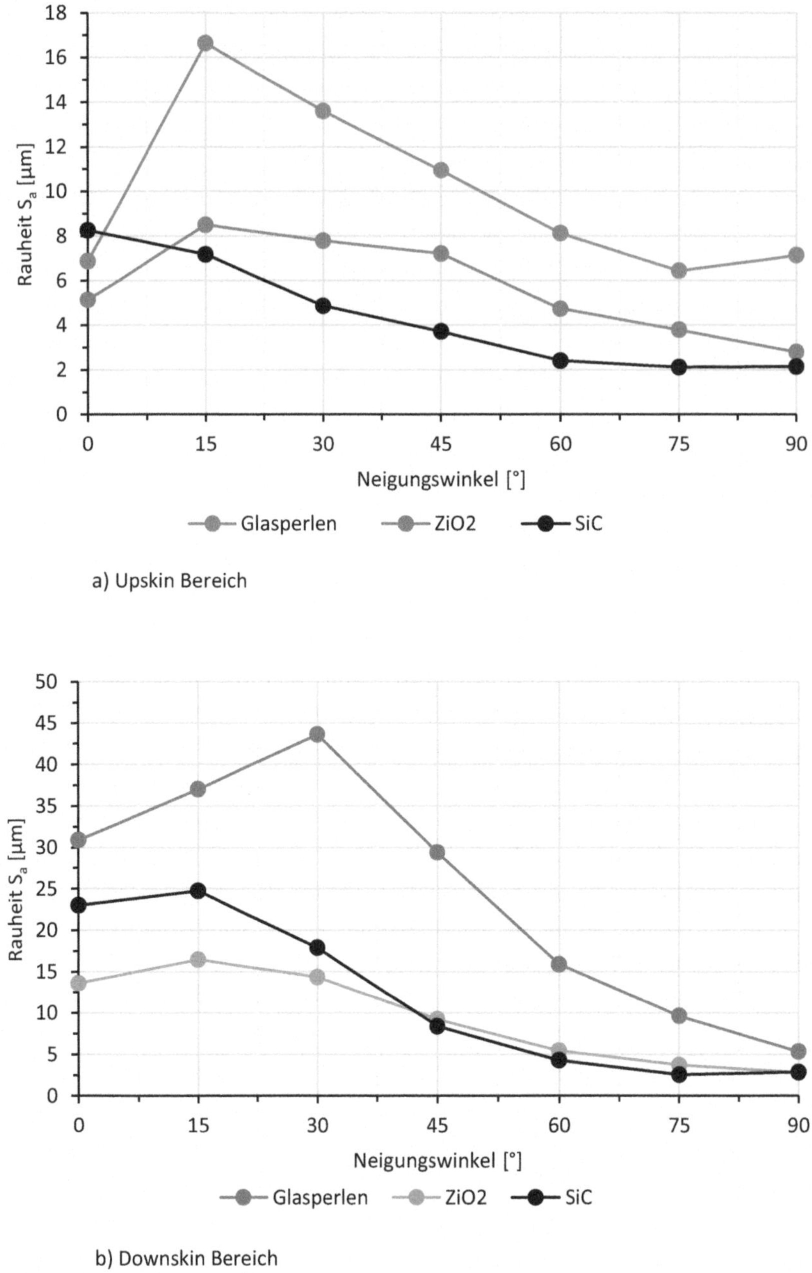


**Abb. 5.28** Rauheitsreduzierung des Upskin- und Downskin-Flächen mittels Strahlen mit verschiedenen Strahlmedien (Bearbeitungsdauer: 2 min; Probekörper: 316 L, PBF-LB/M gefertigt). (Quelle: eigene Darstellung)

eine harte Oberfläche haben, können sie mit Keramikschleifkörpern mit vertretbarem Aufwand geglättet werden. Alternativ können Polierkörper aus sehr feinkörnigen Mineralien (Basalt, Dolomit) eingesetzt werden. Diese werden aus Kostengründen nur selten eingesetzt. Die Abmessung der Schleifkörper sollte so ausgewählt werden, dass sie in der eingesetzten Maschine den erforderlichen Bewegungsablauf gewährleistet. Die Form der Schleifkörper (dreieckig, zylindrisch, kugelförmig, dreizackig usw.) entscheidet über die Abtragleistung und das Schliffbild. Grobkantige Körner steigern zwar die Abtragleistung, hinterlassen aber dagegen eine gröbere Oberflächenstruktur. Als weiterer Parameter beeinflusst das Mischungsverhältnis Werkstück- zu Schleifkörpermenge in der Trommel die Leistung und das Arbeitsergebnis. Dieses kann bis zu 1:10 betragen, wenn eine sehr glatte Oberfläche erzielt werden soll [KLOC17].

Die Prozessflüssigkeit (Wasser + Compound) ist Bestandteil der Prozesskomponenten. Die Zusammensetzung des Compounds hängt vom Werkstoff und dem gewählten Strahlmittel ab. Sie muss daher immer zusammen mit der Auswahl des Strahlgutes geplant werden.

Mit dem Gleitschleifen wird keine Endgüte erreicht. Dieser Schritt stellt lediglich eine Vorstufe der eigentlichen Finishbearbeitung dar. Dem Gleitschleifen kann eine Vorbereitung der Ausgangsflächen durch Strahlen vorausgehen, um die Bearbeitungsdauer zu minimieren. Durchgeführte Untersuchungen mit Keramikschleifkörpern DZS 1/10 und dem Compound SC15 (Konzentration 3 %) sind in Abb. 5.29 dargestellt. Durch die Kombination des Strahlens mit dem Gleitschleifen im Upskin-Bereich kann die mittlere Rauheit Sa auf < 3µm reduziert werden. Die dargestellten Rauheitswerte der Downskin-Flächen zeigen jedoch, dass die auf einem Support gebauten Flächen auch nach der Kombination der Verfahren noch eine Rauheit Sa von > 5µm aufweisen. Ist der gesamte Materialabtrag beider Verfahren nicht ausreichend um die groben Ausgangsflächen genügend zu glätten, erfolgen die weitere Bearbeitung der Flächen mit Polierverfahren, ggf. mit PeP-Verfahren.

Das Plasmapolieren von groben Oberflächen ist wenig erfolgsversprechend. Dagegen ermöglicht eine vorbearbeite Flächen einen großen Poliereffekt. Abb. 5.30 zeigt, dass die Kombination des PeP-Verfahrens mit anderen Fertigungsverfahren wie Strahlen und Gleitschleifen zu deutlich besseren Ergebnissen in kürzerer Zeit führt [ZEID21].

### 5.6.3 Aufwandsbestimmung für den Variantenvergleich

Sind alternative Prozessketten ausgewählt und liegen dafür die Verfahrensparameter vor, so kann die Kostenkalkulation für den wirtschaftlichen Variantenvergleich durchgeführt werden. Dafür werden im Wesentlichen folgende Schritte umgesetzt:

- Festlegen der Kostentreiber (Auswahl der Parameter)
- Berechnen der entstehenden Kosten für jeden Prozessschritt
- Entscheidungsfindung

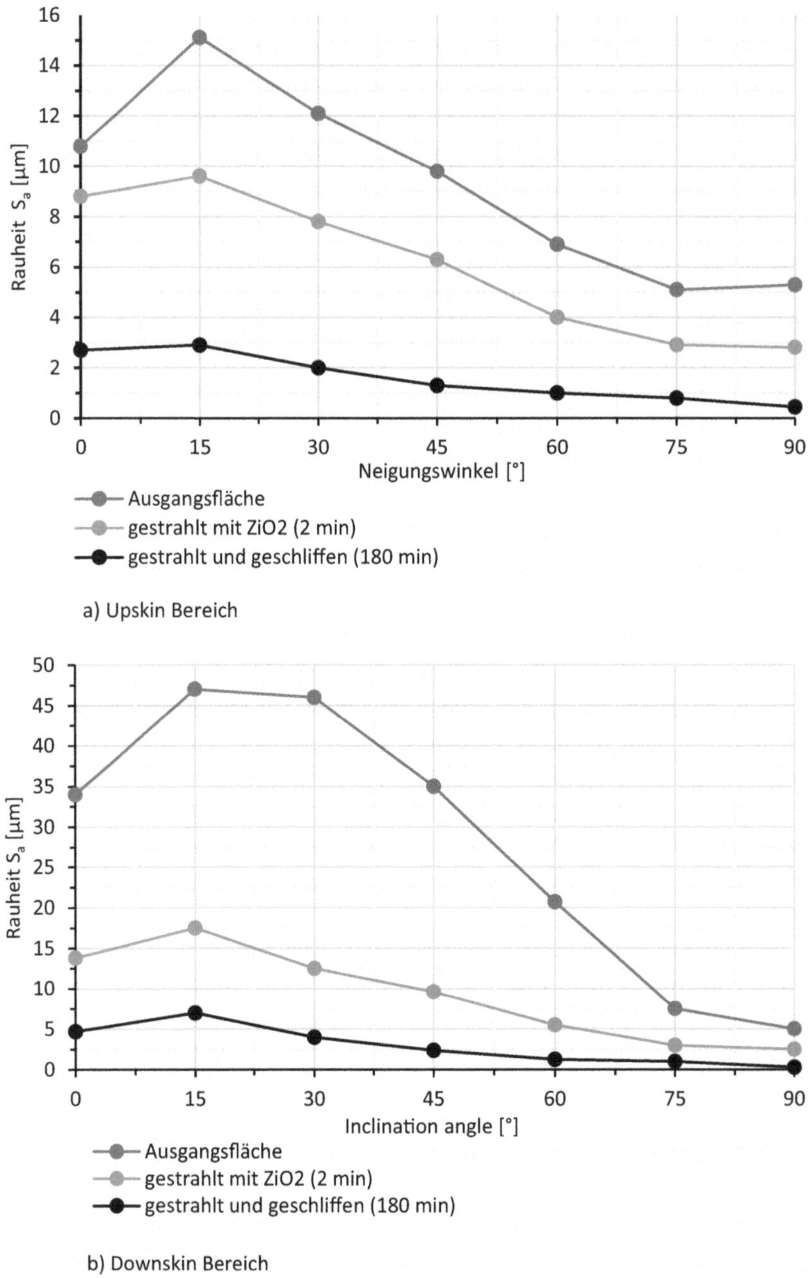


**Abb. 5.29** Reduzierung der Rauheit nach dem Strahlen und nach dem Gleitschleifen (Upskin/Downskin) (Probekörper: 316 L, PBF-LB/M gefertigt). (Quelle: eigene Darstellung)

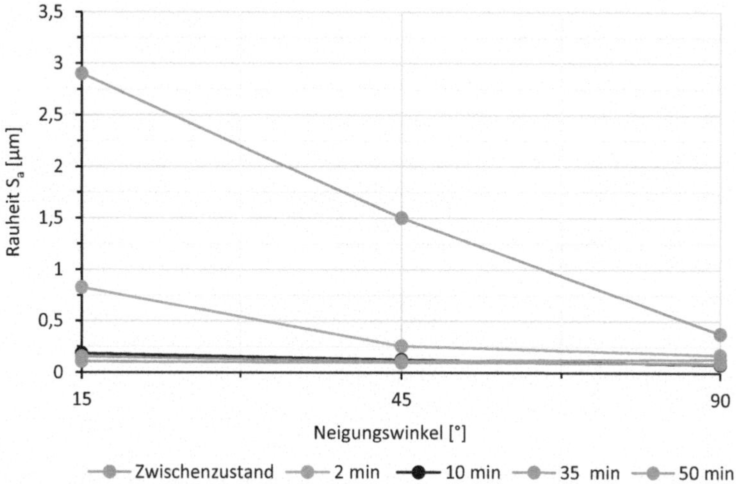


a) Upskin Bereich

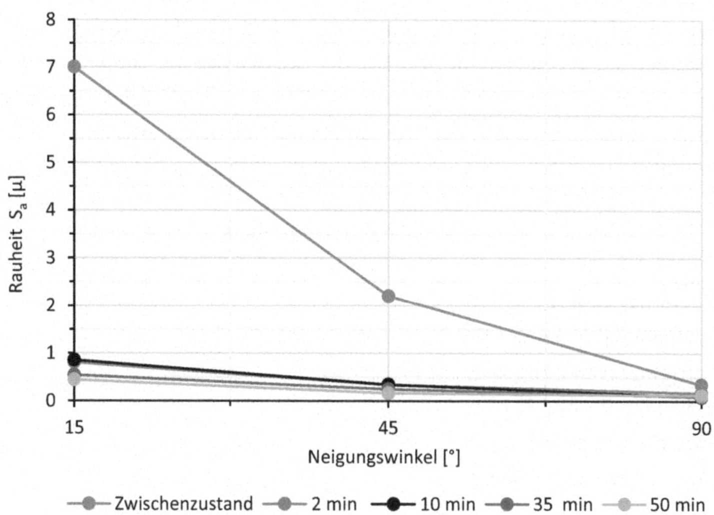


b) Downskin Bereich

*Vorbehandlung: Strahlen 2 min -> Gleitschleifen 180 min.*

**Abb. 5.30** Ergebnisse des Polierens vorbehandelter Oberflächen (Probekörper: 316 L, PBF-LB/M gefertigt). *Vorbehandlung: Strahlen 2 min -> Gleitschleifen 180 min.* (Quelle: eigene Darstellung)

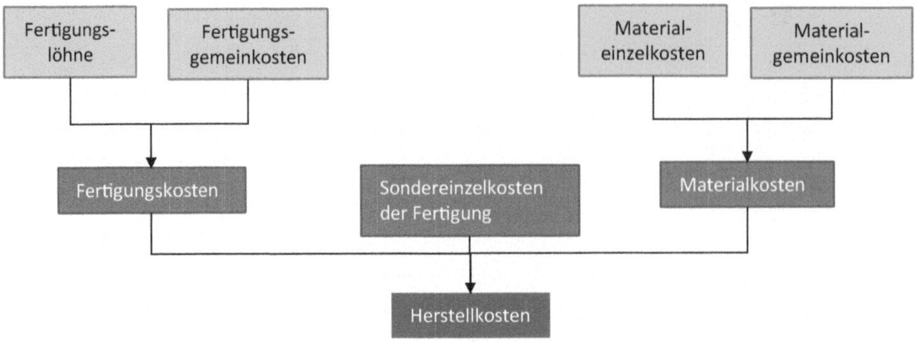


**Abb. 5.31** Struktur der Herstellkosten. (Quelle: eigene Darstellung)

Unabhängig davon, welche Methode zur Wirtschaftlichkeitsbewertung herangezogen wird, sollte zuerst die Herstellkosten für die geplanten Teile berechnet werden (Abb. 5.31). Aufgrund der geringen Eignung des allgemeinen Kostenmodells für die Bewertung von Varianten wird empfohlen, für den Variantenvergleich die direkten Kosten der Fertigungsvariante zugrunde zu legen. Damit werden die Auswirkungen direkter technologischer Kostentreiber besser sichtbar, welche die Aussagefähigkeit des Vergleiches erhöht.

Nach REFA orientieren sich die Herstellkosten an den Fertigungs- und Materialkosten, sowie den dazugehörigen Gemeinkosten. In allgemeiner Form gilt:

$$K_H = K_{FL} + K_{FG} + K_{FM} + K_M + K_{MG} + K_{FS} \tag{5.13}$$

$K_H$ – Herstellkosten [€]
$K_{FL}$ – Fertigungslohnkosten [€]
$K_{FG}$ – Fertigungsgemeinkosten [€]
$K_{FM}$ – Maschinenkosten [€]
$K_M$ – Materialkosten [€]
$K_{MG}$ – Materialgemeinkosten [€]

Die Gemeinkosten werden in der Regel auf Zuschlagbasis berechnet und auf die Produkte umgelegt. Deshalb haben Sie für den Variantenvergleich keine Bedeutung, da deren Abhängigkeit von der Fertigungszeit vernachlässigbar gering ist. Unter Berücksichtigung prozessabhängiger Komponenten können die Herstellkosten wie folgt berechnet werden:

$$K_H = \sum_{i=1}^{n} \left[K_{FL_i} + K_{FM_i} + K_{M_i} + K_{FS_i}\right] \tag{5.14}$$

mit

$$K_{FL} = K_{SL} \cdot (t_G/m + t_r) \tag{5.15}$$

und

$$K_{FM} = \frac{K_{MS} \cdot (t_G + t_r + t_b)}{m} \tag{5.16}$$

$K_{SL}$ – Stundenlohn [€/h]
$K_{MS}$ – Maschinenstundensatz [€/h]
$K_{FS}$ – Fertigungssonderkosten, die eventuell bei der Fertigung von speziellen Vorrichtungen und Handlingselemente entstehen können [€]
$K_{FM}$ – Maschinenkosten, stückbezogen [€]
$t_G$ – Grundzeit pro Los (Batsch) [h]
$t_r$ – Rüstzeit [h]
$t_b$ – Brachzeit [h]
n – Anzahl der Prozessschritte
m – Losgröße (Batchgröße)

Die Anwendung der Gln. (5.14–5.16) soll unter Berücksichtigung der Ablaufstruktur einzelner Fertigungsschritte benutzt werden. Es ist möglich, dass die eine oder andere Zeitkomponente infolge des fehlenden Schritts an einen bestimmten Arbeitsplatz entfällt. In diesem Fall weist sie den Wert null in der Kalkulation auf. Besonders ist eine Durchführung der Arbeiten im automatischen oder manuellen Betrieb zu unterscheiden. Z.B. das Bauen der Teile auf der AF-Anlage kann als bedienerarme Fertigung bezeichnet werden, was im Post-Prozessschritt nicht der Fall ist. Ein weiterer Faktor ist die Qualifikation des Personals, welche unterschiedliche Tätigkeiten an einem gleichen Arbeitsplatz ausüben kann. Dieses führt zu einer weiteren Gliederung der Kostenanteile. Als Beispiel kann hierfür das Einrichten und die Bedienung der Fertigungsanlage genannt werden, die unter Umständen verschiedene Ansätze für die Kalkulation benötigt [JACO02]. Daher ist es empfohlen die Kalkulation der Kostenanteile möglichst arbeitsplatzbezogen durchzuführen, um die technischen und technologischen Unterschiede einzubeziehen.

Nach der Quantifizierung der alternativen Prozessketten wird diejenige ausgewählt, die das Kriterium

$$K_{\mathrm{H}} \rightarrow \mathrm{MIN} \tag{5.17}$$

erfüllt.

Das Vorgehen zur Kostenermittlung für den technologischen Variantenvergleich kann in Abhängigkeit von der Betriebsstruktur sehr umfangreich werden. Diese Vorkalkulation basiert auf den Ausgangswerten der AF-Verfahren, die häufig nicht präzise und nur unvollständig vorliegen. Der hier dargelegte Weg beschreibt daher die allgemeine Kalkulation, die für die konkreten Anwendungsfälle durch verfahrensspezifische Prozessmodelle spezifiziert werden sollte [COST17, KADI20, CUNN17, GRUN15, PRIA17, RICK13, VERN22].

Im Unterschied zu den klassischen Fertigungsprozessen kann bei der wirtschaftlichen Bewertung alternativer AF-Verfahren die Materialkosten einen wesentlichen Einfluss auf die Entscheidung ausüben. So z. B. existiert zwischen den Materialkosten für die pulverbasierten und drahtbasierten Verfahren ein erheblicher Unterschied.

Ein weiterer Kostenträger sind die Maschinenkosten. Eine bessere Leistung der AF-Anlage ist in der Regel mit höheren Kosten verbunden. Die erreichbare hohe Oberflächenqualität einer Anlage verringert den Aufwand der Nachbearbeitung, kann aber aufgrund hoher Anschaffungskosten die Gesamtkosten nach oben treiben. Die geringere Qualität der Teile von preiswerteren Anlagen, wie DED-Arc/M, kann durch mechanische Bearbeitungsverfahren verbessert werden. In bestimmten Fällen können die Gesamtkosten dieser Kette wirtschaftlicher ausfallen als die Fertigung mit einer teureren Anlage. Hierfür ist die Betrachtung der Herstellkosten entlang der gesamten Prozesskette sinnvoll.

Die wirtschaftliche Entscheidung ist leicht zu treffen, wenn für die Auswahl einer Prozesskette nur die Kosten als Ziel genommen werden. Der Entscheidungsprozess ist erschwert, wenn die Anzahl der Kriterien mehr als zwei beträgt. In diesem Fall wird eine komplexe Vorgehensweise angewendet, die den Gegenstand des Kap. 8 bildet. Im Rahmen der Prozessoptimierung ist es möglich eine günstige bzw. optimale Prozesskette, die mehr als einem Kriterium genügt, auszuwählen.

### 5.6.4 Einflüsse einzelner Faktoren auf den Fertigungsaufwand

Vor dem Hintergrund einer wirtschaftlichen Prozessplanung für die additive Fertigung ist es wichtig, die wesentlichen Kostentreiber genauer zu betrachten. Eine Studie zeigt, dass der Einfluss der Maschinen- und Materialkosten auf die Gesamtkosten nach wie vor sehr hoch ist. Der Anteil der Maschinenkosten an den Herstellkosten beträgt über 70 %, die Materialkosten liegen bei ca. 12 % [DIEG19, GRUN15, THOM14].

**Maschinenkosten**

Die Maschinekosten korrelierten mit den Anschaffungskosten. Diesen Zusammenhang zeigt die Abb. 5.32 exemplarisch für die Fertigung eines Teiles aus Stahl 316 L. Die höhere Produktivität der Maschinen ist mit einer hohen Maschinenstundensatz verbunden. Es sollte die Produktivität, Qualität und Kosteneffizienz bedarfsgerecht mit einander verknüpft werden.

Das Kosen der AF- Maschine für Metalteile bleibt trotz der sinkenden Preisen ein wichtiger Kostentreiber. Durchschnittliche Preise, je nach der Leistung der Anlage, liegen zwischen 500.000 und 2 Mio.Euro. Das hat einen höheren Maschinenstundesatz zur Folge. Die Anschaffungskosten hängen hauptsächlich von der Bauraumgröße ab (Tab. 5.8).

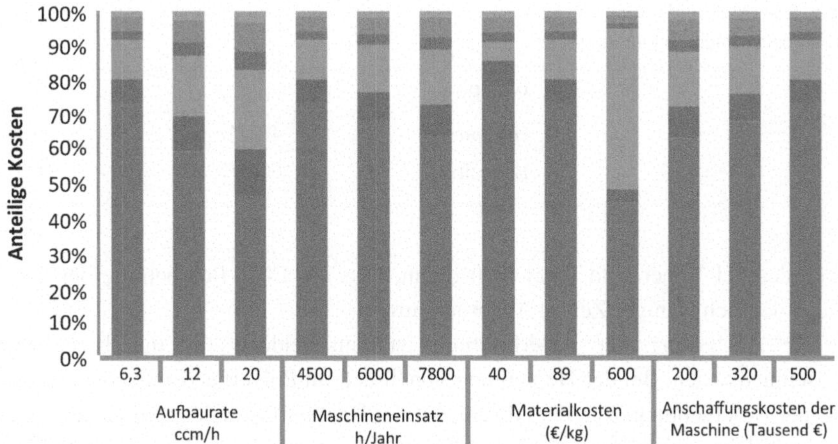


| | 6,3 | 12 | 20 | 4500 | 6000 | 7800 | 40 | 89 | 600 | 200 | 320 | 500 |
|---|---|---|---|---|---|---|---|---|---|---|---|---|
| Prozessaufbereitung | 2% | 2% | 3% | 2% | 2% | 2% | 2% | 2% | 1% | 2% | 2% | 2% |
| Datenaufbereitung | 4% | 7% | 9% | 4% | 5% | 6% | 5% | 4% | 3% | 6% | 5% | 4% |
| Ofen | 3% | 4% | 5% | 3% | 3% | 4% | 3% | 3% | 2% | 4% | 3% | 3% |
| Materialkosten | 11% | 17% | 23% | 11% | 14% | 16% | 5% | 11% | 46% | 16% | 14% | 11% |
| Kosten der Postprozessing | 7% | 10% | 13% | 7% | 8% | 9% | 7% | 7% | 4% | 9% | 8% | 7% |
| Maschinenkosten | 74% | 59% | 47% | 74% | 69% | 64% | 78% | 74% | 45% | 63% | 68% | 74% |

**Abb. 5.32** Anteil verschiedener Maschinekosten an den Baukosten, überarbeitet [LIND12, THOM14]. (Quelle: eigene Darstellung)

**Tab. 5.8** Stundensatz einiger LBM-Maschinen nach [DIEG19]

| Anschaffungskosten | Stundensatz | Bauraum (Länge) |
|---|---|---|
| 500.000 $ | 37,45 $/h | bis 250 mm |
| 650.000 $ | 48,69 $/h | bis 280 mm |
| 1.000.000 $ | 74,91 $/h | bis 400 mm |
| 1200.000 $ | 89,89 $/h | bis 500 mm |

Druckzeiten von 40 h, 60 h oder sogar über 100 h sind keine Seltenheit. Geht man z. B. von einer Druckzeit von 100 h in der AF-Anlage 4 (Tab. 4.7) aus, so ergeben sich Maschineneinzelkosten von 89.89 $. Hinzu kommen noch erhebliche Nachbearbeitungskosten. Der Anteil dieser Kosten kann zusammen für den Pre-Prozess laut Wohlers Report 2023 fast 45 % betragen (Tab. 5.9). Es ist davon auszugehen, dass die Herstellung eines Bauteils mehr als 10.000 $ kosten kann.

Vergleicht man diesen Fall mit der Bearbeitung auf einer preislich vergleichbaren CNC-Maschine, so zeigt sich, dass die Maschinenkosten bei der additiven Fertigung

**Tab. 5.9** Aufwandteilung im AF-Prozess nach [WOHL23]

| | Metall (%) | Polymer (%) |
|---|---|---|
| Pre-Prozess | 9,9 % | 11,6 % |
| Post-Prozess | 30,1 % | 22,2 % |
| *Gesamt* | 40,0 % | 33,8 % |
| Bauzeit | 60,0 % | 66,2 % |

noch deutlich höher sind. Dies liegt daran, dass die CNC-Bearbeitung der Teile in der Regel deutlich weniger Zeit in Anspruch nimmt.

Die Auslastung der AF-Maschine ist entscheidend für die Reduzierung der Maschinenkosten. Bei der Herstellung von Teilen im Pulverbett ergibt sich die Nebenzeit aus der Beschichtungszeit, der Absenkzeit der Bauplattform, der Aufheizzeit und der Abkühlzeit. Diese wird durch die Anzahl der Teile je Baujob dividiert. Je mehr Teile, desto geringer ist die Nebenzeit. Die Fertigung eines kleinen Bauteils auf einer Maschine mit großem Bauraum sollte vermieden werden. Diese ungünstige Prozessführung erfordert neben einer hohen Nebenzeit auch einen höheren Materialverbrauch, der im Prozess unnötig Wärme ausgesetzt wird.

### Materialkosten

Einer der weiteren Kostentreiber bei der Fertigung von Metallteilen ist das Ausgangsmaterial. Die Preise für die Pulvermaterialen liegen zwischen 35 € und 280 € (Tab. 5.10). Diese übersteigen die Materialkosten der konventionellen Fertigung um den Faktor 10 [THOM14]. Die häufig verwendeten Materialien haben infolge der großen Produktionsmenge einen niedrigen Preis. Dazu kommt noch die Art der Herstellung des Ausgangsmaterials, die sich auf die Preisbildung niederschlägt. So sind die Kosten für Drähte deutlich niedriger, als für Pulvermaterial.

**Tab. 5.10** Durchschnittliche Preise für Metalle (erstellt auf Grundlage diverser Angebote)

| | Al-Legierungen | Kupfer-Legierungen | Reines Kupfer | Stahl (316 L) | Ni-Legierungen | Ti-Legierungen |
|---|---|---|---|---|---|---|
| Pulver | | | | | | |
| Nettopreis pro Kilo | 35–50 *€ | 74–82 € | 75–80 € | 38 € (grob)<br>64 € (fein) | 77–108 € | 200–281 € |
| Draht | | | | | | |
| Nettopreis pro Kilo | 16,6 € | 22,73 € | 50 € | 19,4 € | 55,94 € | 105 € |

**Die Preisschwankungen bei Pulvermaterialien werden zum Teil durch die Partikelgröße beeinflusst*

**Tab. 5.11** Fertigungszeit für Testteile

| | Ausgangsmaterial | | |
|---|---|---|---|
| **Prozessschritte** | Cu | 316 L | Ti6Al4V |
| **Teile pro Job** | 2 | 2 | 2 |
| **Pre-Prozess** | 1 h | 1 h | 1 h |
| **In-Prozess** | 7 h* | 25,5 h | 11,5 h |
| **Post-Prozess** | 2 h | 2 h | 4 h |

* Die Aufwände gelten für zwei Teile

Bauteilabmessungen: 80x110 mm
Fertigungsverfahren: PBF-LB/M

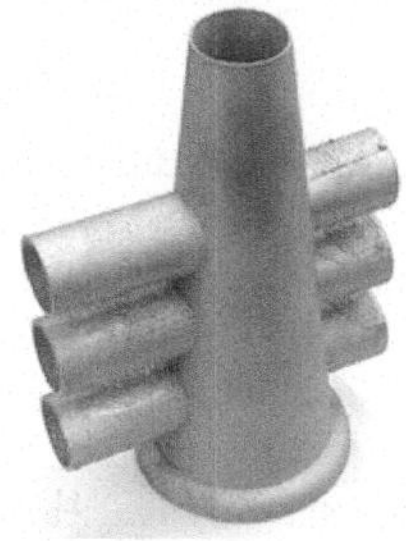

Der Einfluss des Materials zeigt sich in der Fertigungszeit. Die unterschiedlichen thermischen Eigenschaften der Materialien erfordern jeweils unterschiedliche Prozessparameter.

Daraus resultieren unterschiedliche Bauzeiten. Wie aus der Tab. 5.11 ersichtlich ist, können Teile aus Kupfer schneller gebaut werden als die aus Titan- und Stahl.

Der Materialverrauch ist nicht nur von der Bauteilgröße, sondern auch von der Planung und Durchführung der Prozesse der additiven Fertigung abhängig. Das Materialvolumen kann in zwei Anteile geteilt werden, in das Material für das Bauteil ($V_{bt}$) und in das für den Support ($V_{sup}$) besteht:

$$V_m = V_{bt} + V_{sup} \tag{5.18}$$

Der zweite Anteil kann durch die Prozessgestaltung wesentlich beeinflusst werden. Insbesondere die Orientierung des Bauteils wirkt sich auf das Volumen der Stützstruktur aus. Bei ungünstiger Bauteilorientierung kann dieser Anteil mehr als 50 % des eigentlichen Bauteilgewichts betragen. Neben der Bauteiloptimierung bietet die Optimierung der Stützstrukturgeometrie (Form und Querschnitt) ein weiteres Potenzial zur Reduzierung der Materialkosten. Durch die Anwendung der Regeln der DfAM und der Topologieoptimierung kann der Einsatz von Stützstrukturen minimiert und in einigen Bereichen der Bauteilgeometrie vermieden werden. Als Möglichkeit können die selbstragenden Strukturen gezeigt werden [IBHA23, NILS18].

## Literatur


[ANST20] Anstätt C (2020) Multimaterialverarbeitung mittels Laserstrahlschmelzen am Beispiel von metallischen Verbindungen mit der Kupferlegierung CW106C. Dissertation TU München

[ABOU14] Aboulkhair NT, Everitt NM, Ashcroft I, Tuck C (2014) Reducing porosity in AlSi10Mg parts processed by selective laser melting. Addit Manuf 1–4:77–86. https://doi.org/10.1016/j.addma.2014.08.001

[ADAM15] Adam, Guido AO (2015) Systematische Erarbeitung von Konstruktionsregeln für die additiven Fertigungsverfahren Lasersintern, Laserschmelzen und Fused Deposition Modeling. Dissertation, Universitet Paderborn. Shaker, Aachen

[BAJA20] Bajaj P, Hariharan A, Kini A, Kürnsteiner P, Raabe D, Jägle EA (2020) Steels in additive manufacturing: A review of their microstructure and properties. Journal Materials Science and Engineering: A 772:138633. https://doi.org/10.1016/j.msea.2019.138633

[BARE22] Bareth T, Binder M, Kindermann P, Stapff V, Rieser A, Seidel C (2022) Implementation of a multi-material mechanism in a laser-based powder bed fusion (PBF-LB) machine. Procedia CIRP 107:558–563. https://doi.org/10.1016/j.procir.2022.05.025

[BARG18] Bargel HJ, Schulze G (2018) Werkstoffkunde: Mit 85 Tabellen, 12. Aufl. Springer, Berlin. https://doi.org/10.1007/978-3-662-48629-0

[BAYA19] Bayat M, Thanki A, Mohanty S, Witvrouw A, Yang S, Thorborg J, Tiedje NS, Hattel JH (2019) Keyhole-induced porosities in Laser-based Powder Bed Fusion (L-PBF) of Ti6Al4V: High-fidelity modelling and experimental validation. Addit Manuf 30:100835. https://doi.org/10.1016/j.addma.2019.100835

[BEND21] Bender B, Gericke K (2021) Konstruktionslehre. Methoden und Anwendung erfolgreicher Produktentwicklung. Springer Nature. https://doi.org/10.1007/978-3-662-57303-7

[BUCH19] Buchanan C, Gardner L (2019) Metal 3D printing in construction: A review of methods, research, applications, opportunities and challenges. Eng Struct 180:332–348. https://doi.org/10.1016/j.engstruct.2018.11.045

[CALI14] Calignano F (2014) Design optimization of supports for overhanging structures in aluminum and titanium alloys by selective laser melting. Mater Des 64:203–213. https://doi.org/10.1016/j.matdes.2014.07.043

[CARL16] Carlton HD, Haboub A, Gallegos GF, Parkinson DY (2016) Damage evolution and failure mechanisms in additively manufactured stainless steel. Mater Sci Eng, A 651:406–414. https://doi.org/10.1016/j.msea.2015.10.073

[CHAT21] Chaturvedi M, Scutelnicu E, Rusu CC, Mistodie LR, Mihailescu D, Subbiah AV (2021) Wire Arc Additive Manufacturing: Review on Recent Findings and Challenges in Industrial Applications and Materials Characterization. Metals 11:939. https://doi.org/10.3390/met11060939

[CHEN16] Chen H, Zhao YF (2016) Process parameters optimization for improving surface quality and manufacturing accuracy of binder jetting additive manufacturing process. Rapid Prototyping Journal 22(3):527–538. https://doi.org/10.1108/RPJ-11-2014-0149

[CHEN21] Chen X, Kong F, Fu Y et al (2021) A review on wire-arc additive manufacturing: typical defects, detection approaches, and multisensor data fusion-based model. Int J Adv Manuf Technol 117:707–727. https://doi.org/10.1007/s00170-021-07807-8

[CASA16] Casati R, Lemke JN, Tuissi A, Vedani M (2016) Aging Behaviour and Mechanical Performance of 18-Ni 300 Steel Processed by Selective Laser Melting. Metals 6(9):218. https://doi.org/10.3390/met6090218

[COSM20] Cosma C, Kessler J, Gebhardt A, Campbell I (2020) Balc N (2020) Improving the Mechanical Strength of Dental Applications and Lattice Structures SLM Processed. Materials 13:905. https://doi.org/10.3390/ma13040905

[COST17] Costabile G, Fera M, Fruggiero F, Lambiase A, Pham D (2017) Cost models of additive manufacturing: A literature review. Int J Ind Eng Comput 8:263–283. https://doi.org/10.5267/j.ijiec.2016.9.001

[CUNN17] Cunningham CR, Wikshåland S, Xu F, Kemakolam N, Shokrani A, Dhokia V, Newman ST (2017) Cost modelling and sensitivity analysis of wire and arc additive manufacturing. Procedia Manufacturing 11:650–657. https://doi.org/10.1016/j.promfg.2017.07.163

[CUNN19] Cunningham R, Zhao C, Parab N, Kantzos C, Pauza J, Fezzaa K, Sun T, Rollett AD (2019) Keyhole threshold and morphology in laser melting revealed ultrahigh-speed x-ray imaging. Science (New York, N.Y.) 363 (6429): 849–852. https://https://doi.org/10.1126/science.aav4687

[DADK21] Dadkhah M, Mosallanejad MH, Iuliano L et al (2021) A Comprehensive Overview on the Latest Progress in the Additive Manufacturing of Metal Matrix Composites: Potential, Challenges, and Feasible Solutions. Acta Metall Sin 34:1173–1200. https://doi.org/10.1007/s40195-021-01249-7

[DANC02] Dance BG (2002) Electron beam texturing. Cambridge, United Kingdom: The Welding Institute. Progress Report 751

[DESK22] DeskopMetall System S. 50. Online: https://www.desktopmetal.com/resources/introduction-to-p-50-2. Zugegriffen: 14. Juli 2024

[DICK92] Dickens PM, Pridham, MS, Cobb RS., Gibson I, Dixon G (1992) Rapid Pro-totyping Using 3-D Welding. In: International Solid Freeform Fabrication Symposium, Proceedings of the 3rd Symposium on Solid Freeform Fabrication, S. 280–290

[DIEG19] Diegel O, Nordin A, Motte D (2019) A Practical Guide to Design for Additive Manufacturing. Springer Nature, Singapore. https://doi.org/10.1007/978-981-13-8281-9

[DIMO23] Dimopoulos A, Salimi M, Gan T-H (2023) Chatzakos P (2023) Support Structures Optimisation for High-Quality Metal Additive Manufacturing with Laser Powder Bed Fusion: A Numerical Simulation Study. Materials 16(22):7164. https://doi.org/10.3390/ma16227164

[DING15] Ding D, Pan Z, Cuiuri D, Li H (2015) Wire-feed additive manufacturing of metal components: technologies, developments and future interests. The International Journal of Advanced Manufacturing Technology 81(1–4):465–481. https://doi.org/10.1007/s00170-015-7077-3

[DONG17] Dong B, Pan Z, Shen C et al (2017) Fabrication of Copper-Rich Cu-Al Alloy Using the Wire-Arc Additive Manufacturing Process. Metal Mater Trans B 48:3143–3151. https://doi.org/10.1007/s11663-017-1071-0

[DUPR20] Du Plessisab A, Macdonaldc E (2020) Hot isostatic pressing in metal additive manufacturing: X-ray tomography reveals details of pore closure. Addit Manuf 34:101191. https://doi.org/10.1016/j.addma.2020.101191

[EOS22] Titan: 3D-Druck mit EOS Titanium Ti64, Ti64ELI und TiCP. Online: https://www.eos.info/de-de/metall-loesungen/metall-materialien/titan. Zugegriffen: 17. Juli 2024

[FAHR14] Fahrenwaldt HJ, Schuler V, Twrdek J (2014) Praxiswissen Schweißtechnik Werkstoffe, Prozesse, Fertigung. Springer Vieweg, Wiesbaden. https://doi.org/10.1007/978-3-658-03141-1

[FENG18] Feng Z, Yanga Y, Xua Z, Shia Q (2018) Effect of Martensitic Transformation on Elastic Modulus Anisotropy of Ti-6Al-4V Alloy. Mater Res 21(4):e20180197. https://doi.org/10.1590/1980-5373-MR-2018-0197

[FINF18] Finfrock CB, Exil A, Carroll JD, Deibler L (2018) Effect of Hot Isostatic Pressing and Powder Feedstock on Porosity, Microstructure, and Mechanical Properties of Selective Laser Melted AlSi10Mg. Metallography, Microstructure, and Analysis 7(4):443–456. https://doi.org/10.1007/s13632-018-0456-z

[FRYK16] Frykholm R, Takeda Y, Andersson BG, Carlström R (2016) Solid state sintered 3-D printing component by using inkjet (binder) method. Journal of the Japan Society of Powder and Powder Metallurgy 63(7):421–426. https://doi.org/10.2497/jjspm.63.421

[GAN16] Gan X, Wong CH (2016) Practical support structures for selective laser melting. J Mater Process Technol 238:474–484. https://doi.org/10.1016/j.jmatprotec.2016.08.006

[GE24] X Line 200R Maschine. Online: https://www.colibriumadditive.com/printers/l-pbf-printers/x-line-2000r. Zugegriffen: 14. Juli 2024

[GEBH16] Gebhardt A (2016) Additive Fertigungsverfahren Additive Manufacturing und 3D-Drucken für Prototyping – Tooling – Produktion Auflage: 5, neu bearbeitete und, erweiterte. Hanser, München

[GOEL21] Goel S, Zaninelli E, Gårdstam J et al (2021) Microstructure evolution-based design of thermal post-treatments for EBM-built Alloy 718. J Mater Sci 56:5250–5268. https://doi.org/10.1007/s10853-020-05595-2

[GRUB20] Gruber S, Ch, Grunert, Riede M, López E, Marquardt A, Brueckner F, Ch, Leyens (2020) Comparison of dimensional accuracy and tolerances of powder bed based and nozzle based additive manufacturing processes. J Laser Appl 32:032016. https://doi.org/10.2351/7.0000115

[GRUN15] Grund M (2015) Implementierung von schichtadditiven Fertigungsverfahren. Springer Vieweg, Berlin, Heidelberg. https://doi.org/10.1007/978-3-662-44266-1

[GU15] Gu D (2015) Laser Additive Manufacturing of High-Performance Materials. Springer, Berlin, Heidelberg. https://doi.org/10.1007/978-3-662-46089-4

[GUST18] Gustmann T, Schwab H, Kühn U, Pauly S (2018) Selective Laser Remelting of an Additively Manufactured Cu-Al-Ni-Mn Shape Memory Alloy. Mater Des 153:129–138. https://doi.org/10.1016/j.matdes.2018.05.010

[HAAS17] Haase C, Bültmann J, Hof J, Ziegler S, Bremen S, Hinke C, Schwedt A, Prahl U, Bleck W (2017) Exploiting Process-Related Advantages of Selective Laser Melting for the Production of High-Manganese Steel. Materials 1(10):56. https://doi.org/10.3390/ma10010056

[HAFE19] Hafenstein S (2019) Heißisostatisches Pressen von Aluminiumgusslegierungen mit integrierter Wärmebehandlung. Springer, Berlin. https://doi.org/10.1007/978-3-658-25600-5

[HARR15] Harrison NJ, Todd I, Mumtaz K (2015) Reduction of micro-cracking in nickel superalloys processed by Selective Laser Melting: A fundamental alloy design approach. Acta Mater 94:59–68. https://doi.org/10.1016/j.actamat.2015.04.035

[HORN17] Hornbogen E, Eggeler G, Werner E (2017) Werkstoffe. Aufbau und Eigenschaften von Keramik-, Metall-, Polymer- und Verbundwerkstoffen. Springer Verlag, 2017. https://doi.org/10.1007/978-3-642-53867-4

[HUEG09] Hügel H, Graf T (2009) Laser in der Fertigung: Strahlquellen, Systeme, Fertigungsverfahren, 2. Aufl.Vieweg + Teubner, Wiesbaden. https://doi.org/10.1007/978-3-8348-9570-7

[IBHA23] Ibhadode O, Zhang Z, Sixt J, Nsiempba KM, Orakwe J, Martinez-Marchese A, Ero O, Imani Shahabad S, Bonakdar A, Toyserkani E (2023) Topology optimization for metal additive manufacturing: current trends, challenges, and future outlook. Virtual and Physical Prototyping 18:1. https://doi.org/10.1080/17452759.2023.2181192

[JACO02] Jacobs HJ, Dürr H (2002) Entwicklung und Gestaltung von Fertigungsprozessen. Fachbuchverlag Leipzig

[JIAN18] Jiang J , Xu X, Stringer J (2018) Support Structures for Additive Manufacturing: A Review. JMMP 2(64). https://doi.org/10.3390/jmmp2040064

[JIA21] Jia H, Sun H, Wang H (2021) Scanning strategy in selective laser melting (SLM): a review. Int J Adv Manuf Technol 113:2413–2435. https://doi.org/10.1007/s00170-021-06810-3

[KADI20] Kadir AZA, Yusof Y, Wahab MS (2020) Additive manufacturing cost estimation models – a classification review. Int J Adv Manuf Technol 107:4033–4053. https://doi.org/10.1007/s00170-020-05262-5

[KAHN14] Kahnert M (2014) Scanstrategien zur verbesserten Prozessführung beim Elektronenstrahlschmelzen (EBM). Dissertation, TU München

[KING14] King WE, Barth HD, Castillo VM, Gallegos GF, Gibbs JW, Hahn DE, Kamath C, Rubenchik AM (2014) Observation of keyhole-mode laser melting in laser powder-bed fusion additive manufacturing. J Mater Process Technol 214(12):2915–2925. https://doi.org/10.1016/j.jmatprotec.2014.06.005

[KLAH15] Ch, Klahn (2015) Laseradditiv gefertigte, luftdurchlässige Mesostrukturen. Springer Vieweg, Berlin, Heidelberg. https://doi.org/10.1007/978-3-662-47761-8

[KLAH21] Klahn Ch, Meboldt M (2021) Entwicklung und Konstruktion für die Additive Fertigung. 2. Aufl. Vogel Fachbuchverlag

[KLES18] Kleszczynski S (2018) Potenziale der bildgestützten Prozessüberwachung zur Steigerung des technologischen Reifegrades von Laser-Strahlschmelzverfahren. Dissertation, Universität Duisburg-Essen

[KLING19] Klingbeil N (2019) Untersuchung des Drahtsystems zur Prozessstabilisierung für das drahtbasierte Laserauftragschweißen in der additiven Fertigung. Dissertation RWTH Aachen, Apprimus Verlag

[KLOC15] Klocke F (2015) Fertigungsverfahren 5. Springer, Berlin Heidelberg. https://doi.org/10.1007/978-3-540-69512-7

[KLOC17] Klocke F (2017) Fertigungsverfahren 2. Zerspanung mit geometrisch unbestimmter Schneide, 6. Aufl. Springer Verlag, Berlin. https://doi.org/10.1007/978-3-662-58092-9

[KOU03] Kou S (2003) Solidification and liquation cracking issues in welding. JOM 55(6):37–42. https://doi.org/10.1007/s11837-003-0137-4

[KRAN19] Kranz J (2017) Methodik und Richtlinien für die Konstruktion von laseradditiv gefertigten Leichtbaustrukturen. Springer, Berlin, Heidelberg. https://doi.org/10.1007/978-3-662-55339-8

[KRUT04] Kruth JP, Froyen L, Van Vaerenbergh J, Mercelis P, Rombouts M, Lauwers B (2004) Selective laser melting of iron-based powder. J Mater Process Technol 149(1–3):616–622. https://doi.org/10.1016/j.jmatprotec.2003.11.051

[KOOP20] Koopmann J (2020) Multimaterialdruck von integrierten elektrischen Strukturen mittels selektivem Laserschmelzen. Dissertation, Kassel University Press GmbH

[LACH20] Lachmayer R, Rettschlag K, Kaierle S (2019) Konstruktion für die Additive Fertigung. Springer, Berlin. https://doi.org/10.1007/978-3-662-61149-4

[LANG13] Langbein S, Czechowicz A (2021) Konstruktionspraxis Formgedächtnistechnik. Springer Vieweg, Wiesbaden. https://doi.org/10.1007/978-3-8348-2343-4

[LANG21] Langelandsvik G, Akselsen OM, Furu T, Roven HJ (2021) Review of Aluminum Alloy Development for Wire Arc Additive Manufacturing. Materials 14(18):5370. https://doi.org/10.3390/ma14185370

[LEBR15] LeBrun T, Nakamoto T, Horikawa K, Kobayashi H (2015) Effect of retained austenite on subsequent thermal processing and resultant mechanical properties of selective laser melted 17-4 PH stainless steel. Materials & Design 81:44–53. https://doi.org/10.1016/j.matdes.2015.05.026

[LIND12] Lindemann C, Jahnke U, Moi M, Koch R (2012) Analyzing Product Lifecycle Costs for a Better Understanding of Cost Drivers in Additive Manufacturing. In 23rd Annual International Solid Freeform Fabrication Symposium–An Additive Manufacturing Conference, Austin/TX/USA, 6th–8th August. Austin, TX

[LIND18] Lindecke PNJ, Blunk H, Wenzl J-P, Möller M, Emmelmann C (2018) Optimization of support structures for the laser additive manufacturing of TiAl6V4 parts. Procedia CIRP 74:53–58. https://doi.org/10.1016/j.procir.2018.08.029

[LIPP18] Lippert RB (2018) Restriktionsgerechtes Gestalten gewichtsoptimierter Strukturbauteile für das Selektive Laserstrahlschmelzen, TEWISS – Technik und Wissen GmbH Verlag, Garbsen

[MANF14] Manfredi D, Calignano F, Krishnan M, Canali R, Ambrosio EP, Ugues BS, D, Pavese M, Fino P, (2014) Additive manufacturing of Al alloys and aluminum matrix composites (AMCs). In Book: Light Metal Alloys ApplicationsEditors: Waldemar A Monteiro. https://doi.org/10.5772/58534

[MARK22] Markovitc T, Vagra FL (2022) Characterizing the strength of support-model connection in the case of laser powder bed fusion technology by torsion test. Opt Laser Technol 154:108356. https://doi.org/10.1016/j.optlastec.2022.108356

[MART17] Martin JH, Yahata BD, Hundley JM, Mayer JA, Schaedler TA, Pollock TM (2017) 3D printing of high-strength aluminium alloys. Nature 549:365–369. https://doi.org/10.1038/nature23894

[MATT16] Matthews MJ, Guss G, Khairallah SA, Rubenchik AM, Depond PJ, King WE (2016) Denudation of metal powder layers in laser powder bed fusion processes. Acta Mater 114:33–42. https://doi.org/10.1016/j.actamat.2016.05.017

[MILE17] Milewski OJ (2017) Additive Manufacturing of Metals. Springer International. https://doi.org/10.1007/978-3-319-58205-4_2

[MUNS13] Munsch M (2013) Reduzierung von Eigenspannungen und Verzug in der laseradditiven Fertigung. Dissertation, Uni Göttingen

[NEGI19] Negi S, Nambolan AA, Kapil S, Joshi PS, Manivannan R, Karunakaran KP, Bhargava P, Seema N (2020) Review on electron beam based additive manufacturing. Rapiod Prototyping Journal 26(3):485–498. https://doi.org/10.1108/RPJ-07-2019-0182

[NEST06] Nestler K, Adamitzki W, Unger M, Faust W, Meyer W (2006) Plasma Polishing of Metallic Surfaces – Effects and Models. Int. Symp. on Electrochemical Machining Technology; INSECT 2006, Dresden

[NILS18] Nils P, Lindecke J, Blunk H, Wenzl JP, Möller M, Emmelmann C (2018) Optimization of support structures for the laser additive manufacturing of TiAl6V4 parts. Procedia CIRP 74:53–58. https://doi.org/10.1016/j.procir.2018.08.029

[OVER03] Over C (2003) Generative Fertigung von Bauteilen aus Werkzeugstahl X38CrMoV5-1 und Titan TiAl6V4 mit "Selective Laser Melting". Dissertation, RWTH Aachen

[PRAS14] Prashanth KG, Scudino S, Klauss HJ, Surreddi KB, Löber L, Wang Z, Chaubey AK, Kühn U, Eckert J (2014) Microstructure and mechanical properties of Al-12Si produced by selective laser melting: effect of heat treatment. Material Science and Engineering A 590:153–160. https://doi.org/10.1016/j.msea.2013.10.023

[PRIA17] Priarone PC, Robiglio M, Ingarao G, Settineri L (2017) Assessment of cost and energy requirements of Electron beam melting (EBM) and machining processes. Springer International Publishing, Cham

[RIEM14] Riemer A, Leuders S, Thoene M, Richard HA, Troester T, Niendorf T (2014) On the fatigue crack growth behavior in 316L stainless steel manufactured by selective laser melting. Eng Fract Mech 120:15–25. https://doi.org/10.1016/j.engfracmech.2014.03.008

[QI19] Qi Z, Qi B, Cong B, Sun H, Zhao G, Ding J (2019) Microstructure and mechanical properties of wire + arc additively manufactured 2024 aluminum alloy components: As-deposited and post heat-treated. J Manuf Process 40:27–36. https://doi.org/10.1016/j.jmapro.2019.03.003

[RICK13] Rickenbacher L (2013) An integrated cost-model for selective laser melting (SLM). Rapid Prototyp J 19(3):208–214. https://doi.org/10.1108/13552541311312201

[RIEM14] Riemer A, Leuders S, Thoene M, Richard HA, Troester T, Niendorf T (2014) On the fatigue crack growth behavior in 316L stainless steel manufactured by selective laser melting. Eng Fract Mech 120:15–25. https://doi.org/10.1016/j.engfracmech.2014.03.008

[RIQU17] Riquelme A, Escalera-Rodríguez MD, Rodrigo P, Otero E, Rams J (2017) Effect of alloy elements added on microstructure and hardening of Al/SiC laser clad coatings. J Alloy Compd 727:671–682. https://doi.org/10.1016/j.jallcom.2017.08.153

[RIQU20] Riquelme A, Rodrigo P, Escalera-Rodríguez MD, Rams J (2020) Additively Manufactured Al/SiC Cylindrical Structures by Laser Metal Deposition. Materials 13(15):3331. https://doi.org/10.3390/ma13153331

[RITT20] Rittinghaus, S.-K (2020) Laserauftragschweißen von $\gamma$-Titanaluminiden als Verfahren der additiven Fertigung. Dissertation, RWTH Aachen

[RODR19] Rodrigues TA, Duarte V, Miranda RM, Santos TG, Oliveira JP (2019) Current Status and Perspectives on Wire and Arc Additive Manufacturing (WAAM). Materials 12:1121. https://doi.org/10.3390/ma12071121

[RYAN18] Ryan EM, Sabin TJ, Watts JF, Whiting MJ (2018) The influence of build parameters and wire batch on porosity of wire and arc additive manufactured aluminiumalloy 2319. J Mater Process Tech 262:577–584. https://doi.org/10.1016/j.jmatprotec.2018.07.030

[SAED15] Saeidi K, Gao X, Zhong Y, Shen ZJ (215) Hardened austenite steel with columnar sub-grain structure formed by laser melting. Materials Science and Engineering: A 625: 221–229. https://doi.org/10.1016/j.msea.2014.12.018

[SAND17] Sander J, Hufenbach J, Bleckmann M et al (2017) Selective laser melting of ultrahigh-strength TRIP steel: processing, microstructure, and properties. J Mater Sci 52:4944–4956. https://doi.org/10.1007/s10853-016-0731-9

[SAND18] Sander J (2018) Selektives Laserschmelzen hochfester Werkzeugstähle. Dissertation, TU Dresden

[SHAH24] Shah A, Aliyev R, Zeidler H, Krinke S (2024) Investigation for Multi-Layer CuAl8 and Multi-Material (CuAl8-Mild Steel) Deposition via WAAM Process. Advances in Science and Technology 148:(47–56). https://doi.org/10.4028/p-nIE7O5

[SCHU22] Schulze HP, Zeidler H, Kröning O et al (2022) Process analysis of plasma-electrolytic polishing (PeP) of forming tools. Int J Mater Form 15(6). https://doi.org/10.1007/s12289-022-01659-7

[SCIA22] Benefits of Wire vs. Powder Metal 3D Printing. Online: https://www.sciaky.com/additive-manufacturing/wire-vs-powder. Zugegriffen: 14. Juli 2024

[SEYD18] Seyda V (2018) Werkstoff- und Prozessverhalten von Metallpulvern in der laser-additiven Fertigung. Springer, Berlin. https://doi.org/10.1007/978-3-662-58233-6

[SHI16] Shi X, Ma S, Liu C, Chen C, Wu Q, Chen X, Lu J (2016) Performance of High Layer Thickness in Selective Laser Melting of Ti6Al4V. J.f. Materials 9(12):975. https://doi.org/10.3390/ma9120975

[SING17] Singer F, Deisenroth DC, Hymas DM, Ohadi MM (2016) Additively manufactured copper components and composite structures for thermal management applications. 16th IEEE Intersociety Conference on Thermal and Thermomechanical Phenomena in Electronic Systems (ITherm), S. 174–183, https://doi.org/10.1109/ITHERM.2017.7992469

[SKRI02] Skrinsky Y (2002) Einfluß von heiß- und kaltisostatischem Pressen auf die „statischen" mechanischen Werkstoffkennwerte von Gußteilen aus Aluminiumlegierungen. Dissertation, Otto-von-Guericke-Universität

[SLM22] Nikon SLM Solutions Technology: https://www.slm-solutions.com/products-and-solutions/machines/. Zugegriffen: 06. Okt 2022

[SMIT16] Smith CJ, Derguti F, Hernandez Nava E, Thomas M, Tammas-Williams S, Gulizia S, Fraser D, Todd I(2016) Dimensional accuracy of Electron Beam Melting (EBM) additive manufacture with regard to weight optimized truss structures. J Mater Process Technol 229:128–138. https://doi.org/10.1016

[SOMM21] Sommer D, Götzendorfer B, Esen C, Hellmann R (2021) Design Rules for Hybrid Additive Manufacturing Combining Selective Laser Melting and Micromilling. Material 14:5753. https://doi.org/10.3390/ma14195753

[STEP21] Stepputat V, Zeidler H, Safranchik D, Strokin E (2021) Böttger-Hiller F (2022) Investigation of Post-Processing of Additively Manufactured Nitinol Smart Springs with Plasma-Electrolytic Polishing. Materials 14(15):4093. https://doi.org/10.3390/ma14154093

[TAN21] Tan Z, Gao S, Lan L et al (2021) Effect of Rescanning Strategy on Residual Stress and Distortion of Two Alloys Manufactured by Selective Laser Melting. J Mater Eng Perform 30:6493–6501. https://doi.org/10.1007/s11665-021-05872-4

[TAMM15] Tammas-Williams S, Zhao H, Leonard F, Derguti F, Todd I, Prangnell PB (2015) XCT analyses of the influence of melt strategies on defect population in Ti-6Al-4V components manufactured by selective electron beam melting. Mater Charact 102:47–61. https://doi.org/10.1016/j.matchar.2015.02.008

[THAN19] Thanki A, Goossens L, Mertens R, Probst G, Dewulf W, Witvrouw A, Yang S (2019) Study of keyhole-porosities in selective laser melting using X-ray computed tomography. Conference: 9th Conference on Industrial Computed Tomography (iCT) 2019At: Padova, Italy

[THIJ13] Thijs L, Montero Sistiaga ML, Wauthle R, Xie Q, Kruth JP, van Humbeeck J (2013) Strong morphological and crystallographic texture and resulting yield strength anisotropy in selective laser melted tantalum. Acta Mater 61(12):4657–4668. https://doi.org/10.1016/j.actamat.2013.04.036

[THIL92] Thilow AP, Prüller H (1992) Grundlagen der Gleitschleiftechnik. Entgrat-Technik: Entwicklungsstand und Problemlösungen. Kontakt & Studium 392:43–73

[THOM09] Thomas D (2009) The development of design rules for selective laser melting. Doctoral dissertation, University of Wales

[THOM14] Thomas D, Gilbert S (2014) Costs and Cost Effectiveness of Additive Manufacturing. Special Publication (NIST SP), National Institute of Standards and Technology, Gaithersburg, MD. https://doi.org/10.6028/NIST.SP.1176

[TOYS21] Toyserkani E, Sarker D, Obehi Ibhadode O, Liravi F, Russo P, Taherkhani K (2021) Metal Additive Manufacturing. Wiley, S 624

[TRUM24] Additive Fertigungssysteme. Online: https://www.trumpf.com/de_DE/produkte/maschinen-systeme/additive-fertigungssysteme/pulver-und-parameter/. Zugegriffen: 18. Juli 2024

[TWIS22] Produktkatalog der Fa. BMF Vertriebs GmbH, 2022

[UEN20] Ünsal I, Hirtler M, Sviridov A, Bambach M (2020) Material Properties of Features Produced from EN AW6016 by Wire-Arc Additive Manufacturing. Procedia Manuf 47:1129–1133. https://doi.org/10.1016/j.promfg.2020.04.131

[VERN22] Verna E, Genta G, Galetto M, Franceschini F (2022) Economic impact of quality inspection in manufacturing: A proposal for a novel cost modeling. Proceedings of the Institution of Mechanical Engineers, Part B: Journal of Engineering Manufacture. 236(11):1508–1517. https://doi.org/10.1177/09544054221078090

[VILA11] Vilaro T, Colin C, Bartout JD (2011) As-fabricated and heat-treated microstructures of the Ti-6Al-4V alloy processed by selective laser melting. Metall and Mater Trans A 42:3190–3199. https://doi.org/10.1007/s11661-011-0731-y

[WANG12] Wang D, Yang Y, Yi Z, Su X (2012) Research on the fabricating quality optimization of the overhanging surface in SLM process. Int J Adv Manuf Tech 65:1471–1484. https://doi.org/10.1007/s00170-012-4271-4

[WANG20] Wang S, Gu H, Wang W, Li C, Ren L, Wang Z, Zhai Y, Ma P (2020) The Influence of Heat Input on the Microstructure and Properties of Wire-Arc-Additive-Manufactured Al-Cu-Sn Alloy Deposits. Metals 10(1):79. https://doi.org/10.3390/met10010079

[WAYN14] Wayne EK, Holly DB, Victor MC, Gilbert F, Gallegos JW, Gibbs DE, Hahn CK, Alexander MR (2014) Observation of keyhole-mode laser melting in laser powder-bed fusion additive manufacturing. J Mater Process Technol 214(12):2915–2925. https://doi.org/10.1016/j.jmatprotec.2014.06.005

[WEIN15] Weingarten C, Buchbinder D, Pirch N, Meiners W, Wissenbach K, Poprawe R (2015) Formation and reduction of hydrogen porosity during selective laser melting of AlSi10Mg. J Mater Process Technol 221:112–120. https://doi.org/10.1016/j.jmatprotec.2015.02.013

[WERN19] Werner E, Hornbogen E, Jost N, Eggeler G (2019) Fragen und Antworten zu Werkstoffen. Springer Vieweg, Berlin, Heidelberg. https://doi.org/10.1007/978-3-662-58845-1

[WEST10] Westkämper E, Warnecke HJ (2010) Einführung in die Fertigungstechnik. Vieweg+Teubner Verlag Wiesbaden. https://doi.org/10.1007/978-3-8348-9798-5

[WIED14] Wiedemann R (2014) Prozessmodell und Systemtechnik für das laserunterstützte Fräsen. Dissertation, TU München

[WILH99] Wilhelm M (1999) Direktes Selektives Laser Sintern einkomponentiger metallischer Werkstoffe, Dissertation, RWTH Aachen

[WISC21] Wischeropp TM (2021) Advancement of Selective Laser Melting by Laser Beam Shaping. Springer, Berlin. https://doi.org/10.1007/978-3-662-64585-7

[WOHL23] Wohlers Report (2023) Wohlers Associates Inc.

[WU16] Wu J, Wang XQ, Wang W, Attallah MM, Loretto MH (2016) Microstructure and strength of selectively laser melted AlSi10Mg. Acta Mater 117:311–320. https://doi.org/10.1016/j.actamat.2016.07.012

[WU18] Wu B, Pan Z, Ding D, Cuiuri D, Li H, Xu J, Norrish J (2018) A review of the wire arc additive manufacturing of metals: properties, defects and quality improvement. J Manuf Process 35:127–139. https://doi.org/10.1016/j.jmapro.2018.08.001

[WU21] Wu, L (2021) Topology optimization of support structure for selective laser melting process. PHD Thesis, Nanyang Technological University, Singapore. https://doi.org/10.32657/10356/151396

[XIA17] Xia M, Liu A, Hou Z, Li N, Chen Z, Ding H (2017) Microstructure growth behavior and its evolution mechanism during laser additive manufacture of in-situ reinforced (TiB+TiC)/Ti composite. J Alloy Compd 728:436–444. https://doi.org/10.1016/j.jallcom.2017.09.033

[YANG17] Yang L, Hsu K, Baughman B, Godfrey D, Medina F, Menon M, Wiener S (2017) Additive Manufacturing of Metals: The Technology, Materials, Design and Production. Springer Cham. https://doi.org/10.1007/978-3-319-55128-9

[ZEID06] Zeidler H, Prschuta A, Lingath K, Boehm S, Kluchert C, Ohle V, Meyer W (2006) Anlage und Verfahren zum Reinigen und Polieren der elektrisch leitfähigen Oberfläche eines Werkstückes. Patent: DE102006016368A1

[ZEID21] Zeidler H, Aliyev R, Gindorf F (20ß21) Efficient Finishing of Laser Beam Melting Additive Manufactured Parts. JMMP 5(4):106. https://doi.org/10.3390/jmmp5040106

[ZHAN13] Zhang J, Liou FW (2013) Multi-Axis Planning of a Hybrid Material Deposition and Removal Combined Process. J Mach Manuf Autom 2(3):46–57. Online: https://core.ac.uk/download/pdf/229209673.pdf

[ZHAN15] Zhang DY, Niu W, Cao XY, Liu Z (2015) Effect of standard heat treatment on the microstructure and mechanical properties of selective laser melting manufactured Inconel 718 superalloy. Mater Sci Eng A 32:644. https://doi.org/10.1016/j.msea.2015.06.021

[ZHON17] Zhong Y (2015) Sub-grain structure in additive manufactured stainless steel 316L. Dissertation, Stockholms University

# 6 Fertigungsplanung für die additive Fertigung von nichtmetallischen Teilen

## 6.1 Bedeutung von Nichtmetallen für die additive Fertigung

Durch einfache Maschinenkonstruktionen und niedrige Prozesskosten hat in den letzten Jahren eine schnelle Verbreitung von Desktopdruckern, die mit Kunststoffmaterialen arbeiten, im privaten Bereich als auch in den Unternehmen stattgefunden. Die Fertigung von Kunststoffteilen nimmt infolge der Anzahl weltweit verkaufter 3D Drucksysteme die dominante Stellung in der AF-Industrie [WOHL23] ein. Dazu hat auch die einfache Herstellung von Ausgangsmaterialien mittels üblicher Verfahren der Kunststofftechnik beigetragen.

Trotz der rasanten Entwicklung der letzten Jahre existiert immer noch eine Reihe von Herausforderungen, die bewältigt werden müssen, um den industriellen Einsatz von additiv gefertigten Teilen zu verstärken. In diesem Zusammenhang ist neben der Weiterentwicklung der Technologie insbesondere die Verbesserung der Werkstoffeigenschaften wie thermomechanisches Verhalten, Anisotropie, Porosität, Betriebsfestigkeit und Kriechverhalten zu nennen.

Die wirtschaftliche Motivation für den Einsatz dieser Kunststoffbauteile besteht darin die Fertigungskosten zu senken und mittels Synergieeffekte andere Bereiche der Produktion positiv zu beeinflussen. Das hängt besonders von der Leistung der 3D Drucksysteme ab. Die leistungsfähigsten AF-Anlagen ermöglichen es mehrere gleiche Teile schnell zu fertigen.

Die Fertigung kundenindividueller Teile findet schon in der Medizintechnik einen breiteren Einsatz. Die Fertigung der passgenauen Implantate ist ein Beispiel dafür. Die tomographischen Bilder der Patientenverletzungen dienen dabei als Grundlage der Bauteil- und Prozessauslegung. Weitere Bereiche mit wirtschaftlicher Relevanz sind die Automobilindustrie, der Maschinenbau, das Bauwesen, der Flugzeugbau und die Schmuckindustrie. Neben der Herstellung von Teilen aus Kunststoff übernehmen Kunststoffteile eine unterstützende Rolle bei der Herstellung von Metallteilen mittels der



R. Aliyev, *Planung von additiven Fertigungsprozessen*,
https://doi.org/10.1007/978-3-662-70199-7_6

sogenannten Polymer Toolingsmethode. Bei diesem Verfahren werden Urformwerkzeuge aus Kunststoff hergestellt. Sie ermöglichen das schnelle Gießen von Metallteilen. Diese Techniken basieren auf Materialien aus allen Werkstoffgruppen der Plastikverarbeitung einschließlich biologischer Systeme, um die erforderliche Genauigkeit, Funktionalität, Oberflächengüte, Stabilität, mechanischen Eigenschaften und Porosität der Metallteile sicherzustellen. Darüber hinaus spielt die polymerbasierte AF-Technik eine Schlüsselrolle bei der Realisierung fortschrittlicher Multifunktions- und Multimaterialsysteme.

Die Vielfalt der Kunststoffe und deren Modifizierungsmöglichkeiten ermöglichen die Entwicklung und Umsetzung komplexer und kundenspezifischer AF-Bauteile hinsichtlich mechanischer Eigenschaften und Temperaturbeständigkeit.

Zu den nichtmetallischen Werkstoffen gehören auch Gussmodelle aus Wachs, die direkt mit Multi-Jet-Druckern hergestellt werden. Aus reinem Wachs bestehendes Material wird bei etwa 70°C geschmolzen und über Düsen auf die Bauplattform aufgetragen. Mit diesen Werkstoffen ist eine sehr glatte Oberfläche und damit eine sehr detailgetreue Bauteilgestalt zu realisieren. Da diese Technik keine Alternative hat, wird der Einsatz dieser Werkstoffe hier nicht weiterverfolgt.

Weiterhin wird das Spektrum von nichtmetallischen Werkstoffen durch nachwachsende Werkstoffe erweitert, die eine interessante Entwicklungstendenz aufzeigen. Der Entwicklungsstand und die Potenziale dieser Materialien werden hier aufgezeigt, aber aufgrund ihres geringen Einsatzes planungstechnisch nicht weiter dargestellt.

## 6.2 Werkstoffeigenschaften

Der Hauptbestandteil der Kunststoffe für die additive Fertigung sind die Polymere. In der Kunststofftechnik werden die polymeren Werkstoffe nach ihrem molekularen Aufbau in die Gruppen der Thermoplaste, der Elastomere und der Duroplaste eingeteilt (Abb. 6.1). Das spiegelt sich im mechanisch-thermischen Verhalten wieder. Die Schmelzeigenschaft dieser Werkstoffe bildet die Grundlage der Verfahren wie z. B. dem Spritzgießen und der Extrusion. Basierend auf dieser Spezifik, besonders der Thermoplaste, entstand das AF-Verfahren der Materialextrusion mit beheizbarer Düse.

Bedingt durch die Art der Molekülstruktur und der wirkenden Bindungsmechanismen zeigen die Werkstoffe unterschiedliche thermisch-mechanische Zustände, die stark von den Temperaturintervallen abhängt [ERHA08].

Die in der AF häufig eingesetzten Thermoplaste können eine amorphe Struktur haben, die aus ungeordneten, ineinander verschlungenen Molekülketten bestehen. Bei der kristalliner Struktur liegen die Molekülketten geordnet nahe beieinander. Dadurch ergeben sich starke Bindungskräfte zwischen den Molekülen. Da ein 100 %-er Kristallisationsgrad nicht möglich ist, liegen dazwischen auch noch amorphe Phasen. Daher werden diese Werkstoffe als teilkristalline Kunststoffe bezeichnet [FRIC19].

**Polymere (Kunststoffe)**

| | Thermoplaste | thermoplastische Elastomere | Elastomere | Duroplaste |
|---|---|---|---|---|
| Molekülstruktur | Makromolekül 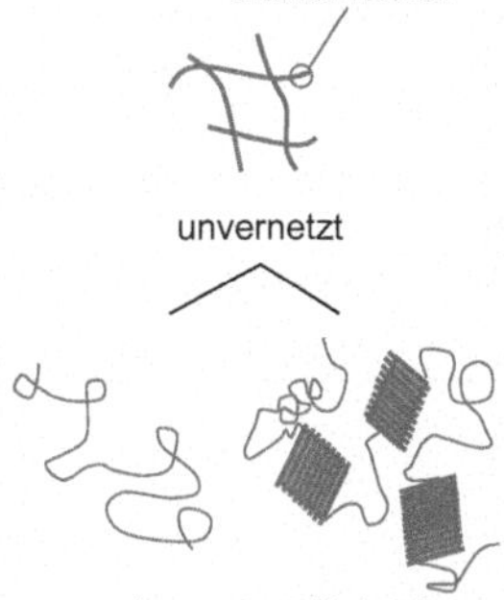 unvernetzt; amorph, teilkristallin |  unvernetzt | chemische Bindung  weitmaschig vernetzt |  engmaschig vernetzt |
| Festkörper-charakteristik bei Raumtemperatur | spröde bis zähhart | gummielastisch | gummielastisch | spröde, hart |
| Temperatur-charakteristik | Schmelzbar Kristallitschmelztemperatur vorhanden | Schmelzbar, Kristallit-schmelztemperatur teilweise vorhanden | nicht schmelzbar | nicht schmelzbar |
| Chemische/ physikalische Charakteristik | löslich | löslich | quellbar, nicht löslich | schwer quellbar, nicht löslich |
| Mechanische Eigenschaften | geringere bis mittlere Zugfestigkeit; Kriechen, Relaxation | höhe Festigkeit und Elastizität, gute Schlagzähigkeit, hohe Verschleißfestigkeit | geringere Zugfestigkeit; Kriechen, Relaxation | hohe Zugfestigkeit; geringes bis kein Kriechen |
| Verarbeitbarkeit | plastisch verformbar bei erhöhter Temperatur | plastisch verformbar | nach der Vernetzung nur spanend verformbar | nur elastisch verformbar |

**Abb. 6.1** Einteilung der polymeren Werkstoffe nach [ELSN12, FRIC19]. (Quelle: eigene Darstellung)

Das Spannungs-Dehnungs-Diagramm liefert die wichtigsten Informationen für das Leistungsvermögen der Polymere (Abb. 6.2). Außerdem ist es erforderlich umfassende Versuche bei verschiedenen Belastungsarten und variierenden Umgebungsbedingungen (Temperatur, Feuchtigkeit) durchzuführen, um das Verhalten als Konstruktionswerkstoff zu kennen. Dieses ist angesichts der anisotropen Eigenschaften der Polymer-Bauteile unumgänglich. Bei den Polymeren weisen die Werte der Bruchdehnung auf die Schlagzähigkeit hin. Bei Kunststoffen existiert eine relativ lineare Korrelation zwischen Biege- und Zugfestigkeit [KOLZ13, PALO19]. Die Werte der mechanischen Eigenschaften von

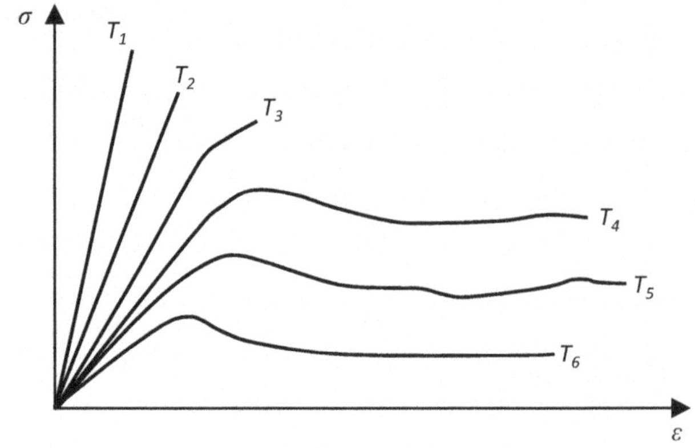


**Abb. 6.2** Einfluss der Temperatur auf Spannungs-Dehnungs-Kurven eines Polymers [KOLZ13]. (Quelle: eigene Darstellung)

wichtigsten Kunststoffen, die auch bei der additiven Fertigung zum Einsatz kommen, sind in Tab. 6.1 dargestellt.

Für die additive Fertigung von Polymerteilen hat die Glasübergangstemperatur ($T_g$) eine essentielle Bedeutung. Sie bestimmt die Grenze zwischen dem duktilen und spröden Verhalten der Polymere bei unterschiedlichen Temperaturen. Oberhalb dieser Temperatur ändert sich der Bewegungsmechanismus der Moleküle und es bekommen Segmente der Polymerkette und ihrer Seitengruppen eine Orientierungsfreiheit. Die Glasüberganstemperatur ist stoffspezifisch und muss bei der Durchführung der Prozesse beachtet werden. Dazu kommt das Bruchverhalten der Kunststoffe, das für den industriellen Einsatz der AF-Teile wichtig ist. Diese Eigenschaft kann je nach den Prozessparametern in einen weiten Bereich von spröd bis zu superelastisch eingestellt werden. Wichtige Faktoren für dieses Verhalten stellen die Einsatztemperatur und die Molekülstruktur dar. Während bei den amorphen Thermoplasten die Glasübergangstemperatur nicht überschritten werden darf, bildet der Temperaturbereich zwischen der Glasübergangstemperatur und dem Kristallschmelzpunkt gerade bei teilkristallinen Polymerwerkstoffen den konstruktiv genutzten Bereich dar [ERHA08].

Chemisch lassen sich sowohl die mechanischen Eigenschaften als auch die Temperaturbeständigkeit beeinflussen. So können beispielsweise durch Erhöhung der molaren Masse und durch die Vermeidung niedermolekularer Anteile die mechanischen Eigenschaften der Thermoplaste deutlich verbessert werden. Die portionierte Vermischung der sogenannten Hart- und Weichphasen ergibt ein elastisches Polymer, dessen Schlagzähigkeit modifizierbar ist. Weiterhin können die mechanischen Eigenschaften der Polymeren durch Vermischen mit festen Füllstoffen, wie z. B. Graphit, Kieselgel, Glasfasern und Aluminiumoxid gezielt beeinflusst werden. So kann durch Zugabe von Glasfasern die Zugfestigkeit von Polyamid und Propylen bis zum zehnfachen erhöht werden [KOLZ13]. Die Kunststoffe besitzen im Vergleich zu den Metallen eine niedrige Wärmeformbeständigkeit. Ein Erzeugen von intermolekularen Vernetzungen zwischen den funktionalen Bausteinen des Polymers erhöht die Schmelztemperatur [ROES08].

**Tab. 6.1** Eigenschaften der relevanten Kunststoffe nach [PAES22, PERN21, SAVC22]

| Polymer | Dichte $g/cm^3$ | Zugfestigkeit, MPa | Dehnung, % | Elastizitätsmodul, MPa | IZOD Schlag-zähigkeit, J/m | Wärmeformbeständigkeit bei 1,8/0,45 MPa °C | Zugfestigkeit, * Mpa |
|---|---|---|---|---|---|---|---|
| **Konventionelle Fertigung** | | | | | | | **Additive Fertigung** |
| ABS | 1,03–1,07 | 32–45 | 15–30 | 1900–3000 | 133–641 | 80/120 | 22–27 (MEX-TRB/P**)<br>55 (DLP) |
| HDPE | 0,94–0,96 | 18–35 | 100–1000 | 600–1400 | 21–214 | 50/- | 20 (MEX-TRB/P) |
| LDPE | 0,91–0,93 | 8–23 | 300–1000 | 200–500 | Kein Bruch | 35/- | |
| PA12 | 1,02–1,04 | 56–65 | 300 | 570–1600 | 107–133 | 140/150 | 48 (PBF-LB/P) |
| PC | 1,20–1,04 | 56–67 | 100–130 | 2100–2400 | 640–691 | 130/145 | 16 (VPP-UVM) |
| PEI | 1,27 | 96 | 60 | 2963 | 53–64 | 199/209 | 72 -85 ((MEX-TBR/P) |
| PEEK | 1,30 | 105 | 20 | 4100 | 187 | 139/- | 90 (PBF-LB/P)<br>105 (MEX-TRB/P) |
| PET | 1,37 | 47 | 50–300 | 3100 | 43–53 | 21–66/75 | 18 (MEX-TRB/P) |
| PLA | 1,2–1,4 | 70 | < 10 % | bis 5000 | 77–155 | | 40 /(MEX-TRB/P) |
| PP | 0,90 | 21–37 | 20–800 | 1100–1300 | 27–1068 | 45/120 | 12 (MEX-TRB/P)<br>49 (PBF-LB/P) |
| PS | 1,05 | 45–65 | 3–4 | 3200–3250 | 13–32 | 80/110 | 68 (MEX-TRB/P)<br>62 (VPP-UVM) |
| PVC | 1,2–1,4 | 10–75 | 10–400 | 1000–3500 | 21–1068 | 60/82 | 4,5–7,6 (VPP-UVM) |
| PLA- Harz, (eResin) | 1,07–1,13 | 35–50 | 20–50 | 600–800 | 15–32 | – | 35–50 (VPP-UVM) |
| Hochzähes Harz (eSun) | 1,10–1,15 | 55–80 | 30–50 | 1300–1400 | 67–100 | – | 55–80 (VPP-UVM) |
| EpoxidhHarz (PerForm) | 1,61 | 80 | 1,2 | 9800 | 29 | 268/119 | 80 (VPP-UVM) |

*die Zugproben wurden in der Bauebene belastet.
**MEX-TRB/P, PBF-LB/P und VPP-UVM sind die eingesetzten AF-Verfahren.

## 6.3 Polymerwerkstoffe für die additive Fertigung

**Thermoplaste**

In der Praxis werden die Thermoplaste je nach Einsatzmöglichkeiten in drei Gruppen zusammengefasst (Abb. 6.3): Standardkunststoffe, technische Kunststoffe und Hochleistungskunststoffe.

Standardkunststoffe werden in großer Menge hegestellt. Ihre Einsatzbereiche sind sehr vielfältig. Im Vergleich zu den technischen Kunststoffen besitzen sie geringere mechanische Eigenschaften und eine geringere Temperaturstabilität. Die technischen Kunststoffe können über 100°C eingesetzt werden. Die genannten Vorteile ermöglicht es diese Materialien als Konstruktionswerkstoffe einzusetzen.

Die technischen Kunststoffe kommen immer dann zum Einsatz, wenn eine hohe mechanische Belastung ertragen werden muss und nur die Fertigung einer geringen Stückzahl erforderlich ist. Diese Kunststoffe bieten ein günstiges Verhältnis von Kosten und Eigenschaften bei moderaten Einsatztemperaturen. Sie werden öfter bei der Fertigung von Komponenten in der Automobilindustrie sowie in der Elektrik und Elektronik eingesetzt. Die hohe Wärmebeständigkeit und die weiteren mechanischen Eigenschaften machen die Hochleistungswerkstoffe gegenüber den anderen belastbarer. Mit diesen Materialen kann eine Einsatztemperatur bis zu 300 °C erreicht werden. Sie sind aber teurer in der Herstellung.

Die Zugfestigkeit der Thermoplaste liegt zwischen 10–105 MPa. Dieser große Variationsbereich hängt von der chemischen Zusammensetzung ab. Durch die Zugabe verschiedener Additive können die Eigenschaften, wie z. B. elektrische Leitfähigkeit und Magnetisierbarkeit erzeugt werden.

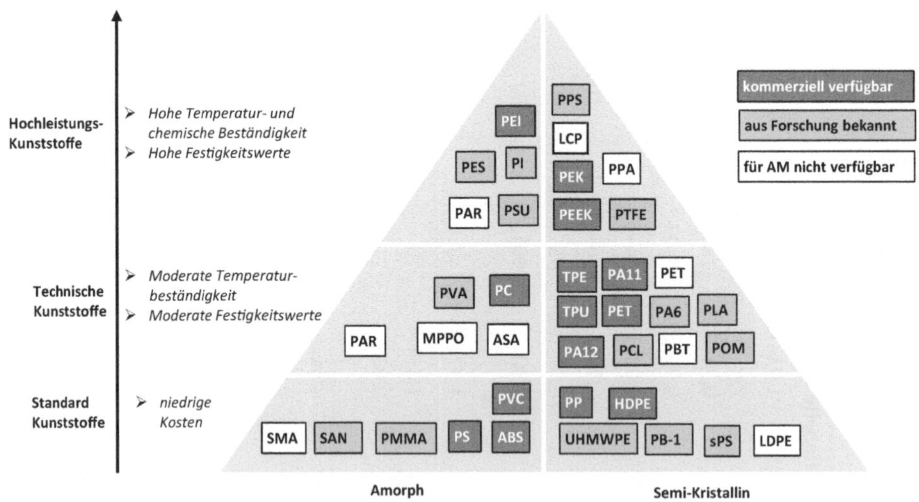


**Abb. 6.3** Die Thermoplaste für AF nach [GEBH16, SCHM22, TAN20]. (Quelle: eigene Darstellung)

In den letzten Jahren wurden große Anstrengungen unternommen, um die Druckergebnisse zu verbessern. Ein besonderer Schwerpunkt lag dabei in der Forschung und Entwicklung für die MEX-TRB/P-Verfahren. Dafür hat die Fa. Stratasys den Werkstoff Ultem 9085 mit deutlich verbesserten Eigenschaften entwickelt, um die bekannten Probleme der gebräuchlichsten thermoplastischen Polymere zu beseitigen [BYBE18]. Dieser Hochleistungskunststoff besitzt eine hohe Glasübergangstemperatur und Flammbeständigkeit (bis 153 °C). Der direkte Einsatz für Einbauteile in Leichtbaukonstruktionen ist möglich und eröffnet so neue Wege zu direkten Anwendungen in der Luft- und Raumfahrt.

Mit ULTEM1010 bietet Stratasys eine weitere Entwicklung eines Polymerwerkstoffes für die additive Fertigung. Die gefertigten Teile können eine Temperatur von bis zu 216 °C aushalten. Außerdem ist ULTEM1010 biokompatibel und zeigt zudem die höchste Zugfestigkeit unter allen MEX-Materialien. Durch diese Eigenschaften ergeben sich die Möglichkeiten damit hergestellte Teile in der Medizintechnik und in der Luftfahrt einzusetzen.

**Duroplaste**

Duroplaste werden in flüssiger Form für die additive Fertigung eingesetzt. Sie zeichnen sich dadurch aus, dass sie nach dem Aushärten durch Wärmeeinwirkung nicht mehr geformt werden können. Sie sind wenig elastisch und zeigen eine hohe chemische Beständigkeit.

Duroplaste sind engmaschig vernetzte Polymere, deren Molekülbeweglichkeit stark einschränkt ist. Sie sind auch noch durch eine hohe Glasübergangstemperatur charakterisiert. Oberhalb der Glasübergangstemperatur existieren bei den Duroplasten keine ausgeprägten Erweichungs- oder Schmelzbereiche. Eine weitere Erhöhung der Temperatur führt zu thermischer Zersetzung der Stoffe. Bis zum Zersetzen behält der Duroplast seinen harten Zustand. Sie sind hitze- und formbeständig und besitzen die höchste Festigkeit aller Polymere. Typische Beispiele für AF-Duroplaste sind das Acrylat, die Acrylharze, die Epoxidharze, der Vinylether und die Thiolmonomere [PAES22].

Harze auf Acryl- und Methacrylatbasis und andere mit Acrylaten modifizierte Harze stellen die meisten Polymere für VPP-UVL und VPP-UVM Verfahren dar. Die Reaktionszeit in der Herstellung und die Viskosität, die Festigkeit und die Steifigkeit der Teile können durch das Molekulargewicht der Harze beeinflusst werden. Harze auf Methacrylatbasis schrumpfen bei der Polymerisation wodurch die Formtreue des Teiles beeinträchtigt wird. Oligomere Acrylate mit hohem Molekulargewicht weisen eine geringere Schrumpfung auf. Die Epoxidharze sind relativ steifer und weniger elastisch. In einer Untersuchung wurden die Epoxid- und Vinylharze gemischt, um die Nachteile beider Gruppen zu begrenzen [KUMA12, SALI23].

**Polymermatrix-Verbundwerkstoffe**

Ein Vorteil der Polymere liegt darin, dass sie sich mit anderen Stoffen mischen lassen und als Verbundwerkstoff bessere mechanischen Eigenschaften aufweisen können. Dafür verwendete Stoffe werden als Verstärkung bezeichnet und in loser Form als Partikel oder Faser eingemischt.

Verstärkungen werden aus natürlichen Materialien (Bambus, Kokosnuss, Hanf, Weizenroh, Holz usw.) oder künstlich hergestellten Materialien (Aluminiumoxid, Aramid, Bor, Kohlenstoff/Graphit, Glas, Siliciumcarbid usw.) gewonnen. Als geeignete Polymere kommen Kunstharze und Biomaterialien zum Einsatz [ELMO19]. Es werden Polymere wie ABS, PA, PAI, PC, Polyester, PEEK, PE, PPS, PP, PVC, PPS, PP, PVC u. a. eingesetzt. Die Verstärkungen können kontinuierlich/zufällig oder diskontinuierlich gerichtet sein.

Ein weiterer Faktor ist der Anteil der Verstärker. Ein Anteil von 20 Gewichtsprozent (Gew.-%) an der Kohlenstofffaser kann z. B. den E-Modul um 350 % und die Wärmeleitfähigkeit um 500 % erhöhen [SANC20, ALGH21]. Durch die Verstärkung mit Glas können sogar die funktionalen Eigenschaften, die mit Stahl gleichwertig sind, und eine höhere Steifigkeit als Aluminium [SATH14] erreicht werden.

Die Kombination verschiedener Kunststoffmaterialien hilft auch eine bessere mechanische Eigenschaft für ein Teil zu erzielen. Der Werkstoff PC-ABS verbindet die hohe Biege- und Zugfestigkeit und die thermische Widerstandsfähigkeit von PC mit der Flexibilität von ABS und schafft somit neue Anwendungsbereiche für additiv gefertigten Teile. Sie zeigen im niedrigen Temperaturbereich (95–125°) eine gute Beständigkeit bei mechanischen Beanspruchungen [FISC18]. Zu den Einsatzbereichen zählen Funktionsteile, Vorrichtungen und Konzeptmodelle [MOHA17].

Durch geeignete Konstruktionsprinzipe können die positiven Eigenschaften der Verbundmaterialien auf die Betriebseigenschaften der additiv gefertigten Bauteile übertragen werden [TUER17]. Als steifster Polymermatrix-Verbundwerkstoff gelten die in einer Epoxidmatrix eingebetteten endlosen und ausgerichteten Fasern (Aramid, Kohlenstoff, Glas) [PAES22]. Sie zeichnen sich durch eine geringe Dichte, einen niedrigen thermischen Ausdehnungskoeffizienten und eine gute Wärmeleitfähigkeit aus. Die Fertigung von Teilen mit faserverstärkten Verbundwerkstoffen erfolgt mittels der Verfahren MEX-TRB/P, LOM, VPP-UVM, VPP-UVL, PBF-LB/P [ALGH21]. Diese Materialien werden dafür in Form von Filament, Granulat, Folien, Pulver oder als Flüssigkeit geliefert. Durch das niedrigere spezifische Gewicht finden die faserverstärkten Polymere in der Luft- und Raumfahrt, der Automobilindustrie, dem Sportgerätebau Anwendung.

Eine weitere Möglichkeit bietet die Verstärkung von Polymerwerkstoffen durch Nanomaterialien. Diese neuere Entwicklung dient ebenfalls zur Optimierung von Materialeigenschaften. Die Einbettung von Nanomaterialien, wie z. B. Kohlenstoffnanoröhrchen, verbessert die elektrische Leitfähigkeit, die mechanische Festigkeit und die elektromechanische und chemische Empfindlichkeit. Es ist der Einsatz einer Vielzahl von 3D-Nanokompositen in der additiven Fertigung bekannt. Unter anderen können

Anwendungen in mikroelektromechanischen Systemen, der Mikroelektronik, der Lab-on-a-Chip-Technik, in Biosystemen und dem Tissue Engineering genannt werden. Die nanofaserverstärkten Materialien eignen sich für alle Verfahren der additiven Fertigung mit Polymerwerkstoffen [FARA16].

**Keramik-Polymer-Verbundwerkstoff**

Die additive Fertigung technischer Keramik umfasst den Einsatz der Verfahren MEX/TRB-P, VPP-UVM, PBF-LB/P und PBF-LB/M zur direkten und indirekten Fertigung von keramischen Bauteilen aus flüssig-, fest- und pulverbasierten Werkstoffen. Aktuell werden Aluminiumoxide ($Al_2O_3$), Zirkoniumoxide ($ZrO_2$), Tricalciumphosphat (TCP), Silikon-Nitride ($Si_3N_4$) und Titan-Silikate ($Ti_3SiC_2$) für AF-Fertigung verbreitet eingesetzt [YUE16]. Die Merkmale wie Porosität, Homogenität, Festigkeit und Oberflächenqualität von AF-Teilen standen in der Vergangenheit im Vordergrund der Forschungs- und Entwicklungsarbeiten.

Keramik und Polymere werden auf zweierlei Weisen miteinander kombiniert. Polymere werden als Bindemittel für die indirekte Herstellung von keramischen Teilen verwendet. Die Verbindung der Eigenschaften von Monomeren und Keramik zur einer Keramik-Monomer-Mischung wurde im VPP-UVM-Prozess eingesetzt, um steife Bauteile auf Basis von Keramik zu fertigen. Die gefertigten Grünlinge wurden im weiteren Prozessschritt thermisch entbindert. Anschließend wurden die Teile bei einer Temperatur von 1600°C gesintert und so Bauteile aus reiner Keramik gefertigt. Die beschriebene lithografiebasierte Keramikherstellung (LCM) ist geeignet komplexe und filigrane Teile aus Aluminiumoxid ($Al_2O_3$) und Zirkoniumoxid ($ZrO_2$) präziser zu fertigen [HOFS19].

Ein weiterer Weg liegt in der Verbesserung von mechanischen Eigenschaften durch Keramikfüllstoff. Die Mischung beider Materialien ermöglicht die Kunststoffteile mit deutlich besseren mechanischen Eigenschaften zu fertigen [CHAU22, SALE21]. Durch keramische Fasern verstärkte Matrixphasen weisen eine hohe Temperaturwechselbeständigkeit sowie eine hohe Bruchzähigkeit und Bruchdehnung auf, was deren Verwendung unter anspruchsvollen Einsatzbedingungen gewährleistet [LAKH21, POLE22, SUN22]. Die mit Keramik gefüllten Materialien können in MEX-TRB/P und VPP-UVM Verfahren eingesetzt werden.

## 6.4 Nachhaltigkeit

### 6.4.1 Potenziale

Bei der Erfüllung der Nachhaltigkeitsziele in der additiven Fertigung nimmt die Herkunft des Ausgangsmaterials eine wichtige Stellung ein. Die Anwendung von Materialien aus nachwachsenden Rohstoffen ermöglicht eine schonende Nutzung von Ressourcen, die sich auf eine natürliche Regenerationsfähigkeit stützen. Eine interessante Lösung bilden dabei nachhaltige Polymere, die aus erneuerbaren Rohstoffen, wie Pflanzenöl und Pflanzenteilen hergestellt werden. Diese Herstellungswege produzieren weniger Treibhausgase und weniger Abfall als Polymere aus fossilen Rohstoffen. Die pflanzenbasierten Polymere werden mittels Biomasse gewonnen. Diese Rohstoffe haben eine positive Kohlenstoffbilanz, da sie $CO_2$ absorbieren. Die wirtschaftlichen Aspekte gleichen den Vorteilen der Techniken, die durch die Wiederverwendung von Restmaterialien entstehen.

Die nachwachsenden Rohstoffe können auch mit anderen Materialien zu Verbundmaterialien vermischt werden und so den Anteil von umweltschädigenden Materialien in den Produkten senken. Als Beispiel kann die Anwendung von Holzpartikeln genannt werden Die Mischung polymeren Matrixmaterials, wie PLA mit Holzkomponenten bis zu 40 % Anteil, steigern die Einsatzbereiche gegenüber reinen Polymeren wesentlich [KOHL18].

Die mechanischen Eigenschaften von nachwachsenden Werkstoffen steht in Einklang mit der DfAM. Diese Werkstoffe bieten eine eigene Spezifik hinsichtlich der mechanischen Eigenschaften, welche für die DfAM neue Wege zur Gestaltung von Leichtbaubauteilen eröffnen. Andererseits besteht die Möglichkeit durch die Anwendung von nachwachsenden Rohstoffen den Energiebedarf wesentlich zu reduzieren und dadurch das Green-Design zu realisieren.

Die Anwendung alternativer Rohstoffquellen trägt auch zur Kreislaufwirtschaft in der additiven Fertigung bei. Ein optimal ausgelegtes Werkstoffsystem kann wiederverwendet werden wofür nicht nur die Verwendung von Grundmaterialien aus natürlichen Rohstoffen sondern auch entsprechende Binderflüssigkeiten notwendig sind. Dieses reduziert die Abfallproduktion und erhöht die Wertschöpfung der Kreislaufwirtschaft.

### 6.4.2 Werkstoffe aus nachwachsenden Rohstoffen

Die Anstrengungen Produkte und die dazu notwendige Prozesse umweltfreundlich zu gestalten rückte die Nachhaltigkeit der für die AF eingesetzten Materialen in den Vordergrund. In diesem Zuge ist eine breitere Werkstoffpalette aus nachwachsenden Materialien und Techniken der AF entstanden.

Die stoffliche Nutzung von nachwachsenden Rohstoffen (NaWaRo) zielt auf die Erhöhung der sowohl ökologischen als auch ökonomischen Bedeutung der Nachhaltigkeit der Additiven Fertigungsprozesse. Aus der Natur stammende Stoffe (bspw. Holz, Kaffee, Hanf, Flachs u. a.) können entweder direkt nach der entsprechenden Aufbereitung für die Fertigung von Teilen eingesetzt werden oder sie bilden das Ausgangsmaterial für chemische Verarbeitungsprozesse, welche einen biobasierten Werkstoff erzeugen (z. B. Biokunststoffe). Es existieren bereits einige PLA basierte Kunststofffilamente mit bis zu 30 % Anteil an nachwachsenden Rohstoffen.

Ein weiterer Schwerpunkt bildet die Kombination dieser Materialien mit Polymeren, um festere und umweltfreundliche Teile für andere Zwecke anzubieten. Die holzbasierten Polymere werden bei der Herstellung von individualisierten Produkten für den Innenausbau, den Möbelbau oder den Holzbau eingesetzt [KOHL18, BUSH21]. Die entsprechenden Werkstoffe können in Pulverform für das BinderJetting oder als Filament für die MEX-TRB/P-Verfahren bereitgestellt werden.

Für den direkten Einsatz dieser Stoffe bieten die pulverbasierten Verfahren bessere Möglichkeiten. Zu Pulver verarbeitete Stoffpartikel aus Gräsern (wie z. B. Miscanthus), Samen/Kernen (wie z. B. Aprikose) und Hölzern (wie z. B. Ahorn oder Lärche) können im Bauprozess mittels Binder gebunden werden.

Die Ergebnisse der Forschungsarbeiten in [KUHN21] liefern erste Erkenntnisse über die Möglichkeiten des 3D Druckens von Verpackungen aus Papierfasern und über das industrielle Potenzial des entwickelten Prozesses.

Die Nutzung von Abfällen aus nachwachsenden Rohstoffen erweitert das Potenzial der beschriebenen Technik. Besonders die Abfälle aus der Holzbearbeitung können nach dem Upcycling bei optimaler Auslegung des 3D Druck-Verfahrens mit hohen Bauraten gedruckt werden. Der Einsatz von biobasierten Bindern steigert die Biokompatibilität der gefertigten Teile. Die aus reinen NaWaRo gefertigten Teile besitzen noch eine niedrige Festigkeit, welche deren praktische Anwendungen einschränkt. Aktuelle Forschungen konzentrieren sich einerseits darauf diese Eigenschaften für Teile mit geringerer Lebensdauer z. B. Verpackungen, Anschauungsmodelle usw. zu nutzen, andererseits durch die Entwicklung und Verbesserung der Materialsysteme neue Einsatzbereiche zu erschließen [ZEID19].

### 6.4.3 Biokunststoffe

Die Definition dieser Kunststoffe wird anhand der Rohstoffbasis (nachwachsende Rohstoffe) und dem Recycling auf biologischem Weg (bioabbaubare Kunststoffe) abgeleitet. Diese beiden Definitionsfelder ermöglichen es die Werkstoffpalette nicht nur auf nachwachsende Rohstoffe zu begrenzen, sondern auch auf Materialien auf Mineralölbasis zu erweitern [BOZE17].

Die in AF verwendeten Biopolymere werden in Abhängigkeit von der chemischen Struktur in drei Gruppe geteilt [KOLZ13, PAES22]:

- Abbaubare Polymere auf Basis nachwachsender Rohstoffe
- Abbaubare Biopolymere auf petrochemischer Basis
- Nicht abbaubare aber auf nachwachsanden Rohstoffen basierende Polymere

Ursprünglich werden die Biopolymere aus landwirtschaftlichen und erneuerbaren Rohstoffen wie Mais, Sojabohnen und Zuckerrohr hergestellt. Diese Materialpalette wurde später durch erneuerbare Non-Food-Quellen wie Rizinussamen, Hanf und Sägemehl erweitert. Aktuell kommen hinzu neue Rohstoffe wie Algen und modifizierte Methanbakterien hinzu [JAYA23, SPIE18]. Die Nachteile biobasierter Polymere liegt darin, dass sie bei relativ hoher Temperatur verarbeitet werden müssen. Das führt zu einer niedrigen Einsatztemperatur.

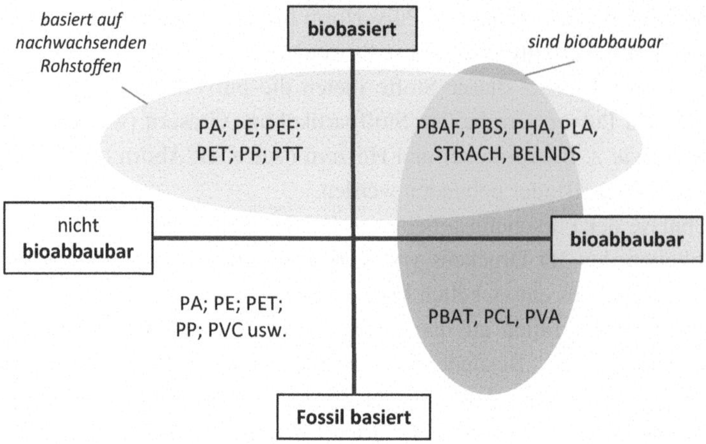


**Abb. 6.4** Biokunststoffe nach [PAES22, ENDR09]. (Quelle: eigene Darstellung)

In vielen Fällen bilden die nachwachsenden Rohstoffe das Ausgangsmaterial für die Biokunststoffe. Daraus entstehende Kunststoffe können je nach ihrer Struktur biologisch abgebaut werden. Bioabbaubare Materialien lassen sich komplett oder teilweise durch Mikroorganismen oder Enzyme abbauen. Der biologische Prozess besteht aus der vollständigen Umwandlung dieser Polymere zu Wasser, $CO_2$/Methan, Energie und neuer Biomasse [BONT20]. Zu dieser Gruppe der Ausgangsmaterialien gehören beispielsweise Polymilchsäure, Polyhydroxyfettsäuren, Proteine, Lignin u. a.

Der zweite Weg der Erzeugung von abbaubaren Biopolymere lehnt sich an die Verarbeitung von Erdölprodukten an. Durch die Reduzierung der Resilienz dieser Werkstoffe gegenüber fremden Einflüssen wird die Bioabbaubarkeit erzeugt. Dafür sorgt der Einbau von stickstoff- oder sauerstoffhaltigen Molekülgruppen in die Struktur.

Einige Biopolymere können zwar aus nachwachsenden Rohstoffen (z. B. Mais, Weizen, Gras, Bakterien) erzeugt werden, aber können nicht biologisch abgebaut werden. Aus diesen Stoffen wird Cellulose gewonnen und nach chemischer Modifikation für die Herstellung von Biokunststoffen auf Stärkebasis eingesetzt.

Die Abb. 6.4 stellt die Einordnung der kommerziell verfügbaren AF-Kunststoffe nach der oben genannten Definition dar.

## 6.5 4D Drucken von Kunststoffen

Um den vierten Effekt bei Kunststoffteilen zu erzeugen, kommen Polymere mit gewünschten und maßgeschneiderten Eigenschaften zum Einsatz [LAUK19]. Diese smarten Materialien nehmen unter bestimmten Einflüssen, wie elektrische und magnetische Felder, Licht, Feuchtigkeit, pH-Wert, Spannung, Temperatur und Wasser, die gewünschte Designform, Eigenschaft oder Funktionalität an (Tab. 6.2). Die meisten Kunststoffe mit

**Tab. 6.2** Anwendungsfelder und Verfahren für das 4D Drucken von Kunststoffen nach [MOME17, PAES22]

| Anwendungsgebiete | AF-Verfahren | Einflüsse |
|---|---|---|
| • biometische Sensoren | MEX-TRB/P | Temperatur, Elektrizität |
| • Systeme zur kontrollierten Verabreichung von Medikamenten, diagnostische Medizin | VPP-UVL | Magnetfeld |
| • flexible Elektronik, Soft-Robotik | direkt ink writing | Magnetfeld |
| • Scharnierbereich | MJ (PolyJet) | Temperatur |
| • L-Scharnier, spiralförmiges Qua-drat | MJ (PolyJet) | heißes Wasser |
| • leichte, starke Panzerung | VPP-UVL | elektrisches Feld |
| • Metamaterialien | MEX-TRB/P | Thermomechanik |
| • Metamaterialien | direkt ink writing | Magnetfeld |
| • Morphing-Strukturen | VPP-UVL | photo-thermal |
| • Organe | Bioprinting | simulierte Körper-umwelt |
| • Hochfrequenz-Komponenten | Inkjet | Elektrizität |
| • Gerüste | MEX-TRB/P | Temperatur |
| • selbstbiegende Strukturen | MEX-TRB/P | Temperatur |
| • weiche Robotik, wie z. B. intelligente Schlüssel-schlossverbinder | direkt ink writing | Magnetfeld |
| • Solarkonzentrator | MEX-TRB/P | heiße Plate |
| • Textilien | MEX-TRB/P | Temperatur |
| • Tragbare Geräte | MEX-TRB/P | Wärme |
| • gewichtsempfindliche Teile | MEX-TRB/P | Temperatur |

solchen Eigenschaften werden aus Acrylpolymeren, Elastomeren, Elastomerverbundstoffen, Hydrogelen, Polymerverbundstoffen und Formgedächtnispolymeren gefertigt [MAUR22, MOME17]. Die am meisten verwendeten Materialien werden in zwei Gruppen zusammengefasst: Hydrogele und Polymere mit Formgedächtnis.

Hydrogele sind Polymere, die in der Regel aus Wassermolekülen bestehen und nicht wasserlöslich sind. Sie sind hydrophil, quellen auf und verändern ihre Form wenn sie ins Wasser getaucht werden. Diese zusätzliche Dimension wird für diese Materialien daher als die Änderung des Quell-/Schrumpfverhältnisses definiert. Für die additive Fertigung ist das MEX-Verfahren am besten geeignet. Die in [KIM12] entwickelte Hydrogel (Poly-N-Isopropylacrylamid) besitzt eine temperaturabhängige Eigenschaft. Bei Erwärmung über 32°C in Wasser geht dieses Gel von einem gequollenen hydratisierten in einen geschrumpften dehydratisierten Zustand über und reduziert sein Volumen dabei sehr stark. Durch die Schichtung der Gele mit unterschiedlichen Quellgrad ist es möglich unterschiedlich gefaltete Formen zu erzeugen. Weitere Anwendungsbeispiele für das

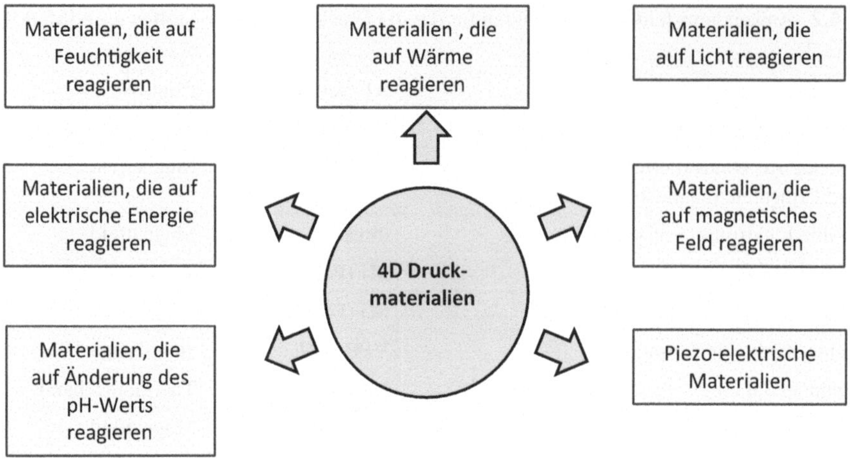


**Abb. 6.5** Für 4D Druck einsetzbaren Materialtypen nach [AHME21]. (Quelle: eigene Darstellung)

hydrogelbasierte 4D Drucken sind: aktive Ventile aus thermosensitivem Hydrogel und Teile aus anisotropen Hydrogel-Verbundwerkstoffen mit Zellulosefibrillen [GE16].

Polymere mit Formgedächtnis kommen bei externem Auslösen vom verformten Zustand in ihr Ausgangsform dauerhaft zurück. Das Auslösen erfolgt über einen Temperaturwechsel. Die Teile werden bei höherer Temperatur, die über der Schmelztemperatur liegt, unter großem Druck verformt und danach abgekühlt. Die Ergebnisse der Untersuchungen mit Polymeren auf der Basis von Polycaprolacton (PCL) zeigten die Potenziale der additiven Fertigung am Beispiel des VPP-UVL-Verfahrens auf [ZARE16]. Die Typen dazu geeigneter Materialien sind in der Abb. 6.5 schematisch dargestellt.

Um die 4D Effekte weiter zu verbessern, kommen Verbundwerkstoffe auf Polymerbasis zum Einsatz. Durch den gezielten Einbau von sensiblen Materialien sind diese Effekte zu verstärken. So wurde mit dem MEX-TRB/P-Verfahren und einem fotosensiblen Verbundwerkstoff auf Basis von PLA und Kohlenstoff-Nanoröhren ein Formgedächtnispolymerteil gefertigt [HUA18]. Das hergestellte Teil änderte seine Form nur im UV-Licht. Nach Abschalten des Lichtes ging es in die Ausgangsform zurück.

Die elektroaktiven Polymere (EAPs), wie die Fluorpolymere auf Poly(Vinylidenfluorid/Trifluorethylen)-Basis, reagieren auf eine elektrische Ladung und wandeln diese in mechanische Kraft und Bewegung um [HUAN04]. Diese Polymere können sich aufgrund der niedrigen Elastizitätsmodule und hohen Dehnungen an Freiformoberflächen anpassen. Sie werden benutzt, um tragbare Sensoren zu bauen. Die EAP‘s mit großen Dehnungen sind geeignet für Aktoren, z. B. für die Bewegung von Muskeln an Menschen [WANG16].

Die erfolgreiche Umsetzung dieser Techniken braucht dazu noch ein gut ausgelegtes Design, das nach der Veränderung die gewünschte Form und Struktur einnimmt. Derzeit konzentriert sich der Großteil der Forschung im Bereich des 4D-Drucks auf die Formveränderungsfähigkeit der 4D-gedruckten Materialen, wie Dehnung, Biegung, Wellung und Verdrehung [AHME21]. Diese Eigenschaften ermöglichten den Aufwand der Fertigung zu reduzieren oder eine konventionell nicht zu fertigende Struktur erzeugen. Z. B. man kann mit intelligentem Material eine einfache Struktur drucken, und diese dann zu einer komplexen Struktur zu transformieren. Außerdem besitzen die 4D gedruckten Teile die Fähigkeit zur Selbstmontage und Selbstreparatur [ZHOU15]. In der Medizin und Raumfahrt finden die 4D gedruckten Teile bereits eine breitere Anwendung.

## 6.6 Eingesetzte Fertigungsverfahren

### 6.6.1 Verfahrensgruppen

Für die additive Fertigung von Kunststoffteilen werden Ausgangsmaterialien mit unterschiedlicher Konsistenz (Filament, Pulver, flüssiges Harz) eingesetzt (Abb. 6.6). Trotz dieser Unterschiede können die gefertigten Bauteile vergleichbare mechanischen Eigenschaften besitzen, da alle Werkstoffe aus dem gleichen Polymergrundmaterial bestehen.

Die festen Materialien werden bis zur Schmelztemperatur erhitzt, wodurch das entstehende fließfähige Material in horizontaler und vertikaler Richtung miteinander verbunden wird. Bei dem flüssigen Material erfolgt die selektive Verfestigung mittels Lichtbeleuchtung oder eines Laserstrahles. Die Prinzipien einiger Verfahren sind mit den Verfahren für die Metallwerkstoffe vergleichbar (z. B. VPP-UVL und PBF-LB/P, BJT für Metall und Polymer). Der Unterschied liegt in den werkstoffbezogenen Prozessparametern. Es werden hier nur einige repräsentative Verfahren für die industriellen Fertigung von funktionellen Kunststoffteilen beschrieben, um die planungstechnischen Aspekte der Verfahren sichtbar zu machen.

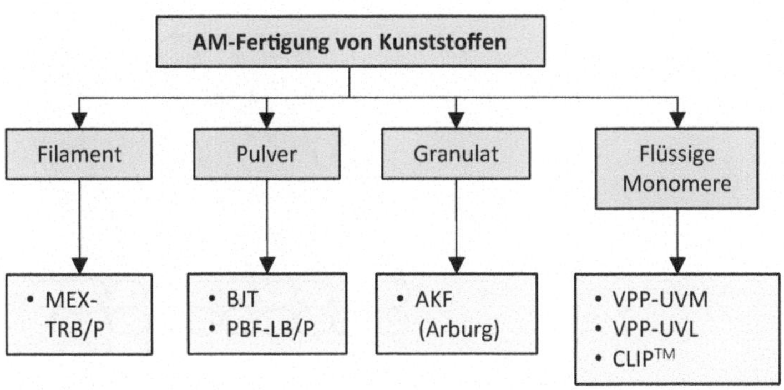


**Abb. 6.6** Die Einteilung der AF-Verfahren für die Kunststoffbearbeitung. (Quelle: eigene Darstellung)

### 6.6.2 Verfahren MEX-TRB/P

Das Verfahren MEX-TRB/P (engl. *Material Extrusion – Thermal Reaction Bonding/ Polymer*) basiert auf der Extrusion eines thermoplastischen Materials durch eine beheizte Düse mit konstantem Durchsatz und gehört zur Verfahrensgruppe Materialextrusion -MEX (DIN EN ISO/ASTM 52900:2022). Nach dem Auftragen der aufbereiteten Materialschmelze entsteht Schicht für Schicht auf der Bauplattform die gewünschte Form des Bauteiles (Abb. 6.7). Sobald das extrudierte Filament abgelegt ist verschmilzt es mit der darunter liegenden Schicht und verfestigt sich aufgrund des Abkühlens. Die Thermoplaste, die bei diesem Verfahren zum Einsatz kommen, sind vielseitig: Acrylnitril-Styrol-Acrylat (ASA), Acrylnitril-Butadien-Styrol (ABS), Polycarbonat, Polyetherimid, Polymilchsäure (PLA), hoch schlagzähes Polystyrol (HIPS), thermoplastisches Polyurethan (TPU), aliphatische Polyamide (PA, Nylon), Polyetheretherketon (PEEK) und Polyetherimid (PEI) [ALGH21]. Die einfache Verfahrensrealisierung ermöglichte eine breite Anwendung sowohl im Prototypenbau, als auch in der Serienfertigung von Kunststoffteilen. Nach [WOHL23] ist das MEX-TRB/P-System das meistverkaufte 3D-Drucksystem.

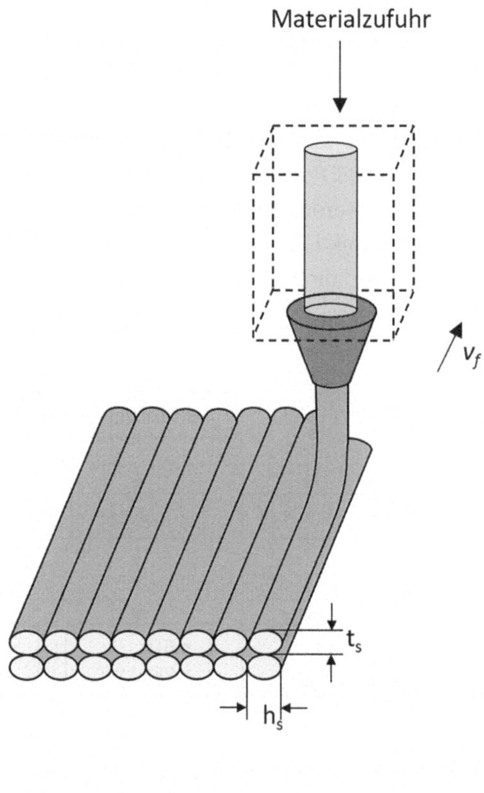


**Abb. 6.7** Prinzip des MEX-TRB/P Verfahrens. (Quelle: eigene Darstellung)

In der Anlage erfolgt die Bewegung des Druckkopfes entlang der X–Y-Achsen der Bauplattform. Die Z-Achse dient für die Hubbewegung des Druckkopfes um eine Schichthöhe. Je nach der Zuordnung dieser Achsen zur Bauplattform und dem Druckkopf existieren unterschiedliche Maschinenkonzepte. Es werden folgende Prozessparameter definiert:

$h_s$ – Spurbreite [mm]
$t_s$ – Schichtdicke [mm]
TSM – Schmelztemperatur [°]
$d_f$ – Düsenöffnungsdurchmesser [mm]
$v_s$ – Vorschubgeschwindigkeit [mm/min]
TBPL – Temperatur der Bauplattform [°]
TBRM – Temperatur des Bauraumes [°]
θ° – Infill-Muster-Rasterwinkel [°]
F – Füllungsgrad [%]
VB – Bauteilvolumen (inkl. Support) [$mm^3$]
$\dot{V}$ – maximaler Materialdurchsatz [$mm^3$/min]
H – Bauteilhöhe [mm]

**Grundzeit**

Für die Grundzeit beim MEX-TRB/P-Verfahren ist entscheidend der Materialdurchsatz pro Zeiteinheit, die nach dieser Formel berechnet werden kann [TURN14]:

$$\dot{V} = \frac{\pi \cdot (d_f/2)^4 \cdot \Delta P}{8 \cdot L \cdot \mu} \tag{6.1}$$

mit ΔP – Druck in der Kammer [Pa], μ – Viskosität der Schmelze [Pa·s], L – Länge der Kammer [mm], $d_f$ – Düsenöffnungsdurchmesser [mm]

In der Praxis wird jedoch die Grundzeit durch die Einstellungen der Maschine in CAM-System gesteuert. Für die Berechnung wird ein angenommener elliptischer Querschnitt des Stranges zugrunde gelegt:

$$\dot{V} = v_s \cdot A_s \tag{6.2}$$

mit As- Querschnittsfläche der Ellipse:

$$A_s = \pi \cdot \frac{h_s}{2} \cdot \frac{t_s}{2} \tag{6.3}$$

Es besteht bei der CAM-Planung die Möglichkeit den Materialdurchsatz direkt durch die maschinenspezifische Obergrenze dieses Wertes einzugeben. Wenn ein anderer Prozessparameter, wie z. B. die Vorschubgeschwindigkeit, entscheidend ist, wird das Durchsatzvolumen entsprechend angepasst.

Anhand des Durchsatzvolumens kann die Grundzeit $t_G$ wie folgt berechnen werden:

$$t_G = \frac{V_B}{\dot{V}} + t_n \tag{6.4}$$

mit

$$t_n = t_z \cdot \frac{H}{t_s}$$

Diese Nebenzeit $t_n$ beinhaltet die Zeit für die Zustellbewegungen $t_z$, die maschinenspezifisch ist. Je nach gewählter Fertigungsanlage und eingesetzter Filamentart und -größe kann ein Durchsatzvolumen bis 20 $mm^3/s$ erreicht werden [MWEM21].

**Scanstrategien**

Die Bahnbewegung wird mittels unterschiedlicher Hatching-Strategien realisiert. Diese sind von der gestellten Fertigungsaufgaben und entsprechendem Füllgrad (Infill) des Werkstoffes abhängig. Um eine maximale Festigkeit zu erreichen, muss das Bauteil dicht gebaut werden. Mit der Vergrößerung des Bahnabstandes sinkt nicht nur die Fertigungszeit, sondern auch die Festigkeit des Bauteils [DAVE21]. Es existieren verschiedene Infill-Muster, die für verschiedene Zwecke eingestellt werden können (Abb. 6.8). Es sind 2D- oder 3D-Infill-Muster zu unterschieden.

Durch die Auswahl eines entsprechenden Musters kann man die mechanischen Eigenschaften einstellen. Die voll ausgefüllten Körper haben eine höhere Dichte, Festigkeit und Oberflächenrauheit [SRIN20]. Das Wissen über die Korrelation zwischen dem Infill-Muster, den Prozessparametern und den Festigkeitswerten hilft die Bauteilkörper hinsichtlich des Leichtbaues optimal zu gestalten. Dabei ist die Berücksichtigung der Belastungsrichtung und Ablegen des Stranges in der Fertigung vom Vorteil. So kann die Adhäsionskraft zwischen den Schichten und Fasern optimal genutzt werden. Das Rastermuster wird aufgrund seiner Einfachheit und eines geringen Zeitaufwands oft verwendet. Für die Erhöhung des Widerstandes gegenüber den auf die Oberfläche vertikal wirkenden Kräften zeigt das Dreiecksmuster einen höheren Wert. Diese Einflüsse korrelieren sehr stark mit dem Neigungswinkel der Raster, die auch für die Anisotropie von gedruckten Teilen verantwortlich sind. Durch die Variation des Rasterwinkels können die Festigkeit, die Zähigkeit und der Versagensmechanismus je nach Verwendungszweck angepasst werden [KIEND20]. Die höchsten Werte entstehen bei einem 0° Winkel. Die niedrigsten Werte sind bei 90° zu beobachten (Abb. 6.9). Die günstige Einstellung ist dann erreicht, wenn die Belastungsrichtung und der Neigungswinkel des Rasters übereinstimmen [BRAC20, DIZO18].

**Materialfehler**

Bei Nichtbeachten der günstigen Prozesseinstellungen entstehen im Prozess Fehler hinsichtlich der Werkstoffqualität (Abb. 6.10). Ursachen können eine schlechte Druckerkalibrierung, die Wahl falscher Prozessparameter, Qualitätsprobleme beim Filament u. a.

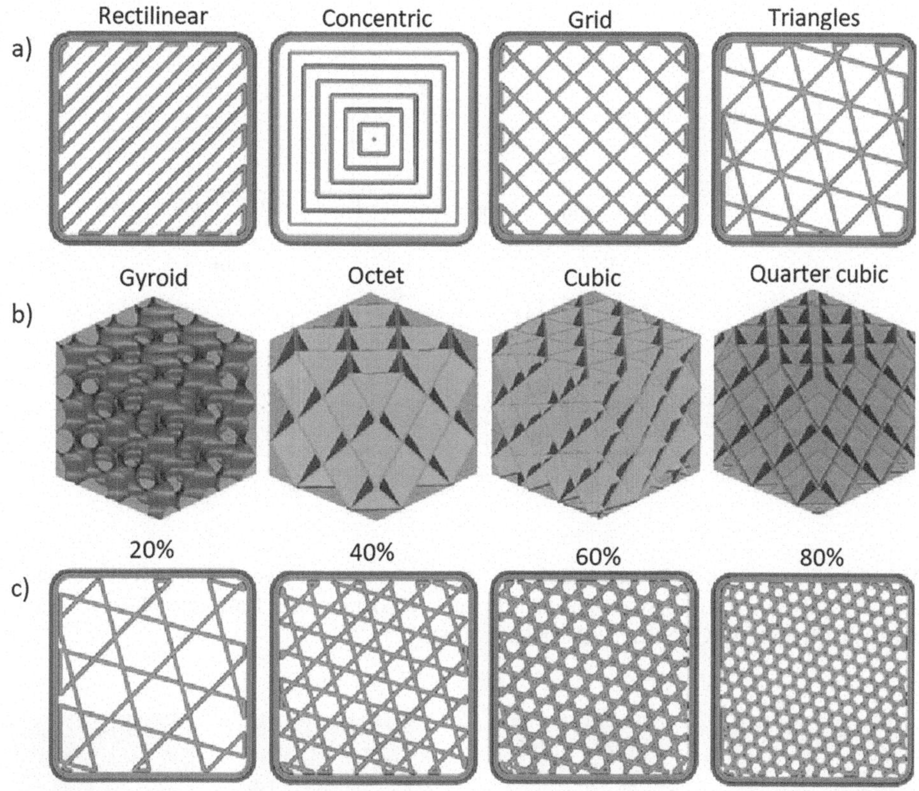


**Abb. 6.8** Infill- Muster für das MEX-TRB/P-Verfahren: a) 2D Infill-Muster, b) 3D Infill-Muster, c) verschiedene Infill-Grade für Tri-Hexagon/Sterne-Muster [DAVE21]. (Quelle: Springer )

sein (Tab. 6.3). Durch entsprechende Maschineneinstellungen kann diesen Fehlern entgegengewirkt werden [DAVE21, MWEM21].

### 6.6.3 Verfahren PBF-LB/P

Der schichtweise Aufbau eines Kunststoffteiles mit dem Laserstrahl basiert auf der Verteilung von Pulverpartikeln auf der Bauplattform und der Verfestigung mittels Laserstrahl (Abb. 6.11). Dieses Verfahren gehört auch nach EN ISO/DIN 52900:2022 zur Gruppe des pulverbasierten Schmelzens- PBF (s. Abschn. 5.5.2). Vor der Bestrahlug mit dem Laser erfolgt ein Vorwärmen des Pulvermaterials. Diese Temperatur liegt ca. 2 K unter dem Schmelzpunkt [GEBH16]. Das Pulvermaterial wird durch weiteres Lasererwärmen selektiv auf die "Sintertemperatur" gebracht und so verfestigt. Nach dem Sinterprozess werden das Bauteil und das umgebende Stützmaterial auf ca. 50°C abgekühlt, um das Post-Prozessing durchzuführen.

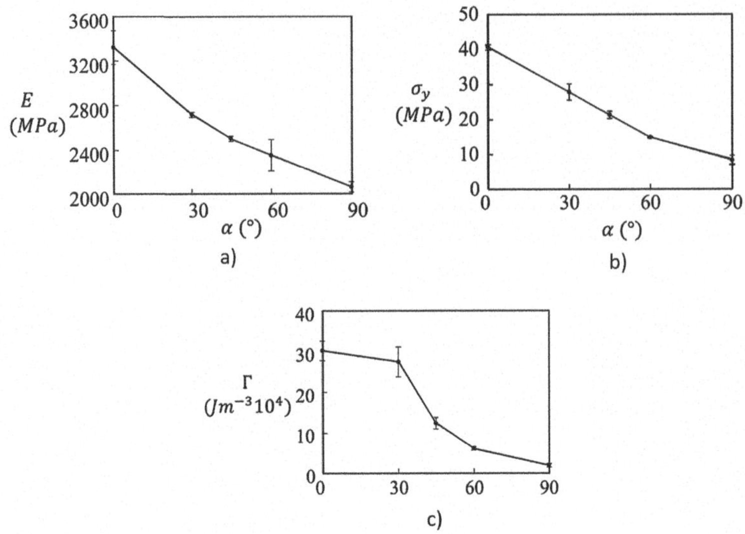


**Abb. 6.9** Einfluss des Neigungswinkels auf die mechanischen Eigenschaften von gedruckten MEX-TRB/P-Teilen: a) Elastizitäsmodul, b) Zugfestigkiet, c) zur Rasterausrichtung bei unidirektionalen Proben [KIEND20]. (Quelle: Elsevier )

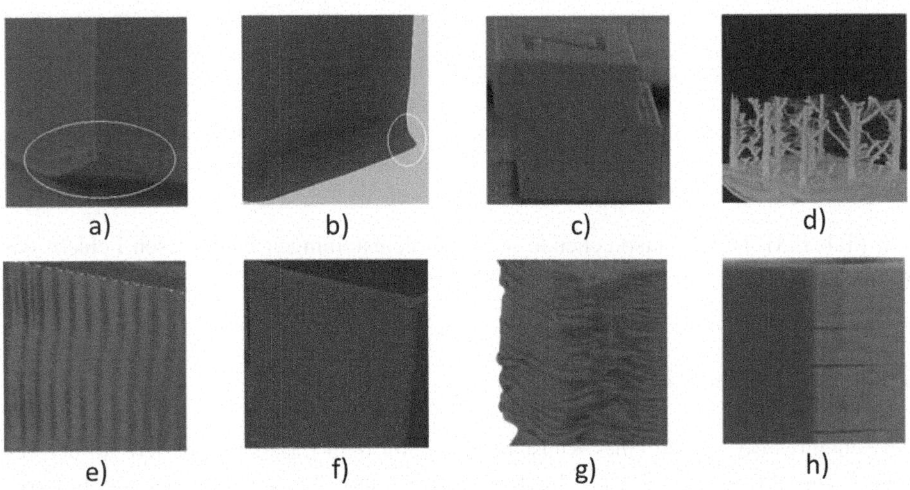


**Abb. 6.10** Typische Bauteilfehler des MEX-TRB/P-Prozesses: a) Warping, b) Elefantfuß, c) Schichtversetzung, d) Stringing, e) Ringing, f) Z-Wobble, g) Curling und h) Delamination [DAVE21]. (Quelle: Springer )

**Tab. 6.3** Prozessbedingte Fehler am Bauteil

| Fehlerbeschreibung | Mögliche Ursachen |
|---|---|
| Warping | Infolge unterschiedlicher Abkühlgeschwindigkeiten und -temperaturen der einzelnen Schichten |
| versetzte Schichten | Positionierungsfehler der Maschine |
| Stringing oder Oozing | das Nachtropfen an der Düse |
| Ringing | rasche Richtungswechsel im System |
| Z-Wobble | Gratbildungen an den seitlichen Flächen des Teiles infolge mechanischer Probleme durch Temperaturschwankungen oder schlechter Filamentqualität |
| Curling | zu hohe Schmelztemperatur |
| Delamination | zu niedrige Drucktemperatur |

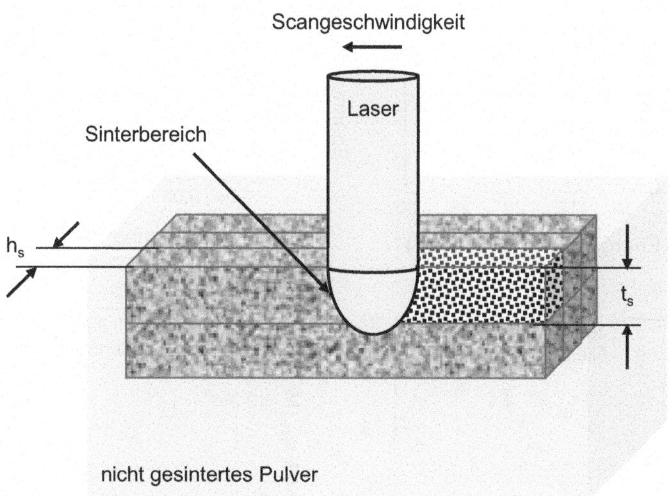


**Abb. 6.11** Schematische Darstellung der Verfahrenskinematik. (Quelle: eigene Darstellung)

Der entscheidende Vorteil des PBF-LB/P -Verfahrens liegt darin, dass hier auf die Stützstruktur, die bei vielen AF-Verfahren erforderlich ist, verzichtet werden kann. Das lose Pulver stützt die gebundenen Bauteile und macht aufwendige Stützkonstruktionen überflüssig.

Mit dem PBF-LB/P-Verfahren kann eine breite Palette von Kunststoffen, sowie deren Kombination mit anderen Materialien, wie z. B. Metall-Polymer-Pulver, verarbeitet werden. Als Polymere werden teilkristalline Thermoplaste mit überwiegendem Anteil von Polyamid eingesetzt. Diese werden mit anderen Thermoplasten ergänzt: Polyethylen (PE), Polypropylen (PP), Polycaprolacton (PCL), Elastomere, wie thermoplastisches

Polyurethan (TPU), und Hochleistungspolymere, wie Polyetherketon (PEK), Polyetheretherketon (PEEK) und Polymerblends. Als amorphe Polymere können mit dem PBF-LB/P-Verfahren verarbeitet werden: Polycarbonat (PC), Poly(methylmethacrylat) (PMMA) und Polystyrol (PS) [HAN22, SCHM22]. Die Hochleistungspolymere sind sehr teuer in der Beschaffung, daher werden sie nur in speziellen Fällen angewendet, wo hohe mechanische und thermische Belastbarkeit und chemische Beständigkeit erforderlich sind.

Die mechanischen Eigenschaften von Bauteilen sind stark von der Energiedichte des Laserstrahles abhängig. Das ist in der Abb. 6.12 am Beispiel der Untersuchungen mit dem Werkstoff PA12 ersichtlich. Durch die Einstellung der Prozessparameter können optimale Bedingungen für das zu fertigende Bauteil erreicht werden.

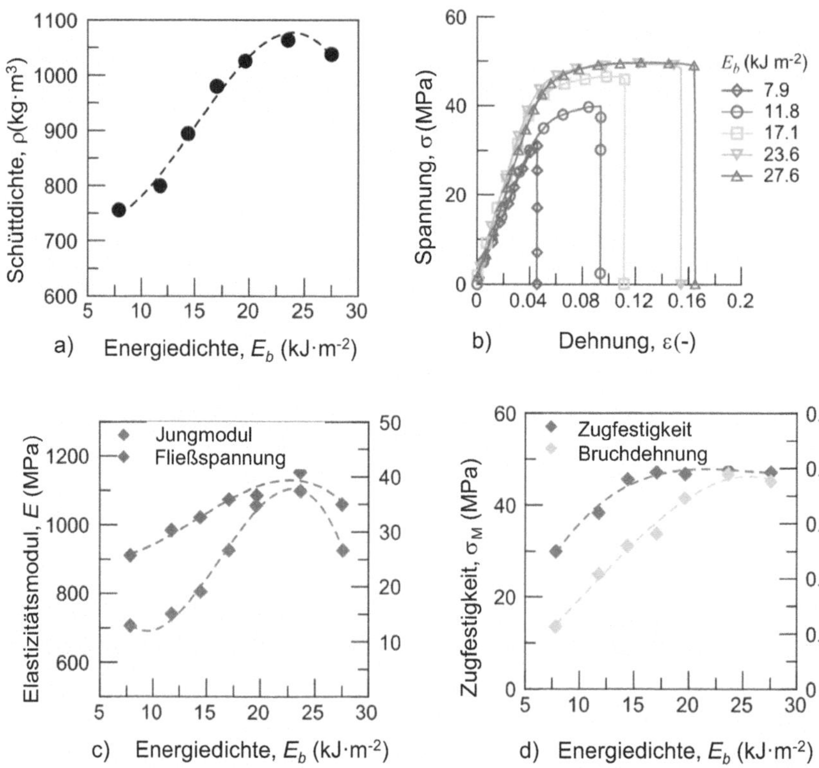


**Abb. 6.12** Abhängigkeit der mechanischen Eigenschaften gedruckter Proben (PA12) von der Oberflächenenergiedichte- Eb.: a) Teiledichte b) Spannungs-Dehnungs-Kurven, c) Elastizitätsmodul und Fließspannung d) Zugfestigkeit und Bruchdehnung (aus einachsigen Zugversuchen, parallel zur Baurichtung) [BRIG21]. (Quelle: Springer )

**Prozessparameter**

$P_L$ – Laserleistung [W]
$v_s$ – Belichtungsgeschwindigkeit [mm/s]
$h_s$ – Spurabstand [µm]
$t_s$ – Schichtdicke [µm]
$T_s$ – Vorwärmetemperatur [K]
$d_f$ – Laserstrahldurchmesser [µm]
$K_ü$ – Überlappungsgrad
H – Höhe des Bauteiles [mm]
$V_B$ – Bauteilvolumen [$mm^3$]
$\dot{V}$ – Volumenaufbaurate (oder Aufbaurate) [$mm^3/min$]
M – Batchgroße [Stück]

**Scannen**

Das Bestrahlungsmuster mit dem Laserstrahls hat einen bedeutenden Einfluss auf die Materialstruktur. Die beim PBF-LB/P-Verfahren eingesetzte Scann-Strategie ist mit dem des PBF-LB/M -Verfahrens identisch (s. Abb. 5.11). Die Auswahl einer geeigneten Strategie basiert auf den Anforderungen der Werkstoffeigenschaften. Die wichtigen Belichtungsstrategien sind [BREU13, SCHM22]:

- jede Schicht wird in einer statisch gewählten Abfolge belichtet.
- die Scanrichtung wird von Schicht zu Schicht zwischen X- und Y-Richtung gewechselt.

Die ständige Änderung der Belichtungsrichtung dient zur Verringerung von Anisotropie und Verzug des Bauteiles.

Die effiziente technische Umsetzung der Scanstrategie ist von der Optik der eingesetzten Maschine abhängig. Infolge der Beschleunigungs- und Bremswege der Laser entsteht in Randbereichen eine erhöhte Energiedichte, die zum Anschmelzen von Pulverpartikeln und Bildung einer rauen Oberfläche führt. Um diesen negativen Effekt zu beseitigen wurden eine von Maschinenherstellern angepasste Scanstrategien entwickelt, nach der die Beschleunigungen des Spiegels schon außerhalb des Baubereiches stattfindet (Abb. 6.13). Eine angepasste Laserleistung verhindert das Anschmelzen der Randschichten und verbessert dadurch die Eigenschaften des Bauteiles.

**Grundzeit**

Die Grundzeit beim PBF-LB/P-Verfahren wird analog zu PBF-LB/M-Verfahren anhand der Volumenbaurate berechnet:

$$t_G = \frac{V_B \cdot m}{\dot{V}} + t_{bs} \cdot \frac{H}{D_s} \tag{6.5}$$

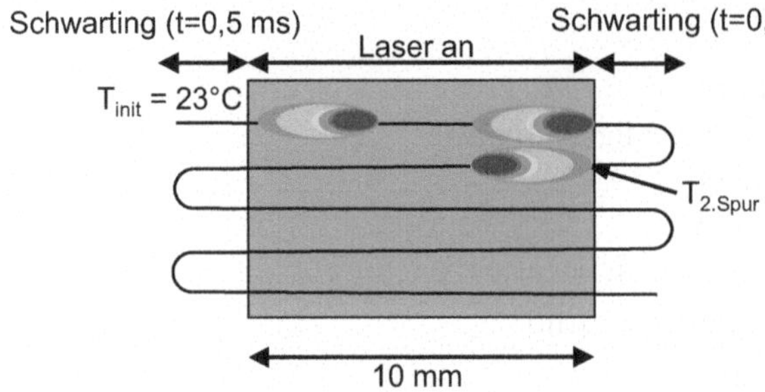


**Abb. 6.13** Angepasste Scanstrategie für die PBF-LB/P -Fertigung nach [SCHM22]. (Quelle: eigene Darstellung)

mit:

$$\dot{V} = v_s \cdot h_s \cdot t_s \tag{6.6}$$

Die maschinenspezifische Komponente der Nebenzeit $t_{bs}$ sollte in einer Zeitstudie durch Beobachtung, Erfassung und Messung der Arbeitsabläufe bestimmt werden. Typische Volumenbauraten liegen gegenwärtig je nach gewählter Fertigungsanlage, eingesetztem Pulver und zu fertigender Bauteilgeometrie zwischen 1 l/h und 10 l/h [SCHM22].

**Materialfehler**

Nach dem Sinterprozess entstehen feste Körper, deren Eigenschaften mit klassisch gefertigten Kunststoffen vergleichbar sind. Wie bei allen Verfahren können auch beim PBF-LB/P bei Nichtbeachten der Richtlinien/Vorschriften (z. B. Energiedichte und Vorschubgeschwindigkeit) auch die spezifischen Fehler auftreten, die in der Bauteilqualität in Form von Porosität, Verformungen und Schrumpfungen auftreten können (Tab. 6.4).

**Tab. 6.4** Prozessbedingte Fehler am Bauteil nach [BREU13, HAN22, SCHM22]

| Fehlerbeschreibung | Mögliche Ursachen |
|---|---|
| Porosität | zu niedrige Drucktemperatur (unvollständige Sinterung) oder zu hohe Drucktemperatur (hohe Viskosität) |
| Verzug (Curling) | falsche Einstellung der Vorwärmetemperatur (keine optimale Abkühlgeschwindigkeit) |
| Schrumpfung | Abkühlgeschwindigkeit zu hoch |
| Risse | Pulvertemperatur zu hoch, zu hoher Feinanteil im Pulver (es verhindern die gute Verbindung/Sintering) |
| raue Oberfläche | zu niedrige Drucktemperatur (unvollständiges Sintern) |
| Oberflächenfehler (Orangenhaut) | falsche Pulvermischung (zu hohe Anteil des Altpulvers), unkorrekte Schmelzfließfähigkeit der Pulver |
| Schicht delamination | zu geringe Laserleistung, schlechte Verbringung der Schichten |

### 6.6.4 Arburg Kunststoff-Freiformen (AKF)

Der Arburg Kunststoff-Freiformen (AKF) wird nach seinem Funktionsprinzip der Verfahrensgruppe „Freistrahl-Materialauftrag" (engl. *Material Jetting-MJ*) zugeordnet. Die schichtweise Herstellung von Bauteilen erfolgt durch tropfenweisen Materialauftrag mittels einer kleinen Düse (Abb. 6.14). AKF ist die einzige kommerziell verfügbare Anlage, die mit Granulat arbeitet. Als Ausgangsmaterial werden übliche Spritzgussgranulate verwendet. Die geringen Materialkosten machen den Einsatz dieser Technik für die Industrie interessant. Verarbeitet werden können qualifizierte Kunststoffgranulate aus ABS, PA, PC, PMMA, PLA, TPE und PP. Das Aufschmelzen dieser Materialien erfolgt in einer Plastifiziereinheit, die wie bei einer Spritzgießmaschine aus einer beheizten Schnecke besteht. Anschließend wird die Oberfläche der Bauplattform mit kleinen Kunststofftropfen besprüht. Der Piezoaktor regelt die Intensität der Tropfen (Frequenzbereich 60–200 Hz).

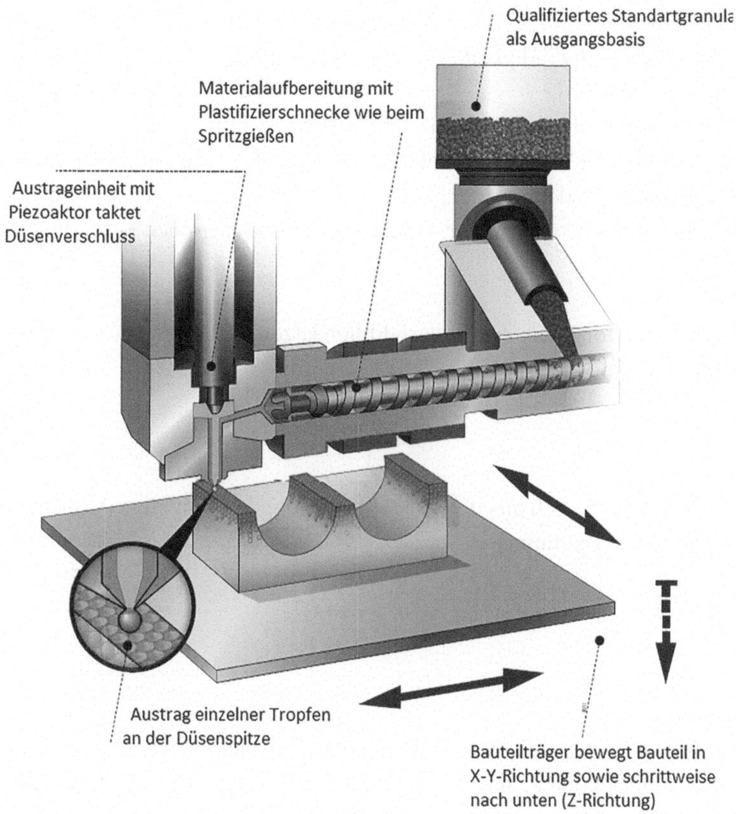


**Abb. 6.14** Schematische Darstellung des AKF-Verfahrens. (Quelle: ARBURG GmbH)

Der Einsatz von mehreren Thermoplast-Extrudern ermöglicht die Erzeugung von Multimaterialien mit unterschiedlichen Eigenschaften hinsichtlich ihrer Optik und Festigkeit. Durch die Verwendung kleiner Tropfen wird eine hohe Dichte des Bauteiles in allen Richtungen erreicht. Die mehrachsige Steuerung der Bauplattform macht eine Stützstruktur überflüssig. Der Bauprozess findet in einem beheizten Bauraum statt, deren Temperatur zwischen 60–120 °C liegt.

Mit diesem Verfahren können Bauteile bis zu einer Größe von 330×230×230 mm hergestellt werden. In der Maschine werden je nach Detailierungsanforderung Düsen mit einem Durchmesser von 0,1 bis 0,3 mm eingesetzt. Der Materialdurchsatz bestimmt die maximale Druckleistung und kann max. 21 $cm^3/h$ betragen.

**Prozessparameter**

$T_{bt}$ – Baukammertemperatur (°C)
$t_s$ – Schichtdicke
V – Materialdurchsatz $mm^3/min$
$v_{fxy}$ – Vorschubgeschwindigkeit der Bauplattform in X–Y-Ebene
$v_{fz}$ – Zustellgeschwindigkeit der Bauplattform in Z-Richtung
$v_{schn}$ – Vorschubgeschwindigkeit der Schnecke (mm/s)
W – Spurbreite [mm]
DAR – Tropfenquerschnittsverhältnis $DAR = W/t_{bs}$
DR – Verhältnis von Tropfenvolumen zu verfügbarem Hohlraum [%]: $DR = L/L_0$
L – Weginkrement der Spindel [µm]
$L_0$ – Referenzweginkrement der Anlage, einstellbar zwischen 1–15 [µm/%]

**Grundzeit**

Die Grundzeit kann auf Basis des Materialdurchsatzes analog zu anderen Verfahren wie folgt berechnet werden:

$$t_G = \frac{V_B}{\dot{V}} + t_n \tag{6.7}$$

Die Nebenzeit ($t_n$) ergibt sich aus den Zustellbewegungen sowie dem Aufheizen der Plastifiziereinheit und des Bauraums:

$$t_n = \frac{H}{v_{fz}} + t_a \tag{6.8}$$

**Scanstrategien**

Für die Fertigung können die aus anderen MEX-Verfahren bekannten Scanstrategien (bidirektional, unidirektional, um 45° gedreht usw.) verwendet werden. Dies wird mit DAR kombiniert, um die Bauteileigenschaften zu verbessern. Um eine feste Außenkontur zu erzeugen, werden die Tropfen überlappend abgelegt, was zu einer geringen

Baugeschwindigkeit führt. Die Innengeometrie des Bauteils wird dagegen mit einer hohen Schneckengeschwindigkeit erzeugt. Das gedrehte Scannen ermöglicht eine hohe Dichte und bessere Werkstoffeigenschaften [EISE23, HENT20].

**Verfahrensgrenze**

Durch den tropfenweisen Aufbau der Materialschicht entsteht auf dem Bauteil eine entsprechende Struktur mit Abweichungen (Abb. 6.15). Durch Parametereinstellung kann eine Oberflächenrauhigkeit von $R_z = 20$ µm erreicht werden.

Der tropfenweise Bau erschwert die Herstellung dünnwandiger und filigraner Strukturen. Die kleinste Wandstärke ist auf 0,6 mm begrenzt.

**Materialfehler**

Die in den letzten Jahren durchgeführten Untersuchungen zur Verifizierung des Verfahrens haben eine Reihe von Fehlern aufgezeigt, die im Prozess auftreten können. Die wichtigsten Fehler sind in der Tab. 6.5 zusammengefasst.

## 6.6.5 Verfahren VPP-UVM

Das VPP-UVM (engl. *Vat Photopolymerization using UV-Light through a mask*) ist eines der Verfahren der additiven Fertigung von Kunststoffteilen mittels Polymerisation im Bad (DIN EN ISO/DIN 52900:2022). Die Belichtung der Monomere findet mit einem speziellen Bildschirm statt, welche die im Hintergrund projizierten Lichtstrahlen nur gezielt lenken und gleichzeitig große Fläche belichten kann (Abb. 6.17). So ist es möglich die in einer Wanne befindlichen Polymere selektiv und schichtweise zu aktivieren und dadurch sich verfestigen zu lassen. Bei diesem Bauprinzip sind zwei Ausführungsarten zu unterscheide<n: Top-Down und Bottom-Up. Der entscheidende Unterschied liegt in der Lage des Druckkopfes. Bei der Bottom-Up Konfiguration (Abb. 6.17a) taucht die Bauplattform in die Harzwanne ein, sodass zwischen der Bauplattform und

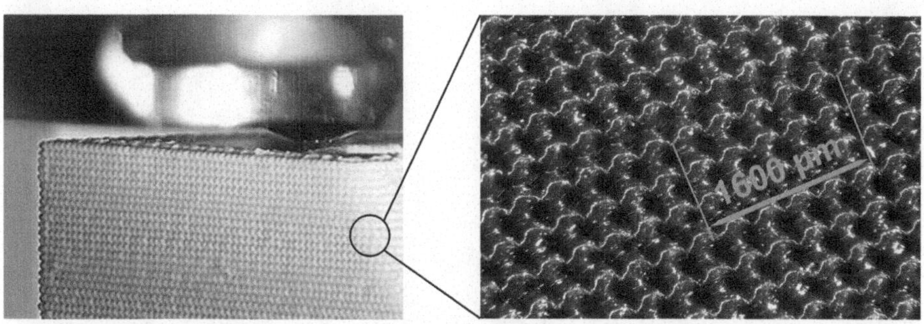


**Abb. 6.15** Schichtstruktur des AKF-Bauteiles. (Quelle: ARBURG GmbH )

**Tab. 6.5** Prozessbedingte Fehler am Bauteil

| Fehlerbeschreibung | Mögliche Ursachen |
|---|---|
| Inhomogene Struktur | Beim Drucken von elastischen Materialien wie TPE82 kann es aufgrund von Vibrationen zu einer inhomogenen Struktur kommen. Die Schwingungen entstehen beim Kontakt des Druckkopfes mit dem Material. Durch eine Stützstruktur kann dieser negative Effekt reduziert werden [MELE22]. |
| Unebenheit (Balling) | Ein weiterer Fehler kann als Welligkeit (Balling) bezeichnet werden. Höhere Bauraumtemperaturen und große DAR führen zum Verzug des Bauteils. Im ungünstigen Fall kann der Fehler bis zu 1 mm betragen. Für eine bessere Oberfläche sollten diese Parameter aufeinander abgestimmt werden [MELE22, HENT20]. |
| Anisotrope/Schwindung | Aufgrund der geringeren Bindung in Z-Richtung ist eine höhere Anisotropie im Vergleich zum MEX-TBR/P-Verfahren zu beobachten. Dies führt zu einer ungleichmäßigen Schwindung der Bauteile entlang der Bewegungsachsen, was bei der Planung berücksichtigt werden muss. Die Abweichung in Z-Richtung ist 5 × größer als in X- und Y-Richtung und kann bis zu 1,0 mm betragen [HECK21]. |
| Materialanhäufung | Durch die starke Erhöhung des DR steht mehr Material als Bauraum zur Verfügung. Schließlich wird mehr Material in das Bauteil gepresst. Die Überfüllung zeigt sich in Form von Materialanhäufungen (Abb. 6.16). |
| Porosität | Die gedruckten Bauteile weisen Porosität auf, wenn die Parameterkonstellation Schichtdicke, Tropfenseitenverhältnis und Füllgrad nicht aufeinander abgestimmt sind. Insbesondere bei kleinen DR-Werten kommt es zu einer Unterfüllung des Bauteils, die als Porosität zu charakterisieren ist. Im ungünstigsten Fall kann eine Porosität von 7 % auftreten. Bei optimaler Prozessführung lasst sich diese auf 0,9 % zu reduzieren [EISE23]. |

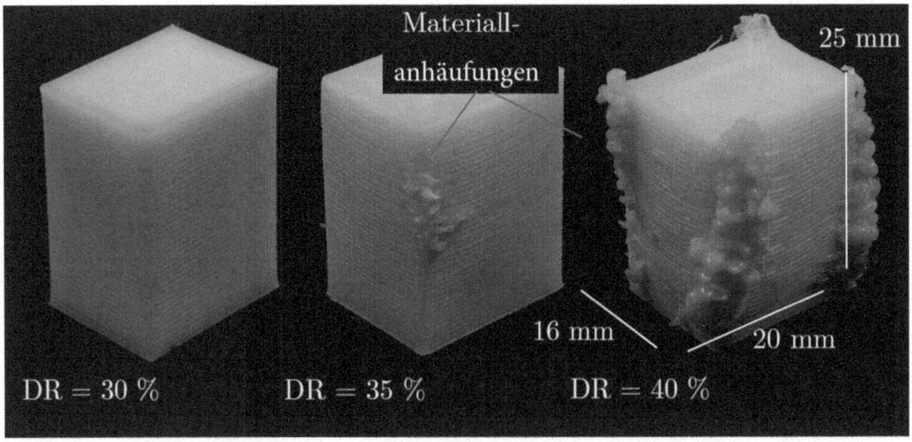


**Abb. 6.16** Das Materialanhäufungen in Abhängigkeit von DR [EISE23]. (Quelle: MDPI)

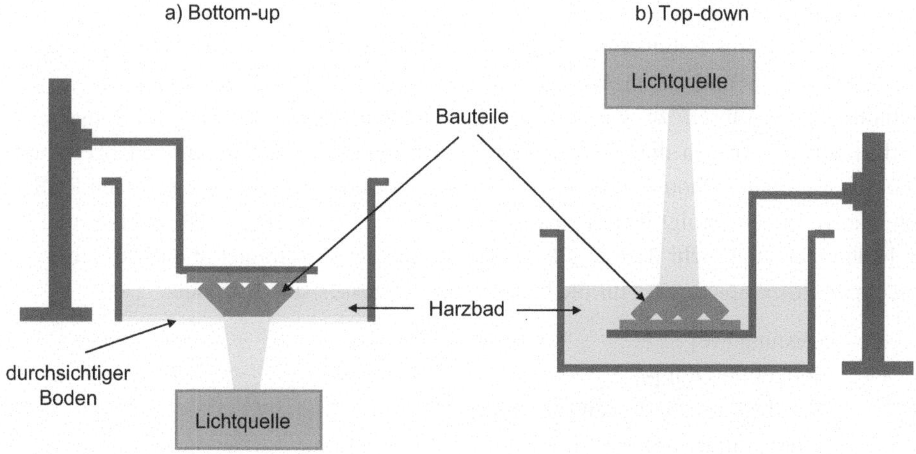


**Abb. 6.17** Verschiedene Ausführungen des VPP-UVM –Verfahrens. (Quelle: eigene Darstellung)

dem Wannenboden ein Abstand entsprechend der Schichtdicke entsteht. Der transparente Boden lässt das projizierte Licht durch. Nach einer bestimmten Belichtungszeit wird das flüssige Harz polymerisiert [LOVO20]. Bei dem Top-Down-Bau fährt die Bauplattform dagegen in Abwärtsrichtung. Dadurch erfolgt die Belichtung von oben.

Jedes dieser Bauprinzipien hat seine Vorteile. Bei dem Bottom-Up Bauprinzip wird weniger flüssiges Material gebraucht als bei der Top-Down-Methode. Zum Abtrennen der Schichten von dem Wannenboden ist jedoch mehr Kraft nötig. Daher sollte die Haftkraft möglichst so groß sein, dass die transparente Oberfläche des Wannenbodens beim Abtrennen nicht beschädigt wird. Beim Top-Down-Prinzip tritt dieser Effekt nicht auf, aber der Kontakt des Harzes an der freien Oberfläche mit Luft kann sich negativ auf die Polymerisation auswirken.

Der große Prozessgeschwindigkeit des VPP-UVM-Verfahrens steht eine begrenzte Bauteilgröße entgegen, da hier die Bildschirmgröße als limitierender Faktor auftritt. Für große Bauteile ist daher das VPP-UVL-Verfahren besser geeignet, welches ein mit dem PBF-LB/P-Verfahren identisches Bauprinzip hat.

Die meisten kommerziellen Polymere für das VPP-UVM-Verfahren sind auf Acrylbasis verfügbar: nicht spezifizierte acrylierte Monomere und Oligomere, Hexan-1,6-dioldiacrylat, methacryliertes Oligomer, Methacryloligomer, Iso-Bornylacrylat, ethoxyliertes Bisphenol A, Dimethacrylat, Epoxidharz, Dicyanat und Dimethacrylat [PAES22]. Weitere Polymere für das VPP-UVM-Verfahren sind in [KADR19] beschrieben: Poly(ethylenglykol) diacrylat (PEGDA), Poly(ethylenglykol)dimethacrylat (PEGDMA).

İm Vergleich zu den anderen AF-Verfahren verlangt das VPP-UVM-Verfahren ein Nachhärten für die Endfestigkeit. Diese steigert den Aufwand der Fertigung.

**Prozessparameter**

Das Aushärten von Polymeren hängt von der Energiedichte, der Belichtungszeit, der Aushärtungstiefe und deren Wechselwirkungen ab [YANG22]. Unterschiedliche Belichtungszeiten führen zu unterschiedlichen Aushärtungstiefen. Das Eindringen des Lichtstrahls/Photons in die Polymerschicht wird durch die Belichtungszeit beeinflusst. Die Absorption des Photons durch den Photoinitiator und die Bildung von freien Radikalen oder Kationen erfolgt innerhalb von ca. 10 bis 12 s [GIBSD21]. Die Fortsetzung der Belichtung erzeugt mehr freie Radikale oder Kationen und schreitet in die Tiefe fort. Die wichtigen Prozessparameter für die Planung des Prozesses sind folgende:

$P_L$ – Leistung [W]
$t_b$ – Belichtungszeit [s]
$v_{ab}$ – Abhebegeschwindigkeit [mm/min]
$t_s$ – Schichtdicke [μm]
$F_g$ – Füllgrad [%]
$X \cdot Y$ – Auflösung in X und Y-Richtungen [px]
H – Höhe des Bauteiles [mm]
$V_B$ – Bauteilvolumen [$mm^3$]
$\dot{V}$ – Volumenbaurate (oder Aufbaurate) [$mm^3$/min]
m – Batchgröße [Stück]

**Scannen**

Jede Schicht wird auf einmal belichtet. Die Rasterdichte hängt von der eingestellten Auflösung und dem Füllgrad des Bauteiles ab.

**Grundzeit**

Die Grundzeit beim VPP-UVM -Verfahren wird allgemein anhand der Belichtungszeit ($t_b$), der Zustellgeschwindigkeit ($v_{ab}$) und der Bauteilhöhe berechnet:

$$t_G = t_b \cdot \frac{H}{t_s} \cdot m + t_n \tag{6.9}$$

mit

$$t_n = \frac{H}{v_{ab}} \tag{6.10}$$

Diese Zeit kann anhand einer unterschiedlichen Belichtungszeit der ersten Schichten zu den weiteren Schichten unterteilt werden. Üblicherweise werden die ersten 10 Schichten an der Zusatzplattform länger belichtet (ca. 70 s), um eine feste Verbindung zwischen der Polymerwanne und dem Bauteil zu ermöglichen.

Typische Volumenbauraten können gegenwärtig je nach gewählter Fertigungsanlage, eingesetztem Material und der eingesetzten Auflösung bis zu 3,3 l/h betragen.

**Tab. 6.6** Prozessbedingte Fehler am Bauteil

| Fehlerbeschreibung | Mögliche Ursachen |
|---|---|
| Porosität | Luftblase im Harz |
| Schichtfehler | Positionierungsfehler der Maschine |
| Schichtdelamination | kurze Belichtungszeit |
| Risse | durch Schwindung des Materials auftretende Eigenspannungen |
| schwankende Festigkeitswerte | Alterung des Materials, Umgebungsbedingen |
| Ragging-Defekte | • ausfransende Defekte infolge der seitlichen Verschiebung von halbgehärtetem Harz<br>• kurze Belichtungszeit und schnelle Abhebegeschwindigkeit |
| raue Oberfläche | Alterung des Harzes |

**Materialfehler**

Der Polymerisationsprozess ist vom Ausgangsmaterial, den Maschineneigenschaften und den Einstellparametern abhängig. Bei unabgestmmten Konstellationen dieser Faktoren treten Fehler auf (Tab. 6.6). Unter Berücksichtigung der Entstehungsmechanismen dieser Fehler können einige technische und technologische Maßnahmen ergriffen werden, um einen die Qualität sichernden Ablauf zu realisieren.

## 6.7 Wirtschaftliche Prozesskette

### 6.7.1 Datengenerierung

Die allgemeinen Gestaltungsrichtlinien gelten auch für die Kunststoffteile (vgl. Kap. 3). Die konstruktiven Besonderheiten beeinflussen die Anisotropie, die mechanischen Eigenschaften, die Oberflächenbeschaffenheit und den Fertigungsaufwand.

Die Einflüsse der Anisotropie bei den Kunststoffteilen können neben der Auswahl einer günstigen Bauschichthöhe auch durch konstruktive Maßnahmen, wie auch durch eine belastungsgerechte Auslegung der geometrischen Elemente, verringert werden. Es ist bekannt, dass viele Kunststoffschmelzen die Wärme deutlich länger speichern können, was die Haftung zwischen den Schichten begünstigt [DIEG19].

Der zweite Aspekt der Maßnahmen ist mit der Bauteilorientierung im Maschinenraum verbunden. Die Bauteillage bestimmt fast bei allen AF-Verfahren (außer dem PBF-LB/P) den Bedarf an Stützstrukturen. Diese sind vom Neigungswinkel einzelner Flächenelemente zur Bauplattform abhängig. Die Größe dieses Winkels ist für eine supportfrei Fertigung verfahrensspezifisch und liegt zwischen 45° und 90°. Es ist hier darauf zu

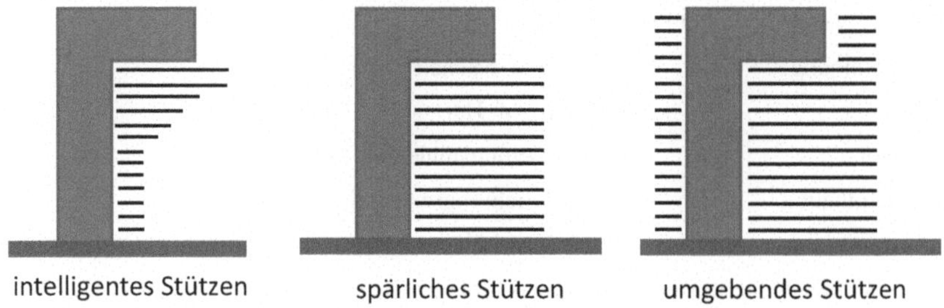


**Abb. 6.18** Bauweise der Stützstrukturen im FFF-Prozess nach [GIBSD21]. (Quelle: eigene Darstellung)

achten, dass die Stützstruktur möglichst auf den Außenflächen platziert werden sollte. Dieses begünstigt die spätere Entfernung dieser Materialien vom eigentlichen Körper. In diesem Fall können die Kontaktstellen der Stützstruktur einfach bearbeitet werden, als in einem Bereich der Innengeometrie. Die Form der Stützstruktur kann ebenfalls an die Geometrie des Teiles angepasst werden, um das notwendige Materialvolumen zu minimieren (Abb. 6.18). In der Regel werden die Querschnitte der Stützelemente dicht gebaut, man kann diese aber auch strukturieren.

Im Unterschied zu metallischen Werkstoffen besteht bei Kunststoffteilen die Möglichkeit Stützstrukturen aus einem anderen Material als das Werkstück zu bauen. Mit auswaschbarem Werkstoff kann z. B. das Entfernen der Stützstruktur beschleunigt und die Nachbearbeitung minimiert werden. Die löslichen Stütztzen ermöglichen andererseits die problemlose Fertigung von Baugruppen mit beweglichen Elementen. Dafür sollte der Spalt zwischen den Elementen dementsprechend dimensioniert werden. Die Spaltgröße ist von der Schichtdicke abhängig und liegt zwischen 0,36 mm und 0,66 mm in Z-Richtung [DIEG19].

Der Leichtbau nimmt bei den Kunststoffteilen eine besondere Stellung ein. Diese ist für Materialeinsparungen relevant, um Zeit und Kosten zu reduzieren. Hierfür bietet der Hohlkörperbau ein günstiges Potenzial (Abb. 6.19). Dieser ist nur dann möglich, wenn das Bauteil keine hohe Festigkeitsansprüche besitzt. Ansonsten sollte zwischen dem Hohlkörperbau und dem Füllen mit einer Gitterstruktur entschieden werden. Diese Konstruktionsart hilft auch dem Verzug beim Abkühlen entgegenzuwirken. Beim Bau mit flüssigem Material sollte für den Abfluss des Restmaterials eine Öffnung vorgesehen werden. Der Einsatz dieses für den pulverbasierten Prozess sollte unter Berücksichtigung der Fließfähigkeit des Pulvermaterials vorgesehen werden, um Hohlräume zu leeren. Besonderes Augenmerk ist bei der CAM-Planung auf das Auftreten von Inseln zu legen. Prozessbedingt kann es hier zu einem Bruch kommen, wenn diese Elemente in einem fortgeschrittenen Prozessstadium gebaut werden müssen.

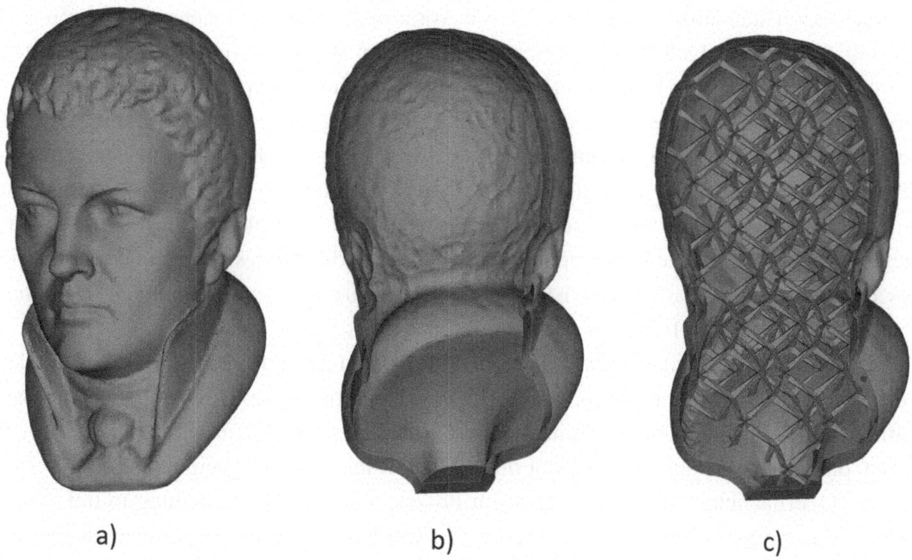


**Abb. 6.19** Ein Bauteil mit modifizierten Innenstruktur. a) der Körper aus Vollem, b) der Körper im Hohlbau, c) der Körper mit Gitterstruktur. (Quelle: eigene Darstellung)

### 6.7.2 Auswahl einer alternativen Prozesskette

Die Auswahl eines Verfahrens ist mit der Funktionalität des zu fertigenden Bauteiles verknüpft. Die Funktionserfüllung ist das maßgebliche Ergebnis eines zu entwickelnden Bauteiles, das durch die Auswahl des Ausgangsmaterials und der Erzeugung mechanischer Eigenschaften im Prozess erreicht wird. Aufgrund der weiten Verbreitung von thermoplastischen und duroplastischen Polymerwerkstoffen in der additiven Fertigung einerseits und dem Vorhandensein von Regeln für deren AF-gerechte Konstruktion andererseits, wird in diesem Abschnitt insbesondere auf die Auslegung der Prozesskette für Bauteile aus diesen Werkstoffen eingegangen.

Für die additive Fertigung von Kunststoffbauteilen ist entsprechend der Fertigungsaufgabe aus der Liste der möglichen AF-Verfahren ein geeignetes auszuwählen, mit dem die mechanischen Eigenschaften, die Temperaturbeständigkeit und die Oberflächenbeschaffenheit erfolgreich erreicht werden können. Da die mechanischen Eigenschaften, wie Festigkeit und Elastizität und nicht zuletzt die Temperaturbeständigkeit bei den Kunststoffteilen im Vordergrund stehen, sollen zunächst die Verfahren in Betracht gezogen werden, die es ermöglichen die funktionsbedingten Erwartungen für diese Werkstoffparameter zu erfüllen. Besonders die Temperaturabhängigkeit der mechanischen Eigenschaften verlangt die Berücksichtigung des gesamten Temperatureinsatzbereiches des Bauteiles, da mit steigender Temperatur die Kunststoffe verspröden. Ein breites Temperaturfenster kann mittels teurerer Materialien erreicht werden. Diese erfordern aber in der Regel den Einsatz bestimmter AF-Verfahren.

Nach der Datenaufbereitung erfolgt die Vorauswahl von geeigneten Verfahren aus der Tab. 6.7 nach festgelegten Kriterien. Die Kriterien stützen sich auf die gesammelten Informationen über den Prozessverlauf, die den Entscheidungsprozess lenken. Für das möglichst präzise Vorgehen ist ein scharf formuliertes Kriterium zu entwickeln, das auf quantitativ beschreibbaren Merkmalen beruht. Angesichts der Komplexität der Prozessführung in der additiven Fertigung gelingt die Formulierung solcher Kriterien nicht immer eindeutig. Diese wird durch die gegenseitige Abhängigkeit vieler Einflussparameter erschwert (z. B. die Formgenauigkeit wird durch die Abmessungen und Geometrie des Bauteiles beeinflusst). Daher ist es sinnvoll die Auswahl von alternativen Verfahren zunächst nach Werkstoffgruppen durchzuführen.

Bis zur wirtschaftlichen Bewertung der alternativen Verfahren kann die Anzahl der Verfahren anhand von verfahrensspezifischen Parametern, wie z. B. Detailliertheitsgrad, Formgenauigkeit und Rauheit, weiter eingeschränkt werden. Aus der Tab. 6.8 ist zu ersehen, dass für eine hohe Genauigkeit das VPP-Verfahren besser geeignet ist. Die Form- und die Oberflächengenauigkeit können im Prozessschritt Nachbearbeitung mittels klassischer Fertigungsverfahren deutlich verbessert werden. Das kann bei schlechten Werten der Ausgangsoberfläche den Aufwand der gesamten Prozesskette deutlich erhöhen und den Prozess unwirtschaftlich machen. Daher sollte bei der wirtschaftlichen Bewertung alternativer Prozesskette nicht nur die AF-Verfahren, sondern die gesamte Prozesskette für die Kunststoffteilefertigung betrachtet werden.

Weiterhin kann der Auswahlprozess nach der Bauteilgeometrie, wie Abmessungen und Genauigkeit, fortgesetzt werden. Dafür werden die Verfahren nach den festgelegten Kriterien Schritt für Schritt bewertet und so die alternative Verfahrensfolgen gebildet. In der Abb. 6.20 ist dies am Beispiel der Problemlösung für Additive Fertigung von technischen Kunststoffteilen dargestellt, wobei die Vorauswahl alternativer Verfahren nach geometrischen Prozessmerkmalen (Kanäle, Innenstruktur, Bauraum) stattfindet. Das hier beschriebene Vorgehen kann genauso für DfAM-Prozesse nützlich sein, da man sich bereits in der Konstruktionsphase oft für einen bestimmten Werkstoff entscheiden muss.

### 6.7.3 Nachbearbeitung von Kunststoffteilen

Nach dem additiven Bauprozess entstehen in der Regel Werkstücke, deren mechanische und/ oder ästhetische Eigenschaften nicht den gestellten Anforderungen der Fertigungsaufgabe entsprechen. Die Anforderungen werden durch die funktionalen Eigenschaften der Bauteile bestimmt. Die hierfür eng tolerierten Parameter sind infolge großer prozessbedingter Abweichungen nicht erreichbar. Pulveranhaftungen, nicht ausgehärtete Restpolymere im Bauteil, hohe Rauheit, kratzerempfindliche Oberflächen, chemische Empfindlichkeit usw. sind in einem nachfolgenden Prozessschritt durch geeignete Verfahren zu verbessern.

Diese Schritte können mechanische, chemische und physikalische Abtrag- sowie Beschichtungsverfahren umfassen. Die Anwendung einer oder mehrerer nachfolgender Ver-

**Tab. 6.7** AF-Verfahren für die direkte Fertigung von Kunststoffteilen

| Verfahren | Energiequelle | Ausgangs-material | Ra nach Post-Prozessing [µm] | Form-genauigkeit [mm] | Scan-geschwindigkeit/ Belichtungszeit und max. Bauraum | Nach-bearbeitung |
|---|---|---|---|---|---|---|
| Materialextrusion (**MEX-TRB/P**)<br>BigRep One v3 | Laser für Vor-wärmen | Filament | 10–40 | ±0,1 (oder ±0,03/25 mm) | max. 6 m/s; 1005 × 1005x1005 mm³ | nur die Funktionsflächen |
| Pulverbasiertes Schmelzen mit Laserstrahl (**PBF-LB/P**)<br>EOS P 770 | bis zu 2 Laser-einheiten | Pulver | 10–45 | ±0,25 (oder ±0,3 %) | bis 10 m/s; 700 × 380x580 mm³ | bei Bedarf nur die Funktions-flächen |
| Photopolymerisation im Bad (**VPP-UVL**)<br>(Union Tech RSPro 2100) | bis 3 Laserein-heiten | flüssiges Harz | 3–8 | 0,05–0,2 (oder ±0,15 %/ Länge) | bis 18 m/s; 2100 × 700x800 mm³ | bei Bedarf nur die Funktions-flächen |
| Photopolymerisation im Bad (**VPP-UVM**)<br>(EnvisionTecXede 3SP) | Lampe | flüssiges Harz | 3–20 | ±0,4 | ca. 10 s; 457 × 457x458 mm³ | bei Bedarf nur die Funktions-flächen |
| Arburg Kunststoff-Freiformer (**AKF**) | Heizband | Granulat | 20 | ±0,15 | bis 65 mm/s | bei Bedarf nur die Funktions-flächen |

**Tab. 6.8** Die bei der Fertigung von Kunststoffteilen erreichbaren geometrischen Elemente [ALRA21, BREU13, DIEG19, DIKO18, GEBH16, MWEM21, SCHM22, RECH07]

| | MEX-TRB/P | PBF-LB/P | VPP-UVL | VPP-UVM |
|---|---|---|---|---|
| min. Wanddicke [mm] | 0,4 | 0,6–0,8 | 0,4 | 0,4 |
| min. Schichtdicke [mm] | 0,1–0,3 | 0,1 | 0,01–0,1 | 0,015–0,15 |
| kleinste Bohrung [mm] | 2 | 0,5 (hängt von der Sichtdicke ab) | 0,5 | 0,5 |
| höchste Genauigkeit [mm] | ± 0,1 (oder ± 0,03 pro 25 mm Länge) | ± 0,25 (oder ± 0,3 %) | 0,05–0,2 (oder ± 0.15 % der Länge) | ± 0,04 |
| kleinstes Element [mm] | 1 | 0,25 | 0,09 | 0,070 |
| der kleinste Zylinder [mm] | 2 | 0,8 | 0,1 | 0,35 |
| Abstand zwischen beweglichen Elementen [mm] | 0,4 | 0,6 | 0,2 | |
| max. Überhänge [mm] | 2 | | 1 | 1 |

fahren hängt von den Materialien und den Prozesskomponenten ab. Insbesondere ist bei der Fertigung von Kunststoffteilen auf die

- Optik,
- Haptik und
- Oberflächenqualität

zu achten. Da viele Kunststoffteile aufgrund niedriger Festigkeitswerte im Vergleich zu metallischen Werkstoffen keine großen Kräfte übertragen können, werden sie dort eingesetzt, wo die Metallmaterialien scheitern (z. B. salzige und wässerige Umgebungen). Kunststoffe kommen in Maschinenelementen, z. B. in kleinen Getrieben zum Einsatz. Ansonsten finden Kunststoffteile auch als Verkleidungen im Automobilbau zur Anwendung, wo die Optik und Haptik im Vordergrund stehen. Hohe Oberflächenqualität sind neben der Optik auch für Funktionsflächen von kleinen beweglichen und Integrations-Kunststoffbauteilen erforderlich. Wenn die geforderten Oberflächenqualität und Genauigkeit dieser Teile nicht mit den eingesetzten AF-Verfahren erreichbar sind, dann sollten kostengünstige Nachbearbeitungsverfahren ausgewählt werden. Die AF-Prozesskette wird so durch weitere Verfahren erweitert (Abb. 6.21). Ihre Wirtschaftlichkeit kann sowohl durch Prozess- als auch durch Bauteilparameter beeinflusst werden.

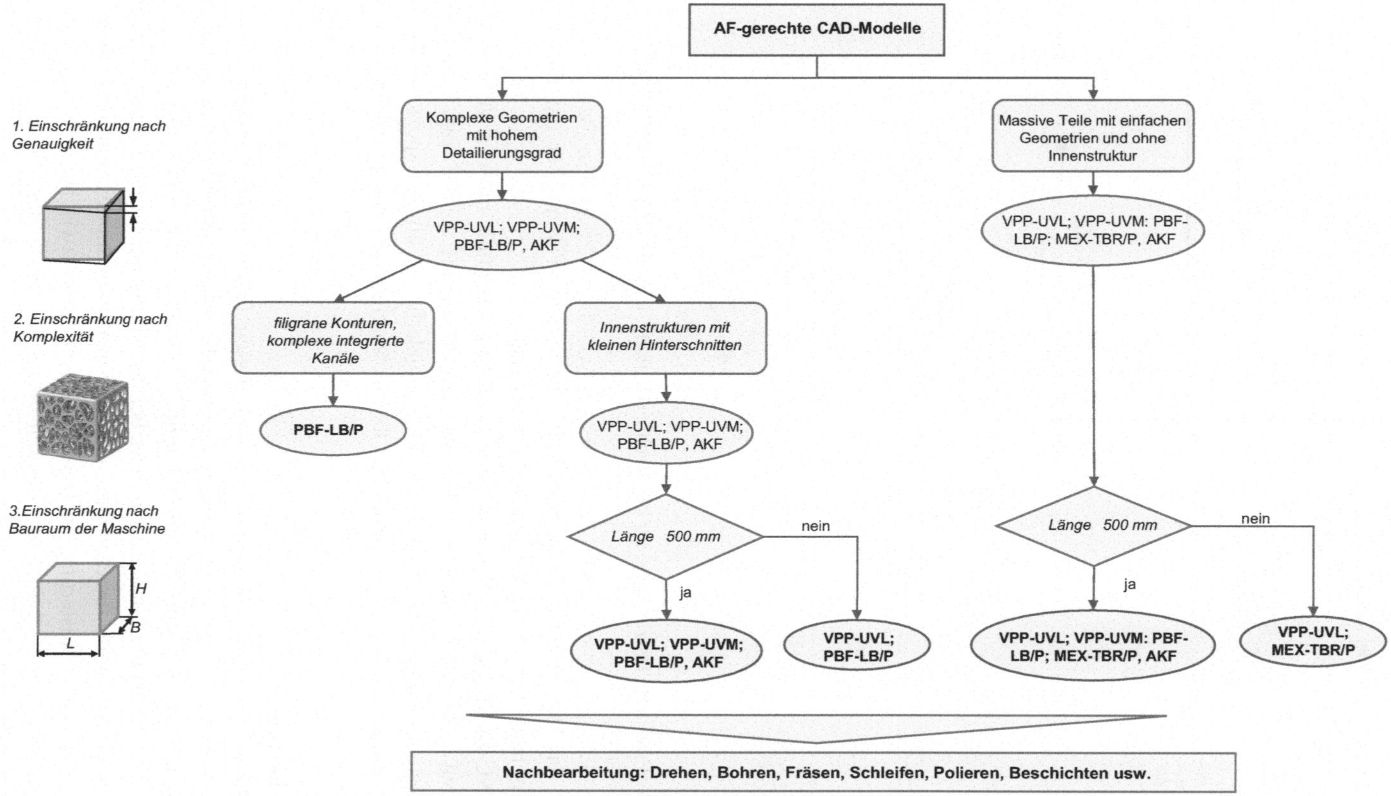


**Abb. 6.20** Auswahl einer alternativen Prozesskette für Kunststoffteile. (Quelle: eigene Darstellung)

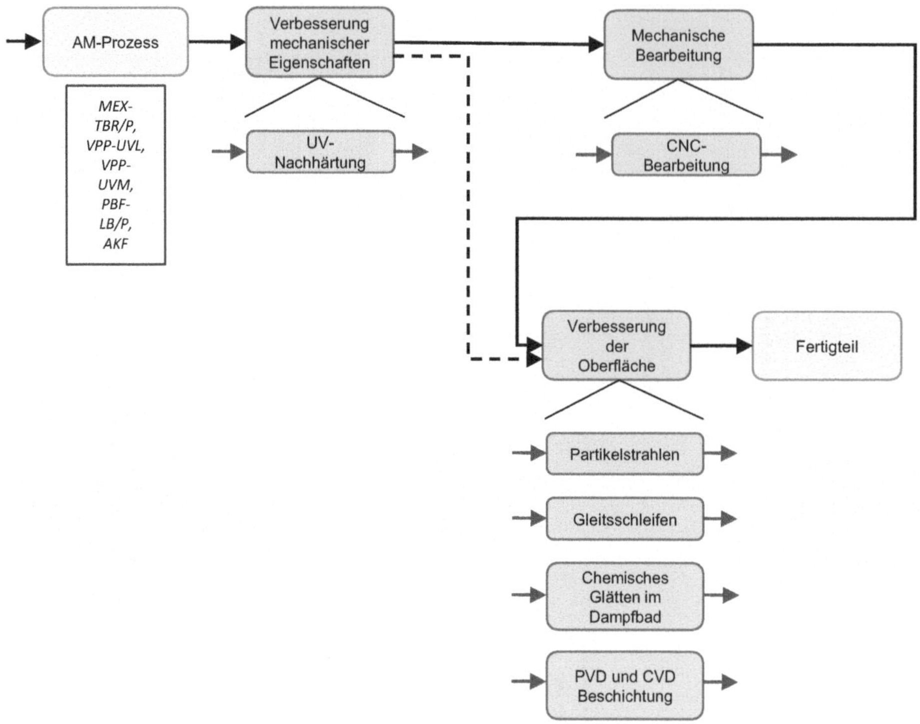


**Abb. 6.21** Erweiterte Prozesskette für die Nachbearbeitung. (Quelle: eigene Darstellung)

Das setzt das Vorhandensein von praktisch gesichertem Wissen über die Zusammenhänge zwischen den einzelnen Prozessschritten voraus.

Die CNC-Bearbeitung von Kunststoffteilen erfolgt ebenfalls mit den Verfahren Drehen, Bohren und Fräsen. Diese Verfahren und ihre Auslegung sind in Kap. 7 ausführlich beschrieben. Im Folgenden werden nur die Besonderheiten einiger spezieller Nachbearbeitungsverfahren zur Verbesserung der Oberflächeneigenschaften von Kunststoffteilen dargestellt.

### UV-Nachhärten

Das Nachhärten der aus flüssigem Harz gefertigten Bauteile ist erforderlich um die Festigkeit weiter zu steigern. Es ist möglich, dass die ausgewählte Belichtungszeit nicht ganz ausreichend war, um das Photopolymer vollständig auszuhärten. Unzureichend polymerisierte Elemente können sich sogar bei der Reinigung im Iso-Propanal auflösen. Andererseits nimmt man für die Füllung des Schichtquerschnittes unterschiedliche Infill-Grade. Bei großer Rasterung des Hatching bleibt immer zwischen den ausgehärteten Hatchingwänden nicht gebundenes Material übrig. Das Aushärten dieser Harzreste erhöht die Bauteilfestigkeit.

Das Nachhärten der polymerisierten Teile erfolgt in einem UV-Ofen, um eine vollständige Polymerisation zu gewährleisten. Es ist zu beachten, dass die Belichtung bei dicken Wänden eingeschränkt ist. Sie verhindern das Durchhärten der Teile. Dies führt zu einer Anisotropie des Polymerisationsgrades in der Wand. Die Folge ist ein Verformen des Bauteils während des Nachhärtens [RICC21].

Die Parameter des Aushärteprozesses, wie Temperatur, Wellenlänge und Aushärtezeit, beeinflussen die endgültigen Eigenschaften. Die Zeitdauer für das Nachhärten ist von den Materialeigenschaften und der Geometrie abhängig. Die notwendige Belichtungszeit sollte nicht überschritten werden, da nach dem Erreichen der Endfestigkeit eine weitere Belichtung keine Effekte hinsichtlich der Festigkeit erbringt. Das Material wird außerdem spröder.

Beim Aushärten können Materialschrumpfungen auftreten. Dieses ist auf die Abnahme des freien Volumens zwischen den Polymerketten zurückzuführen. Die Schrumpfung kann in Abhängigkeit von Polymerisations- und Vernetzungseigenschaften des Materials bis zu 10 % ansteigen [KAWA15]. Um diesen Effekt zu vermeiden, ist es ratsam eine Überhitzung der Arbeitskammer durch Wärmetauscher zu vermeiden.

Die Kombination des Vorwärmens und der UV-Belichtung begünstigt bei dem Nachhärten eine weitere Verbesserung. In [ZARE20] wurden die Proben eine Stunde lang bei 150 °C im Ofen ausgehärtet und danach jede Seite des Teiles vier Minuten lang dem UV-Licht ausgesetzt. Die Zugfestigkeit und der Elastizitätsmodul haben sich danach deutlich verbessert (Abb. 6.22).

**Mechanische Verfahren**

Die mechanische Nachbearbeitung nutzt die Verfahren, die aus der konventionellen Fertigungstechnik bekannt sind. Sie werden durch Anpassung unter Berücksichtigung der Bauteilcharakteristika in die AF-Prozesskette integriert. Der Einsatz entsprechender

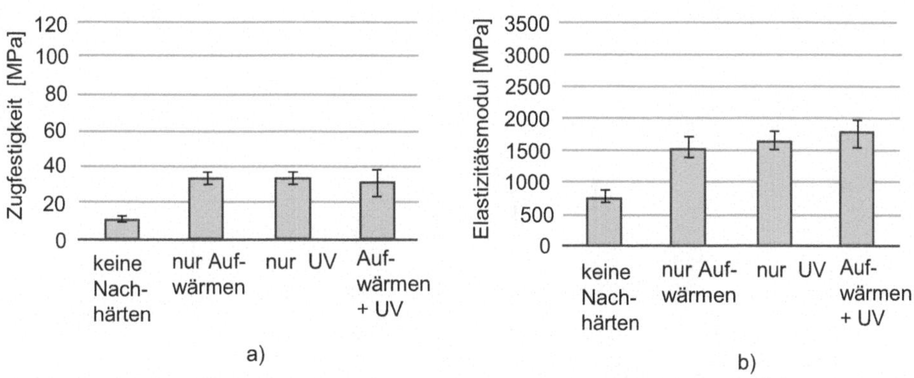


**Abb. 6.22** Auswirkung des Nachhärtungsprozesses auf die Zugfestigkeit: und das Elastizitätsmodul b) Material: Urethane-Acrylates Harz [ZARE20]. (Quelle: eigene Darstellung)

Hilfsmittel ermöglicht es dabei eine effiziente Nachbearbeitung zu realisieren. Im Folgenden werden einige maschinentechnisch durchführbare Verfahren beschrieben.

*Partikelstrahlen*

Das Partikelstrahlen erfolgt analog der Bearbeitung der metallischen Bauteile. Die Materialeigenschaften verlangen jedoch die Anwendung entsprechender Strahlmittel und -parameter. Diese Verfahren eignen sich am besten für eine großflächige Reinigung und das Glätten von pulverbasierten Bauteilen, um Pulveranhaftungen und -reste aus schwer zugänglichen Bereichen zu entfernen.

Als Strahlmittel sind Granulate ($0{,}5 \times 0{,}5\,mm^2$) und Vielkornmittel (ab 0,75 mm) auf Kunststoff-, Metall- und Glas/Keramik-Basis erhältlich. Die Metall- und Glas/Keramik-Strahlmittel sind in noch kleineren Korngrößen verfügbar und damit für die Feinbearbeitung besser nutzbar [BREU13]. Die durchgeführten Versuche an gedruckten Probekörpern aus PA12 zeigen in Abb. 6.23 beispielhaft die mit diesen Mitteln erreichbare Rauheit.

In der Abbildung ist deutlich zu erkennen, dass alle Strahlmittel zur Reduzierung der Rauheitswerte beitragen. Am besten schneidet Korund ab, der den Ausgangswert um ein Drittel reduziert. Dabei kommt es zu einer Einebnung des Ausgangsprofils im mikroskopischen Bereich. Das Strahlen kann für die Beseitigung der Schichtspuren und dem Glätten von MEX-TRB/P-Teilen eingesetzt werden [MWEM21].

Das Strahlen kann in automatisierten Anlagen durchgeführt werden (vgl. Abschn. 5.5.4.2). Die Vorteile dieses Verfahrens liegen in der Einfachheit der Prozessführung. Zu den Nachteilen gehört die schwere Zugänglichkeit von engen Bereichen am Bauteil (komplexe Geometrien und Hohlräume), die möglicherweise nicht bearbeitet werden können. Bei großen Bauteilen nimmt der Prozess mehr Zeit in Anspruch, da die Kontaktfläche zwischen Strahlmittel und Oberfläche relativ klein ist [CHUE21].

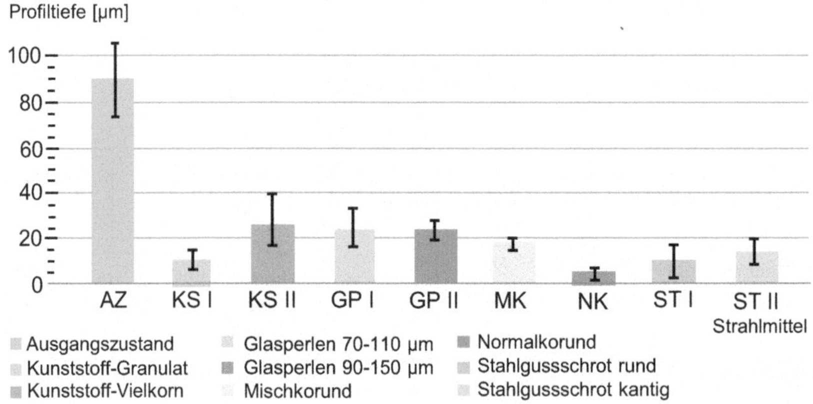


**Abb. 6.23** Reduzierung der Rauheit durch Strahlen (Material PA12, Auftreffwinkel 80°, Strahldauer 6 min, Druck 4,5 bar) [BREU13]. (Quelle: Springer )

*Gleitschleifen*

Für die weitere Verbesserung der Oberflächenrauheit bietet sich das Gleitschleifen an (s. Kap. 5). Dabei sollte die Spezifik der Bearbeitung filigraner Kunststoffteile beachtet werden. Aufgrund des leichten Abtragens der Kunststoffschichten können an den Kanten und filigranen Elementen ein starkes Verrunden auftreten.

Daher wird es empfohlen bei der Prozessauslegung diese Komponente der Prozesse sorgfältig auszuwählen, um eine effiziente Bearbeitung zu gewährleisten. Dieses Verfahren kann beim Glätten von unterschiedlichen Ausgangsflächen, unabhängig von dem eingesetzten AF-Verfahren genutzt werden. Die Schleifmittel und Prozessparameter werden in Abhängigkeit von der Struktur der Oberfläche ausgewählt. Dabei ist auf den negativen Verfahrenseffekt hinsichtlich der Kantenrundungen zu achten. Diese kann durch eine geringere Intensität des Abtrages kompensiert werden. Die Untersuchungen zeigten, dass bei der Verwendung keramischer Schleifkörper RXX 10/15 S eine bessere Formgenauigkeit erreichbar ist [FISC14]. Die Abb. 6.24 veranschaulicht die Ergebnisse von gleitgeschliffenen MEX-TRB/P-Bauteilen auf der Gleitmaschine der Fa. Rössler. Die zwei stündigen Bearbeitungen führten zur unterschiedlichen Reduzierung der Rauheit $R_z$ bei verschiedenen Ausgangsflächen. Bei groben Oberflächen (Schichtdicke 0,178 µm) beträgt der Effekt nur 20 % im Vergleich zu den relativ feinen Oberflächen (Schichtdicke 0,127 µm). Es wurde dabei festgestellt, dass die Verschmierung der Rauheitsspitzen die weitere Glättung der Oberflächen verhindert. Bei feinen Oberflächen ist daher eine Reduzierung um 40 % möglich.

## Chemisches Glätten im Dampfbad

Für die Glättung von ABS-Polymerteilen werden diese in einem Aceton-Dampfbad behandelt [MWEM21]. Die Dämpfe kondensieren auf die Oberfläche und führen zum Auflösen der äußeren Schicht. Im Prozess werden dadurch die Rauheitsspitzen geglättet und

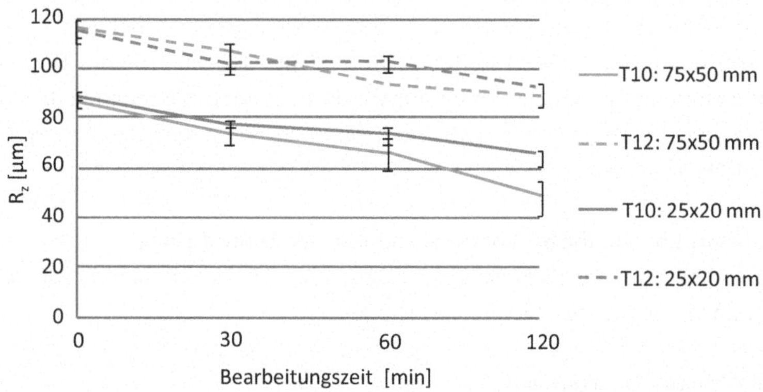


**Abb. 6.24** Einfluss der Bearbeitungsdauer auf die Reduzierung der Rauheit [FISC14]. (Bauteilorientierung 45°; Finishing-Medium RXX 10/15 S; Drehzahl der Trommel n = 2500 1/min; Messrichtung auf der Oberseite, senkrecht zu den Schichten; T10 = 0,127 mm; T12 = 0,178 mm). (Quelle: frei gegeben)

dadurch dem Bauteil eine glänzende Oberfläche verliehen. Der Materialabtrag erfolgt unkontrolliert. Dadurch kann die Maßhaltigkeit des Bauteils beeinträchtigt werden.

Für das Dampfbad wird in der Regel ein Lösungsmittel mit einer Siedetemperatur von 43 °C eingesetzt. Als Lösungsmittel kann beispielsweise ein Gemisch bis zu 30 % aus Decafluoropentan und bis zu 70 % aus Trans-Dichlorethylen verwendet werden [SING17, SING20]. Aceton mit einem Gehalt von 99 % wurde auch als Glättungsflüssigkeit für ABS-Druckteile verwendet. Die AF-Teile werden in einer Kammer aufgehängt und von unten bei 65°C der Dampfbehandlung ausgesetzt. Auf die Oberfläche des gedruckten Teils wirkt die heiße Luft, wodurch sich die Oberfläche verformt und raue Stellen geglättet werden. Die Bearbeitungszeit und andere Einstellungen des Dampfglättens beeinflussen die Rauheit der gedruckten Teiloberfläche. Die Behandlung kann in Abhängigkeit von der Prozessgeschwindigkeit bis 240 min dauern. Es wurde nachgewiesen, dass die Oberflächenbehandlung von ABS-Druckteilen mit Aceton die Härte und den Elastizitätsmodul des Materials verringert [COST19].

Der Effekt dieser Nachbearbeitung zeigt die Abb. 6.25 auf. Es ist festzustellen, dass bereits nach einer kurzen Behandlungszeit von 30 s mit Acetondampf eine deutliche Reduzierung der Rauheit möglich ist. Der Zustand der Ausgangsfläche spielt dabei eine geringe Rolle. Die Teile, die mit einer Schichtdicke von 0,178 mm und 0,254 mm gebaut wurden, erreichten bereits nach kurzer Behandlung mit Aceton eine fast gleichgroße Rauheit (Ra), die zwischen 0,113 und 0,174 µm lag. Die weitere Behandlung führte zu keiner nennenswerten Verbesserung [BROO15].

Die Dampfbeandlung von AF-Teilen kann bei längerer Bearbeitungszeit filigrane Elemente des Teiles beeinträchtigen. Außerdem ist mit einer leichten Verschlechterung der Zugfestigkeit und Bruchdehnung zu rechnen. Ein weiterer Nachteil liegt in dem Einsatz von toxischen, hoch aggressiven und korrosiven Medien, welche ohne spezielles Equipment nicht anwendbar sind [SCHM22].

Die wichtigen Komponenten des Prozesses sind der Werkstoff, die Dampfintensität und das chemische Lösungsmittel. Aus den Studien ist auch bekannt dass die Behandlung von relativ festen Werkstoffen mehr Zeit in Anspruch nimmt. Beispielsweise kann die Behandlung von Ultem-Teilen mit Chloroform mehrere Stunden dauern, wobei die Glättung der Oberfläche von ABS mit Aceton in nur 5 min erledigt werden kann [CHUE21, JOHN20].

**Chemische und physikalische Abscheidung aus der Dampfphase**

Zur Verbesserung der Oberflächeneigenschaften und der Funktionalität der additiv gedruckten Teile bieten die Beschichtungsverfahren

- Chemical Vapour Deposition (CVD) und
- Physical Vapour Deposition (PVD)

weitere Möglichkeiten.

**Abb. 6.25** Oberflächenmessungen an gedruckten Bauteilen: a) Oberfläche vor der Behandlung, b) digitalisierte Oberfläche vor der Behandlung, c) Oberfläche nach der Behandlung, d) digitalisierte Oberfläche nach der Behandlung [BROO15]. (Fertigungsbedingungen: Bauteilorientierung: 45°; Schichtdicke: 0,254-mm; Material: ABSplus-P430). (Quelle: ResearchGate )

Wie der Name es schon sagt, basiert das Verfahren CVD auf dem Abscheiden aus der Dampfphase wodurch dünne Schichten auf der Bauteiloberfläche durch chemische Reaktion erzeugt werden. Im PVD-Prozess werden dagegen die Partikel aus dem Ausgangsmaterial entfernt und auf die Oberfläche des Bauteiles gebracht. Dieser physikalische Abscheideprozess ermöglicht es auch die Bauteiloberfläche mit einer dünnen Schicht (Schichtdicke < 10 µm) mit besonderen Eigenschaften zu beschichten. Die Übertragung der aus der Metallindustrie bekannten Verfahren auf die Polymerwerkstoffe setzt die Anwendung von angepassten Parametern, wie Temperatur und Druck, sowie die Kenntnis der spezifischen Werkstoffpalette voraus. Besonders benötigt die Durchführung des CVD-Verfahrens eine hohe Behandlungstemperatur [BONT20].

Die Anwendung dieser Verfahren zur Beschichtung additiv gefertigter Bauteile ist noch wenig untersucht, die Ergebnisse einzelner Untersuchungen sind jedoch vielversprechend [CHEN17, FUGE21]. Die Beschichtung von PLA-Bauteilen mit Polydopamin verbessert die Oberflächenqualität und erhöht die Bioaktivität der Komponenten [BARA19]. Die Schicht aus Siliziumdioxidpartikeln und Kohlenwasserstoff verbessert die Benetzungseigenschaften der Oberflächen und ermöglicht die Erzeugung hydrophober Eigenschaften. Diese Oberflächen weisen bei Kontakt mit Wasser einen hohen Kontaktwinkel auf [CHEN17].

Es besteht die Möglichkeit die Oberflächen mit verschiedenen Metalllegierungen (Aluminium, Inconel600, Ti6Al4V) zu überziehen [JUAR18, MWEM18]. Die Metallisierung schafft eine Basis für die Fertigung von leitfähigen Teilen auf Kunststoffbasis für die Elektronikindustrie. Die dauerhafte Haftung dieser Schichten auf dem gedruckten Teil stellt eine Herausforderung dar, die mittels verschiedener Nachbehandlungsverfahren bewältigt werden kann. Eine davon ist die Wärmebehandlung beschichteter Teile, wodurch die Benetzung mit der Metallschicht und dem Kunststoffkörper verbessert wird. Eine weitere Möglichkeit bildet das Aufbringen einer Zwischenschicht zwischen dem Grundkörper und der Metallschicht. Das Ätzen der Ausgangsfläche mit Chemikalien hilft ebenso die Verbindung zwischen den Schichten durch eine Vergrößerung und Reinigung der Bauteiloberfläche zu erhöhen [EQUB14]. Durch die Metallbeschichtung können neben der Leitfähigkeit auch die mechanischen Eigenschaften und Korrosionsbeständigkeit der Oberfläche verbessert werden (Abb. 6.26).

### 6.7.4 Aufwandsbetrachtung

Die sinnvolle Kombination oben beschriebener Prozessschritte ergibt unter bestimmten Grundbedingungen alternative Prozessketten für die Lösung einer gestellten Fertigungsaufgabe. Die Grundlagen umfassen auch die Restriktionen, welche durch die Merkmale

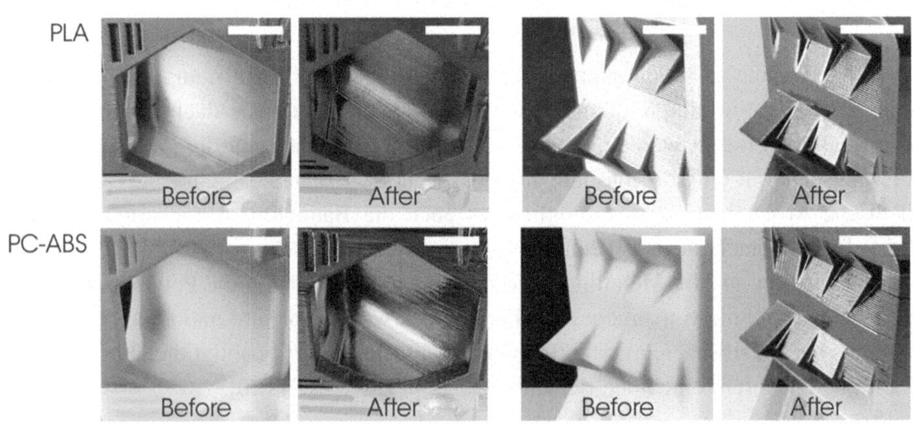


**Abb. 6.26** PVD-beschichtete Oberflächen [ROMA21]. (Quelle: MDPI)

des Teiles und der einzelnen Verfahren gebildet werden. Der wirtschaftliche Variantenvergleich der Prozessketten der Fertigung von Kunststoffteilen erfolgt methodisch analog der Vorgehensweise für die Metallteile (s. Abschn. 5.6.3). Dabei ist auf die Materialspezifik und der dazugehörigen Technik zu achten. Sie bestimmen die Kostentreiber des Fertigungsprozesses maßgeblich. Nach der Quantifizierung der ausgewählten Prozessketten werden sie anhand des festgelegten Kriteriums wirtschaftlich bewertet und eine günstige Variante ausgewählt.

Bei mehrkriterialer Bewertung soll ein Optimierungsverfahren angewendet werden, das es ermöglichen soll die Kompromisslösung zu finden (s. Kap. 8).

### 6.7.5 Einflüsse einzelner Faktoren auf den Fertigungsaufwand

Es besteht die Möglichkeit durch die Auswahl einer geeigneten Prozesskomponente den Fertigungsaufwand zu reduzieren. Dafür sollen die Kostentreiber in Betracht gezogen werden, die die meisten Ressourcen beanspruchen und einen dominanten Einfluss auf die Herstellkosten haben. Dazu gehören die Maschinen- und Materialkosten. Sie machen nach wie vor einen großen Anteil an den Gesamtkosten aus. Die folgende Diskussion soll es erleichtern, bei der Planung der Prozesse diese Faktoren aus Sicht der Wirtschaftlichkeit planungstechnisch positiv zu beeinflussen.

**Maschinenkosten**

Die AF-Anlagen für Kunststoffteile sind die meistverkauften Anlagen auf dem Markt. Die breite Anwendung dieser Technik hat zu niedrigen Maschinenpreisen geführt. Der durchschnittliche Maschinenpreis liegt derzeit bei 100.000 €. Der relativ niedrige Preis der Anlagen macht sie für die Anwender attraktiv. Nach [ATZE10] können die Maschinenkosten pro Bauteil zwischen 59 % und 66 % der Kosten eines Kunststoffbauteils betragen (Abb. 6.27).

Die Kosten der Anlagen hängen neben der Bauraumgroße auch von dem eingesetzten Ausgangsmaterial ab. Wie aus der Tab. 6.9 zu sehen ist, sind die VPP-Anlagen teurer als die anderen Maschinen. Diese Preisunterschiede können bei der Entscheidungsfindung eine wichtige Rolle spielen. Es ist bekannt, dass die Polymere mit gleichen Eigenschaften mit verschiedenen AF-Verfahren gefertigt werden können. Aus diesem Grund sollte bei der Verfahrensauswahl eine preiswerte Anlage gewählt werden, sofern die erzielbaren Druckergebnisse den Bauteilparametern genügen.

Bei der Maschinenauswahl sollte die Nebenzeitkomponente nicht vernachlässigt werden. Das Aufwärmen und Abkühlen der PBF-Anlagen sind wichtige Prozessphasen, die nicht mit der Bauteilgröße korrelieren. Das Einbeziehen dieser Zeit in die Hauptzeit führt nur bei großen Bauteilen zu einer effizienten Fertigung. Bei kleinen Bauteilen hingegen kann diese Komponente die Fertigungszeit deutlich erhöhen. Das Verhältnis von Bauraum zu Bauteilgröße hat beim VPP- und MEX-Verfahren nur einen geringen Einfluss auf die Nebenzeit. Daher führt die Fertigung kleiner Bauteile mit diesen Verfahren

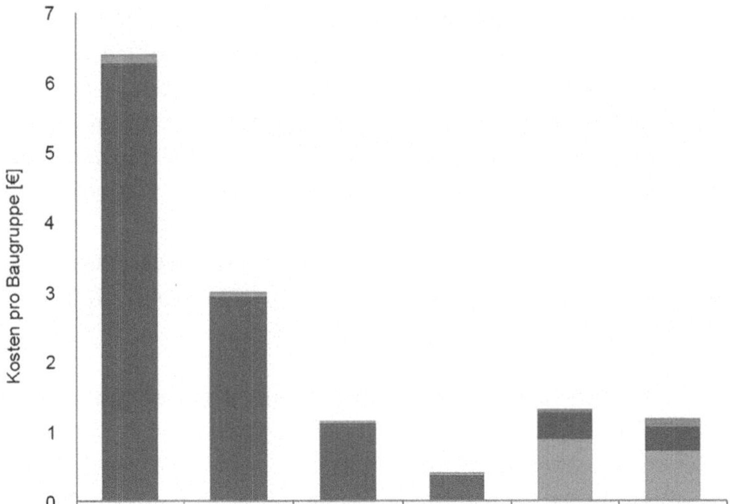


| | SG 5000 | SG 20000 | SG 100000 | SG 500000 | AF P730 | AF P390 |
|---|---|---|---|---|---|---|
| Kosten für den Maschinenbediener pro Teil | 0,018 | 0,009 | 0,004 | 0,001 | 0,054 | 0,117 |
| Materialkosten pro Teil | 0,011 | 0,011 | 0,011 | 0,011 | 0,382 | 0,360 |
| Maschinenkosten pro Teil | 0,083 | 0,042 | 0,024 | 0,014 | 0,867 | 0,694 |
| Montagekosten pro Teil | 0,035 | 0,035 | 0,035 | 0,035 | 0,012 | 0,012 |
| Formkosten pro Teil | 6.240 | 2.900 | 1.075 | 0,335 | | |

**Abb. 6.27** Kostenvergleich von Spritzguss (SG) und additiver Fertigung (AF) für ein ausgewähltes Produkt nach [ATZE10, THOM14]. (Quelle: eigene Darstellung)

**Tab. 6.9** Die Presspanne der Industrieanlagen für Fertigung von Polymeren* [GEBH16, WOHL23]

| Material | Preise | Bauraumlänge (min/max) |
|---|---|---|
| Filament | 25.000–350.000 € | bis: 254 mm<br>bis: 1000 mm |
| Harz | 20.000–880.000 € | bis: 200 mm<br>bis 1500 mm |
| Pulver | 40.000–700.000 € | bis 100 mm<br>bis 700 mm |

**die Angaben dienen nur zur Orientierung*

zu relativ geringeren Fertigungszeiten und aufgrund der geringeren Maschinenkosten zu geringeren Fertigungskosten.

Soll jedoch ein kleines Bauteil auf einer großen Maschine gefertigt werden, ist die Möglichkeit zu prüfen, verschiedene Bauteile in einem Job zu fertigen. Durch die Ausnutzung des vorhandenen Bauraums kann z. B. beim PBF-Verfahren, neben der Reduzierung der Nebenzeiten auch eine optimale Materialausnutzung erreicht werden. Dabei sind die Bauparameter unter Berücksichtigung der Qualitätsanforderungen der einzelnen Bauteile festzulegen.

Die Anzahl der gleichzeitig zu fertigenden Bauteilen, die sogenannte Batchgröße, beeinflusst die Wahl der Maschine. Auch hier ist der Einsatz von großen PBF-Maschinen sinnvoll. Durch ein optimales Packing und Nesting kann der negative Einfluss der Nebenzeiten auf die Maschinenkosten minimiert werden.

**Materialkosten**

Die Materialkosten bilden bei der Fertigung von polymerbasierten Bauteilen auch einen wesentlichen Bestandteil der Herstellungskosten und kann je nach Verfahren bis zu 30 % betragen.

Die Preise für Polymere sind im Vergleich zu metallischen Werkstoffen aufgrund der Rohstoffgewinnung und der Herstellung deutlich niedriger. Dennoch ist ein deutlicher Unterschied in der Preisgestaltung der Polymere zu erkennen. Die Preisspanne liegt zwischen 40 und 1360 Euro/kg (Tab. 6.10). Bei der Preisbildung spielt die Form des Ausgangsmaterials eine wichtige Rolle. So sind z. B. die Filamente für das MEX-Verfahren teurer als die Harze für das VPP-Verfahren. Diese Preise sind bis zu 100-mal höher als die Preise für Polymere zum Spritzgießen. Dies ist auf das noch kleine Marktsegment von AF in der Industrie zurückzuführen. Ein weiterer Faktor für den höheren Preis ist die aufwendigere Vorbereitung der Materialien für AF im Vergleich zum Spritzgießen. Die Umsatzanteile von Filament, Pulver und Harz am Polymermarkt sind wie folgt: 21 %, 37,9 % und 21 %. Dies entspricht einem Anteil von 80 % an der Gesamtmenge des verkauften AF-Materials. Das am meisten verkaufte Polymer ist PA, was auf die verkauften PBF-Anlagen zurückzuführen ist. Trotz des zunehmenden Einsatzes der AF-Technik in der Industrie ist in den letzten Jahren keine signifikante Preissenkung zu beobachten [WOHL23].

Durch die Wahl eines kostengünstigen Polymers können die Herstellungskosten erheblich beeinflusst werden. Diese Möglichkeit wird jedoch durch die Anforderungen an die Eigenschaften des Bauteils eingeschränkt. Hohe Festigkeit und Temperaturbeständigkeit erfordern den Einsatz von Hochleistungskunststoffen. Um besondere Anforderungen zu erfüllen, werden in einigen Fällen Verbundwerkstoffe eingesetzt. Verbundwerkstoffe sind aufgrund ihrer aufwendigen Herstellung teurer. Sie sind in der Regel um den Faktor 10 teurer als Standard AF-Werkstoffe.

Weiterhin kann der Materialverbrauch für die Stützstruktur durch die Bauteilorientierung positiv beeinflusst werden. Die optimale Ausnutzung des Bauraums reduziert die Entstehung von Restmaterial beim PBF-Verfahren. Damit kann das Problem des Altpulvers entschärft werden.

**Tab. 6.10** Preise kommerzieller Polymere für ausgewählte Verfahren* [NN1, NN2, NN3, PAES22]

| **Filamente für das MEX- Verfahren (Strasasys)** | | | | |
|---|---|---|---|---|
| ABS 30 | PA12 | PC | PEEK | ULTEM 1010 |
| 115- 300 €/kg | 210 €/kg | 190 €/kg | 600–800 €/kg | 300 €/kg |
| **Filamente für das MEX- Verfahren (BigRep)** | | | | |
| ABS | PLA | PLA Ultralight Filament | Concrette Formworks | PA6/66 |
| 45 €/kg | 40 €/kg | 92 €/kg | 1337 €/kg | 87 €/kg |
| **Harze für das VPP-Verfahren** | | | | |
| Accura 25 (3D Systems) | Xtreme White 200 (Accura) (3D Systems) | Accura PEAEK (3D Systems) | Envisiontec Dental | Envisiontec Transparent |
| 210 €/kg | 350 €/kg | 350 €/kg | 800 €/kg | 600 €/kg |
| **SINTERIT Pulver für das PBF-Verfahren** | | | | |
| PA11 | PA12 | PP | TPE | TPU |
| 137 €/kg | 120 €/kg | 180 €/kg | 150 €/kg | 160 €/kg |

**die Angaben dienen nur zur Orientierung*

## Literatur


[AHME21] Ahmed A, Arya S, Gupta V, Furukawa H, Khosla A (2021) 4D printing: Fundamentals, materials, applications and challenges. Polymer 228:123926. https://doi.org/10.1016/j.polymer.2021.123926

[ALGH21] Alghamdi S, John S, Roy Choudhury N, Dutta NK (2021) Additive Manufacturing of PolymerMaterials: Progress. Promise and Challenges. Polymers 13(5):753. https://doi.org/10.3390/polym13050753

[ALRA21] Al Rashid A, Ahmed W, Khalid MY, Koç M (2021) Vat photopolymerization of polymers and polymer composites: Processes and applications. Addit Manuf 47:102279. https://doi.org/10.1016/j.addma.2021.102279

[ATZE10] Atzeni E, Iuliano L, Minetola P, Salmi A (2010) Redesign and Cost Estimation of Rapid Manufactured Plastic Parts. Rapid Prototyping Journal 16(5):308–317. https://doi.org/10.1108/13552541011065704

[BARA19] Baran E, Erbil H (2019) Surface Modification of 3D printed PLA objects by fused depositionmodeling: a review. Colloids Interfaces 3(2):43. https://doi.org/10.3390/colloids3020043

[BONT20] Bonten Ch (2020) Kunststofftechnik. Einführung und Grundlagen. 3. Aufl., Hanser Verlag

[BOZE17] Bozerna A (2017) Werkstofftechnik für Wirtschaftsingenieure. Springer Vieweg Berlin, Heidelberg. https://doi.org/10.1007/978-3-662-54548-5

[BRAC20] Braconnier DJ, Jensen RE, Peterson AM (2020) Processing parameter correlations in material extrusion additive manufacturing. Addit Manuf 31:100924. https://doi.org/10.1016/j.addma.2019.100924

[BREU13] Breuninger J, Becker R, Wolf A, Rommel S, Verl A (2013) Generative Fertigung mit Kunststoffen. Konzeption und Konstruktion für Selektives Lasersintern. Springer, Berlin Heidelberg. https://doi.org/10.1007/978-3-642-24325-7

[BRIG21] Brighenti R, Cosma MP, Marsavina L et al (2021) Laser-based additively manufactured polymers: a review on processes and mechanical models. Journal of Material-Science 56:961–998. https://doi.org/10.1007/s10853-020-05254-6

[BROO15] Brooks H, Slater C, Sofos GA, Whiteside BR (2015) Enhancing the Surface Finish of Fused Deposition Modelling (FDM) Parts using Vapour Treatments. Reserchgate-Projekt, Online: https://www.researchgate.net/publication/275331451_Enhancing_the_surface_finish_of_FDM_parts_using_vapour_treatments. Zugegriffen: 15. Juli 2024

[BUSH21] Buschmann B, Henke K, Talke D, Saile B, Asshoff C, Bunzel F. Additive Manufacturing of Wood Composite Panels for Individual Layer Fabrication (ILF). Polymers 3(19):3423. https://doi.org/10.3390/polym13193423

[BYBE18] Byberg KI, Gebisa AW, Lemu HG (2018) Mechanical properties of ULTEM 9085 material processed by fused deposition modeling. Polym Testing 72:335–347. https://doi.org/10.1016/j.polymertesting.2018.10.040

[CHAU22] Chaudhary RP, Ch, Parameswaran, Idrees M, Rasaki AS, Ch, Liu, Chen Z, Colombo P (2022) Additive manufacturing of polymer-derived ceramics: Materials, technologies, properties and potential applications. Prog Mater Sci 128:100969. https://doi.org/10.1016/j.pmatsci.2022.100969

[CHEN17] Cheng C, Gupta M (2017) Surface functionalization of 3D-printed plastics via initiated chemical vapor deposition. Beilstein J Nanotechnol 8:1629–1636. https://doi.org/10.3762/bjnano.8.162

[CHUE21] Chueca de Bruijn A, Gómez-Gras G, Pérez MA (2021) A Comparative Analysis of Chemical, Thermal, and Mechanical Post-Process of Fused Filament Fabricated Polyetherimide Parts for Surface Quality Enhancement. Materials 14:5880. https://doi.org/10.3390/ma14195880

[COST19] Costa VTL, Pai CN (2019) Superficial characteristics of acetone vapor treated ABS printed parts for use in upper limb prosthesis. IFMBE Proc. 70(1):365–376. https://doi.org/10.1007/978-981-13-2119-1_57

[DAVE21] Dave HK, Davim JP (2021) Fused Deposition Modeling Based 3D Printing. Springer Cham. https://doi.org/10.1007/978-3-030-68024-4

[DIEG19] Diegel O, Nordin A, Motte D (2019) A Practical Guide to Design for Additive Manufacturing. Springer Nature, Singapore. https://doi.org/10.1007/978-981-13-8281-9

[DIKO18] Dikova T et al (2018) Dimensional accuracy and surface roughness of polymeric dental bridges produced by different 3D printing processes. Archives of Materials Science and Engineering 94(2):65–75. https://doi.org/10.5604/01.3001.0012.8660

[DIZO18] Dizon JRC, Espera AH Jr, Chen Q, Advincula RC (2018) Mechanical characterization of 3D-printed polymers. Addit Manuf 20:44–67. https://doi.org/10.1016/j.addma.2017.12.002

[EISE23] Eisele L, Heuer A, Weidenmann KA, Liebig WV (2023) Can Different Parameter Sets Lead to Equivalent Optima between Geometric Accuracy and Mechanical Properties in Arburg Plastic Freeforming? Polymers 15:1516. https://doi.org/10.3390/polym15061516

[ELMO19] El Moumen A, Tarfaoui M, Lafdi K (2019) Additive manufacturing of polymer composites: Processing and modeling approaches. Compos Part B Eng 171:166–182. https://doi.org/10.1016/j.compositesb.2019.04.029

[ELSN12] Elsner P, Eyerer P, Hirth T (2012) Kunststoffe. VDI-Buch. Springer, Berlin, Heidelberg. https://doi.org/10.1007/978-3-642-16173-5_1

[ENDR09] Endres HJ, Siebert-Raths A (2009) Technische Biopolymere: Rahmenbedingungen, Marktsituation, Herstellung, Aufbau und Eigenschaften. Carl Hanser, München

[EQUB14] Equbal A, Sood A (2014) Metallization on FDM parts using the chemical deposition technique. Coatings 4(3):574–586. https://doi.org/10.3390/coatings4030574

[ERHA08] Erhard G (2008) Konstruieren mit Kunststoffen. Hanser, München

[FARA16] Farahani RD, Dubé M, Therriault D (2016) Three-dimensional printing of multifunctional nanocomposites: Manufacturing techniques and applications. Adv Mater 28:5794–5821. https://doi.org/10.1002/adma.201506215

[FISC14] Fischer M, Schöppner V (2014) Finishing of ABS-M30 parts man-ufactured with fused deposition modeling with focus on dimensional accuracy. In: Proceedings of 25th solid freeform fabricationsymposium, S 923–934

[FISC18] Fischer A, Gebauer S, Khavkin E (2018) 3D-Druck im Unternehmen: Entscheidungsmodelle, Best Practices und Anwendungsbeispiele. Am Beispiel Fused Layer Modeling (FLM). Carl Hanser, München

[FRIC19] Frick S (2019) Praktische Kunststoffprüfung. Hanser, München

[FUGE21] Fuges CM (2021) PVD Coatings Solve Common 3D-Printed Mold and Part Problems. Available online: https://www.additivemanufacturing.media/articles/pvd-coatings-solve-common-3d-printed-mold-and-part-problems. Accessed 6 July 2024

[GE16] Ge Q, Sakhaei AH, Leem H et al (2016) Multimaterial 4D printing with tailorable shape memory polymers. Scientific Reports 6 (31110). https://doi.org/10.1038/srep31110

[GEBH16] Gebhardt A (2016) Additive Fertigungsverfahren Additive Manufacturing und 3D-Drucken für Prototyping – Tooling – Produktion Auflage: 5, neu bearbeitete und, erweiterte. Hanser, München

[GIBSD21] Gibson I, Rosen D, Stucker B, Khorasani M (2021) Additive Manufacturing Technologies. Springer, Cham. https://doi.org/10.1007/978-3-030-56127-7

[HAN22] Han W, Kong L, Xu M (2022) Advances in selective laser sintering of polymers. International Journal of Extreme Manufacturing 4(042002). https://doi.org/10.1088/2631-7990/ac9096

[HECK21] Hecker F, Driediger C, Hirsch A, Moritzer E (2021) Comparison of Component Properties and Economic Efficiency of the Arburg Plastic Freeforming and Fused Deposition Modeling. 2021 International Solid Freeform Fabrication Symposium. https://doi.org/10.26153/tsw/17577

[HENT20] Hentschel L, Kynast F, Petersmann S, Holzer C, Gonzalez-Gutierrez J (2020) Processing Conditions of a Medical Grade Poly(Methyl Methacrylate) with the Arburg Plastic Freeforming Additive Manufacturing Process. Polymers 12:2677. https://doi.org/10.3390/polym12112677

[HOFS19] Ch, Hofstetter, Homa M, Schwentenwein M (2019) Lithographiebasierte additive Fertigung von Keramiken – vom Rapid Prototyping zur Serienfertigung. Keram Z 71:46–51. https://doi.org/10.1007/s42410-019-0052-0

[HUA18] Hua D, Zhang X, Ji Z et al (2018) 3D printing of shape changing composites for constructing flexible paper-based photothermal bilayer actuators. J Mater Chem 6:2123–2213. https://doi.org/10.1039/c7tc05710e

[HUAN04] Huang C, Zhang Q (2004) Electroactive polymer (EAP)-based deformable micromirrors and light-valve technology for MOEMS display and imaging systems. Proceedings Volume 5389, Smart Electronics, MEMS, BioMEMS, and Nanotechnology. https://doi.org/10.1117/12.540191

[JAYA23] Jayakumar, A., Radoor, S., Siengchin S, Hwa Shin G, Kim JT (2023) Recent progress of bioplastics in their properties, standards, certifications and regulations: A review. J Sci Total Environ 878(163156). https://doi.org/10.1016/j.scitotenv.2023.163156

[JOHN20] John RA, Sugavaneswaran M, Prashanthi B, Deshmukh S, Jose S (2020) Influence of vapour smoothing process parameters on fused deposition modelling parts surface roughness at different build orientation. Mater Today: Proc 22(4):2772–2778. https://doi.org/10.1016/j.matpr.2020.03.408

[JUAR18] Juarez T, Schroer A, Schwaiger R, Hodge AM (2018) Evaluating sputter deposited metal coatings on 3D printed polymer micro-truss structures. Mater Des 140:442–450. https://doi.org/10.1016/j.matdes.2017.12.005

[KADR19] Kadry H, Wadnap S, Xu C, Ahsan F (2019) Digital light processing (DLP) 3D-printing technology and photoreactive polymers in fabrication of modified-release tablets. Eur J Pharm Sci 135:60–67. https://doi.org/10.1016/j.ejps.2019.05.008

[KAWA15] Kawana M, Takahashi J, Guo J, Tomita Y (2015) Measurement of polymerization-shrinkage evolution during curing in photopolymer with a white-light Fabry-Pérot interferometer. Opt Express 23(12):15356–15364. https://doi.org/10.1364/OE.23.015356

[KIEND20] Kiendl J, Gao C (2020) Controlling toughness and strength of FDM 3D-printed PLA components through the raster layup. Compos Part B Eng 180:107562. https://doi.org/10.1016/j.compositesb.2019.107562

[KIM12] Kim J, Hanna JA, Hayward RC, Santangelo CD (2012) Thermally responsive rolling of thin gel strips with discrete variations in swelling. Soft Matter 8:2375–2381. https://doi.org/10.1039/C2SM06681E

[KOHL18] Kohl J, Kaufhold J, Burkhardt H (2018) Additive Fertigung mit holzbasierten Materialien: Materialien–Prozesse–Anwendungsfelder. Institut für Holztechnologie Dresden gemeinnützige GmbH; Dresden. (Online: https://www.ihd-dresden.de/fileadmin/user_upload/pdf/IHD/wissensportal/Broschueren/3D-Druck/Kurzstudie_3D.pdf. Zugegriffen: 15. Juli 2024

[KOLZ13] Koltzenburg S, Maskos M, Nuyken O (2013) Polymere: Synthese, Eigenschaften und Anwendungen. Springer Spektrum Berlin, Heidelberg. https://doi.org/10.1007/978-3-642-34773-3

[KUHN21] Kühnel L, Hartmann T, Stiller A, Rinberg R, Nendel W, Zeidler H (2021) Additive production processes for the manufacturing of customised bio-based packaging. In: Proceedings of the 2nd International Conference on Circular Packaging, Ljubljana, Slovenia

[KUMA12] Kumar S, Hofmann M, Steinmann B et al (2012) Reinforcement of stereolithographic resins for rapid prototyping with cellulose nanocrystals. ACS Appl Mater Interfaces 4(10):5399–5407. https://doi.org/10.1021/am301321v

[LAKH21] Lakhdar Y, Tuck C, Binner J, Terry A, Goodridge R (2021) Additive manufacturing of advanced ceramic materials, Progress in Mater Sci 116(100736). https://doi.org/10.1016/j.pmatsci.2020.100736

[LAUK19] Laukkonen J (2019) How smart airbag systems save lives. Online: https://www.lifewire.com/how-smart-airbags-save-lives-534818. Accessed 26 April 2020

[LOVO20] Lovo JFP, de Camargo IL, Erbereli R, Morais MM, Fortulan CA (2020) Vat photopolymerization additive manufacturing resins: analysis and case study. Mater Res 23(4):1–10. https://doi.org/10.1590/1980-5373-MR-2020-0010

[MAUR22] Maurya MR, Sadasivuni KK, Cabibihan JJ, Sh, Ahmad, Kazim S (2022) Shape Memory Composites Based on Polymers and Metals for 4D Printing. Springer, Cham. https://doi.org/10.1007/978-3-030-94114-7

[MELE22] Mele M, Pisaneschi G, Campana G, Zucchelli A, Ciotti M (2022) Effect of selected process parameters on dimensional accuracy in Arburg Plastic Freeforming. Rapid Prototyp J 28(9):1677–1689. https://doi.org/10.1108/RPJ-05-2021-0109

[MOHA17] Mohamed OA, Masood SH, Bhowmik JL (2017) Experimental investigation of time-dependent mechanical properties of PC-ABS prototypes processed by FDM additive manufacturing process. Mater Lett 193:58–62. https://doi.org/10.1016/j.matlet.2017.01.104

[MOME17] Momeni F, HassaniM LX, Ni J (2017) A review of 4D printing. Mater Des 122:42–79. https://doi.org/10.1016/j.matdes.2017.02.068

[MWEM18] Mwema FM, Oladijo OP, Akinlabi SA, Akinlabi ET (2018) Properties of physically deposited thin aluminium film coatings: A review. J Alloy Compd 747:306–323. https://doi.org/10.1016/j.jallcom.2018.03.006

[MWEM21] Mwema FM, Akinlabi ET (2021) Fused Deposition Modeling. Springer Cham. https://doi.org/10.1007/978-3-030-48259-6

[NN1] Formfutura PEI ULTEM 1010 Filament. Online: https://www.3dmensionals.de/shop?search=ULTEM+1010+Filament&order=website_sequence+asc. Zugegriffen: 17. Juli 2024

[NN2] 3D Printer Material Cost of 2023. Online:https://all3dp.com/2/3d-printer-material-cost-the-real-cost-of-3d-printing-materials/. Zugegriffen: 17. Juli 2024

[NN3] Featured 3D Filaments. Online: https://www.3dxtech.com/products/. Zugegriffen: 17. Juli 2024

[PAES22] Paesano A (2022) Handbook of Sustainable Polymers for Additive Manufacturing. CRC Press. https://doi.org/10.1201/9781003221210

[PALO19] Paloheimo M (2019) Tensile or Flexural Strength/Stiffness – Is There Really a Difference? Online: https://www.plasticprop.com/articles/tensile-or-flexural-strengthstiffness-there-really-difference/. Accessed 14 July 2024

[PERN21] Pernica J, Sustr M, Dostal P, Brabec M, Dobrocky D (2021) Tensile Testing of 3D Printed Materials Made by Different Temperature. Manufacturing Technology. 21(3):398–404. https://doi.org/10.21062/mft.2021.039

[POLE22] Polenz S, Kunz W, Braun B, Franke A, López E, Brückner F, Leyens C (2021) Development of a System for Additive Manufacturing of Ceramic Matrix Composite Structures Using Laser Technology. Materials 14(12):3248. https://doi.org/10.3390/ma14123248

[RECH07] Rechtenwald, T., Krauss HJ, Pohle D, Schmidt M (2007) Small scale and micro featured functional prototypes generated by laser sintering of polyetheretherketone, Proc. SPIE 6462, Micromachining Technology for Micro-Optics and Nano-Optics V and Microfabrication Process Technology XII. https://doi.org/10.1117/12.703097

[RICC21] Riccio C, Civera M, Ruiz OG et al (2021) Effects of curing on photosensitive resins in SLA additive manufacturing. Appl Mech 2(4):942–955. https://doi.org/10.3390/applmech3010009

[ROES08] Rösler J, Harders H, Bäker M (2008) Mechanisches Verhalten der Werkstoffe. Springer Vieweg, Berlin. https://doi.org/10.1007/978-3-8351-9245-4

[ROMA21] Romani, A, Mantelli A, Tralli P, Turri S, Levi M, Suriano R (2021) Metallization of Thermoplastic Polymers and Composites 3D Printed by Fused Filament Fabrication. Technologies 9(3):49. https://doi.org/10.3390/technologies9030049

[SALE21] Saleh Aghamdi S, John S, Roy Choudhury N, Dutta NK (2021) Additive Manufacturing of Polymer Materials: Progress. Promise and Challenges. Polymers 13(5):753. https://doi.org/10.3390/polym13050753

[SALI23] Salih RM, Kadaw A, Aliyev R, Henning Z (2023) Investigation of LCD 3D Printing of Carbon Fiber Composites by Utilising Central Composite Design. JMMP 7(2):58. https://doi.org/10.3390/jmmp7020058

[SANC20] Sánchez DM, de la Mata M, Delgado FJ, Casal V, Molina SI (2020) Development of carbon fiber acrylonitrile styrene acrylate composite for large format additive manufacturing. Mater Des 191(108577). https://doi.org/10.1016/j.matdes.2020.108577

[SATH14] Sathishkumar TP, Satheeshkumar S, Naveen J (2014) Glass fiber-reinforced polymer composites—A review. J Reinf Plast Compos 33:1258–1275. https://doi.org/10.1177/0731684414530

[SAVC22] Savchenko B, Sova N, Beloshenko V, Debeluy B, Slieptsov A, Vozniak I (2022) New Approach for Extrusion Additive Manufacturing of Soft and Elastic Articles from Liquid-PVC-Based Consumable Materials. Polymers 14(21):4683. https://doi.org/10.3390/polym14214683

[SCHM22] Schmidt M (2022) Lasersintern (LS) mit Kunststoffen. Technologie, Prozesse und Werkstoffe. 2.Auflage. Carl Hanser, München

[SING17] Singh R, Singh S, Preet I, Fabbrocino F, Fraternali F (2017) Investigation for surface finish improvement of FDM parts by vapor smoothing process. Compos B 111:228–234. https://doi.org/10.1016/j.compositesb.2016.11.062

[SING20] Singh J, Singh R, Singh K (2020) Vapor smoothing process for surface finishing of FDM replicas. Mater Today: Proc 26:173–179. https://doi.org/10.1016/j.matpr.2019.09.013

[SPIE18] Spierling S, Knüpffer E, Behnsen H et al (2018) Bio-based plastics – a review of environmental, social and economic impact assessments. J Clean Prod 185:476–491. https://doi.org/10.1016/j.jclepro.2018.03.014

[SRIN20] Srinivasan R, Ruban W, Deepanraj A et al (2020) Effect on infill density on mechanical properties of PETG part fabricated by fused deposition modelling. Materials Today: Proceedings 27(2):3–7. https://doi.org/10.1016/j.matpr.2020.03.797

[SUN22] Sun J, Ye D, Ji Z, Chen X, Wang Y, Yuan J, Liang H, Qu H, Binner J, Bai J (2022) A review on additive manufacturing of ceramic matrix composites. J Mater Sci Technol. https://doi.org/10.1016/j.jmst.2022.06.039

[TAN20] Tan LJ, Zhu W, Zhou K (2020) Recent Progress on Polymer Materials for Additive Manufacturing. Adv Funct Mater 30(43). https://doi.org/10.1002/adfm.202003062

[THOM14] Thomas D, Gilbert S (2014) Costs and Cost Effectiveness of Additive Manufacturing, Special Publication (NIST SP), National Institute of Standards and Technology, Gaithersburg, MD, [online], https://doi.org/10.6028/NIST.SP.1176. Accessed 19 July 2024

[TUER17] Türk DA, Kussmaul R, Zogg M, Klahn C, Leutenecker-Twelsiek B, Meboldt M (2017) Composites Part Production with Additive Manufacturing Technologies. Procedia CIRP 66:306–311. https://doi.org/10.1016/j.procir.2017.03.359

[TURN14] Turner N, Strong R, Gold A (2014) A review of melt extrusion additive manufacturing processes: I. Process design and modeling. Rapid Prototyping Journal 20(3):192–204. https://doi.org/10.1108/RPJ-01-2013-0012

[WANG16] Wang T, Farajollahi M, Choi YS (2016) Electroactive polymers for sensing. Interface. Focus 6:20160026. https://doi.org/10.1098/rsfs.2016.0026

[WOHL23] Wohlers, T.: Wohlers Report 2023, Analysis. Trends. Forecasts. 3D Printing and Additive Manufacturing State of the Industry. Wohlers Associates, Inc.

[YANG22] Yang CJ (2022) Optimizing Manufacturing Parameters of DLP Machine by Taguchi Method and Desirability Approach. Machines 10(10):901. https://doi.org/10.3390/machines10100901

[YUE16] Yue B, Le Z (2016) Shuai W (2016) Research progress of AM ceramic materials. Mater Rev 30(21):109–118. https://doi.org/10.1515/rams-2023-0148

[ZARE16] Zarek M, Layani M, Cooperstein I et al (2016) 3D printing of shape-memory polymers for flexible electronic devices. Adv Mater 28: 4449–4454. https://doi.org/10.1002/adma.201503132

[ZARE20] Zareanshahrakia, F, Davenport A, Cramer N, Seubertc Ch, Leec E, Casolli M (2020) Effect of post-curing process on the performance of automotive 3D-printed specimen. Conference Proceeding Papers, radtech 2020. Online: https://uvebtech.com/articles/2020/effect-of-post-curing-process-on-the-performance-of-automotive-3d-printed-specimens/. Zugegriffen: 20. Juli 2024

[ZEID19] Zeidler H, Klemm D, Böttger-Hiller F (2019) 3D-Druck mit nachwachsenden Rohstoffen. Stand und Perspektiven. Zeitschrift Holztechnologie 2(60):49–54

[ZHOU15] Zhou Y, Huang WM, Kang SF et al (2015) From 3D to 4D printing: approaches and typical applications. J Mech Sci Technol 29:4281–4288. https://doi.org/10.1007/s12206-015-0925-0

# 7 Mechanische Bearbeitung

## 7.1 Ziel der Nachbearbeitung

Mittlerweile zählt die mechanische Bearbeitung als fester Bestandenteil der Prozesskette für die additiven Fertigung von Bauteilen. Das hauptsächliche Ziel der mechanischen Bearbeitung ist die Sicherstellung der geforderten Oberflächenbeschaffenheit, die für die Ausführung der Funktion des Teiles vorgegeben ist. Dafür wird die AF-Prozesskette durch Verfahren der Trennverfahren nach DIN 8580 entsprechend erweitert (Abb. 7.1). Es handelt sich dabei um die Verfahren, die es ermöglichen die Flächen der Teile spanend sukzessiv der Sollkontur anzunähern.

Der Arbeitsumfang der mechanischen Bearbeitung wird durch die Gestaltabweichungen bestimmt, die an der Baueilgeometrie nach dem AF-Prozess prozessbedingt entstanden sind. Je genauer das AM-Bauteil gebaut wird, desto weniger Aufmaß wird für die Nachbearbeitung benötigt. Diese Aspekte fordern die Berücksichtigung der Abweichungen und des zusätzlichen Materials auf den Funktionsflächen in der Etappe des Pre-Processes. Das Aufmaß soll ausreichend sein, um die Endgenauigkeit und die Qualität der Flächen mit entsprechenden Verfahren wirtschaftlich zu erreichen.

Der Materialabtrag findet in Abhängigkeit der Qualitätsanforderungen in zwei Schritten statt. Die Grobzerspanung (Schruppen) entfernt den größeren Teil der Abweichungen/Aufmaßen. Der Anteil dieser Bearbeitung ist aber am gesamten Aufwand gering. Die engen Toleranzen und eine niedrige Rauheit der Funktionsflächen entstehen nach der Feinbearbeitung.



R. Aliyev, *Planung von additiven Fertigungsprozessen*,
https://doi.org/10.1007/978-3-662-70199-7_7

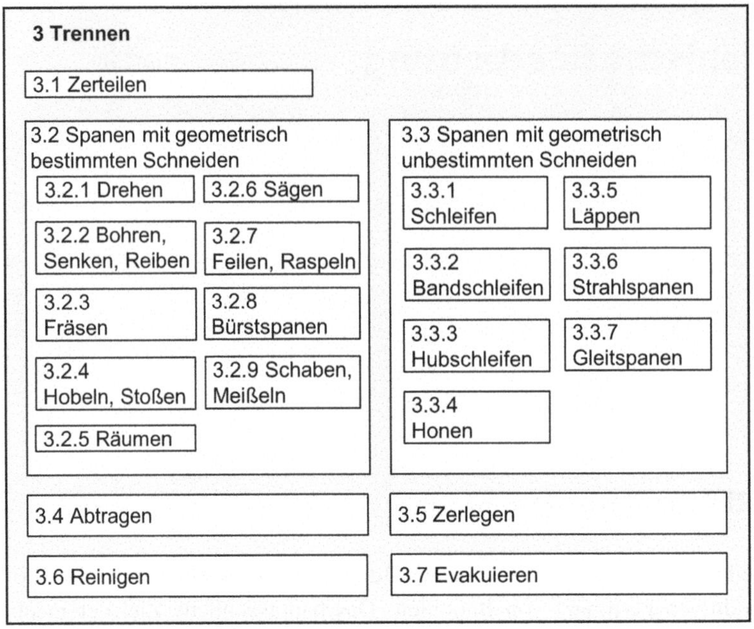


**Abb. 7.1** Spanende Bearbeitungsverfahren nach DIN 8580 und DIN 8589. (Quelle: eigene Darstellung)

## 7.2 Zerspanbarkeit von AF-Teilen

Ein wichtiger Aspekt bei der Gestaltung der mechanischen Bearbeitung ist die Zerspanbarkeit der Werkstoffe. Diese Werkstoffeigenschaft wird im Prozess der additiven Fertigung erzeugt, welche angesichts der Anisotropie unterschiedliche Kenngrößen im Bauteil aufweist. Die schwankenden Werkstoffeigenschaften in Kombination mit den Eigenschaften des Fertigungssystems bestimmen die Wirtschaftlichkeit des Zerspanungsprozesses. Die Zerspanbarkeit wird nach DİN 6583 durch folgende Kriterien bewertet:

- Zerspankräfte
- Verschleiß
- Oberflächenbeschaffenheit
- Spanform

Die Zusammensetzung des Werkstoffes einerseits und die Gefügestruktur andererseits üben auf die Zerspankräfte den stärksten Einfluss aus. Insbesondere bilden die werkstoffspezifische Härte und die Zugfestigkeit bei der Bearbeitung von AF-Bauteilen aus hochlegierten metallischen Werkstoffen die wesentlichen Einflussgrößen. Die Richtungsabhängigkeit dieser Faktoren führen zu Schwankungen der Zerspankraftkomponenten, die eine Abweichung der entstehenden Oberflächengestalt als Folge hat.

Nach der schnellen Abkühlung der Schmelzbäder in den Metall-Additiven Prozessen bilden sich spröde und harte Schichten auf der Bauteiloberfläche. Die Härte dieser Flächen können bis 60 HRS erreichen. Die feste Schicht erschwert die mechanische Bearbeitung der Konturflächen. Die saubere Bearbeitung von filigranen Konturen wird dadurch sehr beeinträchtigt. Um den Werkzeugverschleiß niedrig zu halten, werden normalerweise in diesen Fällen spezielle Schneidstoffen, wie Mischkeramik und Bornitrid, eingesetzt, die teuer sind. Andererseits sollen niedrige Werte des Vorschubs und der Schnitttiefe eingesetzt werden. Für die Erleichterung der Zerspanbarkeit von Stahlteilen werden häufig eine Wärmebehandlung (Spannungsarmglühen, Lösungsglühen oder Warmauslager) angewendet. Die Wärmebehandlung spielt bei der additiven Fertigungsprozesskette eine wichtige Rolle für die Erfüllung der Qualitätsanforderungen. Dadurch wird die Gefügestruktur homogenisiert, die Eigenspannungen abgebaut und die Härte verringert.

Die genannten Probleme treten bei der Bearbeitung von Kunststoffteilen nicht auf, da sie keine so hohe Festigkeitswerte besitzen und die Schwankung ihrer Eigenschaften in geringeren Grenzen bleibt. Die Zerspanbarkeit von Kunststoffen wird eher durch die thermischen Eigenschaften (Wärmeleitfähigkeit, Temperaturempfindlichkeit, usw.) bestimmt. Während der Bearbeitung auftretende Wärme beeinflussen den Verlauf der Spanabnahme. Die Wärme entsteht hauptsächlich durch Reibung zwischen den Schneidflächen des Werkzeuges und der Werkstückoberfläche. Die niedrige Wärmeleitung des Werkstoffes verursacht den Wärmestau in der Spanungszone, die sich auf die Oberflächenausbildung negativ auswirkt. Um diesen negativen Effekt entgegenzuwirken, sollen günstige Zerspanungsparameter ausgewählt werden, sodass die entstehende Wärme durch die Späne abgeführt wird. Die Grenztemperaturen für Thermoplaste liegen unter 60°C. Duroplaste ermöglichten eine Bearbeitungstemperatur bis 150°C [HOPM15]. Das Überschreiten dieser Grenzen verursacht eine Senkung der erzielbaren Genauigkeit und der Oberflächengüte des Werkstückes. Andererseits verhält sich das Werkstück unter Druckbelastung anders. Die hohe Belastungsgeschwindigkeit steigert die Festigkeit. Dabei führt die wachsende Formänderungsgeschwindigkeit zur Zunahme des Elastizitätsmoduls. Die Konstellation von Temperatur und Schnittgeschwindigkeit entscheidet über das Verformungsverhalten des Kunststoffes und dadurch den Zerspanungsprozess. Ein weiterer Faktor sind die Zusatzstoffe, die für die Verbesserung der mechanischen Eigenschaften des Grundwerkstoffes beigemischt werden. Sie können die Zerspanbarkeit des Werkstoffes erschweren, in dem sie den Werkzeugverschleiß deutlich erhöhen. Besonders führen die Zusatzwerkstoffe mit geringer Wärmeleitfähigkeit dazu, dass das Schneidwerkzeug den größten Teil der Wärme aus der Schneidzone ableitet. Dies bedingt eine hohe Temperatur an der Schneide und folglich hohe Verschleißgrößen.

## 7.3 Eingesetzte Verfahren

### 7.3.1 Allgemeines

Für die Realisierung dieser Aufgaben werden die Verfahren mit „geometrisch bestimmter Schneide“ und die Verfahren mit „geometrisch unbestimmter Schneide“ eingesetzt. Das Spanen mit geometrisch bestimmter Schneide umfasst die Verfahren Drehen, Bohren, Senken, Reiben, Fräsen und weitere Verfahren. Durch die genau bestimmten Schneidkanten ermöglichen sie die Flächen beliebiger Geometrie effizient zu bearbeiten. Nachteil dieser Verfahren liegt in der erreichbaren Genauigkeit, welche aufgrund der technischen und technologischen Restriktionen des Fertigungssystems nicht immer den Anforderungen der in der Praxis eingesetzten Funktionsflächen entsprechen. Dieser Nachteil wird durch den Einsatz der Verfahren mit geometrisch unbestimmter Schneide behoben. Dafür sorgen die massive Mikrozerspanung durch kleine Körner der Schleif-, Hon- oder Läppwerkzeuge. Teilweise mediengestützte Bearbeitung eignet sich besonders für die Endbearbeitung von komplexen Geometrien der AF-Teile. Dieser Abschnitt konzentriert sich hauptsächlich auf die Aspekte der Bearbeitung mit geometrisch bestimmter Schneide aufgrund ihrer großen Bedeutung für die additive Fertigung.

### 7.3.2 Drehen

#### 7.3.2.1 Verfahrensspezifik

Das Verfahren Drehen ist geeignet für die Bearbeitung von zylindrischen, schraubförmigen und planaren Flächen an rotationssymmetrischen Bauteilen. Die meist spiralförmige Schnittbewegung entsteht durch Drehen des Werkstückes und durch die Vorschubbewegung des Werkzeuges (Abb. 7.2).

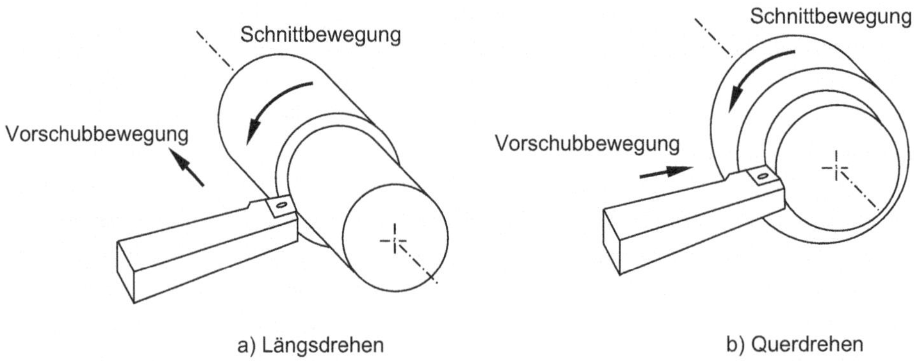


**Abb. 7.2** Bewegungen beim Drehen von Außenflächen. (Quelle: eigene Darstellung)

**Tab. 7.1** Erreichbare Genauigkeit und Qualität beim Drehen nach [DEGN19, FRIT22, HEIS14, PAUC08]

| Gestaltsform | Toleranzklassen Oberflächengüte | Verfahrensarten |
|---|---|---|
| Erreichbare Maß- und Formgenauigkeit | IT 7…8 | Schlichten |
| Verbesserung der Maß- und Formgenauigkeit mit Zusatzaufwand | IT 5…6 | Feindrehen |
| Erreichbare Rauheit | $R_z$=4…40 µm | Schlichten |
| Verbesserung der Rauheit mit Zusatzaufwand | $R_z$=1…2,5 µm | Feindrehen |

Durch die Einstellung der Schnittgeschwindigkeit, der Schnitttiefe und des Vorschubs können die Spanungsgrößen für die wirtschaftliche Bearbeitung des gegebenen Werkstoffes erreicht werden [PAUC08, YUSU21].

Die entstehende rillenförmige Oberfläche ist charakteristisch für das Drehen. In Abhängigkeit von den Einstellparametern bilden diese Rillen verschiedene Rauheitswerte, die für den betrieblichen Einsatz des Teiles bedeutsam sind. Die Form-, Lage- und Maßgenauigkeit resultiert aus den Verformungen im Fertigungssystem. Diese Kenngrößen werden von der Zerspanbarkeit des Werkstoffes deutlich beeinflusst. Bei schwer spanbaren Werkstoffen sollen spezielle Schneidstoffe eingesetzt werden, um eine wirtschaftliche Fertigung des Teiles zu gewährleisten. Tab. 7.1 zeigt die erreichbaren Genauigkeiten und Rauheiten.

**Prozessparameter**

Drehzahl $n$ [1/U]
Vorschub $f$ [mm]
Schnitttiefe $a_p$ [mm]

**Grundzeit**

$$t_g = t_h + t_n \tag{7.1}$$

mit der Hauptzeit für das Langdrehen:

$$t_h = \frac{L}{n \cdot f} \cdot i \quad \text{und} \tag{7.2}$$

$$L = l_a + l_v + l_w + l_ü \tag{7.3}$$

mit der Hauptzeit für das Plandrehen (Abb. 7.3):

$$t_h = \frac{L}{n \cdot f} \cdot i \quad \text{und} \tag{7.4}$$

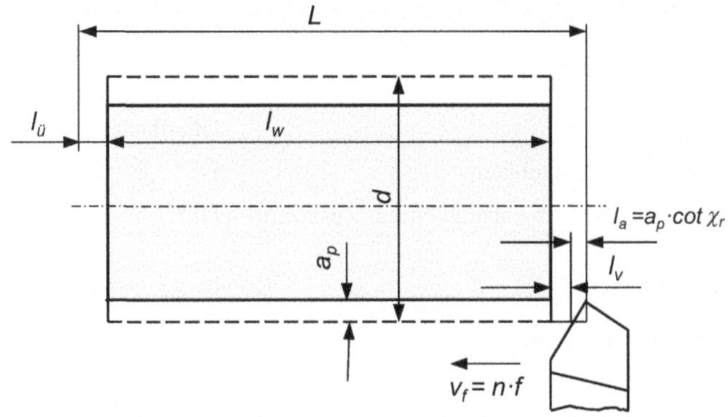


**Abb. 7.3** Wegverhältnisse beim Langdrehen. (Quelle: eigene Darstellung)

$$L = \frac{D}{2} + l_a \tag{7.5}$$

$t_n$ – Nebenzeit [min]
$L$ – Arbeitsweg [mm]
$l_a$ – Anlaufweg [mm]
$l_v$ – Vorlaufweg [mm]
$l_ü$ – Überlaufweg [mm]
$l_w$ – Werkstücklänge [mm]
$f$ – Vorschub [mm]
$n$ – Drehzahl [1/min]
$i$ – Schnittzahl
$D$ – Wellendurchmesser [mm]

Die Nebenzeiten werden in der Regel geschätzt. Bei Großserien und Massenfertigung wird eine genaue Berechnung durchgeführt. Voraussetzung ist jedoch, dass die Auslastung der Maschinen bekannt ist.

#### 7.3.2.2 Einsatz in der additiven Fertigung

Steht die Aufgabe Innen- und Außenflächen an den additiv gefertigten Drehteilen nachzubearbeiten, ist das Drehen die richtige Wahl. Für die Bearbeitung komplexer Teile sollte eine geeignete Maschine ausgewählt werden, die in der Lage ist durch die simultane Bewegung mehrerer Achsen eine Freiformbahnbewegung des Werkzeuges zu ermöglichen. Die Bearbeitung komplexer Teile ist Aufgrund der Verfahrenskinematik beschränkt. Besondere Anwendungsgebiete sind additiv gefertigte Werkzeuge, Brennkammern, Turbinenteile u. a. (Abb. 7.4).

Durch die richtige Auswahl der Prozesskomponenten ist die Bearbeitung einer Vielzahl von Werkstoffen möglich, die für AF-Bauteile typisch sind. Die Ergebnisse der

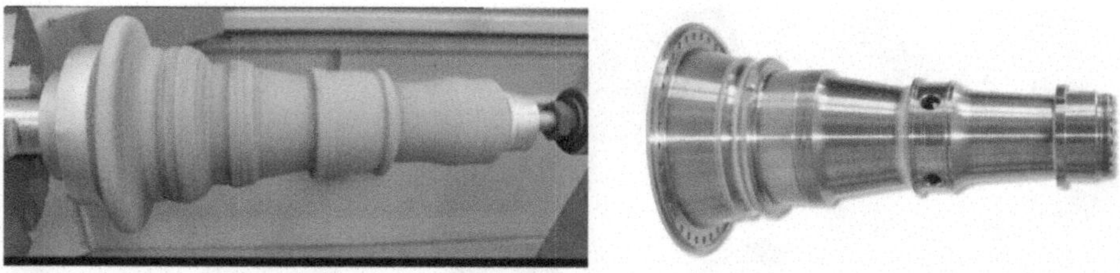

a) nach dem AF-Prozess b) nach dem Drehprozess

**Abb. 7.4** Das gedrehte AF- Bauteil aus Titan Ti-6Al-4 V. (Quelle: Impact Innovations GmbH)

aktuellen Forschungen zeigen, dass die Fertigung eines aus Inconel 718 gefertigten Drehteiles angepasste Prozessparameter verlangt. Aufgrund der verfahrensbedingten spezifischen Eigenschaften des Werkstoffes, wie höhere Wärmeleitfähigkeit, geringere Dichte, heterogenes Gefüge und geringere Mikrohärte, konnte das Werkstück nur mit beschichteten Hartmetallwerkzeugen erfolgreich bearbeitet werden. Die bekannten Bereiche der Bearbeitungsparameter von Inconel 718 sind: $v_c = 60–120$ m/min, $f = 0,1–0,3$ mm und $a_p = 0,1–0,5$ mm [CHEN21].

Die Bearbeitung von AF-Titanlegierungen (Ti6Al4V) zeigt eine eigene Spezifik im Vergleich zum Drehen von geschmiedeten Titanlegierungen. Generell ist festzustellen, dass bei der Bearbeitung von AF-Werkstücken aus Titanlegierungen höhere Kräfte entstehen, als bei konventioneller Fertigung. Beim Drehen wirkt sich die Zunahme der Schnittgeschwindigkeit im Gegensatz zum konventionellen Bereich positiv auf die Kraftentwicklung aus. Das spröde Verhalten und die Härte des Werkstoffes verursachen eine schlechte Oberflächenrauheit [SART16]. Laut Untersuchungen entsteht unter kryogenen Bedingungen ein deutlich niedrigerer Werkzeugverschleiß. Die kryogene Bearbeitung reduziert die Reibung und ermöglicht einen adhäsiven Verschleiß, welche sich positiv auf die Standzeit auswirkt [BRUS16]. Die Schnittparameter liegen bei $v_c = 80$ m/min, $f = 0,2$ mm und $a_p = 0,25$ mm.

Ein weiterer Faktor, der sich auf die Zerspanung auswirkt, ist die Scanrichtung im AF-Verfahren. Es zeigte, dass die kryogene Bearbeitung des Werkstoffes Ti6Al4V in Richtung des Kornwachstumes eine bessere Oberfläche ermöglicht als in der Querrichtung. Der Effekt ist auf die bessere plastische Verformung des Werkstoffes in Kornwachstumsrichtung (in Z-Richtung) zurückzuführen [UCAK22].

Da die mechanischen und thermischen Eigenschaften von Kunstoffen gering sind, ist ein wirtschaftliche Drehen mittels angepasster Schnittregime möglich. Die dafür empfohlene Schnittgeschwindigkeit kann bis 500 m/min erreichen. Eine relativ großer Schneidenradius (r > 1 mm) ermöglicht eine glatte Oberfläche. Der Einsatz einer Breitschlichtschneide liefert eine hohe Qualität. Das Durchführen des Formdrehens setzt eine hohe Steifigkeit der Werkstücke voraus. Bei einer optimalen Bearbeitung kann die Schnitttiefe bis 6 mm und der Vorschub 0,5 mm erreichen. [HOPTM15].

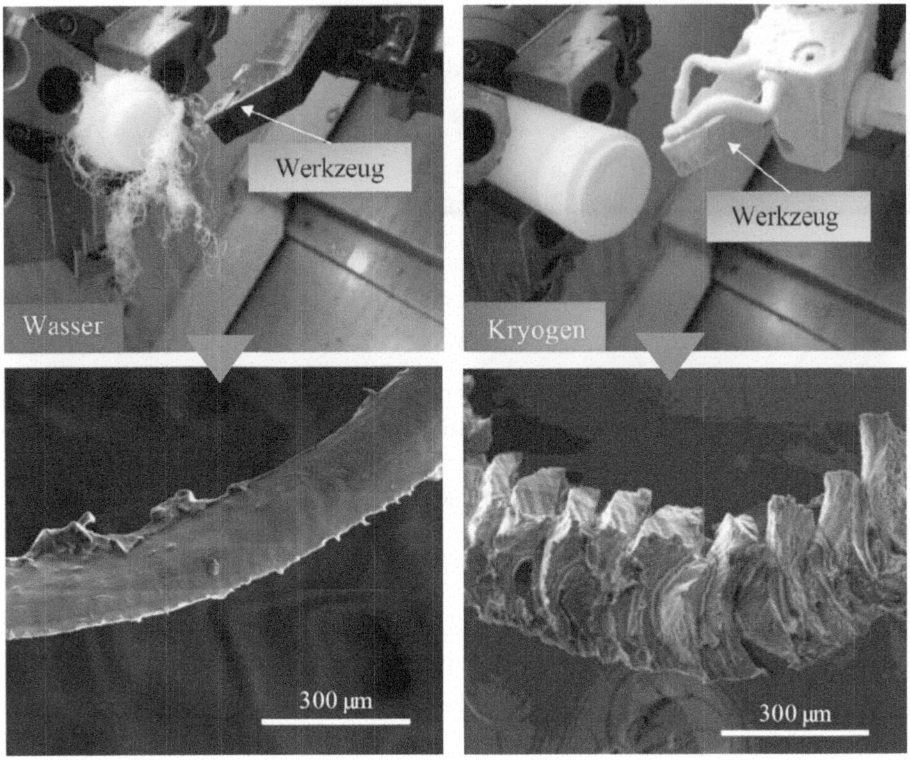


**Abb. 7.5** Einfluss der Kühlung auf die Spanbildung beim Werkstoff PA nach [BERT20]. (Quelle: Elsevier)

Der Einfluss der Spanungstemperatur auf das Arbeitsergebnis kann bei den Kunststoffen genauso wie bei der Metallbearbeitung durch kryogene Bedingungen eingeschränkt werden. Untersuchungen an konventionell hergestellten Proben zeigten, dass die Kühlung der Schnittzone mit Wasser zu kontinuierlich stabilen und langen Spänen (Abb. 7.5) führt, welche für die Drehbearbeitung nicht erwünscht ist. Für die wirtschaftliche Bearbeitung ist ein gebrochener Span günstiger. Durch Abstimmung der Kühlmenge (MMS) und den Schnittparametern ist eine Rauheitswert von $S_p = 5$ µm zu erzielen [BERT20].

### 7.3.3 Bohren

#### 7.3.3.1 Verfahrensspezifik

Die Bearbeitung von Bohrungen an Bauteilen erfolgt mittels dem Verfahren Bohren. In Abhängigkeit von der Größe der Öffnungen werden die zylindrischen Innenflächen aus

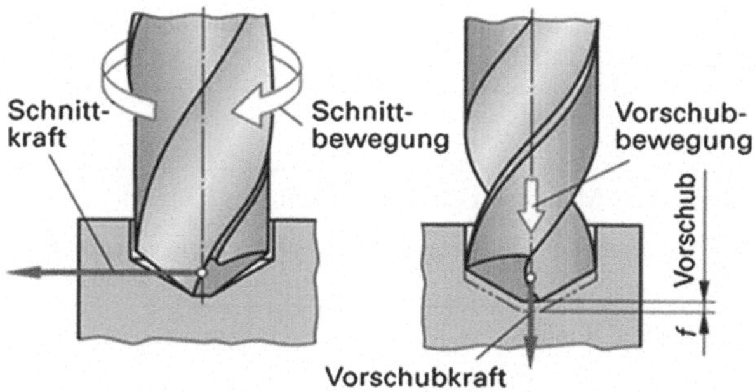


**Abb. 7.6** Wirkbewegung beim Bohren. (Quelle: eigene Darstellung)

dem Vollen erzeugt oder durch Aufweiten der vorhandenen Bohrungen gefertigt. Dieses bestimmt den Prozessablauf des Bohrens.

Beim Bohren führt die Schneide des Werkzeuges eine spiralförmige Bewegung aus. Der Vorschub bestimmt die axiale Zustellung des Werkzeuges. Die spiralförmige Bewegung bestimmt die Topologie der Bohrungsoberfläche. Die entstehende Oberflächenqualität wird durch Schneidstoff, Drehzahl, Vorschub, Kühlschmiermittel sowie Materialeigenschaften beeinflusst. Je nach den Anforderungen an das Endergebnis kommen die Schneidstoffe HSS, HM und in Sonderfällen PKD oder CBN zum Einsatz. Sie sind in unterschiedlicher Weise mit dem Schaft des Werkzeuges verbunden sind.

Das gebräuchlichste Bohrwerkzeug ist ein Spiralbohrer (Abb. 7.6.). Er besitz zwei Hauptschneiden, die den Bohrerspitzenwinkel bilden. Für die Spanabfuhr aus der Zerspanzone dienen die Spannuten. Die Leistung des Prozesses hängt von den geometrischen Größen des Werkzeuges ab, da diese nur bestimmte werkstoffabhängige Drehzahlen und Vorschübe zulassen.

Das Bohren auf schrägen und unebenen Flächen oder falsch platzierte Zentrierungen sowie Materialinhomogenität (Hohlräume, Querbohrungen, Lunker und Einschlüsse am Werkstück) führen zu Fertigungsfehlern. Um die Bohrfehler zu vermeiden, kommen stabile Führungen verschiedener Art zum Einsatz. Führungsplatten und -buchsen aus Bronze oder gehärtetem Stahl helfen die Ablenkung des Bohrwerkzeuges während der Bearbeitung zu verhindern und die Bohrgenauigkeit zu verbessern. Tab. 7.2 zeigt die erreichbaren Genauigkeiten und Rauheiten.

### Parameter

Drehzahl $n$ [1/min]
Vorschub $f$ [mm]

### Grundzeit

$$t_g = t_h + t_n \tag{7.6}$$

mit der Hauptzeit (Abb. 7.7)

**Tab. 7.2** Erreichbare Genauigkeiten und Qualität beim Bohren (Metall) nach [DEGN19, FRIT22, HEIS14, PAUC08]

| Gestaltform | Toleranzklasse und Oberflächengüte | Werkzeug |
|---|---|---|
| Erreichbare Maß- und Formgenauigkeit | IT 10…13 | Spiralbohrer |
| Verbesserung der Maß- und Formgenauigkeit mit Zusatzaufwand | IT 6…3 | Reibahle |
| Erreichbare Rauheit | $R_z$ = 30…100 µm | Spiralbohrer |
| Verbesserung der Rauheit mit Zusatzaufwand | $R_z$ = 1…10 µm | Reibahle |

**Abb. 7.7** Wegverhältnisse beim Bohren. (Quelle: eigene Darstellung)

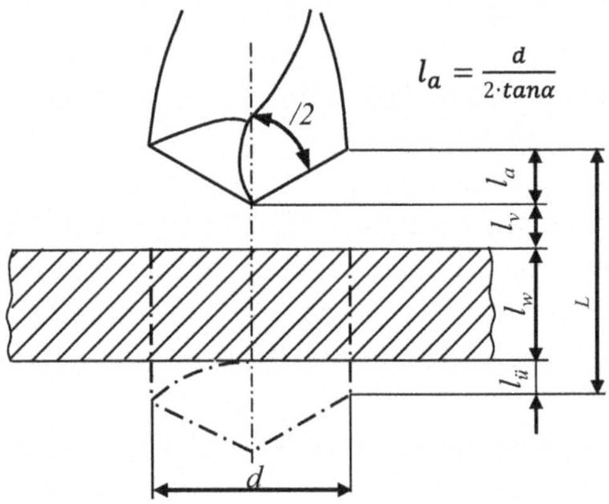


$$t_h = \frac{L}{v_f} = \frac{L}{n \cdot f} \tag{7.7}$$

$$L = l_a + l_v + l_w + l_ü \tag{7.8}$$

$t_n$ – Nebenzeit [min]
$L$ – Arbeitsweg [mm]
$l_a$ – Anlaufweg [mm]
$l_v$ – Vorlaufweg [mm]
$l_ü$ – Überlaufweg [mm]
$l_w$ – Werkstücklänge [mm]
$v_f$ – Vorschubgeschwindigkeit [m/min]
$f$ – Vorschub [mm]
$n$ – Drehzahl [1/min]

#### 7.3.3.2 Einsatz in der additiven Fertigung

Die Bearbeitung von Bohrungen an den additiv gefertigten Bauteilen stellt eine Herausforderung dar. Insbesondere ist die Sicherstellung der Genauigkeits- und Qualitätsanforderungen bei schwerspanbaren metallischen Bauteilen, wie Titan- und Nickellegierungen, mit einigen Problemen verbunden.

Es ist bekannt das Titan eine niedrige Wärmeleitfähigkeit besitz. Diese erschwert die Wärmeabfuhr durch die Späne. Ein hoher Anteil der Wärme (bis 80 %) wird daher über das Werkzeug abgeführt. Dieses Problem verschärft sich mit der zunehmenden Tiefe der Bohrung drastisch, da in diesem Fall es zum Spanstau und -klemmen kommen kann. Aufgrund dessen ist die Bearbeitung von Titanwerkstoffen ohne Kühlung nicht realisierbar. Dafür eingesetzte Bohrwerkzeuge mit Innenkühlung befördern das Kühlmittel direkt in die Schneidzone und sorgt dadurch für einen effektiven Kühl- und Schmiereffekt. Zurückfliesendes Kühlmittel transportiert die Späne über die Spannuten ab. Der Kühlung sowie die Überflutungsschmierung mit wassergemischten Kühlschmiermitteln ist üblicherweise eingesetzt [ABEL15, KLOC12, WENS21].

Ein weiterer Aspekt der Bearbeitung von additiv gefertigten Titanbauteilen ist die Berücksichtigung der Stützmaterialien in den Bohrungen. Je nach Größe und Orientierung der Bohrung im Maschinenraum weisen diese teilweise Stützelemente auf, um den Bauprozess zu gewährleisten. Diese Hilfsmaterialien werden in der Regel im Post-Processing entsprechend des folgenden Prozessschrittes nicht manuell entfernt.

Der Anteil des Stützmaterials beeinflussen die Stabilität des Bohrprozesses erheblich [WENS21]. Die schwankenden Eingriffsverhältnisse bedingen eine schlechte Oberflächenqualität. Dieser Effekt ist bei größeren Bohrungen stark ausgeprägt (Abb. 7.8). Hier zeichnet sich die Schnittkraft durch Instabilität und einen höheren Wert als beim Bohren ins Vollmaterial aus. Mit zunehmendem Anteil an Stützmaterial sinkt aber die Amplitude der Kraftschwankungen.

Diese Einflüsse können durch entsprechende Maßnahmen reduziert werden. Die Bearbeitung der Bohrung in zwei Schritten bringt bessere Ergebnisse und dafür kann außerdem noch die Stützstruktur im Bohrungsbereich gleichmäßig verteilt werden. Die erreichbare Rauheit ($R_z$) liegt zwischen 8–16 µm. Um eine niedrige Rauheit von $R_z$ bis 4µm zu erreichen, sollte der Vorschub gering bleiben ($f_z$ < 0,015 mm/min). Bei hohen Vorschüben wird die Stützstruktur nicht abgetrennt, sondern weggebrochen. Der Abtransport großer Bruchstücke aus der Spanungszone beschädigt die bearbeiteten Bohrungsflächen.

Die Bearbeitung von kleineren Bohrungen ist deutlich schwieriger. Die Steigerung der Schnittgeschwindigkeit von 15 m/min auf 30 m/min senkt die Oberflächenrauheit aufgrund der besserer Spanabnahme und niedrigerer Schnittkräfte. Bei höherer Schnittgeschwindigkeit reduziert sich die Aufbauschneidenbildung und die Schwingungen im System. Der Einsatz eines geringen Vorschubes von 0,025 mm verstärkt diesen Effekt. Hohe Vorschübe hinterlassen Spuren der Schneiden auf der Oberfläche. Das Erreichen einer Rauheit von $R_a$ bis 1,6 µm ist möglich [KARA20].

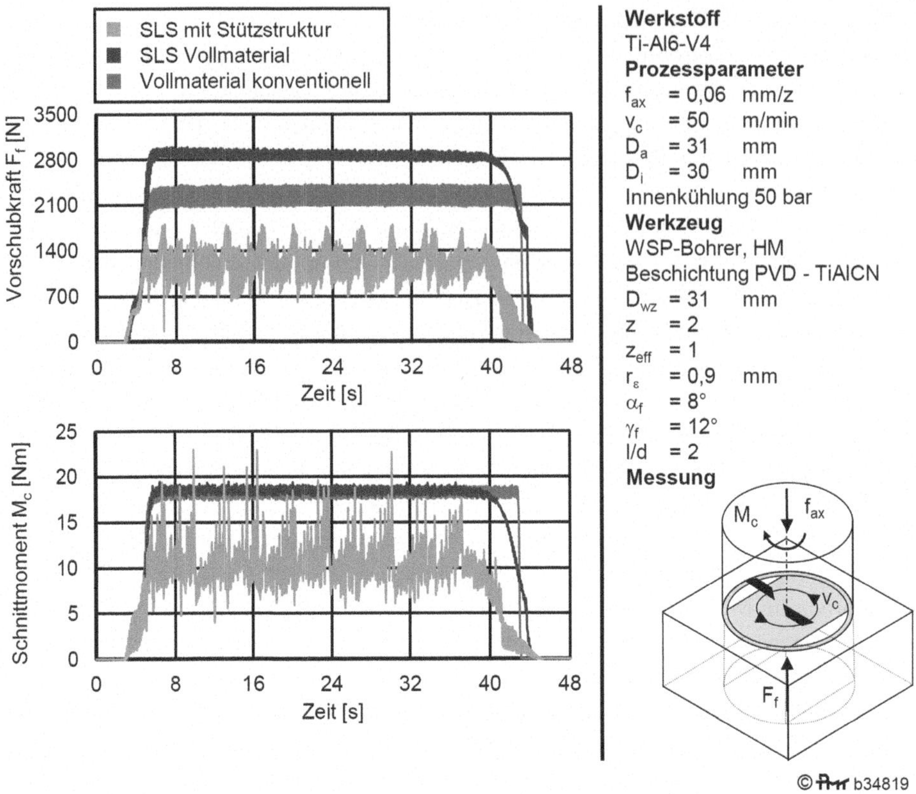


**Abb. 7.8** Einfluss der Stützstruktur auf die Vorschubkraft und das Schnittmoment (Der Volumenmaterialanteil der Stützstruktur beträgt $\delta = 90$ %) [WENS21]. (Quelle: Dissi)

Beim Erzeugen von Bohrungen in Kunststoffteilen sollte die Ausdehnung des Werkstoffes bei der Planung des Prozesses berücksichtigt werden. Dieser Effekt ist auf die hohe Reibungswärme in der Spanungszone zurückzuführen. Unter diesem Wärmeeinfluss fallen die erzeugten Bohrungen um 0,5 mm bis 0,1 mm kleiner aus als geplant. Um diesen Fehler zu kompensieren, werden die Bohrungen mit Übermaß bearbeitet. Eine andere Möglichkeit bietet die Erhöhung der Vorschübe, die es ermöglichen die Wärme mit dem Span abzuführen [HOPTM15]. Die Schneidstoffe HSS oder HM eignen sich für die Kunststoffbearbeitung ebenso gut. Dabei sollte auf die Schneidgeometrie geachtet werden, wobei die Anisotropie berücksichtigt werden sollte. Die Auswahl des Spitzenwinkels des Werkzeuges wird in Abhängigkeit von der Bearbeitung in oder quer zur Baurichtung durchgeführt (z. B. bei LOM-Teilen). Bohrt man senkrecht zur Schicht sollte der Spitzwinkel zwischen 100–110° und der Spanwinkel bei 10–12° legen, um eine Wölbung zu vermeiden. Für die Bearbeitung parallel zur Schichtebene sollte dagegen ein Spitzenwinkel von 70° und ein Spanwinkel ab 2° verwendet werden [KÜMM20]. Der Freiwinkel der Werkzeuge für das effektiven Bohren ist relativ groß und liegt bei 16° [ELSN12].

Bei der Bearbeitung von Kunststoff sind ähnliche Probleme zu beobachten. Für das Bohren können Schnittgeschwindigkeit zwischen 50–100 m/min und Vorschübe zwischen 0,1–0,3 mm in Abhängigkeit von der Kunststoffart und dem für die Fertigung eingesetzte AF-Verfahren ausgewählt werden [ELSN12].

Ein Kühlen der Schnittzone sollte am besten mittels Druckluft oder reinem Wasser durchgeführt werden, da sonst Mineralien oder andere chemische Komponenten des Kühlmittels in die Kristallstruktur eindringen und mit dem Grundstoff reagieren können.

## 7.3.4 Fräsen

### 7.3.4.1 Verfahrensspezifik

Das Fräsen dient der spanenden Bearbeitung von Oberflächen mit einem rotierenden Werkzeug mit geometrisch bestimmter Schneide. Einsatz verschiedener Werkzeugprofile ermöglicht die Erzeugung von Regel- und Freiformflächen beliebiger Größe.

Die Schnittbewegung erfolgt werkzeugseitig. Die Vorschubbewegung kann in Abhängigkeit von der Maschinenkonstruktion entweder werkzeug- oder werkstückseitig ausgeführt werden. Die Überlagerung beider Bewegungen bildet die Wirkbewegung im Schnitt, die für die Spanbildung entscheidend ist. Da die Schneide beim Fräsen nicht ständig im Eingriff ist, spricht man hier auch vom unterbrochenen Schnitt. Dieses Schneiden begünstigt die Kühlung der Schneiden und die Abfuhr der Späne. Das schlagartige Eingreifen beansprucht die Schneiden besonders und regt durch die Kraftschwankungen die Schwingungen im System an.

Der mögliche Unterschied der Drehrichtung gegenüber der Vorschubrichtung formiert zwei unterschiedliche Fräsarten: das *Gleichlauffräsen* und das *Gegenlauffräsen.* Diese Differenzierung ist bedeutend für die Beschreibung und Gestaltung des Arbeitsganges. Beim Umfangsgleichlauffräsen sind die Schnittbewegung und Vorschubbewegung gleichgerichtet. In diesem Fall tritt die Schneide stoßartig ins Werkstück ein. Die dabei entstehende Spanungsdicke nimmt allmählich ab.

Beim Umfangsgegenlauffräsen sind die Schnitt- und Vorschubrichtung entgegengesetzt. Die Spanungsdicke nimmt von 0 mm bis zu einem Maximum zu. Der Schneideneintritt ins Material wird durch starkes Reiben und Quetschen begleitet. Sie bedingt eine hohe thermische und mechanische Belastung der Schneiden und beeinträchtigt die Oberflächengüte. Deshalb wird in der Praxis häufiger das Gleichlauffräsen eingesetzt [HEIS14].

Nach DIN 8589 T.3 werden hauptsächlich die drei Verfahrensarten unterschieden: Umfangsfräsen (Abb. 7.9a), Stirnfräsen (Abb. 7.9b) und Stirnumfangsfräsen (Abb. 7.9c).

Beim Umfangfräsen liegt die Werkzeugachse parallel zur Werkstückoberfläche. Die Werkstückoberfläche wird von der Hauptschneide bearbeitet. Wobei die Schnitttiefe ($a_p$) immer deutlich größer ist als Eingriffsbreite ($a_e$). Das Stirnfräsen unterscheidet sich durch die senkrechte Lage der Werkzeugachse zur Werkstückoberfläche. Hier werden die

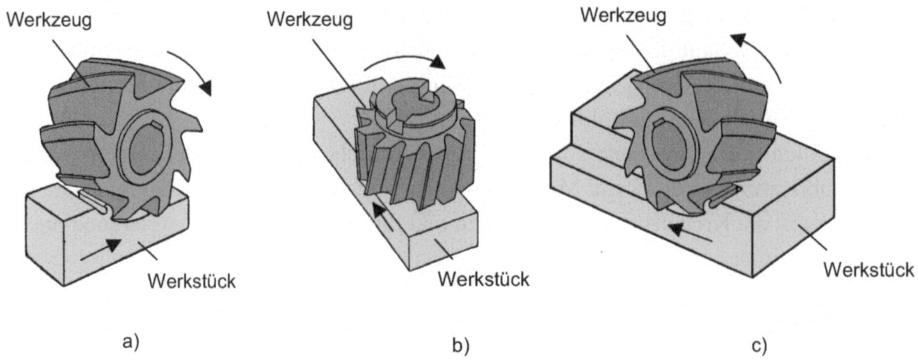


**Abb. 7.9** Die drei Grundarten des Fräsens nach DIN 8589. (Quelle: eigene Darstellung)

Flächen mit der Nebenschneide des Werkzeuges erzeugt. Das Stirnumfangsfräsen kombiniert die Schnittmöglichkeiten der beiden genannten Verfahrensarten. Beim Fräsen nehmen in diesem Fall sowohl die Haupt-, als auch die Nebenschneide teil.

Weiterhin kommen für die Bearbeitung spezieller Werkstückformen spezielle Fräswerkzeug zum Einsatz. Die Konstellation spezieller Werkzeug- und Werkstückprofile ergeben weitere Fräsmodifikationen. Bei allen diesen Fällen gelten die gleiche Spanungsbedingungen. Der Spanungsquerschnitt ist ungleichmäßig und kann bei allen Verfahrensvarianten modellhaft gleich beschrieben werden [DEGN19].

**Fertigungsfehler**

Bei dem Entstehen der Fertigungsfehler haben alle Prozesskomponenten einen Anteil. Werkzeugseitige Einflüsse bestehen in der Rundlaufgenauigkeit, der Rechtwinkligkeit der Werkzeugachse zum Maschinentisch, der Steifigkeit, der Unwucht und der Standzeit des Fräsers. Überlagert wird dieses durch die maschinenseitigen Einflüsse, wie statische und dynamische Stabilität von Maschine und Vorrichtung, sowie durch die Präzision der Bewegungen. Insgesamt kann das zu erheblichen Gestaltabweichungen der erzeugten Oberflächen führen. Diese Einflüsse begrenzen den Einsatz von großen Eingriffsparametern beim Fräsen. Deshalb wird empfohlen für hohe Genauigkeits- und Qualitätsanforderungen eine steife Fräsmaschine auszuwählen. So kann mit wirtschaftlichen Fräsparametern eine bestimmte Toleranzklasse erreicht werden (Tab. 7.3).

**Prozessparameter**

Drehzahl $n$ [1/U]
Vorschub $f$ [mm]
Schnitttiefe $a_p$ [mm]
Eingriffsbreite $a_e$ [mm]

**Tab. 7.3** Erreichbare Genauigkeit beim Fräsen (Metall) nach [DEGN19, FRIT22, HEIS14, PAUC08]

| Gestaltform | Toleranzklasse und Oberflächengüte | Verfahrensart |
|---|---|---|
| Erreichbare Maß- und Formgenauigkeit | IT 6…7 | Stirnfräsen |
| Erreichbare Rauheit | $R_z = 10\ldots40$ µm | Umfangfräsen |
| Verbesserung der Rauheit mit Zusatzaufwand | $R_z = 1\ldots10$ µm | Formfräsen |

## Grundzeit

Beim Fräsen gilt für die Grundzeit in allgemeiner Form:

$$t_g = t_h + t_n \tag{7.9}$$

mit

$$t_h = \frac{L \cdot i}{v_f} \tag{7.10}$$

$t_h$ – Hauptzeit [min]
$t_n$ – Nebenzeit [min]
$L$ – Arbeitsweg [mm]
$l_a$ – Anlaufweg [mm]
$l_ü$ – Überlaufweg [mm]
$l_w$ – Werkstücklänge [mm]
$i$ – Anzahl der Schnitte
$f$ – Vorschub pro Umdrehung des Fräsers [mm]
$n$ – Drehzahl des Fräsers [1/min]
$v_f$ – Vorschubgeschwindigkeit [mm/min]

Der Gesamtweg des Fräsens umfasst neben der Werkstücklänge ($l_w$) die Anlauf- ($l_a$), Vor- ($l_v$) und Überlaufwege ($l_u$). Diese Weganteile hängen von der Verfahrensart ab [PAUC08]. Die Berechnungsgrundlage für die Einzelwegbereiche ist für den Fall *Umfangfräsen* schematisch in der Abb. 7.10 angegeben. Die Berechnung des Anlaufwegs bezieht sich auf die geometrischen Verhältnisse von Werkzeug zu Werkstück. [DEGN19]. Der Vor- und Überlaufweg beträgt pauschal ca. 1,5 mm. Für den Gesamtweg ergibt sich:

$$L = l_a + l_v + l_w + l_ü = l + 3\ \text{mm} + \sqrt{D \cdot a_e - a_e^2}$$

Für die Berechnung der Hauptzeit der anderen Verfahrensarten sollten die entsprechenden Gleichungen aus der Fachliteratur eingesetzt werden [DEGN19].

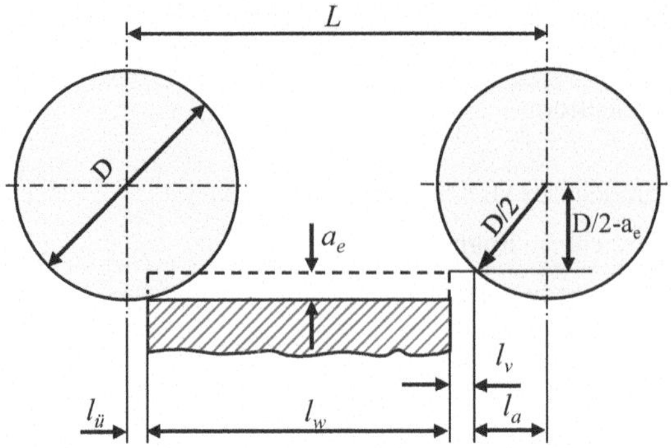


**Abb. 7.10** An- und Überlaufweg des Werkzeuges beim Umfangfräsen (*D* – Fräserdurchmesser; $a_e$ Arbeitseingriff). (Quelle: eigene Darstellung)

#### 7.3.4.2 Fräsen komplexer Geometrien

Aufgrund der Komplexität der gedruckten Bauteile werden für die Nachbearbeitung öfter aus dem Werkzeug- und Formenbau bekannter Werkzeuge mit runder Schneidkantenform (Torus- und Kugelkopffräser) und zugehörigen Strategien eingesetzt [ALIY21, EVER97, LEOP99]. Die Bearbeitung wird je nach der Fertigungsaufgabe für das Bauteil komplett oder nur für die Funktionsflächen mehrstufig geplant. Insbesondere gestaltet sich die Komplettbearbeitung von additiv gefertigten Bauteilen aufwendig. Die stufenförmige Oberflächengestalt führt zu Schwankungen der Schnittkräfte und demzufolge zu Oberflächenfehler beim Fräsen. Dieser negative Effekt hängt in großem Maße vom Festigkeitsverhalten der Werkstoffe.

Die großen Bearbeitungszugaben, die beim AF-Prozess entstehen, erfordern insbesondere in der Metallbearbeitung das Fräsen in drei Etappen: Vorschlichten, Schlichten und Restmaterialbearbeitung (Abb. 7.11).

Eine starke Krümmung führt zu einem großen Stufenquerschnitt, der beim Kugelkopffräsen den Spanquerschnitt maßgeblich bestimmt. Die Folge sind schwankende Fräskräfte entlang der Fräsbahn. Zur Minimierung dieser Stufeneinflüsse an stark variierenden Konturbereichen (z. B. nach dem WAAM-Verfahren) ist das Vorschlichten erforderlich.

Nach der Sicherstellung eines gleichmäßigen Aufmaßes werden die Oberflächen mit dem Kugelkopffräser fein bearbeitet. Die Auswahl des Kugelkopffräser ist neben dem Werkstoff auch von der Komplexität der Geometrie abhängig. Eine besondere Herausforderung stellen filigrane und tiefen Konturelemente dar. Sie erfordern den Einsatz von schlanken Fräsern mit kleinen Durchmessern. Solche Werkzeuge beschränken die Frässleistung infolge ihrer geringen Steifigkeiten. Daher sollten beim Auslegen des Fräsens die Konstellation aller Einflussfaktoren betrachtet werden, um eine entsprechende Oberflächengüte zu erzielen.

Die Restmaterialbearbeitung dient dem Entfernen der restlichen Materialien in engen Bereichen der Kontur. Das Volumen des Restmaterials resultiert aus der Differenz der Durchmesser des Schlicht- und Restmaterialwerkzeuges und der Fräswege. Je größer die Differenz ist, desto mehr Restmaterial ist abzuspannen. Daher ist eine Abstimmung

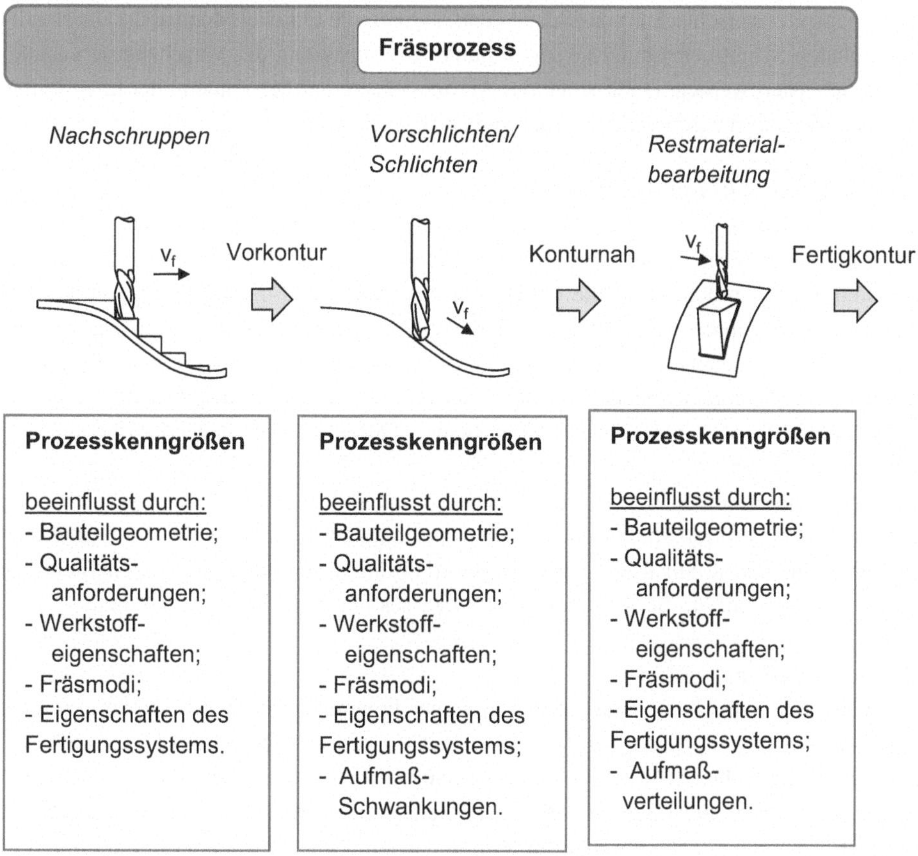


**Abb. 7.11** Frässtrategien für die Bearbeitung von gekrümmten Flächen. (Quelle: eigene Darstellung)

der Werkzeugdurchmesserverhältnisse für eine wirtschaftliche Fertigung unumgänglich. Ein weiterer Faktor für die wirtschaftliche Fertigung bestimmt die Auskraglänge des Restmaterialwerkzeuges, welche durch die Konturtiefe bestimmt wird. Eine große Auskraglänge führt zur Absenkung der Schnittparameter, um die Werkzeugauslenkung zu begrenzen.

Die Auslegung der Werkzeugbahnen für alle Schritte erfolgt mittels eines CAD/CAM-Systems. Diese Systeme unterstützen den Arbeitsplaner bei der Auswahl der Werkzeuge, der Frässtrategien und bei der Kollisionsprüfung. Anhand der Analyse der Form und Lage der zu bearbeitenden Flächen und derer Aufteilung in typische Bereiche ist es möglich geeignete Parameter festzulegen.

Beim Fräsen von gekrümmten Flächen finden abwechselnd Bohr- und Ziehschnitte statt. Diese Schnittbedingungen unterscheiden sich durch den Spanbildungsmechanismus, wobei teilweise die Werkzeugspitze zum Eingriff kommt. Die Null-Schnittgeschwindigkeit an der

Werkzeugspitze verschlechtert das Spanen und dadurch die Oberflächenqualität. Die ständig wechselnden Schnittbedingungen können durch die Anpassung der Vorschubgeschwindigkeit kompensiert werden. Dafür sollte das Antriebssystem der Maschine in der Lage sein in kürzester Zeit auf die notwendigen Änderungen zu reagieren.

#### 7.3.4.3 Einsatz in der additiven Fertigung

Der Einsatz des Fräsens in der additiven Fertigung ist sehr umfangreich. Die Verfahrensintegration von Fräsen und AF-Verfahren ermöglicht die Realisierung der Hybridbearbeitung. Entsprechend ist die Gestaltung des Prozesses Fräsen im Rahmen der AF-Prozesskette komplexer als die bei anderen eingesetzten Verfahren der mechanischen Bearbeitung. Einerseits werden mittels Fräsen die rauen Oberflächen der AF-Teile feinbearbeitet und andererseits kommt das Fräsen für den Vorrichtungsbau zum Einsatz. Entscheidend für den Fräsaufwand ist in beiden Fällen der Anteil der Bearbeitung gekrümmter Flächen.

Dazu kommen noch Werkstoffeigenschaften, die sich von der klassischen Fertigung aufgrund der verfahrensspezifischen Anisotropie unterscheiden. Aus diesem Grund sind die Erfahrungen, die auf dem Gebiet der Bearbeitung von additiv gefertigten Bauteilen gesammelt wurden, für die Auslegung des Prozesses von besonderer Bedeutung.

**Fräsen von Titan**

Der Werkstoff Ti-6Al-4 V bietet aufgrund seiner hohen spezifischen Festigkeit ein großes Potenzial für den Leichtbau. Insbesondere für Luft- und Raumfahrt konzipierte AF-Teile sind durch ihre hohe Komplexität gekennzeichnet. Die Genauigkeit und Qualität dieser Teile sollten am Ende der AF-Prozesskette mittels Fräsen erreicht werden. Es ist bekannt, dass die Titanlegierungen infolge der hohen Festigkeits- und Zähigkeitseigenschaften schwer zu spanen sind. Für das wirtschaftliche Fräsen liegen bereits Ergebnisse vor, die in den letzten Jahren bei der Bearbeitung von AF-Teilen erzielt wurden.

Es wurde festgestellt, dass die Aufbaurichtung im PBF-LB/M-Prozess in Abhängigkeit vom Bearbeitungsmodi einen Einfluss auf die Ergebnisse des Fräsens ausübt (Abb. 7.12). Eine bessere Oberflächenrauheit kann beim senkrechten Fräsen zur Schichtebene erzielt werden, obwohl in diesem Fräsmodus die Schnittkraft am höchsten ist (Fall 1, Abb. 7.12). Diese ist auf den Einfluss der Anisotropie auf die Spanbildung zurückzuführen. Bei Bearbeitung in anderen Richtungen ist dagegen der negative Einfluss der Anisotropie stark ausgeprägt [DABW20].

Als ein weiterer Faktor übt die Scanrichtung und -geschwindigkeit auf die Ergebnisse des Fräsens einen Einfluss aus (Abb. 7.13). In Abhängigkeit von der Scanrichtung bilden sich richtungsabhängige Härteverhältnisse in der Bauebene aus. Bei parallelem Scannen ist dieser Effekt deutlicher, da an den Rändern die Schmelztemperatur niedriger als in der Mitte der Fläche ist. Als Folge ist eine geringe Härte zu erwarten, die auf eine schwache Bindung der Partikel zurückzuführen ist. Dieser spanungsrelevante Unterschied kann mittels Änderung der Scanrichtung/-muster reduziert werden [NI20].

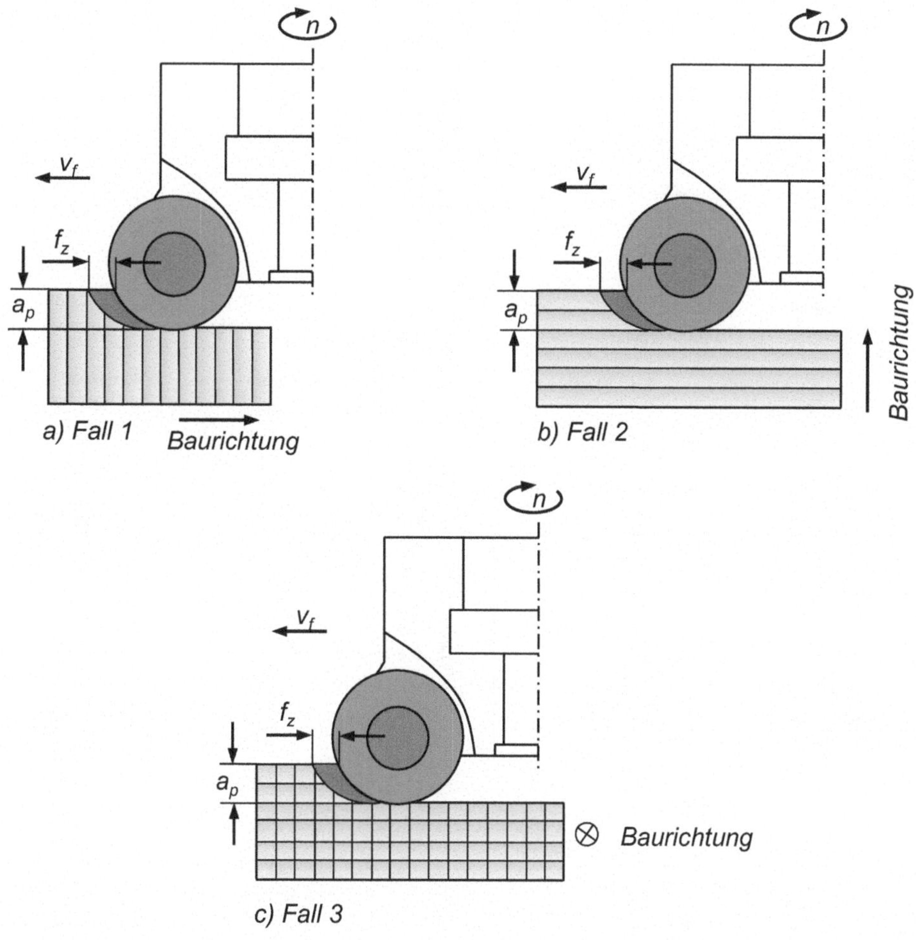


**Abb. 7.12** Veranschaulichung der relativen Richtung zwischen der Schnittgeschwindigkeit und der Baurichtungen. (Quelle: eigene Darstellung)

Um eine bessere Oberflächenqualität beim Fräsen zu erreichen, sollten angepasste Schnittparameter eingesetzt werden. Die Untersuchungen in [ZHAN20] zeigten die Auswirkungen unterschiedlicher Schnittgeschwindigkeiten (150–250 m/min) und Vorschübe (0,05–0,09 mm/Zahn) bei konstanter Schnitttiefe (0,5 mm) auf die Schnittkraft, die Schnitttemperatur, die Spanform und die Rauheit beim Fräsen einer additiv gefertigter Probekörper aus Ti-6Al-4 V-Legierung. Es wurde festgestellt, dass höhere Schnittgeschwindigkeiten eine bessere Oberfläche ergeben.

Generell ist hervorzuheben, dass sich gedruckte Titanteile leichter spanabhebend bearbeiten lassen als geschmiedete Teile. Der Grund liegt in der niedrigen Duktilität der gedruckten Teile infolge der Anisotropie und der Gefügeausbildung im AF-Prozess. Die hohe Laserleistung und der feine Martensit bedingen eine hohe Härte des Werkstoffes.

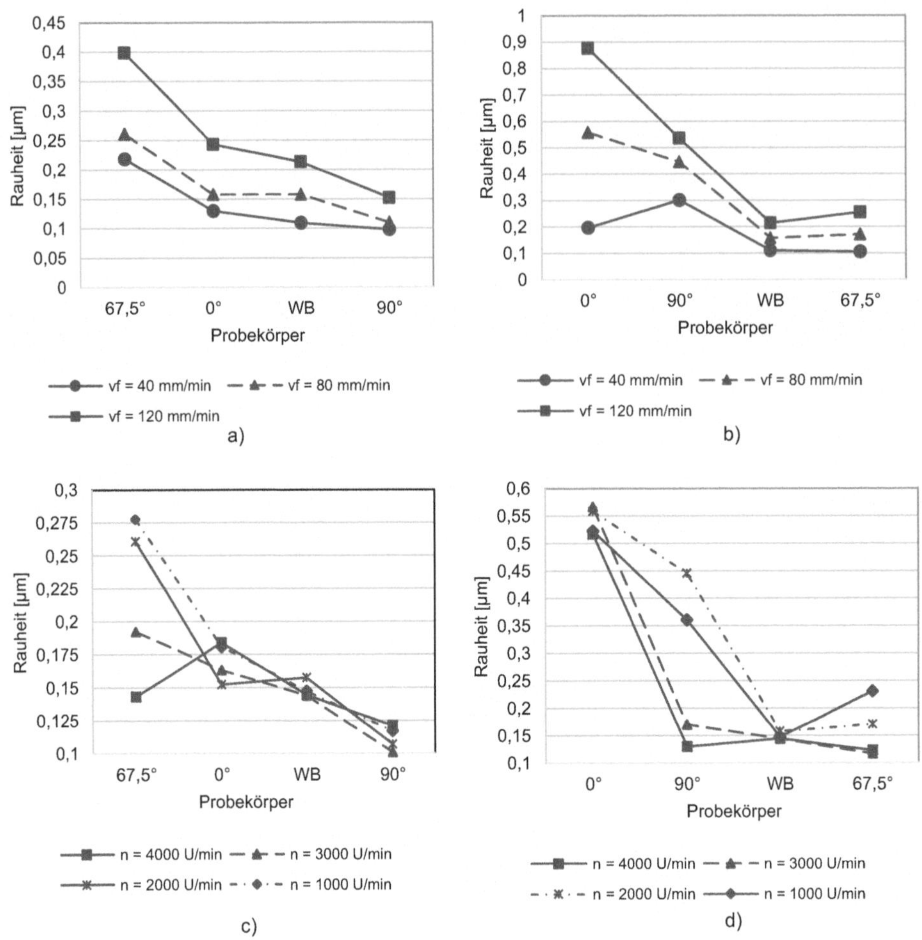


**Abb. 7.13** Die Einflüsse der Bearbeitungsbedingungen auf die Oberflächenrauheit von gefrästen Ti-Teilen nach [NI20]. a) und c) Oberseite (Fall 2, Abb. 7.12), b) und d) Frontseite des Probekörpers (Fall 3, Abb. 7.12); 0°- paralleles Scannen in Längsrichtung; 90°- paralleles Scannen quer zur Längsrichtung, 67,5° - Winkel zwischen Werkstückkante und Scanrichtung, Fräserdurchmesser = 4 mm; WB-wärmebehandelt; Material: Ti6Al4V; AF-Verfahren: PBF-LB/M). (Quelle: eigene Darstellung)

Dieses Phänomen ist bei der Hybridfertigung DED + Fräsen besonders zu beachten. Um die negativen Einflüsse auf das Fräsergebnis zu minimieren wird hier auch empfohlen den Prozess mit starker Kühlung (kryogene Kühlung) durchzuführen. Diese ermöglicht eine bessere Oberflächenbeschaffenheit und höhere Werkzeugstandzeit im Vergleich zur Trockenbearbeitung [VEIG20].

Das Schnittregime für Titan kann je nach den Bearbeitungsbedingungen in folgenden Bereich liegen: $v_c = 50–120$ m/min; $f_z = 0{,}01–0{,}1$ mm/Z; $a_p = 0{,}1–0{,}5$ mm [KHAN21].

**Fräsen von Nickellegierungen**

Die Materialien Inconel 625 und 718 werden bei der Fertigung von AF-Teilen häufig angewendet. Diese Legierungen gelten im Vergleich zu kohlenstoffarmem Stahl als schwer zerspanbar. Die Untersuchungen zeigen, dass die Bearbeitung von Bauteilen aus diesen Werkstoffen mit Hartmetall-Werkzeugen, die mit Ti(C,N)+Al2O3+TiN beschichtet sind, bessere Ergebnisse liefert als mit CBN. Die Werte für Kraft, Temperatur und Schwingung waren um 9,63 %, 6,29 % bzw. 16,67 % niedriger als bei geschmiedeten Werkstücken. Entsprechend ist die Werkzeugstandzeit hoher als bei der Bearbeitung konventioneller Werkstoffe [KHAN22]

Diamantbeschichtete Werkzeuge können beim Fräsen von Nickelbasislegierungen aufgrund der hohen Kosten nicht wirtschaftlich eingesetzt werden. Eine andere Einschränkung liegt in der Affinität des Kohlenstoffes zum Eisen. Dieses kann einen erhöhten Verschleiß beim Fräsen zur Folge haben.

Die Oberflächenqualität ist neben dem Schneidstoff von den richtungsabhängigen Werkstoffeigenschaften und der Porosität beeinflusst. Diese verursachen beim Planfräsen Mikroschläge und damit erhöhte Schnittkräfte, die mit der Schnittgeschwindigkeit zunehmen. Dabei findet eine Verfestigung der Spanungsfläche statt. Die weitere Zunahme der Schnittgeschwindigkeit sinkt die Schnittkraft infolge der Temperatureinwirkung auf die Spanbildung wieder. Dabei spielt die Lage der Bauebenen zur Schnittrichtung eine erhebliche Rolle. Die höchste Schnittkraft entsteht dann, wenn die Schnittrichtung senkrecht zur Kornwachstumsrichtung gerichtet ist (Abb. 7.12, Fall 1). Die niedrigste Kraft entsteht im Fall 3 [SHUN16].

Durch die Rotation der Scanrichtung zwischen den ebenen bezüglich der X-Achse (s. Abb. 5.11e) kann auch die Dichte und Mikrostruktur des Werkstückes und deren mechanischen Eigenschaften beeinflusst werden. Die erzielte hohe Dichte führt demzufolge zu höherer Streckgrenze und Härte bei den additiv gefertigten Teilen. Höhe Dichte ruft größere Kräfte hervor. Die wechselnde Baustrategie ermöglicht die Verteilung der Porosität zu beherrschen und durch die Wahl der richtigen Schnittparameter ihre negativen Auswirkungen auf die Oberflächenqualität zu reduzieren [FEI20].

Die Verbesserung der Gefügestruktur des Werkstückes mittels Wärmebehandlung und HIP ermöglicht es Werte, vergleichbar mit konventionell hergestellten Inconel 718, zu erhalten. Eine niedrige Anisotropie begünstigen die Prozessstabilität, senkt die Fräskräfte und ermöglicht konventionelle Fräsparameter anzuwenden. Der Werkzeugverschleiß verringert sich, wodurch die Standzeit um mindestens 15 % steigt [PERI22].

Die Schnittregime für Nickellegierungen können je nach den Bearbeitungsbedingungen im folgenden Bereich liegen: $v_c = 30–90$ m/min; $f_z = 0,05–0,3$ mm/Z; $a_p = 0,1–0,5$ mm [KHAN21].

**Fräsen von Aluminium**

Im Automobilbau, der Luft- und Raumfahrtindustrie werden aus Aluminiumlegierungen komplexe Bauteile entwickelt und mittels AF-Techniken gefertigt. Die Funktionsflächen dieser Bauteile sollen ggfls. mittels Fräsen nachgearbeitet werden. Bei der additiven

Fertigung werden die aus der Gießerei bekannten Liegerungen mit höherem Siliziumanteil (<10 %) verwendet.

Die Porosität und Anisotropie sind die wichtigsten Faktoren für die Zerspanbarkeit von Aluminiumbauteilen. Die anisotropiebedingt schwankenden Werkstoffeigenschaften führen beim Fräsen von ALSi10Mg zu variierenden Zerspankräften. Das Fräsen in Aufbaurichtung oder quer dazu liefert abweichende Ergebnisse. Wie bei Titan ist dies auf das Überfahren von Bereichen mit unterschiedlicher Erstarrungsgeschwindigkeit und -richtung zurückzuführen. Die Temperatur der Schmelze nimmt beim Erstarren von innen nach außen ab. Die Außenflächen werden schneller gekühlt, welches eine Entmischung der Legierungselemente hervorruft. In diesem Bereich wird der Werkstoff spröder und härter. Mehr Werkstoff dieser Art im Eingriffsbereich bewirkt höhere Kräfte. Das ist dann der Fall, wenn die Fräsrichtung parallel zur Aufbaurichtung liegt (Abb. 7.12, Fall 1). Deutlich höhere Kräfte wurden beim Fräsen parallel zur Baurichtung festgestellt liegt (Abb. 7.12, Fall 2). Der Unterschied beträgt bis zu 40 %. Dieser Effekt wird mit zunehmenden Zahnvorschub kleiner.

Es ist herauszustellen, dass die Fräskräfte bei AF-Bauteilen immer großer sind als bei gegossenen [ZIMM21, HOJA20, DENK16]. Das liegt an der höheren Duktilität, die mit der feineren Gefügestruktur verbunden ist. Höhere Duktilität zeigt eine höhere plastische Verformung bei der Spanbildung. Beim Fräsen von AF-Werkstücken entstehen überwiegend Fließspäne. Dieses Phänomen begünstigt auch die Oberflächenausbildung bei kleinen Zahnvorschüben. Mit steigendem Zahnvorschub verschwindet der Unterschied. Die Rauheit wird eher von der Vorschubrichtung des Werkzeuges relativ zu Aufbaurichtung beeinflusst. Die senkrecht zur Aufbaurichtung gefrästen Flächen haben eine höhere Rauheit. Beim Fräsen mit Zahnvorschüben von 0,03–0,06 mm kann eine Rauheit $R_a = 1{,}2–1{,}6\ \mu m$ erreicht werden ($v_c = 250$ m/min, $a_p = 1$ mm) [ZIMM21].

Die REM-Aufnahmen zeigen die charakteristische Struktur der gefrästen Oberflächen von gedruckten Aluminiumbauteil (Abb. 7.14). In dem Bild ist die Flockenstruktur der Oberfläche zu erkennen. Diese unterscheidet sich von den Oberflächen bei geschmiedeten Teilen, bei denen mehr die Verschmierung der Oberfläche typisch ist. Beim Fräsen senkrecht zur Aufbaurichtung ist dieses Phänomen stärker ausgeprägt.

**Fräsen von Kunststoff**

Das Fräsen von Kunststoffen zeichnet sich durch hohe Vorschübe aus, um die Wärme durch Späne abzuführen. Die Schneidenzahl ist im Vergleich zu Metallfräsern deutlich niedriger. Es gilt die Regel: je weicher der Kunststoff ist, desto weniger Schneiden sind zu wählen. Beim Fräsen von festen und spröden Kunststoffen sollte dagegen ein kleinerer Vorschub und eine hohe Schnittgeschwindigkeit eingesetzt werden, um ein Splittern zu vermeiden. Die Bearbeitung erfolgt mit Kühlung. Der Vorschub kann bis 0,5 mm und die Schnittgeschwindigkeit bis 1000 m/min reichen [HOPTM15].

Zu den wichtigen Einflussfaktoren gehört die Homogenität des Werkstoffes. Die schwache Verbindung der Schichten führt dazu, dass während des Fräsens eine Delaminationen und Gratbildung stattfinden kann. Diese Fehler beinträchtigen die Funktionalität

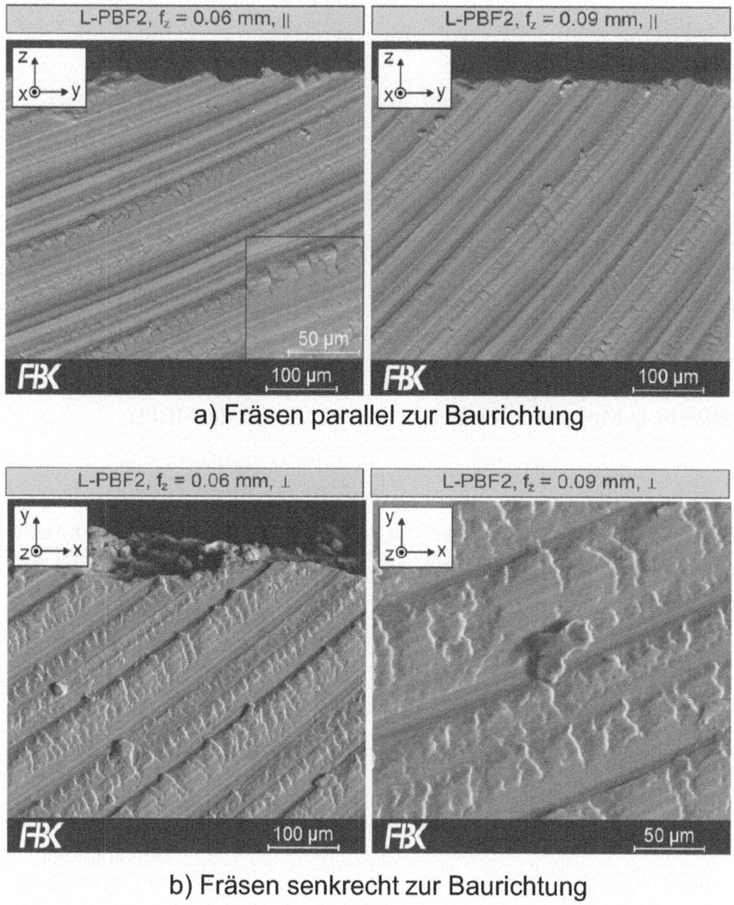


**Abb. 7.14** REM Aufnahme der Oberflächenmorphologie bei der Bearbeitung mit unterschiedlichen Vorschüben [ZIMM21]. *Fräsbedingungen: Trockenbearbeitung; $a_p = 1$ mm; $v_c = 250$ m/min; $a_e = 4$ mm.* (Quelle: Springer)

der gedruckten Teile. Die Sicherstellung der geforderten Oberflächenqualität und -genauigkeit verlangt die Planung und Umsetzung entsprechender Maßnahmen.

Das Entstehen der genannten Oberflächenfehler zeigt sich besonders beim Fräsen der MEX-TRB/P-Teile in der Bauebenen. Durch die Steigerung der Festigkeit sinkt die Gratbildung und Abblätterung infolge der verbesserten Fräsbarkeit deutlich (Abb. 7.15).

Trotz niedriger Spanungskräfte übt die Vorschubrichtung bezüglich der Baurichtung einen signifikanten Einfluss auf die Höhe der Kraftkomponenten aus. Das Fräsen in der Bauebene (senkrecht zur Baurichtung) ist anfällig für die Delamination einzelner Materialanteile. Beim Fräsen quer zu den Bauschichten zeigen die im Eingriffsbereich befindlichen Schichten einen besseren Zusammenhalt. Dadurch wird auch die entstehende Ober-flächengute besser (Abb. 7.16).

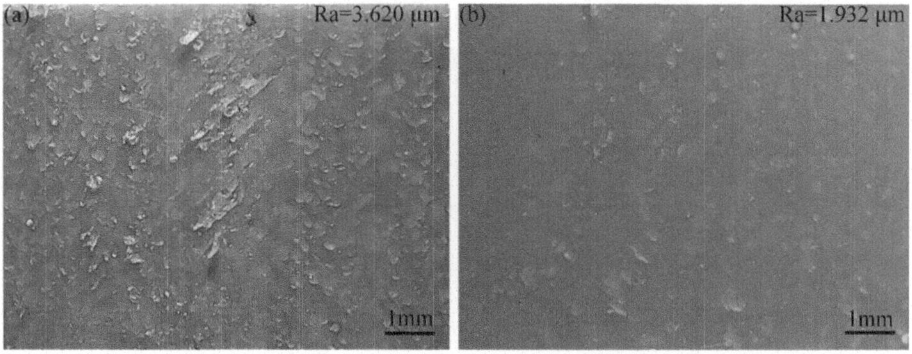


**Abb. 7.15** Vergleich der plan gefrästen Oberflächenmorphologie bei verschiedenen Scherfestigkeiten a) 5 MPa; b) 45 MPa (Werkstoff PEEK) [ZHOU22]. (Quelle: MDPI)

**Abb. 7.16** Einfluss der Baurichtung auf die Rauheit [ZHOU22]. (Quelle: MDPI)

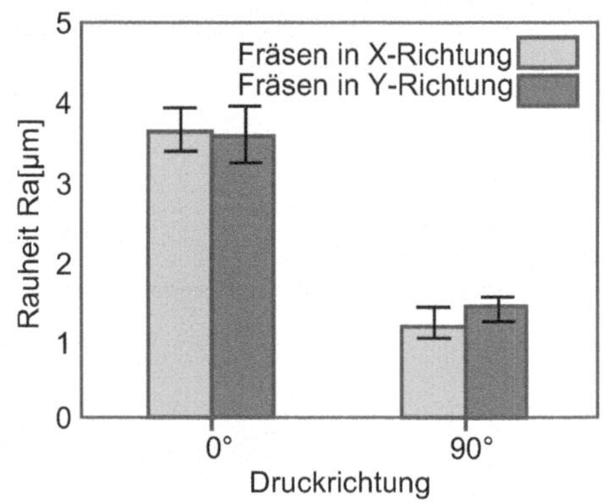


## 7.4 Vorrichtungen für die mechanische Bearbeitung

### 7.4.1 Ziele

Die mechanische Bearbeitung von Werkstücken mit komplexen Geometrien ist ohne eine geeignete Vorrichtung nicht möglich. Diese Hilfsmittel haben die Aufgabe während der Bearbeitung eine Fixierung von Maschine, Werkstück und Werkzeug sicherzustellen. Die Konstruktion der Vorrichtungen ist verfahrensspezifisch. Sie können auch nach ihrer Funktionsweise in manuell oder automatisch unterschieden werden.

Das aufgespannte Werkstück ist so in der Vorrichtung zu halten, dass es seine Lage nicht verändert, wenn sich die Bearbeitungsbedingungen ändern. Dieses wird mittels verschiedener Spannarten realisiert (Abb. 7.17). Das mechanische Spannen ist am häufigsten.

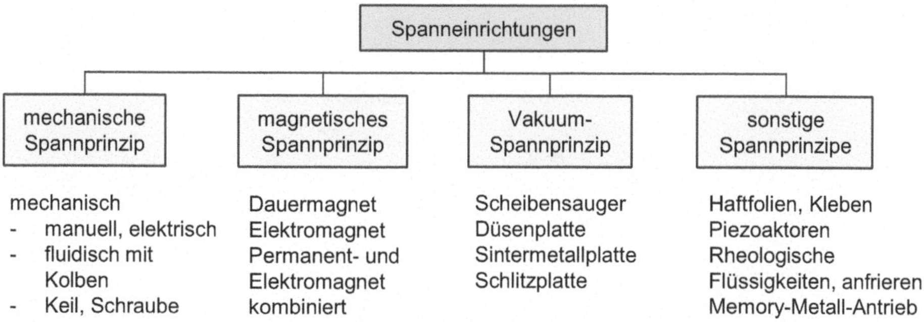


**Abb. 7.17** Verschiedene physikalischen Wirkmechanismen des Spannens [HESS12]. (Quelle: eigene Darstellung)

Die Auslegung der Vorrichtungen richten sich nach den Kraftverhältnissen im Fertigungssystem. Ein unter Kraftschluss aufgespanntes Werkstück darf nicht über den zulässigen Wert belastet werden. Ansonsten können Fertigungsfehler infolge von Verschiebungen und Verformungen des Werkstückes/der Vorrichtung auftreten.

Die Vorrichtungen werden mit oder ohne das Werkstück auf dem Maschinentisch platziert und über Referenzieren deren Koordinatensystems an das Maschinen-Koordinatensystem gebunden. Dafür helfen die in die Maschine integrierten Messmittel (z. B. taktiler Messtaster).

### 7.4.2 Lagebestimmung des Werkstückes

Die Grundlage einer sicheren und reproduzierbaren Aufspannung bildet das genaue Lagebestimmen des Werkstückes. Durch das Lagebestimmen wird das Werkstück in eine eindeutige Lage und Position gebracht, welche die effiziente Bearbeitung der Funktionsflächen am Bauteil ermöglicht. Die Erfüllung der Maß-, Form- und Lagetoleranzen hängt in hohem Maße von der Lagebestimmung des Werkstückes ab.

Für das Lagebestimmen werden geeignete Flächen am Werkstück ausgewählt. Diese Kontaktflächen mit der Vorrichtung nehmen die Spanungskräfte und die Spannkräfte auf.

Im dreidimensionalen Raum besitz das Werkstück sechs Freiheitsgrade. Beim Bestimmen werden diese Freiheitsgrade mittels sechs Bestimmpunkte sukzessiv gebunden (Abb. 7.18). Dafür dienen die definierte Basisfläche, Führungsfläche und Stützfläche, die zusammen sechs Berührungspunkte beinhalten.

Die für die Lagezuordnung verwendeten Flächen werden als technologische Basen bezeichnet. Bei der Bearbeitung komplexer Teile werden diese Flächen bevorzugt, da diese nach dem Montieren die Funktionalität der Teile sichern. Die technologischen Basen bestimmen den Bearbeitungsablauf wesentlich. Man sollte die ausgewählten

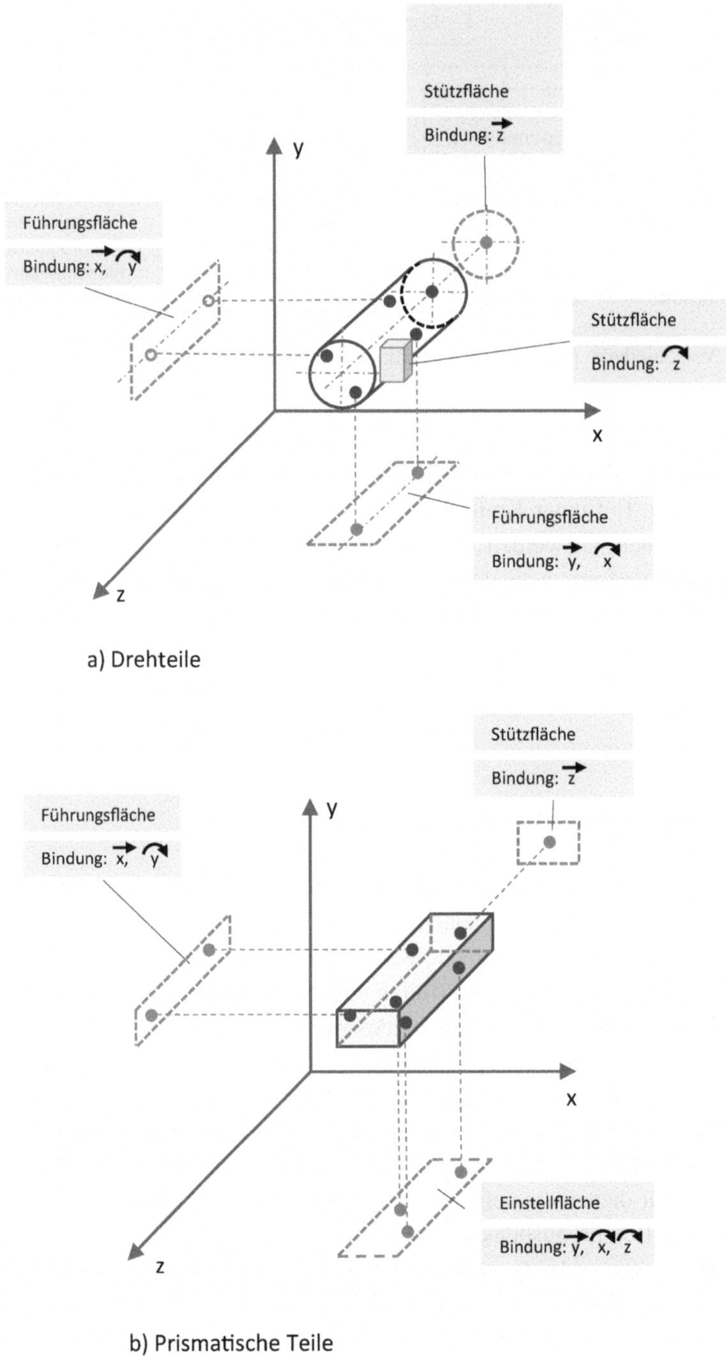


**Abb. 7.18** Räumliche Bestimmung der Werkstücke nach [HESS12, PERO13]. (Quelle: eigene Darstellung)

Basen im Verlauf der Fertigung möglichst beibehalten. Ansonsten können entsprechende Form- und Lageabweichungen am Werkstück auftreten.

Technologische Basen werden nach Zweckbestimmung in *Spann-* und *Maßbezugsbasen* unterteilt. Die Spannbasis ist die Flächen des Werkstücks, die dazu dient, das Werkstück auf der Maschine aufzuspannen und in Bezug auf das Schneidwerkzeug zu orientieren. Die Maßbezugsbasis ist eine Fläche (Linie oder Punkt), von der aus die Bauteilmaße gemessen werden können. Es ist vorteilhaft, die Flächen der Spannbasis auch für die Maßbezugsbasis zu verwenden. Durch die Verbindung der beiden Basen kann eine höhere Fertigungsgenauigkeit erreicht werden.

In Abhängigkeit von der Qualität der Ausgangsflächen können Spannbasen in *Roh-* und *Feinbasen* eingeteilt werden. Rohbasen dienen zum ersten Aufspannen des Werkstückes und für die richtige Verteilung der Bearbeitungszugaben. Feinbasen sind bearbeitete Werkstückflächen, die das Werkstück im Hinblick auf seine Endform und –genauigkeit vollenden lassen. Die ausgewählten Basen sollten eine zuverlässige Werkstückspannung durch eine sichere Einleitung der Spannkräfte in das Werkstück ermöglichen. Es sollte eine kollisionsfreie Bearbeitung des Werkstücks in den vorgegebenen Positionen möglich sein.

### 7.4.3 Flächenarten für die Aufspannung

Für das sichere Spannen ist die sorgfältige Auswahl der technologischen Basen von großer Bedeutung. Man versucht in der Regel Flächen des Werkstückes dafür zu nutzen. Der Ausgangzustand dieser Fläche beeinflussen die Anzahl der Umspannungen während der Bearbeitung und die Fertigungsgenauigkeit. Daher werden diese Flächen wie folgt unterschieden:

- Freie Flächen am Werkstück sind unbearbeitet und eignen sich eher als Rohbasen.
- Speziell bearbeitete Flächen am Werkstück, die keine Funktion haben, werden aber für das Aufspannen bearbeitet.
- Genau bearbeitete Fläche, die auch als Funktionsflächen dienen, sind für Feinbasen geeignet (z. B. Bohrungen, zylindrischen Flächen).
- Speziell erzeugte Flächen werden ausschließlich für Spannzwecke bearbeitet (z. B. Spannlaschen). Diese Flächen können am Werkstück verbleiben, oder am Ende des Prozesses entfernt werden. Dieses ist besonders bei der Fertigung von komplexen Geometrien der Fall, wenn keine Grund-, Hilfs- oder Funktionsflächen für ein sicheres Spanen geeignet sind.

Neben den am Werkstück vorhandenen Regelflächen wie Bohrungen oder zylindrische Flächen können auch Teile der Werkstückkontur als Basen benutzt werden. In diesem Fall sollte die Auflagefläche entsprechend konstruiert und bearbeitet werden. Diese Art des Spannens ist mit einem deutlich höheren Aufwand im Vergleich zum standardisierten Vorrichtungsbau verbunden.

### 7.4.4 Spannen der additiv gefertigten Teile

Die gedruckten Teile werden meistens aufgrund ihrer Geometrie mittels Fräsen nachbearbeitet. Die wirtschaftliche Realisierung des Fräsens ist mit einer geeigneten Fräsvorrichtung möglich.

Für das Fräsen werden

- Standardvorrichtungen (Spannstöcke, Backenfutter, Schwenk- und Kipptische)
- Baukastenvorrichtungen und
- Spezialvorrichtungen

eingesetzt.

Die Spannvorrichtungen werden mittels Spannelemente auf den Maschinentisch gespannt. Eine breit genormte Spannelementvielfalt erlaubt verschiedenste Größenstufungen, die flexibel eingesetzt werden. Mit der steigenden Anzahl der Bauelemente steigt der manuellen Rüstaufwand erheblich [BREC19].

Für die Fräsvorrichtungen gelten folgende Anforderungen:

- Vorrichtung sollte möglichst leichtgewichtig gebaut sein.
- Das Werkstück und die gesamte Vorrichtung darf sich unter Spann- und Zerspankräfent nur gering verformen. Hierfür sollten die Zerspankraftkomponenten gegen feste Anschläge wirken.
- Die Vorrichtungen werden mit Führungselementen (Nutsteine, Bohrungen) versehen, um ein schnelles Referenzieren in der Maschine zu ermöglichen.
- Vorrichtungen sollten möglichst stabil aufgebaut sein, um den prozessbedingten dynamischen Effekten standzuhalten.

**Standardspannvorrichtungen**

Als Standardvorrichtungen werden am häufigsten Spanstöcke oder Maschinen-schraubstöcke eingesetzt. Das Werkstück wird an geeigneten Flächen zwischen den Backen des Spannstockes formschlüssig oder kraftschlüssig eingespannt. Die form-schlüssige Einspannung braucht nicht eine so große Spannkraft. Bei der kraftschlüssigen Aufnahme wird das Werkstück durch die Reibkräfte an den Spannbacken gehalten. In diesem Fall wird 5×so viel Spannkraft eingeleitet als beim Formschluss. Deshalb werden in der Praxis Spannbacken mit einer entsprechenden Backform bevorzugt. Flexibel gestaltete Backen passen sich selbständig an die Werkstückkontur an (Abb. 7.19). Durch ein Einstellen der Federkraft können verschiedene Werkstückwerkstoffe sicher aufgenommen werden, ohne das Werkstück zu verformen.

Die mechanisch oder hydraulisch betriebenen Maschinenschraubstöcke werden beim Fräsen kleinerer prismatischer Teile eingesetzt.

**Baukastensystem**
Die Baukastenvorrichtungen ermöglichen es die prismatischen Teile zu positionieren und sicher zu spannen. Sie werden entsprechend der Werkstückgeometrie aus genormten Teilen ohne großen konstruktiven Aufwand zusammengebaut. Trotz des Umrüstaufwandes bieten sie die Möglichkeit mit verstellbaren Auflageelementen beliebige Konturen aufzunehmen. Die Spannelemente können mechanisch oder pneumatisch betrieben werden (Abb. 7.20). Die schnelle Verfügbarkeit und die Wiederverwendbarkeit der Bauteile steigert den Nutzungseffekt des Baukastensystems.

Die Nachteile des Baukastensystems liegen in

- Gewicht und Volumen,
- der begrenzten Steifigkeit,
- der begrenzten Zugänglichkeit der Fräswerkzeuge und
- der allseitigen Bearbeitung in einer Aufspannung (eine Umspannung außerhalb der Maschine ist notwendig)

Die Vorrichtungselemente werden auf einer Grundplatte zusammengebaut, die mittels T-Nutensystem oder Bohrungssystem auf dem Maschinentisch ausgerichtet und gespannt wird. Die Vorrichtungselemente können nur im Rasterabstand befestigt werden. Das Bohrungssystem ist weniger flexibel als das Nutensystem, ist aber genauer. Der Nullpunkt für die Positionierung der Vorrichtung auf dem Maschinentisch wird entweder mittels Passbohrungen oder einem Nutenkreuz, je nach der Befestigungsart, bestimmt.

**Abb. 7.19** Formspannbacken mit Stößel-Matrix [MATR23]. (Quelle: MATRIX GmbH)

a) nach dem Lochsystem b) nach dem Nutsystem

**Abb. 7.20** Baukastenvorrichtungen [BREC19]. (Quelle: Erwin Halder KG)

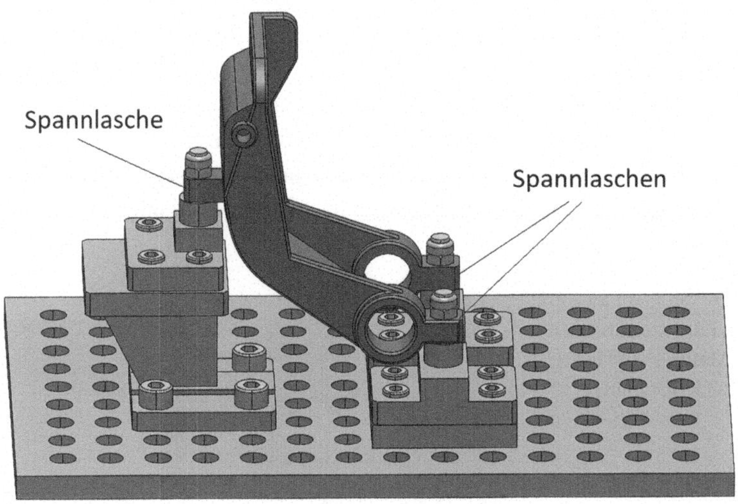


**Abb. 7.21** Aufnahme mittels Spanlaschen nach [VDI92]. (Quelle: eigene Darstellung)

Für die Erleichterung der Werkstückaufnahme in der Baukastenvorrichtung werden Spanlaschen, sogenannte fiktive Basen, eingesetzt (Abb. 7.21). Die Spannlaschen verringern den Aufwand im Vorrichtungsbau durch Einsatz standardisierter Spannelementen. Zum anderen verringern sie die Zahl der Spannungen. Konstruktiv sollen die Spannlaschen unter Berücksichtigung der Werkstücklage im Maschinenraum eingefügt werden. Spannlaschen sollen die Zugänglichkeit der zu bearbeitenden Flächen nicht erschweren.

**Spezialvorrichtungen**

Diese Vorrichtungen werden für Werkstücke, die mit anderen Systemen nicht positioniert und gespannt werden können, gebaut. Sie finden auch als alternative Lösung für die Bearbeitung Verwendung, wenn deren Einsatz einen wirtschaftlichen Vorteil bietet.

Spezielle Vorrichtungen für das Fräsen werden unter Berücksichtigung der Spannlage des Werkstückes im Maschinenraum konstruiert und gefertigt. Für die Lagebestimmung werden meistens Konturen der Werkstücke als Auflage- und Bestimmflächen verwendet. Dafür können sowohl Außen- als auch Innenkonturen genutzt werden (Abb. 7.22). Folgende Schritte sind für die Konstruktion nötig:

- Festlegen der Bearbeitungslagen und Umspannstufen des Werkstückes
- Bestimmen der Werkstückkontur für die Lagebestimmung des Werkstückes in der vorgesehenen Lage
- Begrenzung der gewählten Kontur für eine wirtschaftliche Fertigung der Anlageflächen
- Ableiten der speziellen Auflageelemente mit gewählter Kontur unter Berücksichtigung des Spannens
- Fertigung der speziellen Auflageelemente
- Integration der speziellen Auflageelemente in die Standardvorrichtung

**Wechselplatten aus Metall**

Bei der Fertigung von Metallteilen mit pulverbasierten Verfahren können die mitgebauten Stützstrukturen für die mechanische Bearbeitung genutzt werden [WOLL20]. Dafür kommen eine speziell angefertigte Substratplatten zum Einsatz, welche folgende Anforderungen erfüllen sollen:

- Wiederverwendbarkeit
- Abriebbeständigkeit gegen feine Pulver

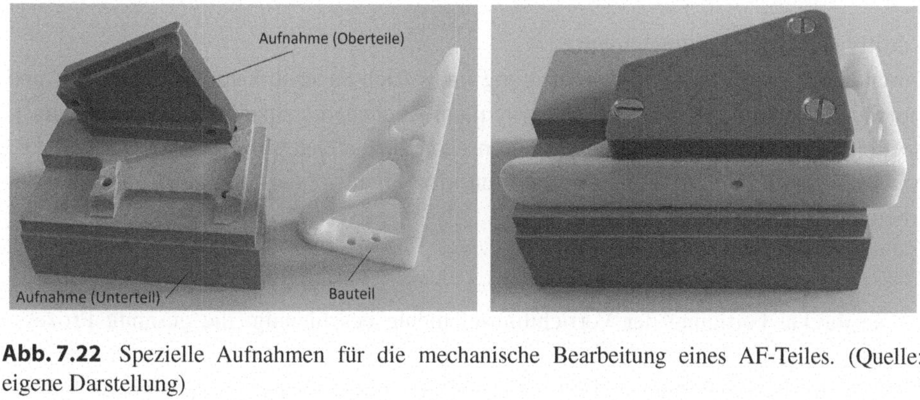


**Abb. 7.22** Spezielle Aufnahmen für die mechanische Bearbeitung eines AF-Teiles. (Quelle: eigene Darstellung)

- hohe Temperaturbeständigkeit für den AF-Prozess und die Wärmebehandlung
- als universelle Schnittstelle zwischen der Platte und der Maschine, z. B. als Nullpunktspannsystem, zu dienen

Die dafür verwendeten Bauplatten werden zweiteilig gefertigt, um die spätere Trennung vom Teil und das Nachschleifen der Substratplatte einerseits und die re-produzierbare Positionierung der Grundplatte andererseits im Maschinenraum zu ermöglichen. Die beiden Platten werden miteinander mechanisch verbunden. Die Dicke der Substratplatte bestimmt die Lebensdauer, da nach jedem Nachschleifen die Dicke und damit die Steifigkeit der Platte sinkt.

Voraussetzung für diese Lösung ist eine ausreichende Steifigkeit des Bauteiles. Insbesondere können die bei der Fertigung von filigranen Teilen aus schwer spanbaren Werkstoffen auftretende Kräfte zu starken Schwingungen und damit Abweichungen führen. Deshalb sollten bei der Datenaufbereitung im CAM-System die Stützstrukturen entsprechend gestaltet werden.

Eine andere Lösung zeigt ein speziell konstruiertes Spannsystem für die Aufnahme der Substratplatte in Form eines Bleches [FREC22]. Eine auf der Grundplatte formschlüssig befestigte Blechsubstratplatte sichert die Prozessführung auf einer PBF-LB/M -Maschine sowie die mechanische Bearbeitung von metallischen Teilen auf der Fräsmaschine (Abb. 7.23). Das Blechteilübernimmt in diesem Fall die Rolle der Schnittstelle. Sie besitzen seitlich eingebrachte schräge Nuten, die für die Stift-Nut-Verbindung sorgen. Durch diese Schnittstelle kann die Blechsubstratplatte als Wechselplatte zwischen den Arbeitsplätzen betrachtet werden. Nach der Fertigstellung des Teiles werden die Bauteile aus der Substratplatte entfernt. Die Substratplatte besitz eine Stärke von 2 mm, daher kann sie nur einmal verwendet werden.

Die Lösung eignet sich besonders für kleine Teile, da bei großen Teilen die Verformungen unter hoher Temperatur im PBF-LB/M-Prozess nicht beherrschbar wären. Das Blechspannsystem ermöglicht eine mehrseitige Bearbeitung der Teile. Es ist möglich die Hinterschnitte durch die Öffnungen im Blech von der Unterseite zu bearbeiten.

**Additiv gefertigte Spannelemente**

Durch den Einsatz der additiven Fertigung im Vorrichtungsbau kann Fertigungszeit und -aufwand deutlich gesenkt werden. Vor allem können die Spannelemente für Kunststoffteile mit dem MEX-TRB/P-Verfahren schneller gebaut werden (Abb. 7.24). Die Anwendung von Hochleistungskunststoffen ermöglicht es die Werkstücke für die Bearbeitung sicher zu spannen.

Folgende Vorteile sind zu nennen:

- Die direkte Fertigung der Vorrichtungselemente beschleunigt die gesamte Prozesskette.
- Nach der Positionierung und Orientierung des Teiles können entsprechende Spannelemente direkt am PC modelliert werden.

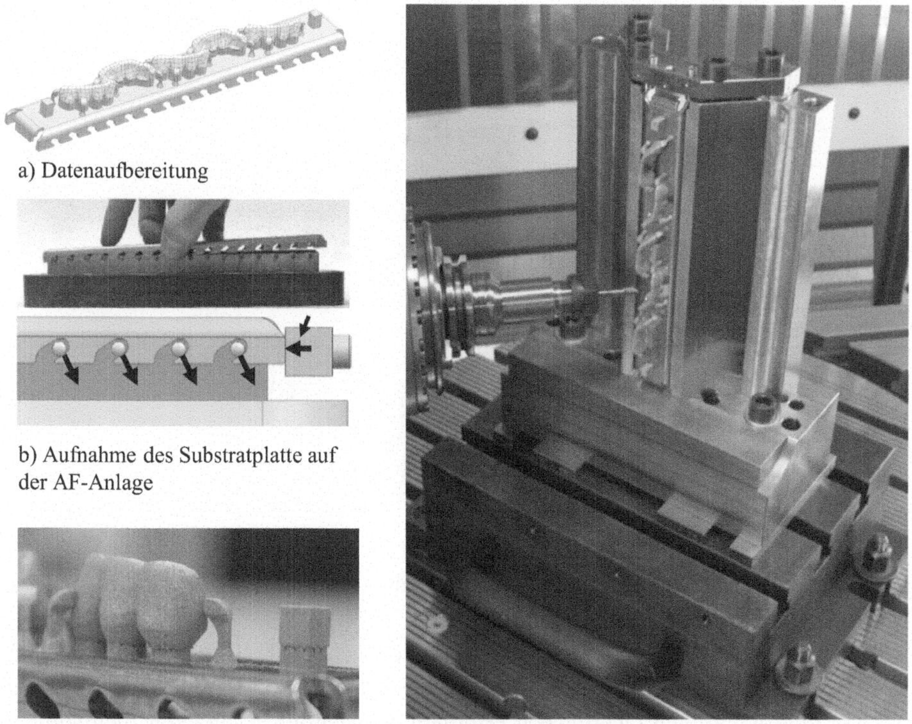

a) Datenaufbereitung

b) Aufnahme des Substratplatte auf der AF-Anlage

c) additiv gefertigte Teile (Zahnkronen)

d) Fräsen eines Teiles

**Abb. 7.23** Spezielle Spannvorrichtungen [FREC22]. (Quelle: Springer)

- Der durchgehende Informationsfluss und die schnelle Fertigung ermöglicht es die Vorlaufzeiten zu kürzen.
- Aufnahmeelemente mit komplexen Werkstückmerkmalen können problemlos realisiert werden. Dadurch entfallen einige Schritte der konventionellen Fertigung der Vorrichtung (z. B. NC-Programmierung von mehraxialer Bearbeitung, manuelles Aufrüsten der CNC-Maschine, Herstellung von Elektroden und Durchführen des Erodierens u. a.).

## 7.5 Gestaltung der Fertigungsprozesse für die mechanische Bearbeitung

### 7.5.1 Ableiten der Fertigungsaufgabe

Die Anforderungen an die Funktionsflächen des AF-Teiles bilden die Fertigungsaufgabe für die mechanische Bearbeitung. Sie können unter den konkreten Fertigungsbedingungen gelöst werden. Dafür sind als die wichtigsten Ausgangsgrößen die Maß-,

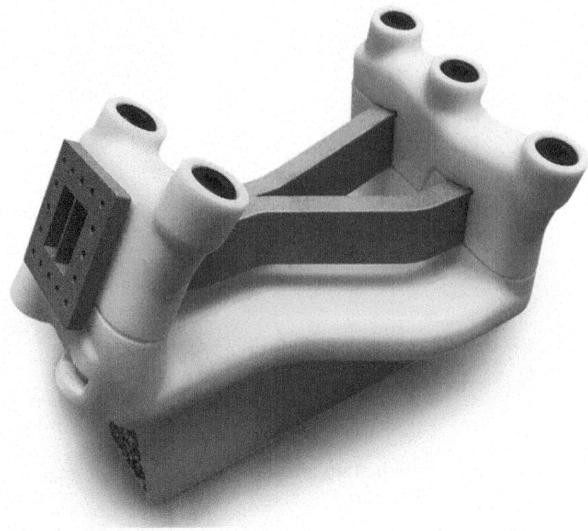

**Abb. 7.24** Additiv gefertigte Spannvorrichtung [BEHE22]. (Quelle: Springer)

Form- und Lageabweichungen, die Oberflächengüte sowie die Eigenschaften der Oberflächen des gedruckten Teiles zu nennen.

Bei grobstufiger AF-Fertigung gestaltet sich die mechanische Bearbeitung aufwendig, da die vorhandenen Gestaltabweichungen sukzessiv an die Sollwerte angepasst werden. Die feinstufig gefertigten Oberflächen erfordern dagegen einen kürzeren Bearbeitungsprozess. Diese gegenseitige Abhängigkeit schafft ein Lösungsfeld für die wirtschaftliche Gestaltung der gesamten Prozesskette.

Die Werkstoffkennwerte des gedruckten Teiles sind weitere Faktoren für die Auswahl der Schneidstoffe, der Werkzeugparameter und der Werkzeugmaschine. Die stark schwankenden Festigkeitswerte erschweren die Realisierung einer stabilen Prozessführung. Die Kenntnis dieser Eigenschaften ist daher ein wichtiger Ausgangspunkt für die Auswahl der geeigneten Schneidstoffe und die Festlegung der Prozessparameter.

## 7.5.2 Generischer Entwurf der Prozesse (Neuplanung)

### 7.5.2.1 Bestimmung von zu bearbeitenden Flächen

Die additiv gefertigten Bauteile zeichnen sich durch eine große Vielfalt hinsichtlich ihrer Funktionalität, ihrer geometrischen Gestalt und ihrer Abmessungen aus. Daher ist es sinnvoll, nach der Analyse der Bauteilgeometrie die zu bearbeitenden Flächen aus technologischer Sicht in folgende Gruppen zusammenzufassen:

- Formelement: *Ebene Flächen (mögliches Verfahren: 2,5-Achs-Fräsen)*
- Formelement: *Freiformflächen (mögliches Verfahren: 3–5-Achs-Fräsen)*
- Formelement: *äußere rotationssymmetrischen Flächen (mögliche Verfahren: Drehen oder Fräsen)*

- Formelement: *Innere rotationssymmetrischen Flächen (mögliche Verfahren: Bohren, Drehen oder Fräsen)*
- Formelement: *Profilflächen (mögliche Verfahren: Drehen oder Fräsen)*
- Formelement: *Außen- und Innengewinde ((mögliche Verfahren: Drehen, Bohren oder Fräsen)*

Diese technologisch orientierte Ordnung hilft bei der Planung und der Kombination von Arbeitsverrichtungen.

#### 7.5.2.2 Festlegung der Arbeitsvorgangsfolge

Bei der mechanischen Bearbeitung handelt es sich hauptsächlich um die Bearbeitung von einzelnen Flächen, die in einer bestimmten Reihenfolge an die Sollkontur angenähert werden. Die Arbeitsvorgangsfolge beschreibt dabei die schrittweise Überführung des AF-Teiles mithilfe von zur Verfügung stehenden Fertigungsmitteln in den Endzustand. Abb. 7.25 zeigt dies am Beispiel der Bearbeitung eines konventionell gefertigten Rohteils.

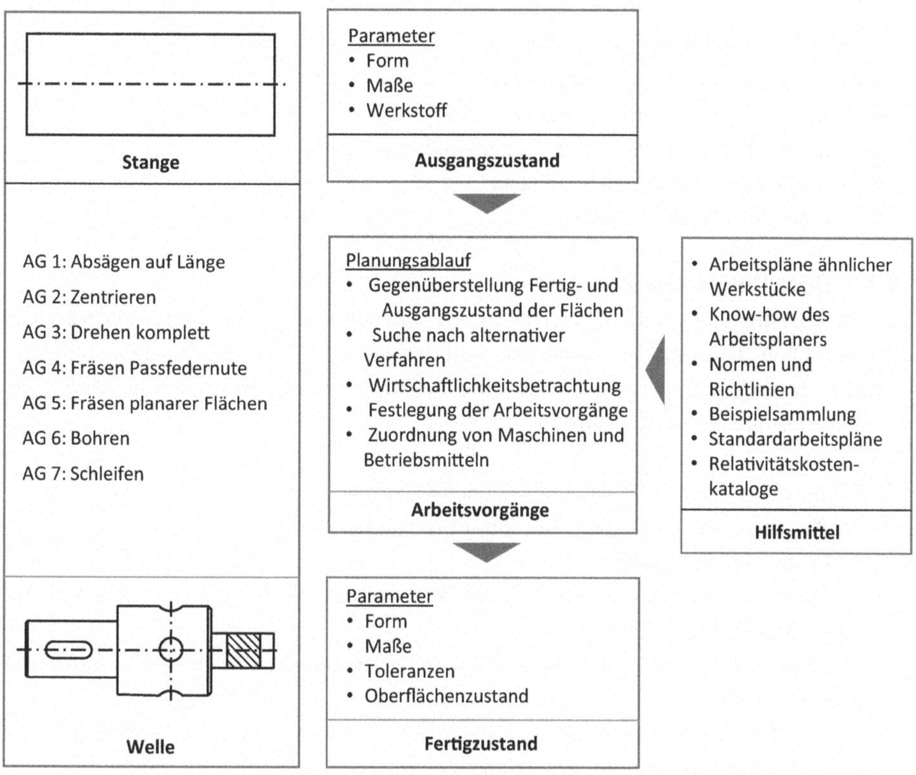


**Abb. 7.25** Darstellung der Arbeitsgangsfolge eines Beispielteiles nach [BOEG21, WIEN19]. (Quelle: eigene Darstellung)

Hierfür sind folgende Schritte notwendig:

- Die Analyse der zu bearbeitenden Flächen und Festlegung technologischer Basen führen zu einer logischen Reihenfolge der Bearbeitung.
- Anhand der Art und Anzahl der zu bearbeitenden Flächen sowie deren Lage und Toleranzen werden geeignete Fertigungsverfahren und –mittel ausgewählt, die für die Realisierung der Formelemente erforderlich sind.
- Die Zerspanbarkeit des Werkstückwerkstoffes durch das in Aussicht genommene Fertigungsverfahren sollte gegeben sein.
- Die festgelegte Prozessstufenfolge beeinflusst wesentlich die Reihenfolge der Maschinenarbeitsplätze bei der Werkstückbearbeitung.

Bei der Festlegung der Bearbeitungsreihenfolgen werden die technologischen Zwangsfolgen beachtet. Dadurch können Verfahrenskollisionen und Redundanzen vermieden werden. Die realisierbaren Verfahrenskombinationen helfen den Fertigungsaufwand durch Minimierung der Prozessschritte oder Zusammenführen der Bearbeitung einiger Flächen zu reduzieren. Folgende Regeln sollten gelten:

- Grobbearbeitung vor Feinbearbeitung
- Technologische Basen zuerst bearbeiten
- Basiselement vor Nebenformelement
- Vorgegebene Maß-, Form-, und Lagegenauigkeit einhalten
- Restspannungen im Werkstück abbauen
- Verwendung effizienter Verfahren

#### 7.5.2.3 Detaillieren der Prozesse

Nach der Festlegung von Arbeitsvorgängen können diese detailliert werden. Um wirtschaftlichen Krterien zu ermitteln, sollten die verfahrensspezifischen Rahmenbedingungen festgelegt werden. Dieses lehnt sich an die Fertigungsmittel-zuordnung an. Folgende Schritte sind dafür erforderlich:

- *Maschinenauswahl* erfolgt anhand folgener Kriterien:
  - Verfahrensart (z. B. Drehen, Bohren, Fräsen usw.)
  - Einhalten der Toleranzen
  - Arbeitsraum (bedingt durch Werkstückgeometrie; Spannmittel; freien Verfahrwege, Siherheitsabständen)
  - Leistung der Spindel- und Vorschubantriebe (bedingt durch die wirtschaftlichen Arbeitswerte)
  - Anzahl der simultan betreibbaren NC-Achsen (bedingt durch die Bearbeitung von doppelgekrümten Flächen) und Hinterschnitte
  - Möglichkeiten zur Komplettbearbeitung (bedingt durch Verfahrenskombination)

- *Spannmittelauswahl* erfolgt anhand folgender Kriterien:
  - Sicherstellung des Bearbeitungsablaufes mit wenigen Spannungen unter Berücksichtigung entstehender Zerspankräfte
  - Erfüllung der qualitativen Anforderungen
  - Kostenaufwand
  - Automatisierungsgrad
- *Werkzeugauswahl* erfolgt anhand folgender Kriterien:
  - Verfahrensart
  - Werkstoffeigenschaften und -geometrie
  - Oberflächenqualität
  - Wirtschafftlichkeit
- *Prüfmittelauswahl* erfolgt anhand folgender Kriterien:
  - Prüfgegenstand
  - Prüfmerkmale
  - Prüfumfang
  - Toleranzen
  - Stückzahl
- *Festlegung der Arbeitswerte* erfolgt anhand folgender Kriterien:
  - Zusammenhänge zwischen Werkstoff- und Schneidstoff-Paarungen
  - Toleranzen
  - Werksückgeometrie
  - Wirtschaftlichkeit

Diese Schritte werden in einem Betrieb durch den Arbeitsplaner anhand der Betriebsmitteldaten (-bank) zu den vorhandenen Maschinen, Werkzeugen und Vorrichtungen unter Berücksichtigung ihrer technischen Eigenschaften und Aufstellorte durchgeführt. Die Beachtung der vorhandenen Richtlinien und Vorschriften sind für den sicheren und wirtschaftlihen Betrieb der Fertigungsmittel notwendig. In besonderen Fällen sollten die Betriebsmittel neu beschafft oder angefertigt werden.

#### 7.5.2.4 CAM Einsatz

**Elementare Bearbeitung**

Die komplexen Flächen der Werkstücke werden mithilfe von CNC-gesteurten Maschinen bearbeitet. Die Wirkbewegungen auf diesen Maschinen erfolgt anhand von NC-Programmen. Diese Programme beinhalten Codes für die Maschinensteuerungen. Der vom Planer festgelegte Ablauf der Arbeitsgänge und einzelner Schnitte finden sich in den NC-Programmen wieder. Für deren Erstellung werden ein von der konkreten CNC-Maschine unabhängiges Softwarepaket angewendet. Die Kommunikation mit anderen CAx-Systemen findet über eine geeignete Schnittstelle statt.

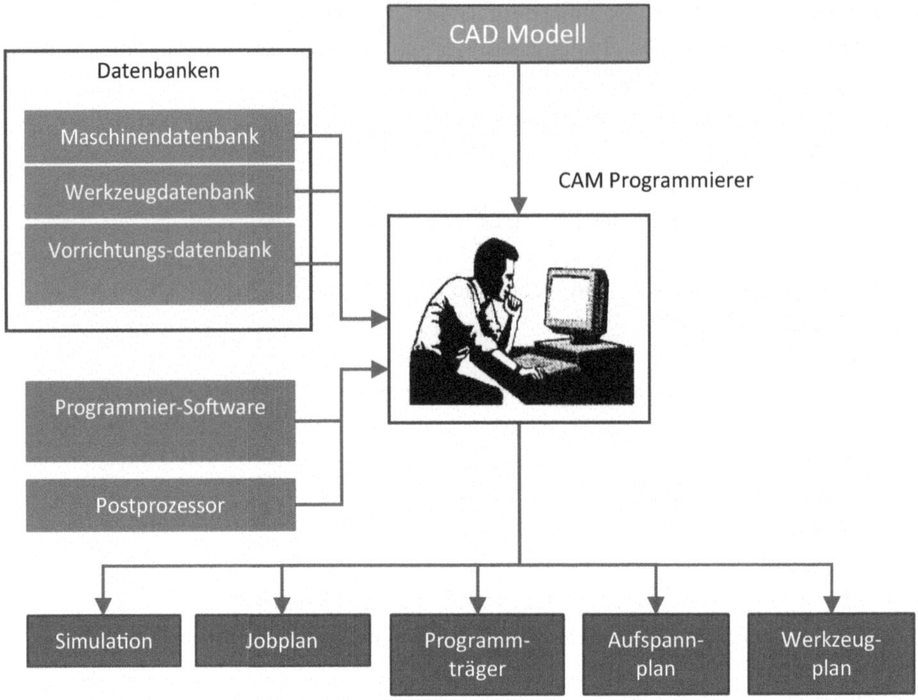


**Abb. 7.26** Schritte der CAM-Planung. (Quelle: eigene Darstellung)

Die Planung der Fertigungsprozesse wird in großem Umfang vom CAM-Planer durchführt (Abb. 7.26). Bei der Umsetzung des Arbeitsplanes werden folgende Aufgaben vom CAM-System übernommen, womit kurze Planungszeiten durch die Automatisierung erreicht werden:

- Übernahme von extern erstellten CAD-Datensätzen mit möglichst geringen Fehlern
- automatisches Erkennen von geometrischen Elementen (Übergänge, Aufmaße, Fasen, Rundungen usw.)
- Bereitstellung von Bearbeitungsmodi von komplexen 3D Flächen
- Automatische Generierung von Werkzeugbahnen
- Integration von Technologiedatenbanken
- Visualisierte Darstellung von Geometrien und Werkzeugbahnen

Die erstellen NC-Programme werden in geigneter Form über einen Postprozessor ausgegeben, dokumentiert und für die Fertiger in der Produktion bereitgestellt. Dieses umfasst auch die Informationen zu den Fertigungsmitteln.

**Hybride Bearbeitung**

Um die technologischen Möglichkeiten der additiven Fertigung zu steigern und die Durchlaufzeit zu senken, werden weitere Verfahren der Fertigungstechnik mit AF-Verfahren integriert. Somit ergibt sich eine konzentrierte Bearbeitung an einem Arbeitsplatz. Sehr verbreitet ist die Hybridbearbeitung: DED + Fräsen.

Die praktische Umsetzung dieses Konzeptes erfolgt anhand der NC-Programme, die unter Berücksichtigung von integrierenden Arbeitsgängen generiert werden. Das Programmieren umfasst folgende Schritte:

- Analyse der Werkstückkontur, um die Features für das DED und das Fräsen zu bestimmen (Abb. 7.27).
- Jedes Feature enthält einen Arbeitsgang.
- 5-Achs-Simultane Bearbeitung ist erforderlich, um die Komplexität des Features zu steigern und die Anzahl der Schritte zu minimieren.
- Die Reihenfolge der Feature-Bearbeitung ist technologisch abgestimmt und bestimmt die Arbeitsgangfolge.
- Der abwechselnde Einsatz der Fertigungseinheiten soll kollisionsfrei ablaufen.
- Durch die optimale Positionierung des Werkstückes soll auf die Anwendung besonderer Spannmittel und Stützstrukturen verzichtet werden.
- Die NC-Programmierung der kompletten Bearbeitung findet für eine Aufspannung statt.

Die Erstellung der NC-Programme erfolgt in einem CAD/CAM-System mit erweitertem Modul für die additive Fertigung. Die durchgehende Datenverarbeitung basiert auf dem CAD-Modell des Werkstückes. Der CAM-Planer wird bei der Zerlegung der Werkstückkontur vom System durch eine einheitliche Bedienoberfläche unterstütz. Die erstellten

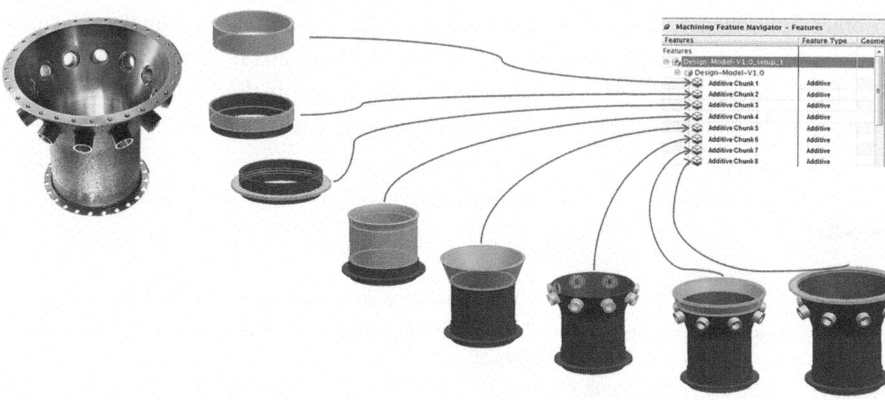


**Abb. 7.27** Featuerebasierte Programmieung der Hybridbeaerbeitung mitells DED-LB + Fräsen. (Quelle: Siemens AG)

Werkzeugbahnen/NC-Codes ermöglichen es dem Feature erst additiv zu fertigen und dann subtraktiv zu bearbeiten. Die Anwendung eines gemeinsames Werkstück-Nullpunktes hilft die Fertigungsschritte genau abzustimmen. Die abwechselnden Fertigungsschritte werden in einem NC-Programm ausgegeben. Dieses Programm beinhaltet neben dem Werkzeugbahncode auch die Steuerung der additiven Baueinheit (z. B. Materialzufuhr).

#### 7.5.2.5 Bewerten der Fertigungsalternativen

Die technologische Kombinationsmöglichkeiten verschiedener Verfahren entlag der Prozesskette ergibt verschiedene Prozessketten, die aufgrund der Ursache-Wirkung-Zusammenhänge zwischen einzelnen Prozessen durch unterschiedliche Merkmale gekennzeichnet sind.

Welche Prozesskette für die wirtschaftliche Fertigung am geignetsten ist, wird im Rahmen des technologischen Varintenvergleiches der gesamten Prozessketten ermittelt. Der Vergleich erfolgt auf Basis der Wirtschaftlichkeit unter Berücksichtigung der mechanischen Bearbeitung. Das Ziel ist zu bestimmen, welche dieser Prozessketten geringere Stückkosten in möglichst kürzester Zeit erreicht. Um den Anteil der mechanischen Bearbeitung bei der Bewertung der Varianten abzuschätzen, sollten die Herstellkkosten der mechanischen Bearbeitung nach Gl. (4.1) berechnet werden. Hier sollte auf die Gewichtung und Struktur einzelner Kostenfaktoren beachtet werden. Bei den spanenden Verfahren erkennt man einen großen Unterschied zu den AF-Verfahren durch aufwendges Einrichten der Werkzeugmaschinen und Betriebsmittel. Bei den für AF spezifischen kleinen Stückzahlen kann diese Komponente in den Fertigungskosten einen erheblichen Anteil ausmachen.

Im Rahmen der mechansichen Fertigung lassen sich die Prozesse durch ihre Komponenten beinflussen. So kann durch die Anwendung von leistungsfähigen Schneidstoffen und Maschinen, sowie flexiblen Spannmitteln die Fertigungskosten minimiert werden. Eine hohe zeitliche Arbeitsplatzbelastung senkt die Fertigungsgemeinkosten. Die Suche nach einer optimalen Konstellation von Prozesskomponenten und -parametern für eine bessere Fertigung wird durch die Prozessoptimierung unterstützt (s. Kap. 8).

Werden mehrere Verfahren der spanenden Bearbeitung für die Fertigung eingesetzt, sollte diese Kalkulation auch für jedes Verfahren durchgeführt werden.

## Literatur

[ALIY21] Aliyev R, Hentschel B (2021) HSC-Fräsen von stäubenden Werkstoffen. Strategien zur Auslegung von Prozess und Komponenten. Springer Vieweg. https://doi.org/10.1007/978-3-662-63693-0

[ABEL15] Abele E, Hasenfratz C, Heep T (2015) Kühlschmierstrategien auf dem Prüfstand. WB Werkstatt + Betrieb 4:96–101

[BEHE22] Behera A (2022) Additive Manufacturing Materials. In Boock: Advanced Materials. Springer, Cham. https://doi.org/10.1007/978-3-030-80359-9_20

[BERT20] Bertolini R, Ghiotti A, Bruschi S (2020) Machinability of Polyamide 6 Under Cryogenic Cooling Conditions. Procedia Manufacturing. 48:419–427. https://doi.org/10.1016/j.promfg.2020.05.064

[BOEG14] Böge A, Böge W (2014) Handbuch Maschinebau. Grundlagen und Anwendungen der Maschinenbau-Technik. Springer Vieweg Wiesbaden. 22. Aufl. https://doi.org/10.1007/978-3-658-06598-0

[BREC19] Ch, Brecher, Weck M (2019) Werkzeugmaschinen Fertigungssysteme 1. Springer Verlag. https://doi.org/10.1007/978-3-662-46565-3

[BRUS16] Bruschi S, Bertolini R, Bordin A, Medea F, Ghiotti A (2016) Influence of the machining parameters and cooling strategies on the wear behavior of wrought and additive manufactured Ti6Al4V for biomedical applications. Tribol Int 102:133–142. https://doi.org/10.1016/j.triboint.2016.05.036

[CHEN21] Chen L, Xu Q, Liu Y et al (2021) Machinability of the laser additively manufactured Inconel 718 superalloy in turning. The International Journal of Advanced Manufacturing Technology 114:871–882. https://doi.org/10.1007/s00170-021-06940-8

[DABW20] Dabwan A, Anwar S, Al-Samhan AM, Nasr MM (2020) On the effect of electron beam melted Ti6Al4V part orientations during milling. Metals 10(9):1172. https://doi.org/10.3390/met10091172

[DEGN19] Degner W, Lutze H, Smejkal E, Heisel U, Rothmund J (2019) Spanende Formung. Hanser, München

[DENK16] Denkena B, Grove T (2016) The effect of microstructure on the machinability of Ti-6Al-4V. In: Proc 13th World Conf Titan, S. 905–910. https://doi.org/10.1002/9781119296126.ch155

[ELSN12] Elsner P, Eyerer P, Hirth T (2012) Kunststoffe. VDI-Buch. Springer, Berlin, Heidelberg. https://doi.org/10.1007/978-3-642-16173-5_1

[EVER97] Eversheim, W. Werkzeugbau mit Zukunft. Strategie und Technologie. VDI-Buch. Springer Berlin, Heidelberg. https://doi.org/10.1007/978-3-642-58850-1

[FEI20] Fei J, Liu G, Patel K, Özel T (2020) Effects of Machining Parameters on Finishing Additively Manufactured Nickel-Based Alloy Inconel 625. Journal of Manufacturing and Processing 4(2):32. https://doi.org/10.3390/jmmp4020032

[FRIT22] Fritz A, Schmätz J (2022) Fertigungstechnik. Springer Vieweg Berlin, Heidelberg. https://doi.org/10.1007/978-3-662-64875-9

[FREC22] Ferchow J, Bühler M, Schlüssel M et al (2022) Design and validation of a sheet metal clamping system for additive manufacturing and post-processing. The International Journal of Advanced Manufacturing Technology 119:7947–7967. https://doi.org/10.1007/s00170-022-08773-5

[HEIS14] Heisel U, Klocke F, Uhlmann E, Spur G (2014) Handbuch Spanen. Hanser, München

[HESS12] Hesse S, Krahn H, Eh D (2012) Betriebsmittel Vorrichtung. Grundlagen und kommentierte Beispiele. 2. Aufl., Hanser Verlag, München

[HOJA20] Hojati F, Daneshi A, Soltani B, Azarhoushang B, Biermann D (2020) Study on machinability of additively manufactured and con-ventional titanium alloys in micro-milling process. Precis Eng 62:1–9. https://doi.org/10.1016/j.precisioneng.2019.11.002

[HOPTM15] Hopmann Ch, Michaeli W (2015) Einführung in die Kunststoffverarbeitung. 7. Aufl., aktualisierte Auflage. Hanser Verlag, München

[KARA20] Karabulut Y, Kaynak Y (2020) Drilling process and resulting surface properties of Inconel 718 alloy fabricated by Selective Laser Melting Additive Manufacturing. Procedia CIRP 87:355–359. https://doi.org/10.1016/j.procir.2020.02.110

[KHAN21] Khanna N et al (2021) Review on machining of additively manufactured nickel and titanium alloys. J Market Res 15:3192–3221. https://doi.org/10.1016/j.jmrt.2021.09.088

[KHAN22] Khan MA, Jappes JW (2022) Innovations in Additive Manufacturing. Springer, Berlin, Heidelberg. https://doi.org/10.1007/978-3-030-89401-6

[KLOC12] Klocke F, Krämer A, Sangermann H, Lung D (2012) Thermo-Mechanical Tool Load during High Performance Cutting of Hard-to-Cut Materials. Procedia CIRP 1:295–300. https://doi.org/10.1016/j.procir.2012.04.053

[KÜMM20] Th, Kümmer (2020) Kunststoffhandbuch für Dummies. Wiley-VCH, Weinheim

[MATR23] MATRIX GmbH Spannsysteme und Produktionsautomatisierung, Form adaptive clamping system. https://www.matrix-innovations.de/daimler-silver-clamp/. Zugegriffen: 01. März 2024

[NI20] Ni C, Zhu L, Zheng Z, Zhang J, Yang Y, Hong R, Bai Y, Lu WF, Wang H (2020) Effects of machining surface and laser beam scanning strategy on machinability of selective laser melted Ti6Al4V alloy in milling. Mater Des 194:108880. https://doi.org/10.1016/j.matdes.2020.108880

[PAUC08] Paucksch E, Holsten S, Linß M, Tikal F (2008) Zerspantechnik. Prozesse, Werkzeuge, Technologien. 12., vollständig überarbeitete und erweiterte Auflage. Vieweg +Teubner Verlag. https://doi.org/10.1007/978-3-8348-9494-6

[PERI22] Periane SN, Vaudreuil S, Chibane H, Morandeau A, Anthony Xavior, M., Cormier, J., Leroy, R., Duchosal,A. Influence of heat treatment on the tool life while machining SLM Inconel 718 with reference to C&W Inconel 718. Journal of Manufacturing Processes 83:192–202. https://doi.org/10.1016/j.jmapro.2022.08.054

[PERO13] Perovic B (2013) Vorrichtungen im Werkzeugmaschinenbau. Springer Vieweg Berlin, Heidelberg. https://doi.org/10.1007/978-3-642-32707-0

[SART16] Sartori S, Bordin A, Moro L, Ghiotti A, Bruschi S (2016) The influence of material properties on the tool crater wear when machining Ti6Al4V produced by additive manufacturing technologies. Procedia CIRP 46:587–590. https://doi.org/10.1016/j.procir.2016.04.032

[SHUN16] Shunmugavel M, Polishetty A, Nomani J, Goldberg M, Littlefair G (2016) Metallurgical and Machinability Characteristics of Wrought and Selective Laser Melted Ti-6Al-4V. Journal of Metallurgy 7407918. https://doi.org/10.1155/2016/7407918

[UCAK22] Uçak A, Çiçek K, Aslantas, Machinability of 3D printed metallic materials fabricated by selective laser melting and electron beam melting: A review, Journal of Manufacturing Processes 80:414–457. DOI: https://doi.org/10.1016/j.jmapro.2022.06.023

[VDI92] Verein Deutscher Ingenieure, VDI-Gesellschaft Produktionstechnik (ADB) (1992) Betriebsmittelbezogene Anforderungen an die Produktkonstruktion. In: Vorrichtungen. VDI-Buch. Springer, Berlin, Heidelberg. https://doi.org/10.1007/978-3-642-51854-6_4

[VEIG20] Veiga F, Gil Del Val A, Suárez A, Alonso U (2020) Analysis of the Machining Process of Titanium Ti6Al-4V Parts Manufactured by Wire Arc Additive Manufacturing (WAAM). Materials 13(3):766. https://doi.org/10.3390/ma13030766

[WENS21] Wenserski R (2021) Helixfräsen und Bohren von laseradditiv gefertigten Bauteilen aus Titan für Luftfahrtanwendungen. Technische Universität Hamburg, Dissiertation

[WIEN19] Wiendahl HP (2019) Betriebsorganisation für Ingenieure. Auflage: 9., vollständig überarbeitete Auflage, Hanser Verlag München. https://doi.org/10.3139/9783446460614

[WOLL20] Wollbrink M, Maslo S, Zimmer D, Abbas K, Arntz K, Th, Bergs (2020) Clamping and substra additive build-up and post-processing of metal parts. Procedia CIRP 93:108–113. https://doi.org/10.1016/j.procir.2020.04.015

[YUSU21] Yusubov N, Abbasova H, Khankishiyev I (2021) Entwicklung einer Projektierungstheorie für die Mehrwerkzeugbearbeitung mit den Möglichkeiten der modernen CNC-Werkzeugmaschinen. Forsch Ingenieurwes 85:661–678. https://doi.org/10.1007/s10010-021-00478-7

[ZHAN20] Zhang H, Dang J, Ming W, Xu X, Chen M, An Q (2020) Cutting responses of additive manufactured Ti6Al4V with solid ceramic tool under dry high-speed milling processes. Ceramics International Part A 46(10):14536–14547. https://doi.org/10.1016/j.ceramint.2020.02.253

[ZHOU22] Zhou H, Cheng X, Jiang X, Zheng G, Zhang J, Li Y, Tang M, Lv F (2022) Green Manufacturing-Oriented Polyetheretherketone Additive Manufacturing and Dry Milling Post-Processing Process Research. Processes 10(12):2561. https://doi.org/10.3390/pr10122561

[ZIMM21] Zimmermann M, Müller D, Kirsch B et al (2021) Analysis of the machinability when milling AlSi10Mg additively manufactured via laser-based powder bed fusion. The International Journal of Advanced Manufacturing Technology 112:989–1005. https://doi.org/10.1007/s00170-020-06391-7

# Planung der Prozesskette mit additiver Fertigung nach dem Optimierungsprinzip

8

## 8.1 Einführung

Die Fertigungsprozesskette besteht in Abhängigkeit von der Fertigungsaufgabe aus mehreren sich technologisch gegenseitig beeinflussenden Schritten bzw. Arbeitsgängen. Eine Neugestaltung der Prozesskette erfolgt in der Regel direkt für jeden Fertigungsprozess unter Berücksichtigung der gegenseitigen Beeinflussung. Das Erreichen eines Optimums wird dabei nur prozessweise verfolgt. Demzufolge kann kein globales Extremum des festgelegten Kriteriums für die gesamte Prozesskette erreicht werden. In diesem Zusammenhang läuft die Auswahl einer Prozesskette aus den alternativen Lösungen nur auf der Basis des Vergleiches der Kriterien.

Eine Gestaltung der Prozesskette nach dem Optimierungsprinzip bietet dagegen die Möglichkeit auf der Basis einer mathematischen Optimierung ein globales Extremum des Kriteriums unter den gegebenen Rahmenbedingungen zu finden. Diese Vorgehensweise setzt die mathematische Modellierung fertigungstechnischer und fertigungsorganisatorischer Sachverhalte der gesamten Prozesskette voraus.

Die aus der spanabhebende Telefertigung bekannte Vorgehensweise zur Prozessoptimierung kann methodisch auf AF-basierten Prozesskette unter Berücksichtigung der Spezifik der Fertigung übertragen werden. Eine Prozesskette lässt sich dann optimieren, wenn die Ausgangsgrößen (AG) jedes Schrittes/Arbeitsganges durch die Steuerung der Eingangsgrößen (EG) gezielt veränderbar und die zugrunde liegenden Gesetzmäßigkeiten beschreibbar sind. Die Prozessoptimierung kann in Abhängigkeit von der Struktur der Prozesskette und der Stabilität der Prozesse/Schritte/Arbeitsgänge, sowie der Komplexität der Zusammenhänge eine genaue Lösung für die Aufgabe liefern (Abb. 8.1).



R. Aliyev, *Planung von additiven Fertigungsprozessen*,
https://doi.org/10.1007/978-3-662-70199-7_8

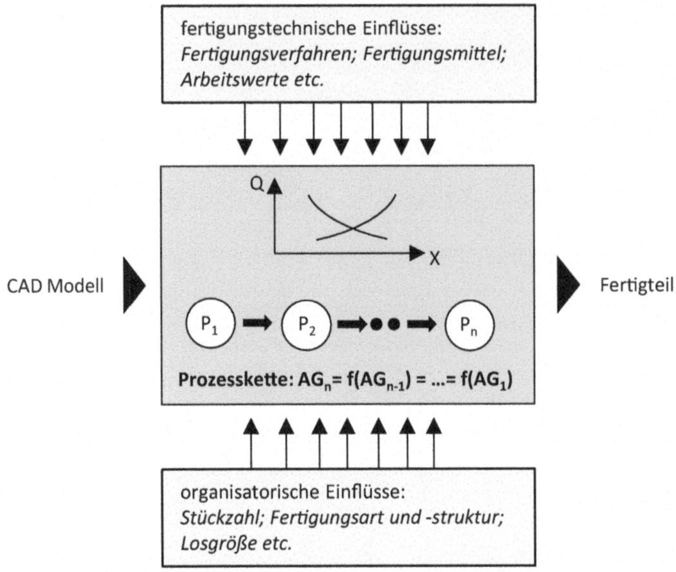


**Abb. 8.1** Gegenstand der Optimierung der Prozesskette. (Quelle: eigene Darstellung)

Die Grundlagen der Prozessoptimierung bestehen in

- der Auswahl der Optimalitätskriterien. In einigen Fällen ist die Berücksichtigung von mehreren Kriterien für eine günstigere Lösung vorteilhaft. Als Kriterien können z.B. die Fertigungszeit und die Fertigungskosten, der Material-, der Energieverbrauch und die Losgröße u. a. verwendet werden.
- der mathematischen Beschreibung/Modellierung der Zusammenhänge zwischen den EG und den AG: (AG= f(EG) und deren Gültigkeitsbereiche.
- dem Erstellen der Zielfunktionen, die das Bestimmen der Extrema der festgelegten Kriterien ermöglichen.
- der Berechnung des Extremums des festgelegten Kriteriums anhand der mathematischen Modelle.

## 8.2 Mathematische Grundlagen

In der fertigungstechnischen Literatur wird häufig fälschlicherweise die Verbesserung von Prozessparametern oder -komponenten als Optimierung benannt. Im mathematischen Sinn bedeutet aber eine Prozessoptimierung ein eindeutiges Optimum der gesuchten Zielfunktion ($Q_i$) zu finden. Die Prozessoptimierung basiert auf den Grundlagen der mathematischen Optimierung und liefert eine bestmögliche Lösung unter Berücksichtigung von Nebenbedingungen, den Restriktionen ($R_i$). Um das Optimum zu bestimmen, werden die Extrema der Variablen ($x_i$) der zugrunde liegenden Zielfunktion gesucht. Um die Optimierungsziele möglichst genau treffen zu können, sollte die Anzahl der Variablen frei wählbar und die Werte in bestimmten Grenzen zu stellen sein [HAEN12, PIEP17].

Laut [JACO02] kann der Zusammenhang zwischen der Zielfunktionen in allgemeiner Form wie folgt dargestellt werden:

$$Q_i = F_i(x_1, x_2, \ldots, x_n) \tag{8.1}$$

$Q$ – Zielgröße
i – Anzahl der Zielfunktionen
n – Anzahl der Steuervariablen

Die Steuervariablen, wie z. B. die Geschwindigkeiten und Zustellungen der Anlage, können in der Praxis nur in einem Bereich variiert werden, da die Anlagen üblicherweise nur einen gewissen Einstellbereich ermöglichen. Eine weitere Einschränkung kann technologischer Art sein, so z. B. die werkstoffbezogene Energiedichte im PBF-LB/M-Verfahren. Solche Restriktionen werden sinnvollerweise mit Ungleichungen (oder Gleichungen) beschrieben:

$$R_m \leq F_m(x_1, x_2, \ldots, x_n) \tag{8.2}$$

$m$ – Anzahl der Restriktionen

Die Abb. 8.2. zeigt die Wirkung der Restriktionen auf ein Einstellen im PBF-LB/M-Prozess exemplarisch auf. Die beiden dargestellten Restriktionen $R_1$ und $R_2$ schränken den Lösungsraum für die Einstellung der Prozessparameter (Scangeschwindigkeit

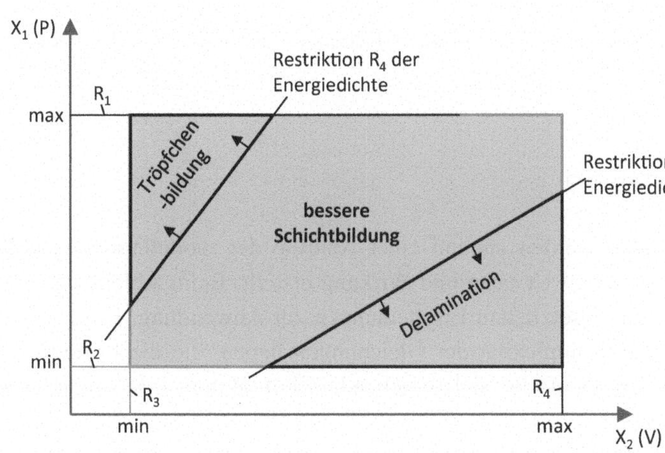


**Abb. 8.2** Wirken von Restriktionen auf den Lösungsbereich der Bauzeit ($R_1$, $R_2$, $R_3$, $R_4$ - Restriktionen der Anlage; $R_5$, $R_6$ - Restriktionen der Wirkung im Werkstoff). (Quelle: eigene Darstellung)

v und Laserleistung P) für eine fehlerfreie Schichtbildung ein. Je mehr Restriktionen mitwirken, desto beschränkter wird das Lösungsfeld. Die Bestimmung der Wirkungsrestriktionen lehnt sich an die Kenntnisse der Wirkmechanismen an. Wiedersprechen sich die Restriktionen, so bleibt kein Lösungsbereich in dem man das Verfahren realisieren kann. Das kann dann auftreten, wenn z. B. die Maschinenleistung nicht ausreicht, um die technologische optimale Fertigung durchzuführen.

## 8.3 Erstellen von Prozessmodellen

Für die Durchführung des Variantenvergleiches nach dem Optimierungsprinzip benötig der Arbeitsplaner die modellierten Zusammenhänge zwischen Steuervariable und Ausganggröße nach Gl. 8.1. Diese mathematischen Modelle sind Gleichungen, die nach den Steuervariablen differenzierbar sein sollten. So bilden diese die Basis für die Prozessoptimierung.

Die mathematische Modellierung umfasst drei wesentliche Schritte:

- Definition der Optimierungsaufgabe
- Erstellen eines analytischen Modells (Gleichungen und Ungleichungen)
- Auswahl eines Optimierungsverfahren

Mathematische Modelle können einen statischen oder dynamischen Charakter besitzen. *Statische Modelle* beschreiben den Prozess mit konstanten Parametern, die sich währenddessen sich zeitlich nicht ändern. *Dynamische Modelle* beschreiben zeitliche Veränderungen im Prozess, wofür die Steuervariablen als Funktion der Zeit in den Modellen berücksichtigt werden. Diese Modelle sind sehr komplex und erschweren die Lösungsfindung der Prozessoptimierung.

Mathematische Modelle können mithilfe folgender Methoden erstellt werden:

- analytisch
- experimentell
- experimentell-analytisch

*Analytische Methoden* werden anhand einer Analyse der modellierten physikalischen Zusammenhänge zwischen Ursache und Wirkung erstellt. Beim Ableiten der Gleichungen kommen die naturgesetzlichen Erscheinungen zur Anwendung. Ein Nachteil dieser Methode kann in der Komplexität der Gleichungen liegen, die die Extremwertfindung erschweren kann. So kann die sich ergebende Zielfunktion z. B. nicht geschlossen differenzierbar sein.

*Experimentelle Modelle* sind nur in dem untersuchten Bereich gültig. Dieser Ansatz verlangt die Durchführungen zahlreicher Versuche für die Bildung der mathematischen

Zusammenhänge zwischen Eingangs- und Ausgangsgrößen. Mithilfe der Methoden der statistischen Versuchsplanung kann die Anzahl der Versuche minimiert und die Aussagefähigkeit der Gleichungen gesteigert werden. Diese Modelle können nicht ohne weiteres auf andere Zustände der Prozesse übertragen werden.

Bei der Erstellung der *experimentell-analytischen Modelle* wird versucht die Nachteile beider genannten Methoden zu überwinden. Das Konzept dieses Ansatzes liegt darin, anhand der Erkenntnisse aus den Versuchen ein allgemeingültiges analytisches Model abzuleiten.

Die Modelle können einen linearen oder nichtlinearen Charakter haben. Die linearen Modelle stellen die Zusammenhänge mittels linearer Gleichungen dar, die mathematisch einfach behandelbar sind. *Nichtlineare Modelle* beinhalten Potenzgleichungen. Daher sind sie schwieriger handhabbar. Die eingesetzten Optimierungsverfahren werden entsprechend als lineare oder nichtlineare Optimierung unterschieden.

Beim Vorhandensein analytischer Gleichungen als Zielfunktionen (Optimierungskriterien) reduziert sich die Optimierungsaufgabe auf das Differenzieren der Gleichungen. Setzt man die erste Ableitung der Zielfunktion nach einer Variablen auf Null, so lassen sich die Extremwerte leicht bestimmen. Diese Vorgehensweise bringt viele Vorteile mit sich, wenn das Differenzieren einfach erfolgen kann. Das gibt dem Arbeitsplaner eine analytische Entscheidungshilfe, um anhand der angebotenen Informationen eine optimale Prozessvariante auszuwählen. Ansonsten sollten die Ergebnisse mittels numerischer Methoden rechnergestützt erzielt werden, was auch in der Praxis häufig angewendet wird. Insbesondere ist hier die simulationsbasierte Optimierung zu nennen [MAER10].

## 8.4 Monooptimierung

Wird bei der Suche nach einem Extremum nur eine Zielkriterium in Betracht gezogen, so spricht man von der *Monooptimierung*. Die Optimierungsaufgabe nimmt dann folgende Form an [ESTE87, JACO02]:

$$Q = F(x_1, x_2, \ldots, x_n) \quad \text{und} \quad R_j \leq F_m(x_1, x_2, \ldots, x_n) \tag{8.3}$$

wobei $1 < j < \text{m}$ ist.

In der Abb. 8.3 sind zwei Fälle der Suche des Optimums graphisch dargestellt. Im ersten Fall haben die Restriktionen keinen direkten Einfluss auf das Optimum der Zielfunktion, da diese im Lösungsfeld liegt. Die Suche liefert hier die Lösung der Extremwertaufgabe. Im zweiten Fall befindet sich das Minimum der Zielfunktion außerhalb des Lösungsfeldes. Deshalb wird die Lösungsfindung auf ein Randwertproblem reduziert. In Abhängigkeit von der Lage der Restriktionen wird der kleinstmögliche Zielfunktionswert auf der Funktionsfläche gesucht. Dieser Wert liegt meistens auf einer Restriktionslinie, dessen „Koordinaten" den optimalen Werten der Steuervariablen entsprechen.

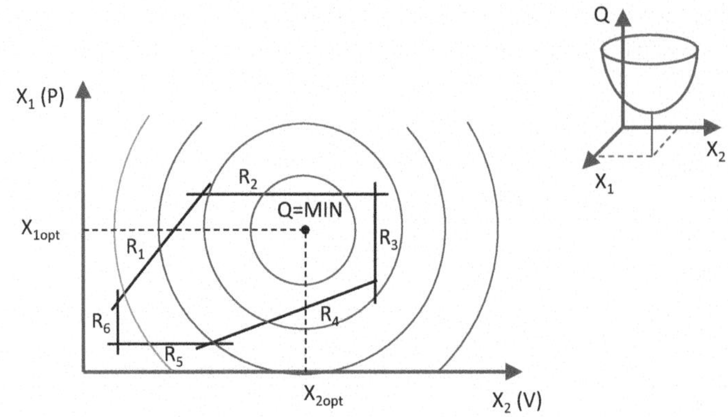


a) Optimum im Lösungsfeld

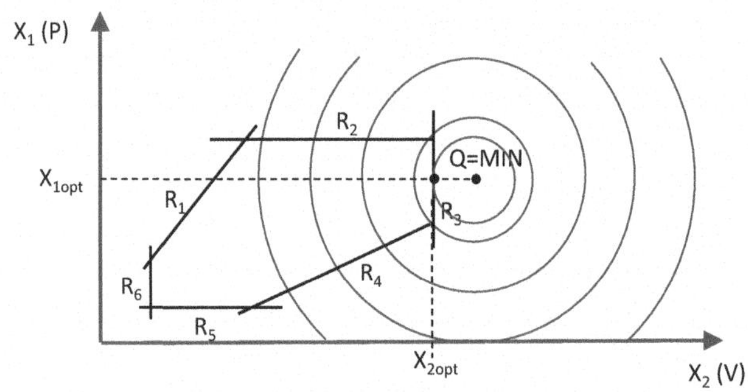


a) Optimum außerhalb des Lösungsfeldes

**Abb. 8.3** Unterschiedliche Fälle bei der Monooptimierung. (Quelle: eigene Darstellung)

## 8.5 Polyoptimierung

Häufig tritt die Situation auf, bei der man gleichzeitig mehrerer Ziele verfolgt. So kann zugleich gefordert werden Teile effektiv, schnell und kostengünstig zu fertigen. Typischerweise konkurrieren diese Ziele. Die gegenseitigen Abhängigkeiten führen dazu, dass die Verringerung eines Zielwertes (Kriterium) die Vergrößerung eines anderen Zielwertes bedingt. Diese widersprüchlichen Ziele können demzufolge nicht gleichzeitig ihrem Optimum zugeführt werden. Die Entscheidung kann nur anhand eines Kompromisses erfolgen. Die Grundlage des Verfahrens basiert auf den sogenannten kooperativen Schritten zur Problemlösung mit z. B. zwei Kriterien $Q_1$ und $Q_2$ oder mehreren.

Die mathematischen Grundlagen zur Lösung dieser Optimierungsaufgabe bietet die Polyoptimierung [PESC76]. Betrachtet man z. B. zwei optimierende Zielfunktionen $Q_1 = F1(x_1, x_2)$ und $Q_2 = F_2(x_1, x_2)$, besteht die Aufgabe jene Werte der Steuervariablen zu finden, welche die Anforderungen beider Zielfunktionen erfüllen. Die Beziehung zwischen zwei Zielfunktionen kann auch über Steuervariablen in Form

$$Q_1 = f(Q_2) \tag{8.4}$$

gefunden werden. Die graphische Darstellung dieser Beziehung ist in der Abb. 8.4 gezeigt. Die „Höhenlinien" der Zielfunktionen veranschaulichen die möglichen Berührungspunkte dieser. Die geometrischen Orte dieser Punkte bilden die Steuerkurve (Line AB) für die Ermittlung der Kompromisslösungen.

Um den Kompromissbereich mittels verschiedener Suchverfahren zu ermitteln, sollte der Zusammenhang zwischen der oder den Steuervariablen und den Zielgrößen analytisch stetig beschreibbar sein (Abb. 8.5a). Bestehen keine analytischen Gleichungen können die Kompromisslösungen nur anhand diskreter Werte ermittelt werden. Eine Darstellung dieses Problems ist in der Abb. 8.5b gezeigt.

Der Zusammenhang zwischen zwei zu minimierende Zielfunktionen ($Q_1$, $Q_2$) ist über drei Bereiche a, b und c dargestellt (Abb. 8.5 a). Die Extrema A und B zeigen die

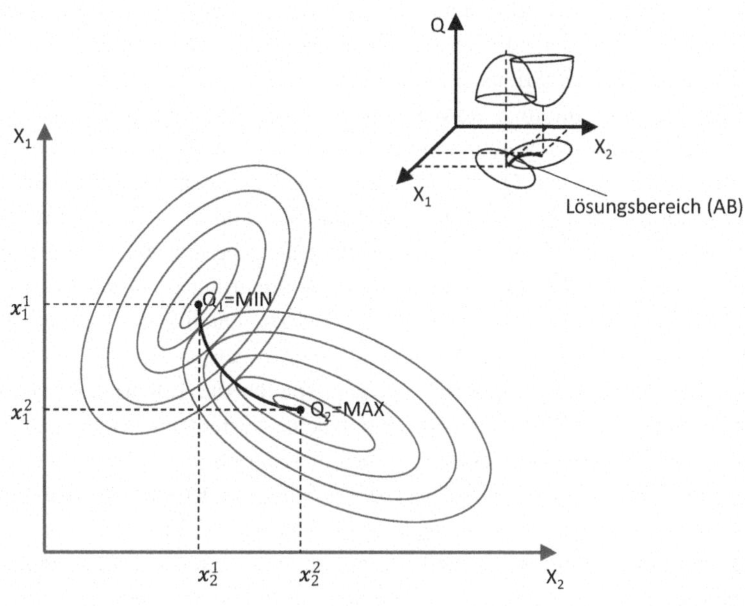


**Abb. 8.4** Lösungsbereich von effizienten Kompromisslösungen nach [PESC76]. (Quelle: eigene Darstellung)

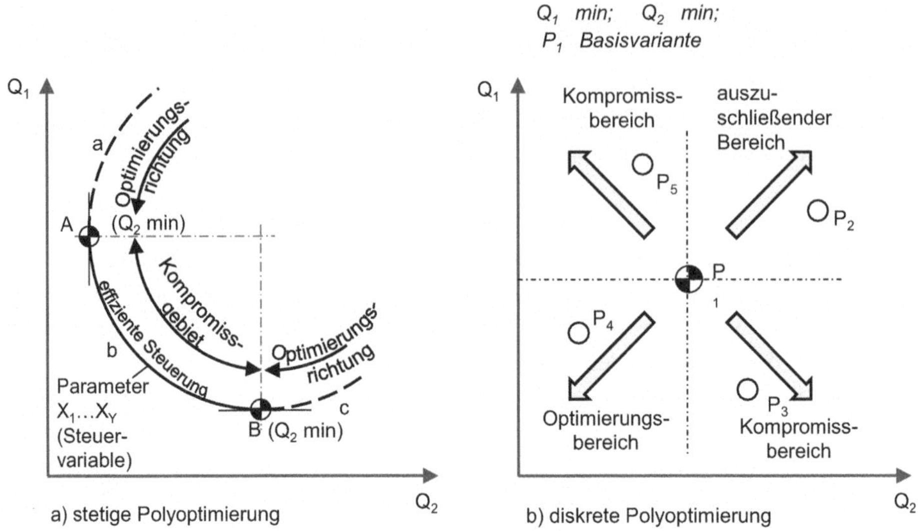


**Abb. 8.5** Kompromisslösungen bei der Polyoptimierung zweier Optimalitätskriterien ($Q_1 \rightarrow$ MIN; $Q_2 \rightarrow$ MIN) [SCHI89]. (Quelle: eigene Darstellung)

Optima der beiden Ziele. Im Abschnitt b nehmen die Zielfunktionswerte je nach Größe der Steuervariablen unterschiedliche Werte an, die mehr oder weniger von den Optima entfernt sind. Der Funktionszusammenhang von $Q_1$ und $Q_2$ hat einen negativen Kurvenanstieg, da beide minimal werden sollen. Dieser Abschnitt b wird Kompromissgebiet oder Steuerkurve der Polyoptimierung genannt. Das Kompromissgebiet ermöglicht eine Lösungsmenge von $Q_1$ und $Q_2$ zu bilden. Bei einem $Q_2$=konstant sind alle Werte von $Q_1$ optimal und $Q_2$ wirkt in diesem Fall wie eine Restriktion [JACO02]. Die Polyoptimierung reduziert die Lösung der Planungsaufgabe auf eine Optimierung einer Menge von Zielkriterien ($Q_1$, $Q_2$, u. a.). Die Polyoptimierung ist in der Praxis als Entscheidungshilfe beim Variantenvergleich gut nutzbar. Die Qualität der Lösung ist von der Qualität des Modells abhängig, mit der die relevanten Eigenschaften des realen Systems erfasst sind. Bei der Anwendung des Vorgehens spielen die Erfahrungen des Arbeitsplaners eine entscheidende Rolle, da er das untersuchte System am besten kennt.

Existiert keine stetige Abhängigkeit zwischen den zu optimierenden Kriterien handelt es sich um die diskrete Polyoptimierung (Abb. 8.5 b). Der Einsatz der diskreten Polyoptimierung in der Entscheidungsfindung wird im Abschn. 8.7.2 näher erklärt.

Die Auswahl einer Optimierungsmethode richtet sich nach der Art und dem Umfang der Aufgabenstellung. Diese hängt vor allem von der mathematischen Modellierung der Vorgänge im Prozess/Schritt/Arbeitsgang ab. Nur bei möglicher durchgehender Modellierung der Prozesskette kann ein Optimum der Prozesskette ermittelt werden.

## 8.6 Prozessmodellierung unter Berücksichtigung der technologischen Vererbung

### 8.6.1 Technologische Vererbung

Die Oberflächen des additiv gefertigten Bauteiles tragen häufig komplexe Geometrien und spezifische Randschichteigenschaften. Die Eigenschaften dieser Flächen werden wesentlich von den Fertigungsverfahren der Prozesskette, die mehrere aufeinanderfolgende Prozesse/Schritte zur Formgebung beinhalten können, bestimmt. Unter den im Fertigungsprozess auftretenden unterschiedlichen Einflüssen weichen die Bauteilflächen von ihrer idealen Sollformen ab. Die Gesamtheit aller Abweichungen der Istflächen von der geometrischen Sollfläche wird als Gestaltabweichung bezeichnet. Die Gestaltabweichungen einer Oberfläche werden aufgrund ihrer unterschiedlichen Entstehungsursachen und funktionalen Bedeutung nach DIN 4760 in

- Formabweichungen,
- Welligkeit und
- Rauheit eingeteilt.

Die resultierenden Abweichungen bestimmen die Oberflächentopographie und damit die Funktionseigenschaften des Bauteiles. Die Abweichungen von der Sollgeometrie und den Stoffeigenschaften entstehen in der Schritt- bzw. Arbeitsgangfolge der Fertigung. Am Anfang der an der AF-Folge beteiligten Prozesse entstehen diese Abweichungen aufgrund von werkstoff- und verfahrensspezifischen Einflüssen. In verschiedenen Schritten der Fertigung werden diese Abweichungen verändert und verringert. In Abhängigkeit von der Abtragrate des in der weiteren Folge eingesetzten Verfahrens werden diese Abweichungen von einem Schritt in den folgenden „kopiert“.

Die Formabweichungen des Werkstückes mit einem „vererbten“ Anteil sind in der Regel dominierend und somit eindeutig erkennbar, so z. B. eine Stufigkeit. Die technologische Vererbung bezieht sich in einer Prozesskette auf das Phänomen der Übertragung von Eigenschaften der Flächen aus vorhergehenden Prozessen/Schritten auf die nachfolgenden. Die technologische Vererbung wird durch die zu vererbenden Informationen bestimmt. Der Träger der vererbten Informationen ist das Werkstoffvolumen sowie seine Oberflächen mit einer Vielzahl von Zustandsparametern. Es ist häufig bedeutsam die Gesetzmäßigkeiten der technologischen Vererbung in der Prozesskette qualitativ zu kennen und möglichst quantitativ zu beschreiben.

Als ein Beispiel der Übertragung der im AF-Prozess entstehenden Oberflächengestalt und Werkstoffeigenschaften in einen folgenden Prozess können der Treppenstufeneffekt und die Anisotropie genannt werden. In der Regel bestimmen diese die Eignung des Teiles bezüglich der Funktionalität. Im Laufe der Fertigungsfolge wird die

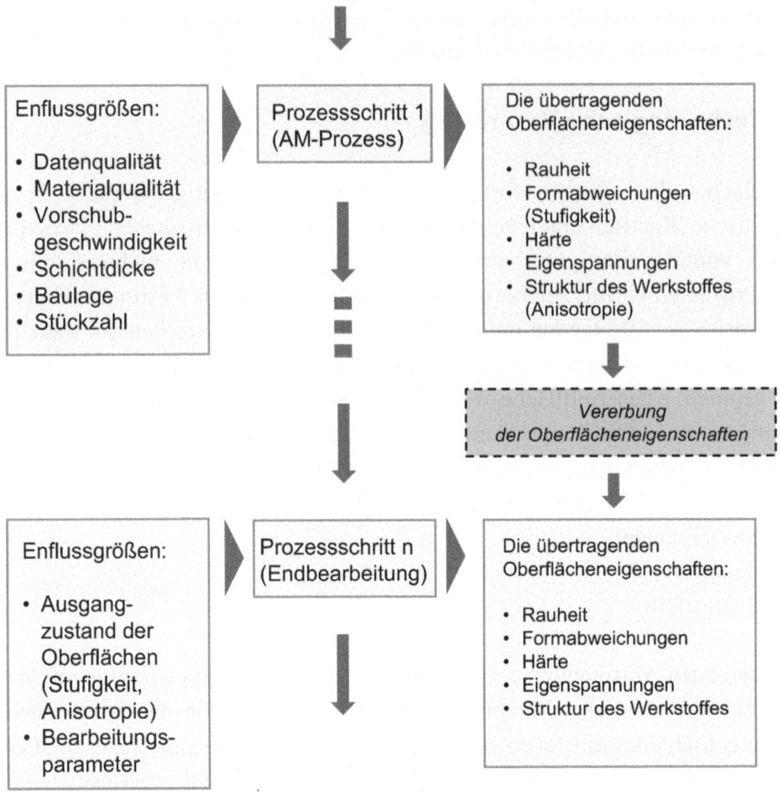


**Abb. 8.6** Fertigungsablauf mit technologischer Vererbung am Beispiel von Metallteilen. (Quelle: eigene Darstellung)

Form- und Maßgenauigkeit einer rauen und ungenauen Bauteiloberfläche mittels verschiedener fertigungstechnischer Maßnahmen erhöht. Wenn die werkstoffspezifischen Abweichungen schon nach dem AF-Prozess durch Wärmebehandlung verringert werden konnte, können geometrischen Abweichungen in einer verringerten Größe in dem nächsten Prozess/Schritt eingehen und damit sogar am Fertigteil verbleiben (Abb. 8.6). Dieser zum Teil negative Effekt kann nur durch gezielte Planung der gesamten Prozesskette verringert werden.

## 8.6.2 Prozessmodelle

Die Größe der übertragenen Abweichungen ist im Wesentlichen von dem Mechanismus (Wirkprinzipien) und der Rate des Materialabtrages des eingesetzten Nachbearbeitungsverfahrens abhängig. Der Materialabtrag findet entweder mit Einsatz einer Werkzeugschneide statt, die gezielt in der Maschine geführt wird, oder mit einem Medium, wobei die Materialabtrag durch chemisch-physikalischen Wirkungen ablauft (z. B. Gleitschleifen, PeP). Die Wirkprinzipe beeinflussen die entstehende Oberflächengestalt erheblich. Da Schneidwerkzeuge entlang einer vorbestimmten Bahn geführt werden, führen diese während der mechanischen Bearbeitung zu einer höheren Form- und Maßgenauigkeit. Die Bearbeitung mit Medien eignet sich dagegen für eine Verbesserung der Oberflächenrauheit. Für die Sicherstellung der Funktionalität der AF-Teile werden diese mit einer zweckmäßigen Kombination genannter Verfahren fertiggestellt. In diesen Prozessen/Schritten bestimmen die vererbten Oberflächeneigenschaften den Umfang der Arbeiten.

Bei der fertigungsgerechten Konstruktion der AF-Teile werden die CAD-Modelle mit einem Bearbeitungsaufmaß versehen, das im Laufe der Fertigung entfernt werden. Das Volumen dieses Aufmaßes ist von verfahrensspezifischen Einflussfaktoren bestimmt. Je größer dieses Aufmaß ist, desto aufwendiger gestalten sich die Prozesskette. Da die Abweichungen, besonders die Stufigkeit, die Prozesszeit mitbestimmt, kann über diese geometrische Größe zwischen den einzelnen Schritten eine Verknüpfung erstellt werden. Die Komplexität des Problems erschwert ein allgemeingütiges Prozessmodell für alle Fertigungen zu erstellen. Daher ist es zielführend die Beziehungen zwischen einzelnen Prozessen/Schritten nur für die Fälle zu erstellen, die aus Sicht der Praxis bedeutsam sind.

**FALL 1:** Es soll die Fertigungszeit der Prozesskette
***AF (PBF-LB/M) – mechanische Bearbeitung (Fräsen) – Nachbearbeitung Polieren (PeP)***
in Abhängigkeit vom abzutragenden Volumen mit der größten geometrischen Abweichung ($\delta_{max}$) modelliert werden.

*PBF-L/BM*:
Aus Abb. 8.7 lässt sich für einen Neigungswinkel von 45° folgende Beziehung zwischen der Schichtdicke ($t_s$) und der stufenbedingten Abweichung ($\delta_{max}$) ableiten:

$$\delta_{max} = t_s \cdot cos\ 45^\circ \tag{8.5}$$

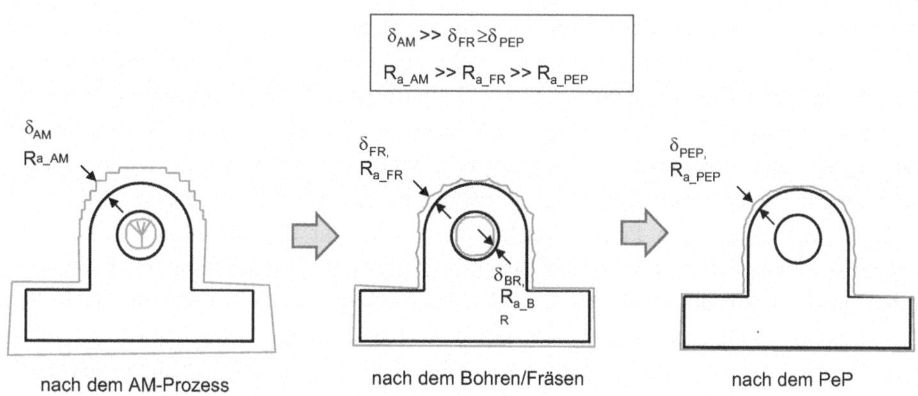


**Abb. 8.7** Einfluss des Aufmaßes auf die Prozessfolge. (Quelle: eigene Darstellung)

$$t_s = \frac{2 \cdot \delta_{max}}{\sqrt{2}} \tag{8.6}$$

Setzt man das in die Gleichung für die Grundzeit des PBF-LB/M-Prozesses (Gl. 5.5) ein, so ergibt sich die Grundzeit zu:

$$t_{g\_PBF} = \frac{V_B \cdot m \cdot \sqrt{2} + v_s \cdot h_s \cdot H \cdot t_{bs}}{v_s \cdot h_s \cdot 2 \cdot \delta_{max}} + t_a + t_k \tag{8.7}$$

_Fräsen (FR)_:
Das Aufmaß bzw. das Volumen des abzuspannenden Materials hat nur einen Einfluss auf das Vorschlichten, da das Schlichten flächenbezogen durchgeführt wird. Die Grundzeit beim Fräsen hängt direkt von dem abzuspanenden Volumen ($V_{abs}$) und dem werkzeugbezogenen Zeitspanvolumen ($Q_{FR}$) ab. Die Grundzeit für das Fräsen wird wie folgt berechnet:

$$t_{g\_FR} = \frac{V_{abs}}{Q_{FR}} + t_{n\_FR} \tag{8.8}$$

mit

$$V_{abs} = A_{bt} \cdot \delta_{max} \tag{8.9}$$

$$Q_{FR} = a_e \cdot a_p \cdot v_f \tag{8.10}$$

$A_{bt}$ – beschreibt die Größe der zu fräsenden Bauteiloberfläche.

Unter Berücksichtigung der Gleichung (8.8) erhält man für den mehrstufigen Fräsprozess:

$$t_{g\_FR} = \frac{A_{bt} \cdot \left(\delta_{max} - R_{a\_FR}\right)}{Q_{FR}} + t_{n\_FR} \tag{8.11}$$

Die hierfür eingesetzten Zeitspanungsvolumina orientieren sich an der erforderlichen Oberflächengüte. Da große Zeitspanungsvolumina und eine höchste Oberflächengüte einander ausschließen, verwendet man die Schnittwerte, die den Anforderungen beider Prozesskenngrößen (Leistung und Qualität) genügen. Die Bestimmung von optimalen/günstigen Spanungsparametern erfolgt mit Verfahrensoptimierung, die unter Berücksichtigung der technischen und organisatorischen Restriktionen durchgeführt wird .

_Endbearbeitung_: Beim Fräsen werden die Form- und Lageabweichungen weitestgehend so minimiert, dass sie in der Regel die Anforderungen der Funktionsflächen erfüllen. In der Endbearbeitung (PeP) werden lediglich die Rauheitswerte, die nach dem Fräsen entstehen ($R_{a\_FR}$), gezielt reduziert. So erhält man die Endrauheit ($R_{a\_END}$). Die Fertigungszeit dieses Schrittes hängt nur von der Glätte der Ausgangsfläche ab und kann deshalb allgemeingültig in Abhängigkeit von der Größe der Werkstückoberfläche und den Werkstoffeigenschaften, sowie von der Abtragsrate ($Q_{PEP}$) berechnet werden:

$$\begin{aligned} t_{g\_PEP} &= \frac{A_{bt} \cdot \left(R_{a\_FR} - R_{a\_END}\right)}{Q_{PEP}} + t_{n\_PeP} \\ &= \frac{A_{bt} \cdot \left(\delta_{max} - \frac{Q_{FR} \cdot (t_{g\_FR} - t_{n\_FR})}{A_{bt}} - R_{a\_END}\right)}{Q_{PEP}} + t_{n\_PeP} \end{aligned} \tag{8.12}$$

Die gesamte Grundzeit der Prozesskette ergibt sich aus:

$$\begin{aligned} t_{g\_Ges} = {} & \frac{V_B \cdot \sqrt{2} + v_s \cdot h_s \cdot H \cdot t_{bs}}{v_s \cdot h_s \cdot 2 \cdot \delta_{max}} + t_a + t_k + \frac{A_{bt} \cdot \left(\delta_{max} - R_{a\_FR}\right)}{Q_{FR}} + t_{n\_FR} \\ & + \frac{A_{bt} \cdot \left(\delta_{max} - \frac{Q_{FR} \cdot (t_{g\_FR} - t_{n\_FR})}{A_{bt}} - R_{a\_END}\right)}{Q_{PEP}} + t_{n\_PeP} \end{aligned} \tag{8.13}$$

Die Darstellung dieser Beziehung zeigt die Abb. 8.8. Entscheidend für die Prozessauslegung ist das Verhältnis $V_B/A_{bt}$. Bei massiv gebauten Teilen mit großen Ist-Abweichungen liegt der Schwerpunkt der Zeit bei den AF-Verfahren, bei filigranen Konturen dagegen bei der flächenbezogenen Bearbeitung.

**FALL 2**: Es soll die Fertigungszeit der Prozesskette
***AF (PBF-LB/M) – Nachbearbeitung (Strahlen/Gleitschleifen/Polieren)***
in Abhängigkeit vom abzutragenden Materialvolumen über die größte Abweichung ($\delta_{max}$) beschrieben werden (Abb. 8.9). Dieser Fall tritt dann auf, wenn die Oberfläche des AF-Bauteiles eine relativ hohe Genauigkeit und Qualität aufweisen soll. Durch den Einsatz verschiedener Nachbearbeitungsverfahren kann die Qualität dieser Flächen weiter erhöht werden, wobei die technologische Vererbung schrittweise verringert wird. Die Intensität der Verbesserung hängt von den Abtragleistungen der eingesetzten Verfahren ab. Die Abtragrate ist eine Kenngröße für die Ermittlung der Fertigungszeit. Die Grundzeit der Prozesskette resultiert aus dem Abtragen der Schritte, die für die Verbesserung der Oberflächen erforderlich sind. Es ergibt sich somit eine Art „Schnittaufteilung" zwischen den einzelnen Abtragverfahren.

*PBF-LB/M*: Die Grundzeit wird analog dem Fall 1 nach Gl. (8.7) ermittelt.

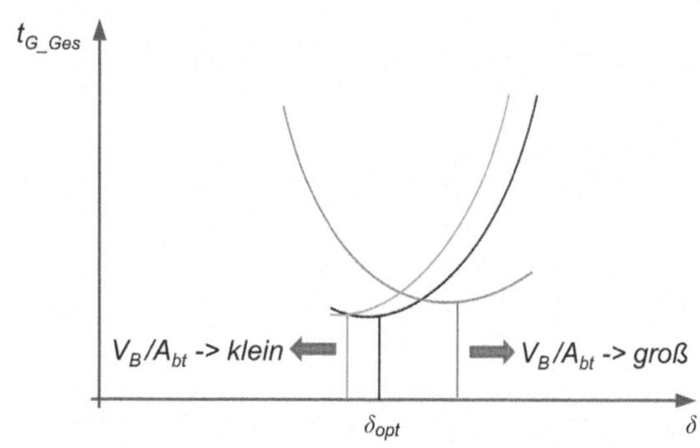


**Abb. 8.8** Einfluss der Formabweichungen auf die gesamte Fertigungszeit (Blau: AF dominiert; Grün: Nachbearbeitung dominiert). (Quelle: eigene Darstellung)

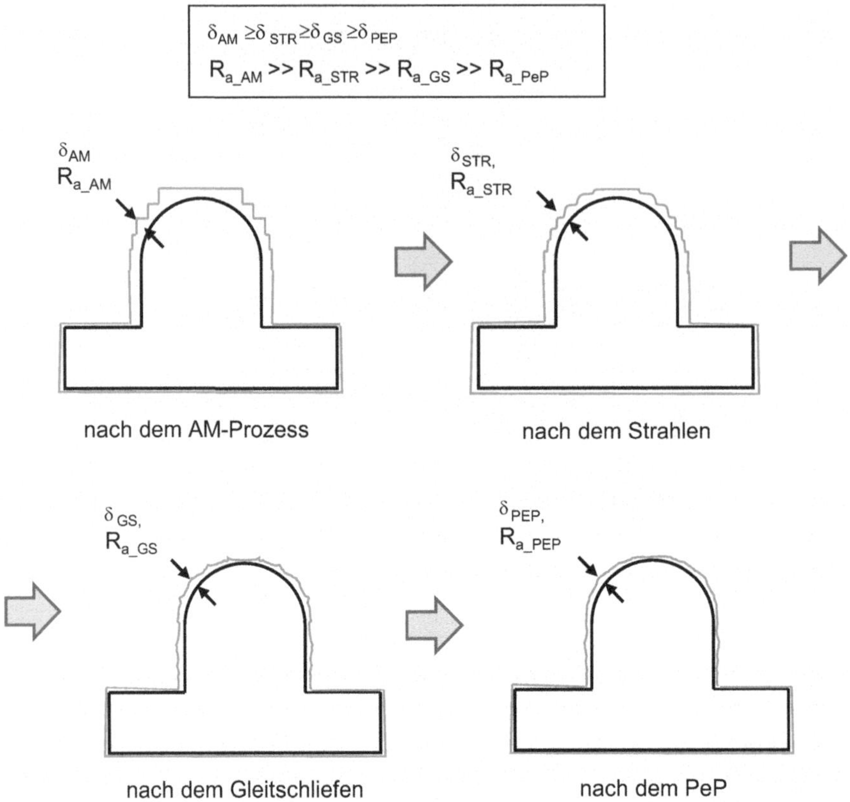


**Abb. 8.9** Verringerung der technologischen Vererbung über mehrere Prozessschritte/Arbeitsgänge. (Quelle: eigene Darstellung)

*Strahlen (STR)*: Unter der Annahme, dass die maximale Profilabweichungen der AF-Werkstückoberfläche gleich der Rauheit ($\delta_{max} = R_{a\_PBF}$) ist, kann die Gleichung für die auf die Abtragsrate ($Q_{STR}$) bezogene Grundzeit wie folgt geschrieben werden:

$$t_{g\_STR} = \frac{A_{bt} \cdot \overbrace{(R_{a\_PBF} - R_{a\_STR})}^{\delta_{max}}}{Q_{STR}} + t_{n\_STR} = \frac{A_{bt} \cdot \overbrace{(\delta_{max} - R_{a\_STR})}^{\delta_{STR}}}{Q_{STR}} + t_{n\_STR} \quad (8.14)$$

*Gleitschleifen (GS)*:

$$t_{g\_GS} = \frac{A_{bt} \cdot \overbrace{(R_{a\_STR} - R_{a\_GS})}^{\delta_{GS}}}{Q_{GS}} + t_{n\_GS} = \frac{A_{bt} \cdot \left(\delta_{max} - \frac{Q_{STR} \cdot (t_{g\_STR} - t_{n\_STR})}{A_{bt}} - R_{a\_GS}\right)}{Q_{GS}} + t_{n\_GS} \quad (8.15)$$

PeP:

$$t_{g\_PEP} = \frac{A_{bt} \cdot (R_{a\_GS} - R_{a\_END})}{Q_{PEP}} + t_{n\_PeP} = \frac{A_{bt} \cdot \left(\delta_{max} - \frac{Q_{STR} \cdot (t_{g\_STR} - t_{n\_STR})}{A_{bt}} - \frac{Q_{GS} \cdot (t_{g\_GS} - t_{n\_GS})}{A_{bt}} - R_{a\_END}\right)}{Q_{PEP}} + t_{n\_PeP} \tag{8.16}$$

Unter Berücksichtigung der Gleichungen (8.7, 8.14, 8.15 und 8.16) erhält man für die Gesamtzeit:

$$t_{g\_Ges} = \frac{V_B \cdot \sqrt{2} + v_s \cdot h_s \cdot H \cdot t_{bs}}{v_s \cdot h_s \cdot 2 \cdot \delta_{max}} + t_a + t_k + \frac{A_{bt} \cdot \left(\delta_{max} - R_{a\_STR}\right)}{Q_{STR}} + t_{n\_STR} +$$

$$\frac{A_{bt} \cdot \left(\delta_{max} - \frac{Q_{STR} \cdot (t_{g\_STR} - t_{n\_STR})}{A_{bt}} - R_{a\_GS}\right)}{Q_{GS}} + t_{n_{GS}} + \frac{A_{bt} \cdot \left(\delta_{max} - \frac{Q_{STR} \cdot (t_{g\_STR} - t_{n\_STR})}{A_{bt}} - \frac{Q_{GS} \cdot (t_{g\_GS} - t_{n\_GS})}{A_{bt}} - R_{a\_END}\right)}{Q_{PEP}} + t_{n\_PeP} \tag{8.17}$$

Die Gl. 8.17 lässt für zeitgünstige Prozesse grundsätzlich folgende Aussagen zu:

- Die Aufwände der Prozesse sind in einer Prozesskette über eine technologische Vererbung miteinander verknüpft.
- Das Verhältnis des Bauteilvolumens zur Oberfläche beeinflusst unmittelbar die Zeitkomponenten und dadurch die Gestaltung der Prozesskette (Struktur der Prozesskette).
- Der leistungsfähigste Prozess/Schritt übt den stärksten Einfluss auf die gesamte Zeit aus und damit auf das Extremum der Zeit als die anderen Prozesse/Schritte aus.

## 8.7 Vergleich alternativer Prozessketten anhand von Optimalitätskriterien

### 8.7.1 Monooptimierung

Die Analyse der Fertigungsaufgabe liefert auf Basis der verfügbaren Fertigungsmittel und -verfahren alternative Prozessketten für die AF (vgl. Abschn. 3.8). Nach dem Variantenvergleich wird eine Prozesskette mit den bestangepassten Verfahren ausgewählt, die dem festgelegten Optimalitätskriterium genügt. Z. B. betrachtet man nur die Fertigungszeit ($t_{G\_Ges}$) als Kriterium, so spricht man von einer einkriteriellen Bewertung. Die Zeitgleichungen (Gln. 8.13 und 8.17) können als auslastungsunabhängige Zielfunktionen eingesetzt werden. Die Verwendung optimaler Bearbeitungsparameter für jeden Schritt/Arbeitsgang bildet die Grundlage für die Durchführung der einkriteriellen Optimierung. Die Ermittlung der zeitoptimalen Prozesskette erfolgt in zwei Schritten: 1. Auslegung der Varianten mit einer optimalen Zeit und 2. Auswahl der Prozesskette mit der kürzesten Grundzeit.

Wie oben dargelegt, beeinflusst die technologische Vererbung den Aufwand in den Prozessketten. Daher ist es essentiell zunächst für jede Prozesskette den optimalen Ablauf zu ermitteln. Dafür können die Gln. 8.13 und 8.17 als abweichungsabhängige Zeitzielfunktionen der Prozessketten betrachtet werden. Die optimale Prozesskette ist diejenige, bei deren Extremwert der Abweichung ($\delta_{max}$) das Minimum der Grundzeit erreicht wird:

$$\frac{\partial(t_{g\_Ges})}{\partial(\delta)} = 0 \tag{8.18}$$

Unter Berücksichtigung der Gl. (8.13) ergibt sich für den Fertigungsfall 1 (Abschn. 8.6) eine optimale (maximale) Abweichung:

$$\delta_{opt\_1} = \sqrt{\frac{\sqrt{2} \cdot (V_B + v_s \cdot h_s \cdot H \cdot t_{bs})}{2 \cdot A_{bt} \cdot v_s \cdot h_s \cdot \left(\frac{1}{Q_{FR}} + \frac{1}{Q_{PEP}}\right)}} \tag{8.19}$$

Analog kann für den Fertigungsfall 2 die maximale Abweichung bei vorgegebener Grundzeit abgeleitet werden:

$$\delta_{opt\_2} = \sqrt{\frac{\sqrt{2} \cdot (V_B + v_s \cdot h_s \cdot H \cdot t_{bs})}{2 \cdot A_{bt} \cdot v_s \cdot h_s} \cdot \frac{1}{\left(\frac{1}{Q_{STR}} + \frac{1}{Q_{GS}} + \frac{1}{Q_{PeP}}\right)}} \tag{8.20}$$

Die 1. Optimierung lässt die optimale Grundzeit je Variante der Prozesskette ermitteln. Damit kann die mehrdeutige Prozesslösung in eine eindeutige überführt werden (Abb. 8.10). Der 2. Schritt der Optimierung besteht darin, die alternativen optimierten Prozessketten zu vergleichen und die günstige Variante auszuwählen.

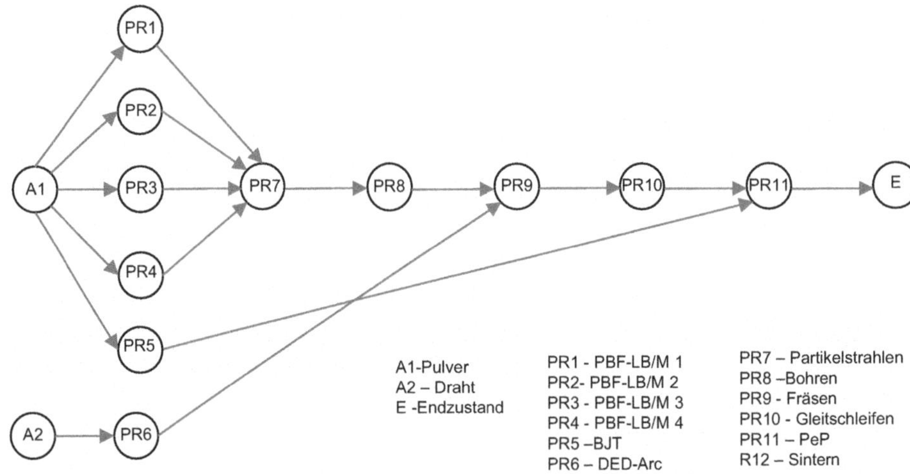


**Abb. 8.10** Beispielgraph effizienter Prozessketten für das Metalldrucken (auf Basis der Tab. 8.1). (Quelle: eigene Darstellung)

### 8.7.2 Mehrkriterielle Optimierung

Bei der Planung der Fertigungsprozesse verkompliziert sich das mehrkriterielle Optimierungsproblem dadurch, dass man dafür keine einheitlichen analytischen Zusammenhänge finden kann. Öfter soll aus den alternativen Lösungsmengen (Paretomenge) mit einem bestimmten Suchalgorithmus eine Variante ausgewählt werden, die den Optimalitätskriterien, wie z. B. Zeit ($Q_t$) und Kosten ($Q_K$) am besten genügt. Die Kompromissmenge besteht in diesem Fall aus Lösungen, die in bestimmter Weise zu einander stehen (Abb. 8.11).

Die erarbeiteten Lösungen ermöglichen es die Fertigungsaufgabe im Rahmen der vorbestimmten technischen und organisatorischen Rahmenbedingungen mittels der optimierten Verfahrensparameter zu lösen. Da die Lösungen (Prozessketten) unterschiedlich sind, ergeben sich verschiedene Zielerfüllungswerte (Zeit, Kosten). Die diskrete Polyoptimierung wird ebenfalls in zwei Schritten durchgeführt.

Im ersten Schritt setzt man die Lösungen (Punkte 1 bis 6 in Abb. 8.11) zu einander in Beziehung. Das erfolgt entweder dadurch, dass das relative Verhältnis zu einer beliebig ausgewählten Variante gebildet wird oder eine fiktive Zielwertekombination angenommen wird. Im zweiten Schritt erfolgt die Selektion der Lösungen mit Bezug zu der Erfüllung der Optimalitätskriterien. In diesem Beispiel werden die Lösungen in einem zweidimensionalen normierten Koordinatensystem mit den Zielwerten $Q_1$ und $Q_2$, auf ein Idealziel B bezogen, dargestellt. Nun werden alle Lösungen miteinander verglichen.

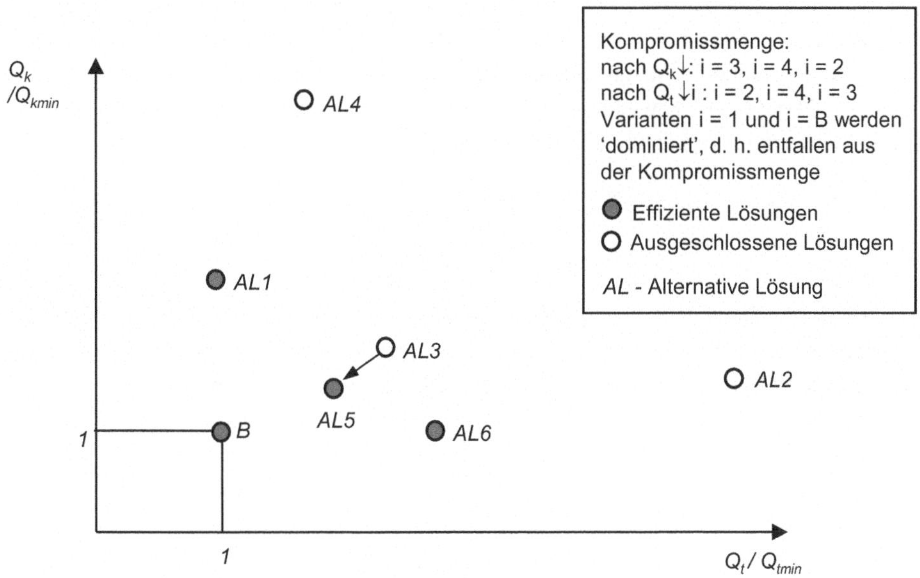


**Abb. 8.11** Diskrete Lösungsmenge von Prozessketten (anlehnend an die Werte aus der Tab. 8.1). (Quelle: eigene Darstellung)

**Tab. 8.1** Exemplarische Aufwandabschätzung für die effizienten Prozessketten

| Alternative Lösungen | Prozesse | Zeit | Kosten |
|---|---|---|---|
| AL1 | A1 → PR1 → PR7 → PR8 → PR9 → PR10 → PR11 | 14,78 h | 4.630 € |
| AL2 | A1 → PR2 → PR7 → PR8 → PR9 → PR10 → PR11 | 28,58 h | 2.730 € |
| AL3 | A1 → PR3 → PR7 → PR8 → PR9 → PR10 → PR11 | 19,68 h | 3.130 € |
| AL4 | A1 → PR4 → PR7 → PR8 → PR10 → PR11 | 17,08 h | 8.300 € |
| AL5 | A1 → PR5 → PR12 → PR7 → PR8 → PR9 → PR10 → PR11 | 17,92 h | 2.496,67 € |
| AL6 | A2 → PR6 → PR9 → PR10 → PR11 | 20,66 h | 1.706,67 € |

In die Kompromissmenge werden nur solche Lösungen aufgenommen, die im Vergleich zu den anderen Lösungen die Eigenschaft besitzen, in mindestens einem Zielerfüllungswert besser oder gleich gut, wie eine benachbarte Lösung zu sein. Nachbarn sind dabei alle zu untersuchenden Varianten. Die Suche wird dann beendet, wenn alle Varianten betrachtet wurden. Im Beispiel wird die Kompromissmenge durch die Varianten 1, 5 und 6 gebildet.

Mit der Bestimmung der Kompromissmenge ist die Aufgabenstellung der Polyoptimierung gelöst. Das bedeutet, dass man nach der Polyoptimierung nicht nur eine, sondern mehrere Lösungen erhält. Aus dieser Menge wird eine Variante gewählt. Für die Entscheidungsfindung können verschiedene Methoden genutzt werden [ESTE87]. Eine Entscheidungsmethode ist das Finden der Variante mit dem geringsten Abstand zum Idealziel (B) bei Gleichgewichtigkeit der Ziele [JACO02]. Dafür werden die Abstände Li von jeder Lösung zum Idealziel berechnet (Abb. 8.12):

$$L_i = \sqrt{\left(\frac{Q_{ti}}{Q_{tmin}} - 1\right)^2 + \left(\frac{Q_{Ki}}{Q_{Kmin}} - 1\right)^2} \rightarrow MIN \tag{8.21}$$

wobei i die laufende Nummer der Lösungsmenge ist. Sollten mehrere Lösungen den gleichen Abstand vom Idealziel B haben, werden sie auch als optimale Lösung betrachtet. Ein Entscheid erfolgt dann durch Zuhilfenahme anderer Kriterien.

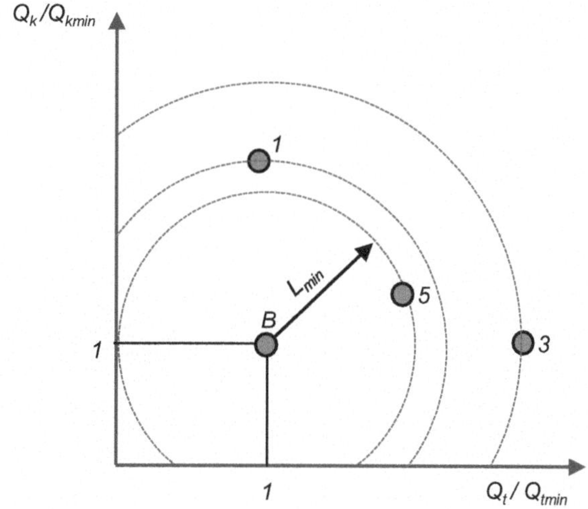


**Abb. 8.12** Geometrische Entscheidungsregel geringster Abstand. (Quelle: eigene Darstellung)

## Literatur


[ESTE87] Ester J (1987) Zu einigen Anwendungen der mehrkriteriellen Entscheidungsfindung auf ingenieurwissenschaftliche Probleme. Journal Operations-Research-Spektrum 9:59–80. https://doi.org/10.1007/BF01732641

[HAEN12] Hänsel A (2012) Einführung in die Methoden zur Beschreibung und Verbesserung von Produkten und Prozessen. Logos Verlag Berlin

[MAER10] März L, Krug W, Rose O, Weigert G (2010) Simulation und Optimierung in Produktion und Logistik. Springer Berlin, Heidelberg. https://doi.org/10.1007/978-3-642-14536-0

[JACO02] Jacobs H-J, Dürr H (2002) Entwicklung und Gestaltung von Fertigungsprozessen. Fachbuchverlag Leipzig, Verlag

[PIEP17] Pieper M (2017) Mathematische Optimierung. Eine Einführung in die kontinuierliche Optimierung mit Beispielen. Springer Verlag. https://doi.org/10.1007/978-3-658-16975-6

[PESC76] Peschel M, Riedel C (1976) Polyoptimierung eine Entscheidungshilfe für ingenieurtechnische Kompromisslösungen. VEB Verlag Technik, Verlag

[SCHI89] Schiffer F, Tempelhof KH (1989) Fertigungsprozessgestaltung im Maschinen- und Gerätebau. VEB Verlag Technik, Berlin

The manufacturer's authorised representative in the EU is Springer Nature Customer Service Centre GmbH, Europaplatz 3, 69115 Heidelberg, Germany. If you have any concerns regarding our products, please contact ProductSafety@springernature.com

Printed and bound by CPI Group (UK) Ltd, Croydon, CR0 4YY

19/08/2026

02200168-0020